# 机器学习

王贝伦 / 编著

MACHINE LEARNING

东南大学出版社
SOUTHEAST UNIVERSITY PRESS

· 南京 ·

## 内容提要

本书为面向高校本科生的机器学习课程教材，主要内容分为数学基础、回归模型、分类模型、无监督学习、学习理论与概率图模型六大章节，涵盖机器学习领域的基本概念、典型案例、最新成果、热点问题等内容。本书内容深入浅出，语言严谨详实，配图生动直白，案例通俗易懂。本书全彩页印刷，插图丰富，配备了全套习题，适用于计算机、人工智能等专业的高校本科生，以及其他机器学习领域的初学者。

**图书在版编目（CIP）数据**

机器学习/ 王贝伦编著. —南京：东南大学出版社，2021.11

ISBN 978-7-5641-9783-4

Ⅰ. ① 机… Ⅱ. ①王 … Ⅲ. ①机器学习 Ⅳ. ①TP181

中国版本图书馆CIP数据核字（2021）第 229598 号

责任编辑：张煦　责任校对：子雪莲　封面设计：毕真　责任印制：周荣虎

## 机 器 学 习
JIQI XUEXI

| | |
|---|---|
| **编　著：** | 王贝伦 |
| **出版发行：** | 东南大学出版社 |
| **社　址：** | 南京四牌楼2号　邮编：210096　电话：025-83793330 |
| **网　址：** | http://www.seupress.com |
| **电子邮件：** | press@ seupress.com |
| **经　销：** | 全国各地新华书店 |
| **印　刷：** | 徐州绪权印刷有限公司 |
| **开　本：** | 787mm × 1 092 mm　1/16 |
| **印　张：** | 22.25 |
| **字　数：** | 555 千字 |
| **版　次：** | 2021 年 11 月第 1 版 |
| **印　次：** | 2021 年 11 月第 1 次印刷 |
| **书　号：** | ISBN 978 - 7 - 5641 - 9783 - 4 |
| **定　价：** | 148.00 元 |

本社图书若有印装质量问题，请直接与营销部调换。电话（传真）：025-83791830

## 编写组成员

张雨哲　王　萌　张敏灵　杨绍富
沈　典　张嘉琦　谈　笑

# 序

当今世界正经历百年未有之大变局，我国发展面临的国内外环境正在发生深刻复杂的变化，"十四五"规划对加快科技创新提出了更为迫切的要求。

把握全球人工智能发展态势，培养具有爱国精神、创新精神和合作精神的人工智能高端人才，是教育的重要使命。近年来，东南大学围绕国家战略需求，抢抓机遇、协同创新，于 2019 年组建成立了人工智能学院及人工智能研究院，积极开展国际交流和校企合作。本书的作者王贝伦副教授就是在这样的背景下，作为优秀人才，从国外引进东南大学的。

加入人工智能学院后，王贝伦副教授组建了一支具有机器学习理论研究及教学经验的专业团队。团队成员包含优青、青长、江苏省"双创博士"等；团队长期投身一线教学，成果斐然，如指导学生团队获得"挑战杯"竞赛特等奖等；团队科研成果丰富，在国际著名会议及期刊上发表多篇论文。团队根据工程专业要求及学科发展趋势，编写了这本《机器学习》。

作为面向本科生的教材，本书将机器学习知识体系划分为数学基础、回归模型、分类模型等板块，穿插了多领域发展的最新成果，既包含对经典理论的详细阐释，又包含对前沿技术的深刻探讨。本书十分注重知识体系的系统连贯性，如在介绍机器学习理论前加入了数学基础铺垫，使理论介绍部分由浅入深，易于理解。全书语言严谨规范，配图生动直白，引用准确得当。

本科生初学者通过学习本书，能够全面理解人工智能的学习过程，快速入门并掌握机器学习的理论方法；对于教师而言，本书知识体系连贯完整，配套课后习题的难度循序渐进，适合高校计算机及人工智能专业作为机器学习课程的教材使用。部分章节如概率图模型等可根据学时等教学要求作为选讲。本书在当前人工智能本科教育亟待发展的背景下出版，必将推动机器学习教材建设，推动人工智能专业知识体系建设，对于人工智能产业发展也具有重要意义。

为编好本书，王贝伦副教授及其团队孜孜不倦、焚膏继晷，广泛查阅国内外文献资料，并融入世界前沿研究成果；利用数字化工具编写正文、绘制插图，使内容涵盖机器学习领域的基本概念、典型案例、前沿成果、热点问题等方面。同时，本书在编写过程中始终观照社会实际，结合国家相关战略规划，阐述了中国学者、中国企业多年来在机器学习领域所遇到的挑战与坚持不懈的探索，能给读者以启迪与鼓励。

机器学习是人工智能领域的支撑学科，对国家科技的长足发展有重要意义。王贝伦副教授在本科阶段就读于南京大学。我很高兴看到年轻人在自己的领域积极探索并小有成就，深感欣慰。我衷心希望，本书能够激起读者对人工智能的兴趣，并且成为读者了解机器学习、迈入人工智能领域的指路明灯，为我国人工智能事业的发展做出贡献。祝愿东南大学的人工智能学科越办越好。

中国科学院院士、南京大学教授

2021 年 10 月

# 目录

机器学习

# 第 1 章 绪论

## 1.1 引言

在蓬勃发展的信息时代，人们已经习惯于被越来越多的、令人眼花缭乱的数据所包围。很多时候，我们解锁手机屏幕的第一件事，就是浏览新闻 APP 推送的热点新闻。在互联网飞速发展的背景下，无论是时时更新的社交媒体、反复无常的娱乐头条，还是历久弥新的学科知识、日新月异的前沿科学，只需连接网络，查阅与获取便易如反掌。然而，大数据时代在带来机遇的同时，也带来了无尽的挑战。据 IDC 白皮书[1] 预测，2018 年至 2025 年中国的数据圈将以 30% 的年平均增长速度领先全球，比全球高 3%。数据捕获、数据传输、数据存储、数据可视化、数据安全和隐私……数据相关的问题层出不穷，催生出许多相应的研究，如大数据、云计算等。而本书的内容——**机器学习（machine learning）**，亦与数据密切相关。

机器学习，顾名思义，是要让不会思考的机器能够像人一样"学习"。具体而言，它旨在构建一个能从过去经验中学习和适应环境的**模型（model）**。机器学习被看作**人工智能（artificial intelligence）**领域的重要支撑与实现途径。图1.1展示了人工智能领域的"树根""树干"和"枝叶"。从图中可以看到，机器学习是"人工智能树"的"树干"，在人工智能领域中有着举足轻重的地位。"人工智能树"的"树根"由多种基础理论组成，而"枝叶"则延展出了许多学科。值得注意的是，有的学科既是"树根"，又是"枝叶"，这是由学科本身的特点决定的。例如，神经生物学既为人工智能的底层提供了控制思路，又是人工智能领域的研究成果之一[2]，良性循环，相辅相成。

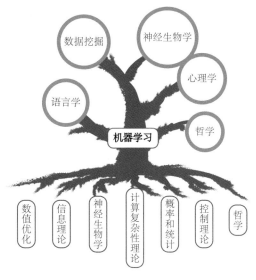

**图 1.1　一棵"人工智能树"**

机器学习的定义有许多版本，它们尽管语言表述不同，核心含义却完全一致。下面，是文献[3]给出的经典定义：

> **定义 1.1 机器学习**
>
> 假设用评价标准 $P$ 评估计算机程序在某任务类 $T$ 上的性能，若一个程序通过利用经验 $E$ 在任务 $T$ 上获得了性能改善，则关于 $T$ 和 $P$，该程序对 $E$ 进行了学习。♣

初看这个定义，你或许会觉得生涩拗口、难以理解，但别着急，相信在学习完整本书之后，回过头来再品味这则用形式化语言进行描述的定义，一定会有更深刻的理解。

## 1.2 基础概念

在正式学习机器学习之前，先通过一个例子来认识一些机器学习的基础概念。考虑一个寻常的生活场景：你和你的同学正在讨论要不要去吃食堂的黄焖鸡。你说："卖黄焖鸡的食堂位置离得太远了，而且排队的人很多。"而你的同学则反驳道："但那家黄焖鸡卖得挺便宜的，又好吃，老板也很热情。"你们希望通过讨论，决定是否去吃黄焖鸡，而食堂位置、排队人数、价格、味道、老板态度则为你们综合考虑的五个因素。

在这个例子中，直观上，能抽取出机器学习的一些基本概念：

- **样本**（sample）：通过对于某个对象或事件进行观测或调查，从而得到的描述，亦称**示例**（instance）或**记录**（record）。在本例中，"食堂位置远、排队的人数多、价格低、味道好吃、老板热情"即为一个样本。
- **特征**（feature）：样本的**属性**（attribute）。在本例中，"食堂位置""排队人数""价格""味道""老板态度"均为特征。
- **数据集**（dataset）：样本数据的集合。在本例中，如果更多的同学参与有关黄焖鸡的讨论，提出对于其五个特征的更多评价，则能得到更多的样本，它们组成的集合即为一个数据集。
- **训练**（training）：从样本数据中学得模型的过程，亦称为**学习**（learning）。在本例中，通过同学们的评价，决定黄焖鸡五个特征的重要程度的过程，即为训练。训练时使用的数据集称为**训练集**（training set），其中的每个样本称为**训练样本**（training sample）。

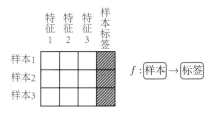

**图 1.2　数据集的抽象结构图**

图1.2从直观过渡到抽象。图1.2为一个简单数据集的抽象结构图，其中每行表示一个

样本，前三列每列表示样本的一个特征，最后一列表示样本的标签，$f$ 表示从样本到标签的函数。

回到"黄焖鸡"的实例。假如，你们讨论一番后，为食堂黄焖鸡的五个因素（食堂位置、排队人数、价格、味道、老板态度）设定好了各自的比重并打分，通过计算出"黄焖鸡"的得分，最终决定去吃黄焖鸡。但几天后，又有一些新同学来和你讨论是否去吃黄焖鸡。这时，你将之前设定好的五个因素及比重告诉了他们，并让他们打分。

这里，能再次抽取出机器学习的另外几个重要基本概念：

- **标签**（label）：训练样本的结果信息，亦称为**指标**（target）。在本例中，每位同学为黄焖鸡打分的结果即为一个标签。

- **测试**（testing）：为了解模型的好坏，用学得的模型进行预测的过程。在本例中，将包含五个因素及其比重的黄焖鸡模型给新同学打分，并通过分数判断他们是否去吃黄焖鸡的过程，即为测试。测试时使用的数据称为**测试集**（testing set），其中的每个样本称为**测试样本**（testing sample）。

- **模型参数**（model parameter）：通过训练而得到的对于模型的描述结果，亦称为模型的**变量**（variable）。在本例中，同学们对黄焖鸡模型的五个因素设置的比重，即为模型参数。

- **损失函数**（loss function）：反映预测结果和实际结果之间差别的函数。在本例中，黄焖鸡分数的"实际结果"不好判别，可以考虑用职业美食家的打分来替代，则用于反映同学打分和职业美食家打分之间差别的函数，即为损失函数[1]。

- **误差**（error）：模型的预测结果与实际结果之间的差异。在本例中，若同学们设定黄焖鸡的得分高于某个值便去吃，否则便不去。则同学的打分和职业美食家的打分差别所造成的去或不去的结果差异，即为误差。模型在训练集上的误差称为**训练误差**（training error）或**经验误差**（empirical error），在测试集上的误差称为**测试误差**（testing error），在新样本上的误差称为**泛化误差**（generalization error）。

- **泛化**（generalization）**能力**：模型适用于新样本的能力[2]。在本例中，打分模型若被用于给麻辣香锅、担担面等食堂的其他食物打分，即为泛化。

- **正则化**（regularization）：为了减小测试误差、避免过拟合而对模型进行的工作[3]。其中，过拟合指的是模型在训练集上的预测结果很好，但泛化能力很弱。在本例中，若对于黄焖鸡，同学们使用打分模型得到的分数和职业美食家相当接近，但对于其他菜肴却相差很远，即为过拟合。而正则化则是要对打分模型进行修改，以避免这种情况。

机器学习和传统编程有着明显的流程差别。从图1.3可以看到，二者在输入和输出上呈现出部分颠倒的关系。传统编程通常是给定数据和指令，计算机执行指令并输出结果。

---

[1]损失函数有时也被称为目标函数，依据不同情景进行使用。两者的区别在于目标函数描述的是优化问题的目标，而损失函数主要强调如何评估模型的好坏。

[2]在 §6.4 会详细介绍泛化相关知识。

[3]在 §3.4 会详细介绍正则化相关知识。

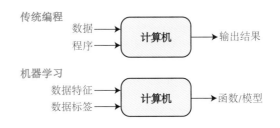

图 1.3　传统编程和机器学习的流程对比

而机器学习则通常是给定数据和结果,计算机从中学习出一个模型。

## 1.3　发展历程

　　机器学习的"年龄"并不大。在 20 世纪 50 年代,便开始出现与机器学习相关的研究了:Samuel 研发出的能够进行自学习的计算机跳棋程序,Selfridge 提出的图像识别中最早的计算模型之一泛魔识别架构(pandemonium architecture)等。1956 年,在达特茅斯学院举行的一次会议,标志着人工智能真正诞生,这次会议称为达特茅斯会议。达特茅斯会议由 J. McCarthy, M. L. Minsky 等人发起,该会议正式提出"人工智能"这一概念。在这之后,与人工智能息息相关的机器学习领域也经历了一定程度的发展。Rosenblatt 提出的感知机[4] 虽然被 Minsky 等人证明效果有限,却是人工神经网络的前身;Cover 和 Hart 提出的 $K$ 最近邻算法[5] 至今仍在被使用;贝尔曼公式、搜索式推理等等的提出,各自标志着机器学习不同的崭新方向。

　　从 20 世纪 80 年代开始,各种机器学习算法被大量提出,机器学习真正成了一个独立的方向。从决策树到神经网络的连续感知器学习规则,从 PAC 理论到 KDD 理论……各种理论和算法层出不穷、百花齐放。

　　如今,机器学习已发展成为一门多领域交叉学科,涉及线性代数、概率论、统计学等。要想真正学好机器学习,扎实的数学功底是不可或缺的。所以本书的第二个章节,会首先回顾线性代数、概率论、凸优化的基础知识,为后续正式学习做准备。

## 1.4　机器学习全流程介绍

　　熟悉机器学习的基础概念后,需要对机器学习到底做些什么工作、由几个步骤组成有进一步了解。图1.4展示了机器学习的一般流程,下面将依次介绍图中的每个步骤。

- **低层次感知(low-level sensing)**:通过传感器等方式来获得数据。
- **数据预处理(preprocessing)**:数据预处理是机器学习中非常重要的一步,因为训练数据的质量很大程度上影响着模型预测能力。预处理可分为以下四个步骤:

  **步骤一**:**数据清洗(data cleaning)**:删除或修改数据的错误值、缺失值、重复值、无关值等。

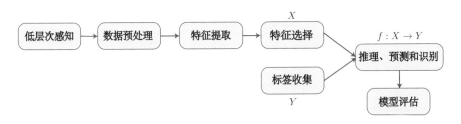

图 1.4　机器学习的一般流程

**步骤二**：**数据集成**（data integration）：将多个不同源数据整合到单个数据集中。

**步骤三**：**数据变换**（data transformation）：将数据的形式统一进行变换以方便后续对数据进行深入挖掘。

**步骤四**：**数据规约**（data reduction）：将数据集缩减为更有意义的部分。

- **特征提取**（feature extraction）：将原始数据转换为更易识别、管理的特征以便学习。特征提取不会破坏数据的完整性，例如在文本分类中，将预处理得到的大量词汇转换为用数字表示词频的长向量。

- **特征选择**（feature selection）：移除训练数据特征集中冗余或者无关的特征，例如，在预测一个人的工资时，他的电话号码是多少大概率是无关紧要的，因此可以移除电话号码这个特征。

- **推理、预测和识别**（inference, prediction and recognition）：机器学习的核心步骤，包括对模型的选择、训练，旨在训练出最优模型和良好的预测泛化能力。

- **标签收集**（label collection）：确定最后输出的值域。对于监督学习来说，其标签是人工给定的，而对于无监督学习中的聚类算法来说，标签是自己习得的[1]。

- **模型评估**（evaluation）：客观地评价模型的预测能力。可以根据分类、回归、排序等不同问题选择不同的评价指标来评估模型的优缺点。

以上是机器学习一般流程中的概念。在§1.1中提到，机器学习旨在"从过去经验中学习和适应环境"，而过去的经验就是指从外界获取的数据。通过传感器等将信息录入设备得到数据，随后通过预处理对数据进行初步的清理、变换，将数据集规范化。接着，通过特征提取和特征选择管理特征、精简特征。至此，对原数据的处理结束了。对于监督学习来说，还需要收集数据的标签，而无监督学习则不需要。接下来就是机器学习的核心部分，也就是构建模型，建立从数据指向标签的映射，并通过评估来判断模型的好坏。

下面，通过一个自然语言的例子来更具体地认识这一过程。若希望通过用户的测评视频来判断其对产品做出的评价，则首先利用转文本软件将音频文件转为文本，随后在预处理阶段进行分词、去停用词、清洗等操作，将文本转换为词语的集合。接着，通过特征提取将这个词汇集合转为词频向量。这里简单地将评价的标签分为三种：正面评价、负面评价和中立评价。如何通过词频向量（即数据）来确定评价的标签，就是算法部分。

---

[1]§1.5将简要介绍监督学习和无监督学习的概念。

最后，需要对构建的算法进行评价，根据效果好坏再重新调整前面的工作。注意，在这个过程中，并不存在特征提取的步骤。事实上，除了最核心的推理、预测和识别，处理数据的四个步骤和标签收集并不是每个模型都必需的。

## 1.5 机器学习研究方向介绍

随着信息时代对数据处理的要求逐渐增加，机器学习理论的不断发展，机器学习的研究方向也变得越来越多元化。下面，在介绍具体方向前，先对全书的脉络进行梳理，以便大家能够对机器学习有一个系统化、全局化的认识。图1.5为读者描绘了一张机器学习路线图。

§1.2已经介绍了机器学习的基本流程，从中可知，数据是机器学习的重要组成，而数据的**标签**作为刻画样本的重点信息，往往是研究者们最为关注的内容之一。以标签有无为依据，可以将机器学习分为**监督学习**与**无监督学习**两大方向。

监督学习依据标签是**连续**还是**离散**，可以被分为**回归模型**与**分类模型**。

回归模型学习的是特征与连续标签之间的映射函数，函数的特性决定了回归模型的类型。若特征与标签之间呈线性关系，满足一个多元一次函数，则该模型为**线性回归**；反之则为**非线性回归**。对于多项式线性回归，其较高的复杂度往往会带来过拟合问题，这种情况可以通过添加正则项来避免，引入正则化操作的线性回归被称为**正则化线性回归**。

分类模型旨在将数据分类至某一个**离散**类别。与回归模型不同的是，我们既可以通过学习样本与离散标签间的**映射关系**来完成分类任务，也可以从**数据生成**的角度来考虑完成分类任务。因此，可以将分类模型分为**判别模型**与**生成模型**。在判别模型中，若映射关系可以利用映射函数直接学习得到，则称这种判别模型为**非概率判别模型**；若确定的映射关系未必存在，则可以间接通过计算样本被分为某类的概率来辅助分类，这种判别模型被称为**概率判别模型**。非概率判别模型涉及的方法多样，如**深度学习**、$K$ **最近邻算法**、**支持向量机**、**决策树与随机森林**等。其中，深度学习由于能够挖掘海量数据下的深层特征，模型表现较优，故近年来被广泛运用。为了提高这些非概率判别模型的泛化性，可以考虑将多个模型进行整合，获得高集成度模型。这种方法被称为**集成学习**。概率判别模型同样包含诸多方法，本书仅对较为常见的**逻辑回归**进行介绍。生成模型利用联合概率，能够通过不同类别后验概率的大小完成分类，也能通过联合概率直接生成新数据。**贝叶斯分类器**正是依据贝叶斯公式获得后验概率的生成模型。

无监督学习并不依赖样本的标签，它能够学习到数据的内在结构或者深层特征，本书中将介绍两种无监督学习方法：**聚类**与**数据降维**。"人以类聚，物以群分"是聚类算法的核心思想。当已知或可以预先设置将要划分的类别数量时，常采用**划分聚类**。否则，可以考虑用**层次聚类**将样本划分为具有层级关系的结构类别。常见的划分聚类方法有 $K$ **均值算法**与**高斯混合模型**。而对于数据降维，本书将对较为常见的**主成分分析**进行介绍。

除了标签问题以外，数据本身也可能具备特殊的复杂结构。若此时仍继续使用先前介绍的方法，模型的误差可能会较大，例如基于简单概率分布假设的概率模型就无法对

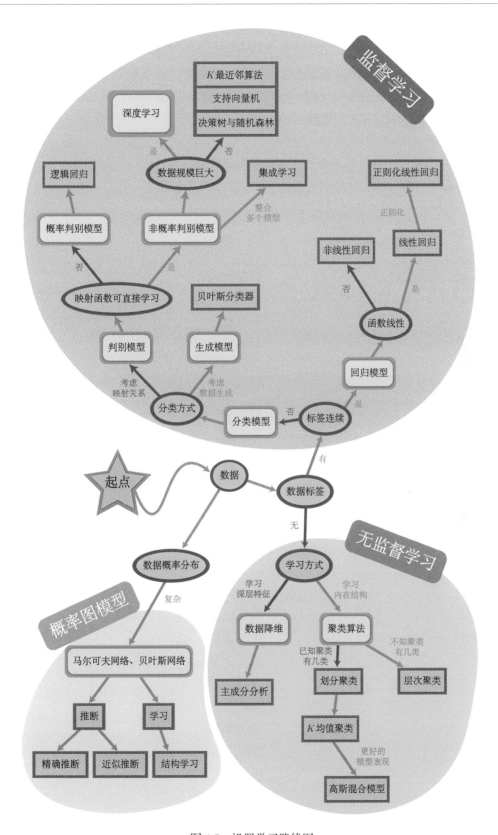

图 1.5　机器学习路线图

一个句子中的每一个词进行标注。本书针对图结构，介绍了**概率图模型**，用以解决复杂概率分布建模的问题。基于有向图的概率图模型被称为**贝叶斯网络**，而基于无向图的概率图模型则被称为**马尔可夫网络**。本书将介绍概率图模型的推断与学习。对于推断，本书将介绍精确推断与近似推断。对于概率图模型的学习，本书将介绍结构学习。

本节介绍机器学习五个主要的大类研究方向：监督学习、无监督学习、深度学习、强化学习和结构学习。其中，对于监督学习、无监督学习、深度学习，本书后文将分别进行详细介绍。对于结构学习，本书将主要以概率图模型为例，对其进行简要介绍。对于强化学习，本书将不会对该领域进行过多介绍，感兴趣的读者可以自行查阅相关资料。

### 1.5.1 监督学习

> **定义 1.2 监督学习**
>
> **监督学习**（supervised learning），也称为有监督学习，是指从**标记数据**（labeled data）中学习或建立一个模型，并利用该模型预测新数据的输出。在监督学习中，给定的训练数据是已经被标签标记的数据，也就是标记数据。

通常，可以根据输出的值是**离散的**（discrete）还是**连续的**（continuous）来区别监督学习中的回归模型和分类模型。

#### 1.5.1.1 回归模型

**回归模型**（regression model）：在回归问题中，输出的 $y$ 是连续实数值。回归模型试图根据训练集中的样本点拟合出一条使得损失函数 $\mathcal{L}$ 最小的曲线。

例 1.1 根据房屋的大小预测房价。

每栋房屋表示一个样本，输入值为样本的特征值，在这个问题中也就是房屋的大小，输出值为房屋的价格，为实数。

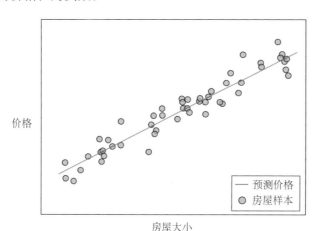

图 1.6　预测房价的模型

计算**均方误差（Mean Square Error，简称 MSE）**，以之作为损失函数来衡量回归模型的优劣。均方误差损失函数可以表示为

$$\mathcal{L}(\theta) = \frac{1}{2m} \sum_{i=1}^{m} \left( h_\theta(\mathbf{x}_i) - y_i \right)^2 \tag{1.1}$$

其中 $m$ 为样本数，$h$ 为模型函数，$\theta$ 为要求解的参数，$\mathbf{x}_i$ 为样本特征，$h_\theta(\mathbf{x}_i)$ 为预测房价，$y_i$ 为真实房价。图1.6中橙色的点为样本点，而直线则代表拟合出的预测房价。

损失函数越小，说明回归模型预测效果越好。

### 1.5.1.2 分类模型

**分类模型（classification model）**：分类模型与回归模型的原理类似，但不同的是，输出 $y$ 的值属于一个有限集合，是离散的。我们的目的是优化分类模型，尽量将所有样本点都划分到正确的类中，并能给新的样本打上正确的标签。

例 1.2 使用合适的决策边界（直线）将坐标平面划分为两个区域，使得坐标平面上的点尽可能按照颜色分类到同一个区域。如图1.7所示，每个点代表一个样本，输入值为点的坐标 $(x_1, x_2)$，输出值为点的颜色 $y \in \{0, 1\}$，$y = 1$ 为蓝色的点，$y = 0$ 为橙色的点。

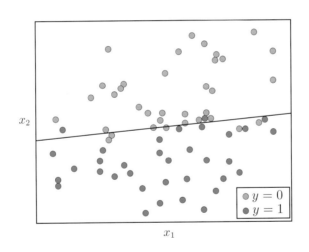

图 1.7 分类模型

## 1.5.2 无监督学习

与监督学习的训练数据必须是标记数据不同，无监督学习的数据是不含标签的。举个简单的例子，在监督学习中，以大量黄焖鸡、瓦香鸡、椒麻鸡的图片训练出了一个模型，这个模型能够接收新的图片，并对其作出分类，将其划分到三者之中某个标签类中。而对于无监督学习来说，则常会通过规定相似度度量方法和相似算法来构建模型，对于新的输入图片，模型通过计算其相似度将其划分为几类，类别本身没有标签，但是某一特定类别中的样本很可能都是黄焖鸡的图片。

> **定义 1.3 无监督学习**
>
> 无监督学习是指从**无标记数据**（unlabeled data）中学习或建立一个模型，并利用该模型预测新数据的输出。

在无监督学习中，样本的标签是未知的，进行学习的目的是推断出样本数据的潜在结构及规律。无监督学习的常见任务有聚类等。

例 1.3 将点集按照位置分为数类。在这个例子中，样本被划分到不同的类中凭借的是它们之间的 **相似度**（similarity），相似度高的样本被划分为一类，在图1.8中，所有样本被划分为三类，类内的样本相似度比不同类之间的样本的相似度更高。

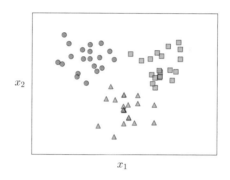

**图 1.8** 无监督学习的聚类

### 1.5.3 深度学习

科技的发展带来了大数据的产生，随着数据量的增长，我们迫切需要能够挖掘海量数据背后隐藏着的深层特征的方法。对此，研究者们从生物体的神经结构得到灵感，提出了神经网络，用以学习数据的深层特征。而深度学习作为机器学习的热门研究领域，其产生即源自神经网络的发展。

一般的神经网络可以分为输入层、隐藏层和输出层。图1.9是一个简单的神经网络，其由一个输入层、两个隐藏层和一个输出层组成，层与层之间有权重矩阵 $\mathbf{W}_1, \mathbf{W}_2, \mathbf{W}_3$，而权重矩阵就是在训练时需要不断更新的参数。通过神经网络，输入的数据经过多层计算最后输出一个结果或者多个结果。其中隐藏层的层数可以灵活调整，通常来说，随着层数的增加，样本特征抽象程度更高，此时网络的识别能力更逼近于人类对新事物的高度抽象概括能力，神经网络的效果越好，但与此同时网络的计算复杂度也随之大大上升了。

深度学习本身既可作用于监督学习，也可作用于无监督学习。深度学习能够用非监督式的特征学习和分层特征提取算法来替代手工获取特征[6]。

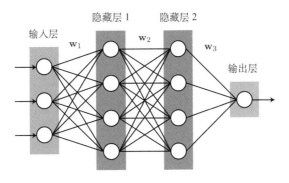

图 1.9    一个简单的神经网络

**深度学习**（deep learning）是一种以**人工神经网络**（artifical neural network）为架构的**表征学习**（representation learning）方法[7]。深度学习通过神经网络层次化的结构对输入逐层进行特征提取和处理，多角度学习事物的特征。

例 1.4 神经网络（结构如图1.10所示）通过学习 Fashion-MNIST 时尚物品数据集，不断对神经网络参数迭代更新，直至模型的准确率维持在一个不错的稳定水平上，输入测试集的图片以得出结果，完成对物品图像的识别。

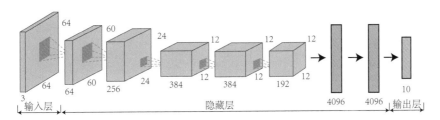

图 1.10    一个复杂的神经网络

### 1.5.4　强化学习

**强化学习**（reinforcement learning）是机器学习的领域之一，用于解决智能体和动态环境之间进行交互以学习行为策略的问题。

强化学习的构成部分有**智能体**（agent）、**状态**（state）、**动作**（action）、**环境**（environment）、**奖励**（reward）。图1.11展示了强化学习的基本流程：智能体完成了某一动作之后，环境会因动作产生改变，状态因此也会进行更新，并对该状态给出相应的奖励信号，奖励信号是正反馈或者是负反馈。之后智能体会根据新的状态和环境所反馈的奖励信号，并且按照策略执行新的动作。以上过程介绍了智能体和环境是如何通过状态、动

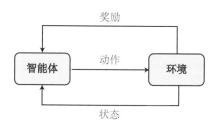

图 1.11　强化学习的一般流程

作、奖励进行交互的。智能体通过以上这个与环境循环互动的过程，旨在达到长期累计奖励最大化，从而学习出最优策略。

在强化学习的模型中，输入数据不仅仅作为输入，它同时也是对当前模型的反馈，模型根据得到的反馈信息立刻对所用的策略作出相应的调整。如今很多技术都用到了强化学习，如动态系统以及机器人控制。而常见的强化学习算法有 Q-Learning 以及**时间差学习**（**temporal difference learning**）。

例 1.5 微软 AI 通过强化学习算法进行吃豆人游戏（如图1.12所示），学习以人类的思维来完成游戏任务。

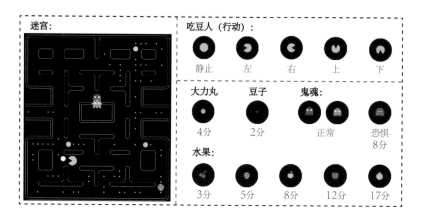

图 1.12　吃豆人游戏

### 1.5.5 结构学习——以概率图模型为例

**定义 1.6 概率图模型**

**概率图模型**（**Probabilistic Graphical Model，简称 PGM**）是用图论方法来表示多个独立随机变量之间的关联的一种建模方法。

在概率图模型中，样本是由多个节点和边构成的图，由 $G = (V, E)$ 表示，其中 $V$ 表示节点，也就是随机变量，$E$ 表示边，也就是这些随机变量之间的概率依赖关系。

概率图模型大致上可以分为两种，即**贝叶斯网络**（**Bayesian network**），又称为**有向**

图模型（directed graphical model）以及**马尔可夫网络**（**Markov networks**），又称为**无向图模型**（**undirected graphical model**）。在贝叶斯网络中，节点表示随机变量，边表示变量之间的有向依赖关系，而边的方向则表示着变量之间的因果关系。其中，**隐马尔可夫模型**（**Hidden Markov Model，简称 HMM**）是一种比较常见的简单的贝叶斯网络，目前常被应用于语音识别、机器翻译等领域。图1.13展示了有向图与无向图的大致结构。

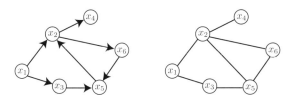

图 1.13 有向图与无向图

在马尔可夫网络中，节点表示随机变量，而此时的边是没有方向的，它表示两个随机变量之间的一种依赖关系。马尔可夫网络可以用一个联合分布来表示。对于图的运算来说，如果能预先知道图的结构，会使计算更快捷。但是大多数情况下，我们往往不能预先知道图的结构，所以需要从已有的数据中去构建图结构。例如对于无向图来说，基于高斯假设，常常通过逆协方差矩阵来还原无向图的结构。

# 参考文献

[1] 冯圣中, 李根国, 栗学磊, 等. 新兴高性能计算行业应用及发展战略[J]. 中国科学院院刊, 2019, 34(6): 640-647.

[2] HASSABIS D, KUMARAN D, SUMMERFIELD C, et al. Neuroscience-inspired artificial intelligence[J]. Neuron, 2017, 95(2): 245-258.

[3] MITCHELL T M, et al. Machine learning[M]. Burr Ridge, IL: McGraw Hill, 1997.

[4] ROSENBLATT F. Perceptron simulation experiments[J]. Proceedings of the IRE, 1960, 48(3): 301-309.

[5] COVER T M, HART P E. Nearest neighbor pattern classification[J]. IEEE transactions on information theory, 1967, 13(1): 21-27.

[6] SONG H A, LEE S Y. Hierarchical representation using NMF[C]//International conference on neural information processing. Berlin, Heidelberg: Springer, 2013: 466-473.

[7] DENG L, YU D. Deep learning: Methods and applications[R/OL]. Microsoft, 2014. https://www.microsoft.com/en-us/research/publication/deep-learning-methods-and-applications/.

# 第 2 章 数学基础

## 2.1 线性代数

线性代数是用来表征数据的主要工具，可以清晰地表示数据不同维度的信息。机器学习的主要问题是如何处理数据，因此作为数据表征的线性代数在机器学习领域是最基本的数学工具。本书在之后章节中将主要介绍的优化问题求解、数据处理等都与线性代数有密切的关系。可以说在机器学习领域，线性代数无处不在。因此本节先简要介绍线性代数中的基本概念与运算，为后续正式学习机器学习打下基础。

### 2.1.1 基本概念

本节首先介绍线性代数中最基本的量：**矩阵**（**matrix**）与**向量**（**vector**）。

> **定义 2.1 矩阵**
>
> 一个 $m \times n$ 大小的矩阵即一个由 $m$ 行和 $n$ 列元素排列而成的矩形阵列。

本书用加粗的大写的字母表示矩阵，如 $\mathbf{A}, \mathbf{B}, \mathbf{C}$，用 $A_{ij}$ 表示矩阵 $\mathbf{A}$ 中第 $i$ 行第 $j$ 列的数。矩阵在表现形式上可以看成是 $m \times n$ 个数字排列而成的一个矩形的阵列，比如

$$\mathbf{A} = \begin{pmatrix} 1 & 2 \\ 2 & 1 \end{pmatrix} \quad 和 \quad \mathbf{B} = \begin{pmatrix} 1 & 4 \\ 2 & 5 \\ 3 & 6 \end{pmatrix}$$

是一个 $2 \times 2$ 和一个 $3 \times 2$ 的矩阵，其中 $B_{32} = 6$。特别地，当 $m = n$，即矩阵的行数和列数相等时，这个矩阵又被称为**方阵**。

> **定义 2.2 向量**
>
> 向量就是一列有序排列的数值，是列数为 1 的矩阵。

本书用加粗的小写的字母表示向量，如 $\mathbf{a}, \mathbf{b}, \mathbf{c}$，用 $a_i$ 表示向量 $\mathbf{a}$ 中第 $i$ 位的数。向量在表现形式上就是一列排列好的数值，比如

$$\mathbf{a} = \begin{pmatrix} 1 \\ 2 \end{pmatrix} \quad 和 \quad \mathbf{b} = \begin{pmatrix} 3 \\ 4 \\ 5 \end{pmatrix}$$

是两个向量，其中 $a_2 = 2$。当讨论到向量中数值个数的时候，称上面的两个向量分别为 2 维向量和 3 维向量。这里排列成一列的向量被称为**列向量**，相对应地，排列成一行的形如 $\mathbf{a} = (1, 2)$ 的向量被称为**行向量**。在没有特殊说明的情况，向量一般指的是列向量。

特别地，一个数字是一个**标量**（**scalar**）。比如数字 1 和 2 都是标量。本书用小写的字母 $a, b, c$ 等来表示标量。

最后介绍几个特殊的方阵，这些方阵在运算方面具有各自的优势。

> **定义 2.3 对角矩阵**
>
> 对于一个 $m \times m$ 的方阵，如果它除了对角线上的元素之外其余元素都为 0，那么称这个方阵为**对角矩阵**（**diagonal matrix**）。具体来说，一个 $\mathbf{D}$ 是对角矩阵当且仅当 $D_{ij} = 0, \ \forall i, j, \ i \neq j$。

> **定义 2.4 三角矩阵**
>
> 对于一个 $m \times m$ 的方阵，如果它的元素呈三角形排列，就称这个方阵为**三角矩阵**（**triangular matrix**）。三角矩阵分为**上三角矩阵**（**upper triangular matrix**）与**下三角矩阵**（**lower triangular matrix**）。一个上三角矩阵 $\mathbf{U}$ 对角线左下方的所有元素都为 0，即对于 $\forall i > j$ 有 $U_{ij} = 0$；一个下三角矩阵 $\mathbf{L}$ 对角线右上方的所有元素都为 0，即对于 $\forall i < j$ 有 $L_{ij} = 0$。

> **定义 2.5 单位矩阵**
>
> 一个对角线上元素全为 1 的对角矩阵为**单位矩阵**（**identity matrix**），通常用 $\mathbf{I}$ 来表示。

> **定义 2.6 对称矩阵**
>
> 对于一个方阵 $\mathbf{A}$，如果对 $\forall i, j$，$A_{ij} = A_{ji}$，则这个矩阵为**对称矩阵**（**symmetric matrix**）。

**例 2.1** 这里给出几个上述特殊矩阵的例子。

1. $\begin{pmatrix} 1 & 0 \\ 0 & 2 \end{pmatrix}$ 是一个 $2 \times 2$ 的对角矩阵。
2. $\begin{pmatrix} 1 & 2 & 3 \\ 0 & 6 & 4 \\ 0 & 0 & 5 \end{pmatrix}$ 是一个上三角矩阵，而 $\begin{pmatrix} 1 & 0 & 0 \\ 5 & 6 & 0 \\ 4 & 5 & 6 \end{pmatrix}$ 是一个下三角矩阵。
3. 一个 $2 \times 2$ 的单位矩阵为 $\mathbf{I} = \begin{pmatrix} 1 & 0 \\ 0 & 1 \end{pmatrix}$。
4. $\begin{pmatrix} 1 & 2 & 3 \\ 2 & 4 & 5 \\ 3 & 5 & 6 \end{pmatrix}$ 是一个 $3 \times 3$ 的对称矩阵。

## 2.1.2 基本运算

定义了实用的数据类型之后，需要定义对应的运算。首先对应于标量的四则运算，对于向量和矩阵，给出向量与矩阵之间的加法和减法运算的定义。

### 2.1.2.1 加减运算

> **定义 2.7 矩阵加减**
>
> 对于两个大小相等（即行数与列数相等）的矩阵，它们相加减就是在对应位置的元素之间进行加减运算。即如果 $\mathbf{C} = \mathbf{A} + \mathbf{B}$，则 $\forall i, j$, $C_{ij} = A_{ij} + B_{ij}$；如果 $\mathbf{C} = \mathbf{A} - \mathbf{B}$，则 $\forall i, j$, $C_{ij} = A_{ij} - B_{ij}$。

注意到向量是矩阵的特殊形式（列数为 1），向量的加减也满足上述逐元素加减的定义。

### 2.1.2.2 乘法运算

接下来定义与向量和矩阵相关的乘法运算。

> **定义 2.8 标量乘法**
>
> 标量与矩阵相乘是将标量与矩阵中每一个元素相乘。即如果 $\mathbf{C} = a\mathbf{B}$，则 $\forall i, j$, $C_{ij} = aB_{ij}$。

> **定义 2.9 向量内积/点积**
>
> 两个长度相等的向量的**内积/点积**（dot product）是向量对应位置元素乘积之和。即 $\mathbf{a} \cdot \mathbf{b} = \mathbf{a}^\top \mathbf{b} = \sum_{i=1}^{n} a_i b_i$，其中 $n$ 是向量中元素的个数。

> **定义 2.10 矩阵乘法**
>
> 一个大小为 $m \times n$ 的矩阵 $\mathbf{A}$ 和一个大小为 $n \times p$ 的矩阵 $\mathbf{B}$ 相乘的结果 $\mathbf{C} = \mathbf{AB}$ 是一个 $m \times p$ 大小的矩阵，且对于 $i \in \{1, 2, \cdots, m\}, j \in \{1, 2, \cdots, p\}$，有 $C_{ij} = \sum_{k=1}^{n} A_{ik} B_{kj}$。矩阵能够相乘的前提是左乘矩阵（$\mathbf{A}$）的列数等于右乘矩阵（$\mathbf{B}$）的行数。

例 2.2 假设 $a = 2, \mathbf{a} = \binom{1}{2}, \mathbf{b} = \binom{3}{4}$, $\mathbf{A} = \left(\begin{smallmatrix} 1 & 5 \\ 2 & 6 \end{smallmatrix}\right)$，以及 $\mathbf{B} = \left(\begin{smallmatrix} 1 & 5 & 3 \\ 2 & 6 & 4 \end{smallmatrix}\right)$，则：

$$a\mathbf{a} = 2\begin{pmatrix} 1 \\ 2 \end{pmatrix} = \begin{pmatrix} 2 \times 1 \\ 2 \times 2 \end{pmatrix} = \begin{pmatrix} 2 \\ 4 \end{pmatrix} \tag{2.1}$$

$$\mathbf{a} \cdot \mathbf{b} = 1 \times 3 + 2 \times 4 = 11 \tag{2.2}$$

$$\mathbf{AB} = \begin{pmatrix} 1 \times 1 + 5 \times 2 & 1 \times 5 + 5 \times 6 & 1 \times 3 + 5 \times 4 \\ 2 \times 1 + 2 \times 2 & 2 \times 5 + 6 \times 6 & 2 \times 3 + 6 \times 4 \end{pmatrix} = \begin{pmatrix} 11 & 35 & 23 \\ 6 & 46 & 30 \end{pmatrix} \tag{2.3}$$

### 2.1.2.3 转置

**定义 2.11 矩阵转置**

一个 $m \times n$ 的矩阵 $\mathbf{A}$ 的**转置**（**transpose**）是一个 $n \times m$ 的矩阵 $\mathbf{A}^\top$。转置运算有下列等价的运算：将 $\mathbf{A}$ 的行写为 $\mathbf{A}^\top$ 的列，将 $\mathbf{A}$ 的列写为 $\mathbf{A}^\top$ 的行，即如果 $\mathbf{B} = \mathbf{A}^\top$，那么 $B_{ij} = A_{ji}$。

**例 2.3** 对于矩阵 $\mathbf{A} = \begin{pmatrix} 1 & 5 & 3 \\ 2 & 6 & 4 \end{pmatrix}$，根据矩阵转置的定义，有 $\mathbf{A}^\top = \begin{pmatrix} 1 & 2 \\ 5 & 6 \\ 3 & 4 \end{pmatrix}$。

**性质** 矩阵转置有如下的性质：

1. $(\mathbf{A}^\top)^\top = \mathbf{A}$。
2. $(\mathbf{AB})^\top = \mathbf{B}^\top \mathbf{A}^\top$。
3. $(\mathbf{A} + \mathbf{B})^\top = \mathbf{A}^\top + \mathbf{B}^\top$。

### 2.1.2.4 范数

当关注标量时，可以轻易比较两个标量之间的大小，比如 $1 < 2$。这是因为标量不表示方向，只表示大小。然而比较两个向量或者两个矩阵并不容易。比如在二维空间中难以比较 $(1,2)^\top$ 与 $(2,1)^\top$ 的大小[1]。这本质上是因为标量所在的实数空间 $\mathbb{R}$ 是一个良序空间，而向量空间并不是一个良序空间[2]。因此对于向量或矩阵，需要将它们映射到一个良序空间（通常是实数空间 $\mathbb{R}$）上再进行比较。这种映射方法被称为**范数**（**norm**）。针对向量和矩阵有不同的范数。

**向量范数** 对于一个向量，最常用的范数是 $\ell_p$ 范数。

**定义 2.12 $\ell_p$ 范数**

对于向量 $\mathbf{a} = (a_1, a_2, \cdots, a_n)^\top$，它的 $\ell_p$ 范数表示为

$$\|\mathbf{a}\|_p = \left( \sum_{i=1}^{n} |a_i|^p \right)^{1/p} \tag{2.4}$$

其中 $p \geqslant 1$。特别地，$\ell_1$ 范数 $\|\mathbf{a}\|_1 = \sum\limits_{i=1}^{n} |a_i|$ 也被称为曼哈顿范数，$\ell_2$ 范数 $\|\mathbf{a}\|_2 = \sqrt{\sum\limits_{i=1}^{n} |a_i|^2}$ 也被称为欧几里得范数。当 $p \to \infty$ 时，有无穷范数（或最大范数）$\|\mathbf{a}\|_\infty = \max\limits_{i} |a_i|$。

**性质** 向量范数的一个重要的性质是**三角不等式**（**triangle inequality**）性质。对于一个向量范数 $\|\cdot\|$，有 $\|\mathbf{x} + \mathbf{y}\| \leqslant \|\mathbf{x}\| + \|\mathbf{y}\|$。

---

[1] 为了排版方便，本书在后文的一些位置会将列向量表示为行向量的转置。

[2] 良序空间（well-ordering）中的元素是有序的，即可以比较两个良序空间中元素的大小。

**矩阵范数** 一种常用的矩阵范数借用了向量 $\ell_p$ 范数的概念，被称为**诱导范数**（**induced norm**）。

---

**定义 2.13 $\ell_p$ 诱导范数**

对于一个 $m \times n$ 的矩阵 $\mathbf{A}$，它的 $\ell_p$ 诱导范数表示为

$$\|\mathbf{A}\|_p = \sup_{\mathbf{x} \neq 0} \frac{\|\mathbf{A}\mathbf{x}\|_p}{\|\mathbf{x}\|_p} \tag{2.5}$$

其中 $\mathbf{x}$ 是长度为 $n$ 且元素不全为 0 的向量。

特别地，$\ell_1$ 诱导范数

$$\|\mathbf{A}\|_1 = \max_{j \in \{1, \cdots, n\}} \sum_{i=1}^{m} |A_{ij}| \tag{2.6}$$

为矩阵中每一列元素和的最大值。

$\ell_\infty$ 诱导范数

$$\|\mathbf{A}\|_\infty = \max_{i \in \{1, \cdots, m\}} \sum_{j=1}^{n} |A_{ij}| \tag{2.7}$$

为矩阵中每一行元素和的最大值。

$\ell_2$ 诱导范数

$$\|\mathbf{A}\|_2 = \sigma_{\max}(\mathbf{A}) \tag{2.8}$$

为矩阵 $\mathbf{A}$ 最大的奇异值[a]。$\ell_2$ 诱导范数通常也被称为**谱范数**（**spectral norm**），表示为 $\|\mathbf{A}\|_{\mathrm{spec}}$。

---
[a]奇异值的概念之后会详细介绍。

---

另一种常用的矩阵范数是**逐元素计算的范数**（**element-wise norm**）。

---

**定义 2.14 逐元素计算的范数**

逐元素计算的范数把一个 $m \times n$ 的矩阵看成一个具有 $m \times n$ 个元素的向量，并逐元素地进行计算。一种逐元素计算的范数 $\ell_{p,q}$ 表示为

$$\|\mathbf{A}\|_{p,q} = \left( \sum_{j=1}^{n} \left( \sum_{i=1}^{m} |A_{ij}|^p \right) \right)^{\frac{1}{q}} \tag{2.9}$$

逐元素计算的范数的一个特例是当 $p = q = 2$ 时，$\ell_{2,2}$ 逐元素计算的范数为

$$\|\mathbf{A}\|_{2,2} = \sqrt{\sum_{i=1}^{m} \left( \sum_{j=1}^{n} |A_{ij}|^2 \right)} \tag{2.10}$$

$\ell_{2,2}$ 范数经常被称为 Frobenius 范数，表示为 $\|\mathbf{A}\|_{\mathrm{F}}$。

---

最后一种矩阵范数通过矩阵奇异值来计算，这种范数被称为 **Schatten 范数**（**Schatten norm**）。

**定义 2.15 Schatten 范数**

Schatten 范数对矩阵的奇异值组成的向量进行 $\ell_p$ 范数映射。对于矩阵 $\mathbf{A}$，Schatten $p$-范数为

$$\|\mathbf{A}\|_p = \left( \sum_{k=1}^{\min(m,n)} \sigma_k^p(\mathbf{A}) \right)^{\frac{1}{p}} \tag{2.11}$$

其中 $\sigma_k(\mathbf{A})$ 是矩阵 $\mathbf{A}$ 的第 $k$ 个奇异值。特别地，当 $p = 1$ 时，Schatten 范数被称为**核范数**，表示为

$$\|\mathbf{A}\|_* = \sum_{k=1}^{\min(m,n)} \sigma_k(\mathbf{A}) \tag{2.12}$$

### 2.1.2.5 行列式

上面介绍的范数提供了一种用以比较两个矩阵大小的"标准"，从代数意义上衡量了一个矩阵。但是有时需要从几何的角度去衡量一个矩阵，这时候就需要使用**行列式（determinant）**。

**定义 2.16 行列式**

一个 $m \times m$ 大小的方阵 $\mathbf{A}$ 的行列式记为 $\det(\mathbf{A})$ 或者 $|\mathbf{A}|$，定义为

$$\det(\mathbf{A}) = \sum_{j=1}^{m} (-1)^{1+j} A_{1j} \det(A_{1j}) \tag{2.13}$$

其中 $\det(A_{1j})$ 表示矩阵 $\mathbf{A}$ 去掉第一行与第 $j$ 列之后余下的方阵的行列式。特别地，一个 $1 \times 1$ 大小的方阵的行列式就是这个元素本身。把一个矩阵 $\mathbf{A}$ 去掉第 $i$ 行和第 $j$ 列之后余下方阵的行列式称为矩阵 $\mathbf{A}$ 关于元素 $A_{ij}$ 的**余子式（minor）**，一般记为 $M_{ij}$。将 $\mathbf{A}$ 关于元素 $A_{ij}$ 的余子式乘以 $(-1)^{i+j}$ 的结果称为**代数余子式（cofactor）**，记为 $C_{ij}$。因此，行列式可以被定义为矩阵关于第一行所有元素的代数余子式与对应元素乘积之和，即

$$\begin{aligned} \det(\mathbf{A}) &= \sum_{j=1}^{m} (-1)^{1+j} A_{1j} \det(A_{1j}) \\ &= \sum_{j=1}^{m} A_{1j} C_{1j} \end{aligned} \tag{2.14}$$

行列式是一个函数，将一个方阵映射到一个标量。在 $n$ 维欧几里得空间中，行列式用来描述一个线性空间变换所造成的影响。[1]对于 $2 \times 2$ 或者 $3 \times 3$ 大小的矩阵，行列式可以

---

[1]一个矩阵在几何上的意义就是一个空间变换。

简单地计算出来。具体来说，对于一个 $2 \times 2$ 的矩阵 $\mathbf{A}$，有

$$\det(\mathbf{A}) = \begin{vmatrix} A_{11} & A_{12} \\ A_{21} & A_{22} \end{vmatrix} = A_{11}A_{22} - A_{12}A_{21} \tag{2.15}$$

对于 $3 \times 3$ 的矩阵 $\mathbf{B}$，有

$$\det(\mathbf{B}) = \begin{vmatrix} B_{11} & B_{12} & B_{13} \\ B_{21} & B_{22} & B_{23} \\ B_{31} & B_{32} & B_{33} \end{vmatrix} = B_{11}B_{22}B_{33} + B_{12}B_{23}B_{31} + B_{21}B_{32}B_{13} - \tag{2.16}$$

$$B_{13}B_{22}B_{31} - B_{12}B_{21}B_{33} - B_{23}B_{32}B_{11}$$

然而对于更大的方阵，行列式计算就显得更加复杂了，需要利用代数余子式根据公式（2.14）来计算，这种计算行列式的方法被称为**拉普拉斯展开（Laplace expansion）**。

**例题 2.1** 假设矩阵 $\mathbf{A} = \begin{pmatrix} 1 & 2 & 5 \\ 3 & 4 & 6 \\ 7 & 8 & 9 \end{pmatrix}$，求 $\det(\mathbf{A})$。

**解** 沿着第一行计算代数余子式，有

$$\det(\mathbf{A}) = A_{11}C_{11} + A_{12}C_{12} + A_{13}C_{13}$$

$$= 1 \times (-1)^{1+1} \begin{vmatrix} 4 & 6 \\ 8 & 9 \end{vmatrix} + 2 \times (-1)^{1+2} \begin{vmatrix} 3 & 6 \\ 7 & 9 \end{vmatrix} + 5 \times (-1)^{1+3} \begin{vmatrix} 3 & 4 \\ 7 & 8 \end{vmatrix} \tag{2.17}$$

$$= 1 \times (-12) - 2 \times (-15) + 5 \times (-4) = -2$$

虽然使用第一行元素对应的代数余子式定义行列式，但是可以沿着任意行或者任意列去做拉普拉斯展开计算行列式。

**性质** 行列式有以下几个性质：

1. $\det(\mathbf{I}) = 1$。
2. $\det(\mathbf{A}^{\top}) = \det(\mathbf{A})$。
3. $\det(\mathbf{AB}) = \det(\mathbf{A}) \times \det(\mathbf{B})$。
4. 对于一个 $m \times m$ 大小的上三角（或下三角）矩阵 $\mathbf{A}$，$\det(\mathbf{A}) = \prod\limits_{i=1}^{m} A_{ii}$。

### 2.1.2.6 逆矩阵

标量的四则运算中有加减乘除四种基本运算，对应于矩阵，本书已经介绍了加法、减法和乘法。那么矩阵之间如何做除法？矩阵的除法需要借助**逆矩阵（inverse matrix）**来完成[1]。

> **定义 2.17 逆矩阵**
>
> 给定一个 $m \times m$ 的方阵 $\mathbf{A}$，如果存在一个 $m \times m$ 的方阵 $\mathbf{B}$，使得
>
> $$\mathbf{AB} = \mathbf{BA} = \mathbf{I} \tag{2.18}$$

---

[1]实际上，矩阵的乘法并不是通常意义上的乘法，因为矩阵乘法并不满足交换律。

则称矩阵 $\mathbf{A}$ 是一个可逆矩阵，$\mathbf{B}$ 是 $\mathbf{A}$ 的逆矩阵。通常把 $\mathbf{B}$ 记为 $\mathbf{A}^{-1}$。

求逆矩阵的方法主要有两种：**伴随矩阵（adjugate matrix）法**和**初等变换（elementary transformation）法**。这里只介绍伴随矩阵法。

**定义 2.18 伴随矩阵**

给定一个 $m \times m$ 的方阵 $\mathbf{A}$，它的伴随矩阵是一个 $m \times m$ 的矩阵，表示为 $\mathbf{A}^{*}$，且

$$\mathbf{A}^{*}_{ij} = C_{ji} \tag{2.19}$$

其中 $C_{ji}$ 是矩阵 $\mathbf{A}$ 关于 $A_{ji}$ 的代数余子式。

如果一个方阵 $\mathbf{A}$ 满足条件 $\det(\mathbf{A}) \neq 0$，则这个矩阵可逆[1]。矩阵 $\mathbf{A}$ 被称为**可逆矩阵（invertible matrix）**或**非奇异矩阵（non-singular matrix）**，且

$$\mathbf{A}^{-1} = \frac{\mathbf{A}^{*}}{\det(\mathbf{A})} \tag{2.20}$$

可以通过公式（2.20）求逆矩阵。比如对于一个 $2 \times 2$ 的矩阵 $\mathbf{A}$，有

$$\mathbf{A}^{*} = \begin{pmatrix} A_{22} & -A_{12} \\ -A_{21} & A_{11} \end{pmatrix} \tag{2.21}$$

且

$$\det(\mathbf{A}) = A_{11}A_{22} - A_{12}A_{21} \tag{2.22}$$

因此，$\mathbf{A}$ 的逆矩阵为

$$\mathbf{A}^{-1} = \begin{pmatrix} \frac{A_{22}}{A_{11}A_{22}-A_{12}A_{21}} & \frac{-A_{12}}{A_{11}A_{22}-A_{12}A_{21}} \\ \frac{-A_{21}}{A_{11}A_{22}-A_{12}A_{21}} & \frac{A_{11}}{A_{11}A_{22}-A_{12}A_{21}} \end{pmatrix} \tag{2.23}$$

**性质** 对于一个可逆矩阵 $\mathbf{A}$，它的逆矩阵有如下几个性质：

1. $(\mathbf{A}^{-1})^{-1} = \mathbf{A}$。
2. 对于一个标量 $\lambda \neq 0$，有 $(\lambda \mathbf{A})^{-1} = \frac{1}{\lambda} \mathbf{A}^{-1}$。
3. $(\mathbf{AB})^{-1} = \mathbf{A}^{-1} \mathbf{B}^{-1}$。
4. $(\mathbf{A}^{\top})^{-1} = (\mathbf{A}^{-1})^{\top}$。
5. $\det(\mathbf{A}^{-1}) = \frac{1}{\det(\mathbf{A})}$。

---

[1]类比在标量除法运算中，除数不能为 0。

**求解线性方程组** 逆矩阵的一个重要的应用就是求解线性方程组。比如有一个多元线性方程组：

$$\begin{cases} A_{11}x_1 + A_{12}x_2 + \cdots + A_{1m}x_m = b_1 \\ A_{21}x_1 + A_{22}x_2 + \cdots + A_{2m}x_m = b_2 \\ \quad\vdots \\ A_{m1}x_1 + A_{n2}x_2 + \cdots + A_{mm}x_m = b_m \end{cases} \tag{2.24}$$

这个方程组可以表示为

$$\mathbf{Ax} = \mathbf{b} \tag{2.25}$$

其中

$$\mathbf{A} = \begin{pmatrix} A_{11} & \cdots & A_{1m} \\ \vdots & \vdots & \vdots \\ A_{m1} & \cdots & A_{mm} \end{pmatrix}, \qquad \mathbf{x} = \begin{pmatrix} x_1 \\ x_2 \\ \vdots \\ x_m \end{pmatrix}, \qquad \mathbf{b} = \begin{pmatrix} b_1 \\ b_2 \\ \vdots \\ b_m \end{pmatrix} \tag{2.26}$$

可以看到如果矩阵 $\mathbf{A}$ 是可逆的，则公式（2.25）的解为

$$\mathbf{A}^{-1}\mathbf{Ax} = \mathbf{A}^{-1}\mathbf{b}$$
$$\mathbf{x} = \mathbf{A}^{-1}\mathbf{b} \tag{2.27}$$

**例题 2.2** 求线性方程组

$$\begin{cases} x_1 + 2x_2 = 5 \\ 3x_1 + 4x_2 = 6 \end{cases} \tag{2.28}$$

**解** 可以记

$$\mathbf{A} = \begin{pmatrix} 1 & 2 \\ 3 & 4 \end{pmatrix}, \qquad \mathbf{x} = \begin{pmatrix} x_1 \\ x_2 \end{pmatrix}, \qquad \mathbf{b} = \begin{pmatrix} 5 \\ 6 \end{pmatrix} \tag{2.29}$$

则线性方程组（2.28）的解为

$$\begin{aligned} \mathbf{x} &= \mathbf{A}^{-1}\mathbf{b} \\ &= \begin{pmatrix} -2 & 1 \\ 1.5 & -0.5 \end{pmatrix} \begin{pmatrix} 5 \\ 6 \end{pmatrix} = \begin{pmatrix} -4 \\ 4.5 \end{pmatrix} \end{aligned} \tag{2.30}$$

### 2.1.3 线性相关性及矩阵的秩

在之前的章节中已经介绍了"线性代数"中"代数"相关的部分，这一节会解释什么是"线性"。

### 2.1.3.1 向量线性相关性

> **定义 2.19 向量线性相关与线性独立**
>
> 给定一组标量 $\{\alpha_1, \alpha_2, \cdots, \alpha_m\}$，如果等式
>
> $$\alpha_1 \mathbf{x}_1 + \alpha_2 \mathbf{x}_2 + \cdots + \alpha_m \mathbf{x}_m = \mathbf{0} \tag{2.31}$$
>
> 当且仅当 $\alpha_1 = \alpha_2 = \cdots = \alpha_m = 0$ 时才成立，那么称这一组向量 $\{\mathbf{x}_1, \mathbf{x}_2, \cdots, \mathbf{x}_m\}$ 线性不相关。反之，如果 $\exists\, \alpha_i \neq 0$ 使得等式（2.31）成立，那么称这组向量线性相关。 ♣

**例题 2.3** 验证两个向量 $\mathbf{a} = (1,\ 1)^\top$ 和 $\mathbf{b} = (-3,\ 2)^\top$ 的线性相关性。

**解** 两个向量对应的线性变换系数为 $\alpha_1, \alpha_2$。基于公式（2.31），有

$$\begin{cases} \alpha_1 - 3 \times \alpha_2 = 0 \\ \alpha_1 + 2 \times \alpha_2 = 0 \end{cases} \tag{2.32}$$

解线性方程组（2.32）得到 $\alpha_1 = \alpha_2 = 0$。因此向量 $\mathbf{a}$ 与 $\mathbf{b}$ 线性独立。

### 2.1.3.2 矩阵的秩

通常用矩阵的**秩（rank）**来表示矩阵中向量之间的线性相关性。

> **定义 2.20 秩**
>
> 矩阵 $\mathbf{A}$ 的秩就是矩阵中线性不相关的行（列）向量的个数，用 $\mathrm{rank}(\mathbf{A})$ 表示。 ♣

根据选择行向量或列向量的不同，矩阵的秩也分为列秩和行秩两种。以例题2.3中的两个向量为例，假设 $\mathbf{a}$ 和 $\mathbf{b}$ 作为组成一个矩阵的两个列 $\mathbf{A} = \begin{pmatrix} 1 & -3 \\ 1 & 2 \end{pmatrix}$。由于矩阵 $\mathbf{A}$ 的两个列线性不相关，因此 $\mathbf{A}$ 的列秩为 2。行秩与列秩类似，需要考虑线性不相关的行向量的个数。一般来说，对于任意大小的一个矩阵，它的行秩与列秩是相等的。特别地，对于一个 $m \times n$ 大小的矩阵 $\mathbf{A}$，如果 $\mathrm{rank}(\mathbf{A}) = \min\{m, n\}$，那么就称矩阵 $\mathbf{A}$ 是**满秩**的。

一个矩阵的秩还有另外一种定义，即行列式非 0 的最大子方阵的行数。例如有以下矩阵

$$\mathbf{A} = \begin{pmatrix} 4 & 5 & 2 & 14 \\ 3 & 9 & 6 & 21 \\ 8 & 10 & 7 & 28 \\ 1 & 2 & 9 & 5 \end{pmatrix}$$

因为 $\det(\mathbf{A}) = 0$，而

$$\begin{vmatrix} 4 & 5 & 2 \\ 3 & 9 & 6 \\ 8 & 10 & 7 \end{vmatrix} = 63 \neq 0$$

所以 $\text{rank}(\mathbf{A}) = 3$。

**性质** 一个大小为 $m \times n$ 的矩阵 $\mathbf{A}$ 和大小为 $n \times n$ 的方阵 $\mathbf{B}$ 的秩有以下性质：

1. $\text{rank}(\mathbf{A}) \leqslant \min\{m, n\}$。
2. $\text{rank}(\mathbf{AB}) \leqslant \min\{\text{rank}(\mathbf{A}), \text{rank}(\mathbf{B})\}$。
3. $\text{rank}(\mathbf{B}) = n$ 当且仅当 $\mathbf{B}$ 不是奇异矩阵，即 $\mathbf{B}$ 可逆。
4. $\text{rank}(\mathbf{B}) = n$ 当且仅当 $\det(\mathbf{B}) \neq 0$，即 $\mathbf{B}$ 满秩。

### 2.1.3.3 矩阵的秩与线性方程组

考虑这样一个有 $m$ 个变量、$m$ 个方程的方程组 $\mathbf{Ax} = \mathbf{b}$：

$$\begin{cases} A_{11}x_1 + A_{12}x_2 + \cdots + A_{1m}x_m = b_1 \\ \vdots \\ A_{m1}x_1 + A_{m2}x_2 + \cdots + A_{mm}x_m = b_m \end{cases} \tag{2.33}$$

众所周知，要解出 $m$ 个变量 $x_1, \cdots, x_m$，至少需要 $m$ 个方程。然而有时候方程组（2.33）中的 $m$ 个方程并不是都有用。比如

$$\begin{cases} x_1 - x_2 - 3x_3 - x_4 = 1 \\ x_1 - x_2 + 2x_3 - x_4 = 3 \\ 4x_1 - 4x_2 + 3x_3 - 2x_4 = 10 \\ 2x_1 - 2x_2 - 11x_3 + 4x_4 = 0 \end{cases} \tag{2.34}$$

这个方程组（2.34）通过变量替换可以化简为

$$\begin{cases} x_1 - x_2 - 3x_3 - x_4 = 1 \\ 5x_3 - 2x_4 = 2 \\ 0 = 0 \\ 0 = 0 \end{cases} \tag{2.35}$$

因此这个线性方程组中虽然有四个方程，但其中只有两个方程有用。因为已知的有用的方程数少于未知的变量数，因此这个方程组有无穷多个解。判断有用方程的个数的过程就是在判断向量的线性相关性。具体来说，考虑方程组（2.34）中前两个方程式，并将它们表示成向量 $\mathbf{v}_1 = (1, -1, -3, -1)$ 和 $\mathbf{v}_2 = (1, -1, 2, -1)$。解 $\alpha_1 \mathbf{v}_1 + \alpha_2 \mathbf{v}_2 = \mathbf{0}$ 可得 $\alpha_1 = \alpha_2 = 0$，这说明这两个向量之间线性不相关。而如果考虑前三个或前四个方程式对应的向量，可以证明 $-\mathbf{v}_1 - 3\mathbf{v}_2 + \mathbf{v}_3 = \mathbf{0}$ 与 $-3\mathbf{v}_1 + \mathbf{v}_2 + 0\mathbf{v}_3 + \mathbf{v}_4 = \mathbf{0}$，这说明前三个方程或前四个方程组成的向量组是线性相关的。因此通过验证线性不相关性，证了 $\mathbf{A}$ 中只有两个行向量是线性独立的，即 $\text{rank}(\mathbf{A}) = 2$。换句话说，即只有两个方程式有用的。这与本书用变量替换解方程组得到的结果相同。因此直观上来说，**矩阵的秩表示的是它对应的多元线性方程组中真正有用的方程个数。**

## 2.1.4 特征值及特征向量

在工程应用领域中,有些问题通常可以归结为求一个矩阵的**特征值(eigenvalue)**及**特征向量(eigenvector)**。而在矩阵的对角化和判断矩阵正定性等数学问题中也经常需要使用到特征值的相关理论。本节主要介绍特征值及其相关知识,从其定义、计算方法和性质入手,介绍与之相关的矩阵的迹的概念,并基于特征值理论向读者介绍矩阵对角化和矩阵的正定性。

### 2.1.4.1 特征值及特征向量

> **定义 2.21 矩阵特征值及特征向量**
>
> 对于一个 $n \times n$ 大小的矩阵 $\mathbf{A}$,如果存在一个长度为 $n$ 的非零向量 $\mathbf{u}$ 以及一个标量 $\lambda$,使得
>
> $$\mathbf{Au} = \lambda\mathbf{u}. \tag{2.36}$$
>
> 则 $\mathbf{u}$ 称为特征向量,$\lambda$ 称为特征值。

对于一个向量 $\mathbf{u}$ 而言,其乘以矩阵 $\mathbf{A}$ 的运算可以视为对向量 $\mathbf{u}$ 在空间中做一次线性变换。一般来说,对向量进行空间变换都会使得向量的长度和方向发生改变。但是如 $\mathbf{Au} = \lambda\mathbf{u}$ 所表示的,有一些 $\mathbf{u}$ 做空间变换之后方向并没有改变,只是长度发生了变化,其中 $\lambda$ 就是长度变化的系数。$\mathbf{A}$ 的特征向量体现的是 $\mathbf{A}$ 的变换效果最强的那几个方向。因此可以认为这些特征向量代表了变换矩阵 $\mathbf{A}$,所以称它们为"特征"向量。应当注意,如果 $\mathbf{u}$ 是 $\mathbf{A}$ 的相对于特征值 $\lambda$ 的特征向量,则对于任意非零实数 $k$,$k\mathbf{u}$ 也是 $\mathbf{A}$ 的相对于特征值 $\lambda$ 的特征向量。因此,对于给定的特征值,相应的特征向量总有无穷多个。

公式(2.36)也可以写成

$$(\mathbf{A} - \lambda\mathbf{I})\mathbf{u} = 0 \tag{2.37}$$

上式为 $n$ 个未知数 $n$ 个方程的齐次线性方程组,它有非零解的充分必要条件是系数行列式

$$|\mathbf{A} - \lambda\mathbf{I}| = 0 \tag{2.38}$$

即

$$\begin{vmatrix} A_{11} - \lambda & A_{12} & \cdots & A_{1n} \\ A_{21} & A_{22} - \lambda & \cdots & A_{2n} \\ \vdots & \vdots & \vdots & \vdots \\ A_{n1} & A_{n2} & \cdots & A_{nn} - \lambda \end{vmatrix} = 0$$

上式是以 $\lambda$ 为未知数的一元 $n$ 次方程,称为矩阵 $\mathbf{A}$ 的特征方程。其左端 $|\mathbf{A} - \lambda\mathbf{I}|$ 是 $\lambda$ 的 $n$ 次多项式,称为矩阵 $\mathbf{A}$ 的特征多项式,显然,$\mathbf{A}$ 的特征值就是特征方程的解。特征方程在复数域内恒有解,其个数为方程的次数(重根按重数计算),因此,$n$ 阶矩阵 $\mathbf{A}$ 在

复数域内有 $n$ 个特征值。简而言之，一个矩阵的特征值需要通过解 $|\mathbf{A} - \lambda\mathbf{I}| = 0$ 来求得。

一个与特征值紧密相关的概念是**迹（trace）**。

> **定义 2.22 矩阵的迹**
>
> 对于一个 $n \times n$ 大小的方阵 $\mathbf{A}$，它的迹定义为对角线上所有元素之和，表示为
> $$\text{tr}(\mathbf{A}) = \sum_{i=1}^{n} A_{ii} \tag{2.39}$$

在求一个矩阵的特征值的过程中，有时会利用迹来进行计算，这是由于一个方阵的迹等于这个方阵的特征值之和。

$$\text{tr}(\mathbf{A}) = \sum_{k=1}^{N} \lambda_k \tag{2.40}$$

**例题 2.4** 假设对于矩阵 $\mathbf{A} = \left( \begin{smallmatrix} 0.8 & 0.3 \\ 0.2 & 0.7 \end{smallmatrix} \right)$，求特征值及特征向量。

**解** 代入公式（2.37）得

$$|\mathbf{A} - \lambda\mathbf{I}| = \begin{vmatrix} 0.8 - \lambda & 0.3 \\ 0.2 & 0.7 - \lambda \end{vmatrix} = \lambda^2 - \frac{3}{2}\lambda + \frac{1}{2} = (\lambda - 1)(\lambda - \frac{1}{2}) \tag{2.41}$$

因此，矩阵 $\mathbf{A}$ 有两个特征值 $\lambda_1 = 1, \lambda_2 = \frac{1}{2}$。然后通过公式（2.36）可以解得对应的特征向量 $\mathbf{u}_1$ 和 $\mathbf{u}_2$：

$$
\begin{aligned}
(\mathbf{A} - \mathbf{I})\mathbf{u}_1 &= \begin{pmatrix} 0.8 - 1 & 0.3 \\ 0.2 & 0.7 - 1 \end{pmatrix} \mathbf{u}_1 = 0 \\
(\mathbf{A} - \frac{1}{2}\mathbf{I})\mathbf{u}_2 &= \begin{pmatrix} 0.8 - 0.5 & 0.3 \\ 0.2 & 0.7 - 0.5 \end{pmatrix} \mathbf{u}_2 = 0
\end{aligned}
\tag{2.42}
$$

可以发现，$\mathbf{u}_1$ 和 $\mathbf{u}_2$ 都有无穷多个解。分别选取其中的一个特解，得 $\mathbf{u}_1 = (0.6, 0.4)^\top$，$\mathbf{u}_2 = (1, -1)^\top$。

**性质** 对于一个方阵 $\mathbf{A}$ 和它的特征值 $\lambda$ 以及对应的特征向量 $\mathbf{u}$，有如下几个性质：

1. $\mathbf{A}^k\mathbf{u} = \lambda^k\mathbf{u}$。也就是说 $\mathbf{A}$ 的 $k$ 次方（$k > 0$）与 $\mathbf{A}$ 有相同的特征向量，但是特征值是 $\mathbf{A}$ 的特征值的 $k$ 次方。
2. 如果 $\mathbf{A}$ 的特征值都非 0，则 $\mathbf{A}^{-1}$ 的特征值为 $\frac{1}{\lambda}$。
3. 如果 $\mathbf{A}\mathbf{u} = \lambda\mathbf{u}$，那么 $(\mathbf{A} + c\mathbf{I})\mathbf{u} = (\lambda + c)\mathbf{u}$。
4. $\mathbf{A}$ 可逆当且仅当它的所有特征值都非 0。

### 2.1.4.2 矩阵对角化

如果一个矩阵是对角矩阵（2.3），那么与这个矩阵相关的运算将会变得十分简单。因此，在线性代数中，为了后续运算的方便，可以先将一个矩阵转化为对角矩阵，这样的操作就叫做**矩阵对角化（diagonalization）**。然而并不是所有矩阵都可以转化为对角矩阵。本节首先定义什么样的矩阵可以转化为对角形式。

对于一个 $n \times n$ 大小的方阵 $\mathbf{A}$，如果存在一个可逆矩阵 $\mathbf{P}$ 使得 $\mathbf{P}^{-1}\mathbf{A}\mathbf{P}$ 是对角矩阵，那么就称矩阵 $\mathbf{A}$ 是可对角化的。

矩阵的对角化需要用到特征值及特征向量。假设有一个 $n$ 阶方阵，并且这个方阵有 $n$ 个不同的特征值 $\lambda_1, \lambda_2, \cdots, \lambda_n$ 以及对应的特征向量 $\mathbf{u}_1, \mathbf{u}_2, \cdots, \mathbf{u}_n$，那么矩阵 $\mathbf{A}$ 对角化时，其对应变换矩阵 $\mathbf{P}$ 的形式就是一个以特征向量为列组成的矩阵，即

$$\mathbf{P} = (\mathbf{u}_1, \mathbf{u}_2, \cdots, \mathbf{u}_n) \tag{2.43}$$

**例题 2.5** 假设有矩阵 $\mathbf{A} = \left(\begin{smallmatrix} 1 & 2 & 0 \\ 0 & 3 & 0 \\ 2 & -4 & 2 \end{smallmatrix}\right)$，求变换矩阵 $\mathbf{P}$。

**解** 矩阵 $\mathbf{A}$ 具有三个不同的特征值 $\lambda_1 = 3$，$\lambda_2 = 2$ 和 $\lambda_3 = 1$。相应的特征向量为 $\mathbf{x}_1 = (-1, -1, 2)^\top$，$\mathbf{x}_2 = (0, 0, 1)^\top$，$\mathbf{x}_3 = (-1, 0, 2)^\top$，现在设 $\mathbf{P}$ 是以这些特征向量作为列的矩阵，则 $\mathbf{P}$ 对角化了 $\mathbf{A}$。通过简单的计算可以验证

$$\mathbf{P}^{-1}\mathbf{A}\mathbf{P} = \begin{pmatrix} 0 & -1 & 0 \\ 2 & 0 & 1 \\ -1 & 1 & 0 \end{pmatrix} \begin{pmatrix} 1 & 2 & 0 \\ 0 & 3 & 0 \\ 2 & -4 & 2 \end{pmatrix} \begin{pmatrix} -1 & 0 & -1 \\ -1 & 0 & 0 \\ 2 & 1 & 2 \end{pmatrix} = \begin{pmatrix} 3 & 0 & 0 \\ 0 & 2 & 0 \\ 0 & 0 & 1 \end{pmatrix} \tag{2.44}$$

假设矩阵 $\mathbf{A}$ 对角化后的结果为 $\tilde{\mathbf{A}} = \mathbf{P}^{-1}\mathbf{A}\mathbf{P}$。矩阵 $\mathbf{A}$ 是在一组标准正交基 $(1, 0, \cdots, 0)^\top, (0, 1, 0, \cdots, 0)^\top, \cdots, (0, \cdots, 0, 1)^\top$ 上定义的。而经过变换后，$\tilde{\mathbf{A}}$ 是在由特征向量组成的基 $\mathbf{x}_1, \mathbf{x}_2, \cdots, \mathbf{x}_n$ 上所定义的。矩阵 $\mathbf{P}$ 就是基变换矩阵。因此，原矩阵 $\mathbf{A}$ 和对角化的矩阵 $\tilde{\mathbf{A}}$ 是同一种线性变化在不同基上的描述。在用后一种基描述线性变换时，这个线性变换就只是伸缩变换。当 $\mathbf{A}$ 没有 $n$ 个线性无关的特征向量时，这些特征向量就不能作为一组基。

### 2.1.4.3 正定矩阵与半正定矩阵

在线性代数中，与矩阵的特征值密切相关的另一概念是**正定矩阵（positive definite matrix）**和**半正定矩阵（positive semidefinite matrix）**，在此本书对两者作简单的介绍。

对于一个方阵 $\mathbf{A}$，如果对于任何非零向量 $\mathbf{x}$，都满足 $\mathbf{x}^\top\mathbf{A}\mathbf{x} > 0$，则称矩阵 $\mathbf{A}$ 为正定矩阵，记为 $\mathbf{A} \succ 0$。

一个正定矩阵的特征值都为正，因此可以通过计算特征值来判断一个矩阵是否正定。还是以矩阵 $\mathbf{A} = \left(\begin{smallmatrix} 0.8 & 0.3 \\ 0.2 & 0.7 \end{smallmatrix}\right)$ 为例，由于它的特征值为 1 和 0.5，因此矩阵 $\mathbf{A}$ 是一个正定矩阵。

另外还有一种方法，可以通过计算矩阵的各阶顺序主子式的行列式来判断正定性。如果一个矩阵的各阶顺序主子式都大于 0，则矩阵正定。以上述矩阵 $\mathbf{A}$ 为例，它的一阶

顺序主子式为

$$\begin{vmatrix} 0.8 \end{vmatrix} = 0.8 > 0 \tag{2.45}$$

它的二阶顺序主子式为

$$\begin{vmatrix} 0.8 & 0.3 \\ 0.2 & 0.7 \end{vmatrix} = 0.5 > 0 \tag{2.46}$$

这种正定判别方法也可以说明一个正定矩阵的行列式一定大于0。

半正定矩阵的定义与正定矩阵类似。

**定义 2.25 半正定矩阵**

对于一个方阵 $\mathbf{A}$，如果对于任何非零向量 $\mathbf{x}$，都满足 $\mathbf{x}^{\top}\mathbf{A}\mathbf{x} \geqslant 0$，则称矩阵 $\mathbf{A}$ 为半正定矩阵，记为 $\mathbf{A} \succcurlyeq 0$。

一个半正定矩阵的特征值都非负。正定矩阵可以类比于实数空间中的正数，而半正定矩阵则可类比为实数空间中的非负数。假设有一个正定矩阵 $\mathbf{A}$，向量 $\mathbf{x}$ 经过 $\mathbf{A}$ 的空间变化后成为 $\mathbf{y} = \mathbf{A}\mathbf{x}$。可以算出变化后的向量 $\mathbf{y}$ 与原向量之间的夹角的余弦值为

$$\cos(\theta) = \frac{\mathbf{x}^{\top}\mathbf{y}}{\|\mathbf{x}\|_2 \times \|\mathbf{y}\|_2} = \frac{\mathbf{x}^{\top}\mathbf{A}\mathbf{x}}{\|\mathbf{x}\|_2 \times \|\mathbf{A}\mathbf{x}\|_2} > 0 \tag{2.47}$$

这说明任意一个向量经过 $\mathbf{A}$ 的变换之后与原向量的夹角小于90°。在实数空间中，正数乘以任何一个数会产生"正向"的扩大效应。相对应地，向量乘以一个正定矩阵会产生"正向"的变换。半正定矩阵与非负数的关系也类似。

**性质** 对于正定矩阵，有以下性质：

1. 如果矩阵 $\mathbf{A}, \mathbf{B}$ 都为正定矩阵，那么矩阵 $\mathbf{A} + \mathbf{B}$ 也是正定矩阵。
2. 如果 $\mathbf{A}$ 是正定矩阵，则存在一个矩阵 $\mathbf{C}$，满足 $\mathbf{A} = \mathbf{C}\mathbf{C}$。
3. 如果 $\mathbf{A}$ 是正定矩阵，则矩阵的 $k$ 次幂 $\mathbf{A}^k$ 也是正定矩阵。
4. 如果 $\mathbf{A}$ 是正定矩阵，则存在一个可逆矩阵 $\mathbf{C}$，使得 $\mathbf{B} = \mathbf{C}^{\top}\mathbf{A}\mathbf{C}$ 也是正定矩阵。

类似的，对于半正定矩阵，有如下性质：

1. 如果矩阵 $\mathbf{A}, \mathbf{B}$ 都为半正定矩阵，那么矩阵 $\mathbf{A} + \mathbf{B}$ 也是半正定矩阵。
2. 如果 $\mathbf{A}$ 是半正定矩阵，则存在一个非负实数 $h$，使得 $\mathbf{B} = h\mathbf{A}$ 也为半正定矩阵。

### 2.1.5 矩阵求导

在上面几节中本书介绍了线性代数的相关概念及运算，这一节将来讲解**矩阵求导**（ **derivative** ）。矩阵求导方法在机器学习、统计学等领域有广泛的应用，本质上与多元函数的微积分类似。

#### 2.1.5.1 标量函数求导

在标量函数求导部分，函数的自变量均为标量。

**函数为标量函数，自变量为向量** 假设有向量 $\mathbf{x} = (x_1, \cdots, x_n)^\top$，多变量函数 $y = f(\mathbf{x})$：$\mathbb{R}^n \mapsto \mathbb{R}$，则函数 $f(\mathbf{x})$ 关于 $\mathbf{x}$ 的导数表示为

$$\nabla_{\mathbf{x}} f(\mathbf{x}) = \frac{\partial y}{\partial \mathbf{x}} = \left( \frac{\partial y}{\partial x_1}, \frac{\partial y}{\partial x_2}, \cdots, \frac{\partial y}{\partial x_n} \right)^\top \tag{2.48}$$

**性质** 多变量函数关于向量的导数常用的性质有如下几个：

1. $\forall \alpha \in \mathbb{R}$，$\frac{\partial \alpha f}{\partial \mathbf{x}} = \alpha \frac{\partial f}{\partial \mathbf{x}}$。
2. 如果有另一函数 $g(x) : \mathbb{R}^n \mapsto \mathbb{R}$，则 $\frac{\partial (f+g)}{\partial \mathbf{x}} = \frac{\partial f}{\partial \mathbf{x}} + \frac{\partial g}{\partial \mathbf{x}}$。
3. 如果有另一函数 $g(x) : \mathbb{R}^n \mapsto \mathbb{R}$，则 $\frac{\partial (fg)}{\partial \mathbf{x}} = g \frac{\partial f}{\partial \mathbf{x}} + f \frac{\partial g}{\partial \mathbf{x}}$。

**函数为标量函数，自变量为矩阵** 假设有矩阵 $\mathbf{X} = \begin{pmatrix} X_{11} & \cdots & X_{1n} \\ \vdots & \vdots & \vdots \\ X_{m1} & \cdots & X_{mn} \end{pmatrix}$，函数 $y = f(\mathbf{X})$：$\mathbb{R}^{m \times n} \mapsto \mathbb{R}$，则函数 $y$ 关于 $\mathbf{X}$ 的导数表示为

$$\nabla_{\mathbf{X}} f(\mathbf{X}) = \frac{\partial y}{\partial \mathbf{X}} = \begin{pmatrix} \partial y / \partial X_{11} & \cdots & \partial y / \partial X_{1n} \\ \vdots & \vdots & \vdots \\ \partial y / \partial X_{m1} & \cdots & \partial y / \partial X_{mn} \end{pmatrix} \tag{2.49}$$

**性质** 多变量函数关于矩阵的导数常用的性质有如下几个：

1. $\forall \alpha \in \mathbb{R}$，$\frac{\partial \alpha f}{\partial \mathbf{X}} = \alpha \frac{\partial f}{\partial \mathbf{X}}$。
2. 如果有另一函数 $g(X) : \mathbb{R}^n \mapsto \mathbb{R}$，则 $\frac{\partial (f+g)}{\partial \mathbf{X}} = \frac{\partial f}{\partial \mathbf{X}} + \frac{\partial g}{\partial \mathbf{X}}$。
3. 如果有另一函数 $g(X) : \mathbb{R}^n \mapsto \mathbb{R}$，则 $\frac{\partial (fg)}{\partial \mathbf{X}} = g \frac{\partial f}{\partial \mathbf{X}} + f \frac{\partial g}{\partial \mathbf{X}}$。

### 2.1.5.2 向量函数求导

向量函数的自变量可以是标量或向量，值域为向量。

**函数为向量函数，自变量为标量** 假设有标量 $x$，函数 $\mathbf{y} = f(x) : \mathbb{R} \mapsto \mathbb{R}^n$，则函数 $f(x)$ 关于 $x$ 的导数表示为

$$\nabla_x f(x) = \frac{\partial \mathbf{y}}{\partial x} = \left( \frac{\partial y_1}{\partial x}, \frac{\partial y_2}{\partial x}, \cdots, \frac{\partial y_n}{\partial x} \right)^\top \tag{2.50}$$

**性质** 向量函数关于标量的导数常用的性质如下：

1. 令 $\mathbf{u} = \mathbf{u}(x)$，$\forall \alpha \in \mathbb{R}$，$\frac{\partial \alpha \mathbf{u}}{\partial x} = \alpha \frac{\partial \mathbf{u}}{\partial x}$。
2. 令 $\mathbf{u} = \mathbf{u}(x)$，则 $\frac{\partial \mathbf{u}^\top}{\partial x} = \left( \frac{\partial \mathbf{u}}{\partial x} \right)^\top$。
3. 令 $\mathbf{v} = \mathbf{v}(x)$，则 $\frac{\partial (\mathbf{u} + \mathbf{v})}{\partial x} = \frac{\partial \mathbf{u}}{\partial x} + \frac{\partial \mathbf{v}}{\partial x}$。

**函数为向量函数，自变量为向量** 假设有向量 $\mathbf{x} = (x_1, x_2, \cdots, x_n)^\top$，函数 $\mathbf{y} = f(x)$：$\mathbb{R}^n \mapsto \mathbb{R}^m$，则函数 $\mathbf{y}$ 关于 $\mathbf{x}$ 的导数表示为

$$\nabla_{\mathbf{x}} f(x) = \frac{\partial \mathbf{y}}{\partial \mathbf{x}} = \begin{pmatrix} \partial y_1 / \partial x_1 & \cdots & \partial y_1 / \partial x_n \\ \vdots & \vdots & \vdots \\ \partial y_m / \partial x_1 & \cdots & \partial y_m / \partial x_n \end{pmatrix} \tag{2.51}$$

**性质** 向量函数关于向量的导数常用的性质如下：

1. 令 $\mathbf{u} = \mathbf{u}(\mathbf{x})$，$\forall \alpha \in \mathbb{R}$，$\frac{\partial \alpha \mathbf{u}}{\partial \mathbf{x}} = \alpha \frac{\partial \mathbf{u}}{\partial \mathbf{x}}$。
2. 令 $\mathbf{u} = \mathbf{u}(\mathbf{x})$，则 $\frac{\partial \mathbf{A}\mathbf{u}}{\partial \mathbf{x}} = \mathbf{A}\frac{\partial \mathbf{u}}{\partial \mathbf{x}}$。
3. 令 $\mathbf{v} = \mathbf{v}(\mathbf{x})$，则 $\frac{\partial (\mathbf{u}+\mathbf{v})}{\partial \mathbf{x}} = \frac{\partial \mathbf{u}}{\partial \mathbf{x}} + \frac{\partial \mathbf{v}}{\partial \mathbf{x}}$。

### 2.1.5.3 矩阵函数求导

矩阵函数的自变量为标量，值域为矩阵。

**函数为矩阵函数，自变量为标量**　假设有标量 $x$，函数 $\mathbf{Y} = f(x) : \mathbb{R} \mapsto \mathbb{R}^{m \times n}$，则函数 $\mathbf{Y}$ 关于 $x$ 的导数表示为

$$\nabla_x f(x) = \frac{\partial \mathbf{Y}}{\partial x} = \begin{pmatrix} \partial Y_{11}/\partial x & \cdots & \partial Y_{1n}/\partial x \\ \vdots & \vdots & \vdots \\ \partial Y_{m1}/\partial x & \cdots & \partial Y_{mn}/\partial x \end{pmatrix} \tag{2.52}$$

**性质** 矩阵函数关于标量的导数常用的性质如下：

1. 令 $\mathbf{U} = \mathbf{U}(\mathbf{x})$，$\forall \alpha \in \mathbb{R}$，$\frac{\partial \alpha \mathbf{U}}{\partial \mathbf{x}} = \alpha \frac{\partial \mathbf{U}}{\partial \mathbf{x}}$。
2. 令 $\mathbf{U} = \mathbf{U}(\mathbf{x})$，$\mathbf{V} = \mathbf{V}(\mathbf{x})$，则 $\frac{\partial (\mathbf{U}+\mathbf{V})}{\partial \mathbf{x}} = \frac{\partial \mathbf{U}}{\partial \mathbf{x}} + \frac{\partial \mathbf{V}}{\partial \mathbf{x}}$。
3. 令 $\mathbf{U} = \mathbf{U}(\mathbf{x})$，$\mathbf{V} = \mathbf{V}(\mathbf{x})$，则 $\frac{\partial \mathbf{U}\mathbf{V}}{\partial \mathbf{x}} = \mathbf{U}\frac{\partial \mathbf{V}}{\partial \mathbf{x}} + \frac{\partial \mathbf{U}}{\partial \mathbf{x}}\mathbf{V}$。

### 2.1.6 奇异值分解

矩阵分解是一种将矩阵分解为多个部分的方法，可以简化更复杂的矩阵运算。其中**奇异值分解 (Singular Value Decomposition，简称 SVD)** 是在机器学习领域广泛应用的算法，它不光可以用于降维算法中的特征分解，还可以用于推荐系统以及自然语言处理等领域，是很多机器学习算法的基石。

> **定义 2.26 奇异值分解**
>
> 对于一个 $m \times n$ 的矩阵 $\mathbf{A}$，$\mathbf{A}$ 的 SVD 分解可以写成如下形式：
>
> $$\mathbf{A} = \mathbf{U}\boldsymbol{\Sigma}\mathbf{V}^\top \tag{2.53}$$
>
> 其中 $\mathbf{U}$ 是 $m \times m$ 阶矩阵，满足 $\mathbf{U}^\top\mathbf{U} = \mathbf{I}$；$\boldsymbol{\Sigma}$ 是 $m \times n$ 阶非负实数对角矩阵，即主对角线以外的元素全为 0；$\mathbf{V}$ 是 $n \times n$ 阶矩阵，满足 $\mathbf{V}^\top\mathbf{V} = \mathbf{I}$。其中类似矩阵 $\mathbf{V}$ 这样的与自己的转置相乘为单位矩阵的矩阵被称为**酉矩阵（unitary matrix）**。

$\boldsymbol{\Sigma}$ 主对角线上的每个元素即为**奇异值**，可视为是在输入与输出间进行的标量的"膨胀控制"。这些值是 $\mathbf{A}\mathbf{A}^\top$ 和 $\mathbf{A}^\top\mathbf{A}$ 的特征值的非负平方根，并与 $\mathbf{U}$ 和 $\mathbf{V}$ 的行向量相对应。

那么如何求出公式（2.53）中的 $\mathbf{U}$，$\boldsymbol{\Sigma}$，$\mathbf{V}$ 这三个矩阵呢？步骤如下：

**步骤一**：将 $\mathbf{A}^\top$ 和 $\mathbf{A}$ 做矩阵乘法，得到 $n \times n$ 的方阵 $\mathbf{A}^\top \mathbf{A}$，其特征值和特征向量 $\mathbf{v}$ 满足下式：

$$(\mathbf{A}^\top \mathbf{A})\mathbf{v}_i = \lambda_i \mathbf{v}_i \tag{2.54}$$

将 $\mathbf{A}^\top \mathbf{A}$ 的 $n$ 个特征向量组成 $n \times n$ 的矩阵，即为公式（2.53）中的矩阵 $\mathbf{V}$。一般将 $\mathbf{V}$ 中的每个特征向量称作 $\mathbf{A}$ 的右奇异向量。

**步骤二**：将 $\mathbf{A}$ 和 $\mathbf{A}$ 的转置做矩阵乘法，得到 $m \times m$ 的方阵 $\mathbf{A}\mathbf{A}^\top$，其特征值和特征向量 $\mathbf{u}$ 满足下式：

$$(\mathbf{A}\mathbf{A}^\top)\mathbf{u}_i = \lambda_i \mathbf{u}_i \tag{2.55}$$

将 $\mathbf{A}\mathbf{A}^\top$ 的 $m$ 个特征向量组成 $m \times m$ 的矩阵，即为公式（2.53）中的矩阵 $\mathbf{U}$。一般将 $\mathbf{U}$ 中的每个特征向量称作 $\mathbf{A}$ 的左奇异向量。

**步骤三**：设矩阵 $\mathbf{\Sigma}$ 主对角线上的奇异值为 $\sigma$，由于 $\mathbf{V}$ 是酉矩阵，因此对公式（2.53）可以做如下转换：

$$\mathbf{A} = \mathbf{U}\mathbf{\Sigma}\mathbf{V}^\top \Rightarrow \mathbf{A}\mathbf{V} = \mathbf{U}\mathbf{\Sigma}\mathbf{V}^\top \mathbf{V} = \mathbf{U}\mathbf{\Sigma} \Rightarrow \mathbf{A}\mathbf{v}_i = \mathbf{u}_i \sigma_i \tag{2.56}$$

由此可以求出每个奇异值 $\sigma_i$，进而得到奇异值矩阵 $\mathbf{\Sigma}$。

**例题 2.6** 假设有矩阵 $\mathbf{A} = \left( \begin{smallmatrix} 0 & 1 \\ 1 & 1 \\ 1 & 0 \end{smallmatrix} \right)$，对其进行奇异值分解。

**解** 步骤如下：

**步骤一**：求出 $\mathbf{A}^\top \mathbf{A}$ 和 $\mathbf{A}\mathbf{A}^\top$：

$$\mathbf{A}^\top \mathbf{A} = \begin{pmatrix} 2 & 1 \\ 1 & 2 \end{pmatrix}, \qquad \mathbf{A}\mathbf{A}^\top = \begin{pmatrix} 1 & 1 & 0 \\ 1 & 2 & 1 \\ 0 & 1 & 1 \end{pmatrix} \tag{2.57}$$

**步骤二**：求出 $\mathbf{A}^\top \mathbf{A}$ 的特征值及特征向量：

$$\lambda_1 = 3, \lambda_2 = 1,$$
$$\mathbf{v}_1 = (\frac{1}{\sqrt{2}}, \frac{1}{\sqrt{2}})^\top, \mathbf{v}_2 = (-\frac{1}{\sqrt{2}}, \frac{1}{\sqrt{2}})^\top \tag{2.58}$$

**步骤三**：求出 $\mathbf{A}\mathbf{A}^\top$ 的特征值及特征向量：

$$\lambda_1 = 3, \ \lambda_2 = 1, \ \lambda_3 = 0,$$
$$\mathbf{u}_1 = (\frac{1}{\sqrt{6}}, \frac{2}{\sqrt{6}}, \frac{1}{\sqrt{6}})^\top, \ \mathbf{u}_2 = (\frac{1}{\sqrt{2}}, 0, -\frac{1}{\sqrt{2}})^\top, \ \mathbf{u}_3 = (\frac{1}{\sqrt{3}}, -\frac{1}{\sqrt{3}}, \frac{1}{\sqrt{3}})^\top \tag{2.59}$$

**步骤四**：将特征向量组合得到矩阵 $\mathbf{U}$ 和 $\mathbf{V}$：

$$\mathbf{U} = \begin{pmatrix} \frac{1}{\sqrt{6}} & \frac{1}{\sqrt{2}} & \frac{1}{\sqrt{3}} \\ \frac{2}{\sqrt{6}} & 0 & -\frac{1}{\sqrt{3}} \\ \frac{1}{\sqrt{6}} & -\frac{1}{\sqrt{2}} & \frac{1}{\sqrt{3}} \end{pmatrix}, \mathbf{V} = \begin{pmatrix} \frac{1}{\sqrt{2}} & -\frac{1}{\sqrt{2}} \\ \frac{1}{\sqrt{2}} & \frac{1}{\sqrt{2}} \end{pmatrix} \tag{2.60}$$

**步骤五**：利用 $\mathbf{A}^\top \mathbf{A}$ 的特征值的算术平方根求得奇异值为 $\sqrt{3}$ 和 $1$。最终得到 $\mathbf{A}$ 的

奇异值分解为

$$\mathbf{A} = \mathbf{U}\mathbf{\Sigma}\mathbf{V}^\top = \begin{pmatrix} \frac{1}{\sqrt{6}} & \frac{1}{\sqrt{2}} & \frac{1}{\sqrt{3}} \\ \frac{2}{\sqrt{6}} & 0 & -\frac{1}{\sqrt{3}} \\ \frac{1}{\sqrt{6}} & -\frac{1}{\sqrt{2}} & \frac{1}{\sqrt{3}} \end{pmatrix} \begin{pmatrix} \sqrt{3} & 0 \\ 0 & 1 \\ 0 & 0 \end{pmatrix} \begin{pmatrix} \frac{1}{\sqrt{2}} & \frac{1}{\sqrt{2}} \\ -\frac{1}{\sqrt{2}} & \frac{1}{\sqrt{2}} \end{pmatrix} \tag{2.61}$$

在机器学习领域中，SVD 分解可以用于进行数据压缩和去噪，也可以用于推荐算法，将用户和喜好对应的矩阵做特征分解，进而得到隐含的用户需求来做推荐。

## ✍ 习题 ✍

**习题 2.1** **范数**。

(1) 对于向量 $\mathbf{a} = (-4, 2, 5)^\top$，计算其 $\ell_1$ 范数、$\ell_2$ 范数及 $\ell_\infty$ 范数。

(2) 对于矩阵 $\mathbf{A} = \left( \begin{smallmatrix} 5 & 3 & -6 \\ -4 & 1 & 2 \end{smallmatrix} \right)$，计算其 $\ell_1$ 诱导范数、$\ell_\infty$ 诱导范数、谱范数、Frobenius 范数及核范数。

**习题 2.2** **矩阵的秩**。实矩阵 $\mathbf{A} \in \mathbb{R}^{n \times p}$：

(1) 若 $\mathbf{u} \in N(\mathbf{A})$，证明：$\mathbf{u} \in N(\mathbf{A}^\top \mathbf{A})$。

(2) 证明：方程组 $\mathbf{A}\mathbf{x} = \mathbf{0}$ 与 $\mathbf{A}^\top \mathbf{A}\mathbf{x} = \mathbf{0}$ 同解。

(3) 若 $\mathrm{rank}(\mathbf{A}) = p \, (p < n)$，求 $\mathbf{A}$ 的零空间 $N(\mathbf{A})$。

(4) 若 $\mathrm{rank}(\mathbf{A}) = p \, (p < n)$，证明：$\mathbf{A}^\top \mathbf{A}$ 的秩也为 $p$。

**习题 2.3** 对于一个 $m \times n \, (m > n)$ 实矩阵 $\mathbf{A}$，证明：除 0 以外，$\mathbf{A}^\top \mathbf{A}$ 与 $\mathbf{A}\mathbf{A}^\top$ 不存在不同的特征值。

**习题 2.4** **矩阵的正定性**。实对称矩阵 $\mathbf{A} \in \mathbb{R}^{n \times n}$ 是正定矩阵。

(1) 说明 $\mathbf{A}$ 可逆，并证明：$\mathbf{A}^{-1}$ 也是正定的。

(2) 若 $\mathbf{Q}$ 是任意一个 $n \times n$ 正交矩阵，证明：$\mathbf{Q}\mathbf{A}\mathbf{Q}^\top = \mathbf{Q}\mathbf{A}\mathbf{Q}^{-1}$ 是正定的。

(3) 证明：$\mathbf{A}$ 的特征值都大于 0。

(4) 证明：分块矩阵

$$\mathbf{B} = \begin{pmatrix} \mathbf{A} & \mathbf{A} \\ \mathbf{A} & \mathbf{A} \end{pmatrix}$$

是半正定的。

**习题 2.5** **向量、矩阵求导**。$\mathbf{A} \in \mathbb{R}^{n \times n}, \mathbf{x} \in \mathbb{R}^n$。计算下列导数：

(1) $\frac{\partial}{\partial \mathbf{x}} \mathbf{A}\mathbf{x}$。

(2) $\frac{\partial}{\partial \mathbf{x}} \mathbf{x}^\top \mathbf{A}\mathbf{x}$。

(3) $\frac{\partial}{\partial \mathbf{A}} \mathrm{tr}(\mathbf{A}^\top \mathbf{A})$。

(4) $\frac{\partial}{\partial \mathbf{A}} \log \det(\mathbf{A})$。

## 2.2 概率论与数理统计

概率论是集中研究概率及随机现象的数学分支，是研究随机性或不确定性等现象的数学。概率论的主要研究对象是随机事件、随机变量以及随机过程。而统计学则是在资料分析的基础上，研究测定、收集、整理、归纳和分析反映数据资料，以便给出正确信息的科学[1]。

### 2.2.1 概率论与机器学习

事件的概率是刻画该事件发生的可能性的数量指标。虽然在一次随机试验中某个事件的发生是带有偶然性的，但那些可在相同条件下大量重复的随机试验却往往呈现出明显的数量规律。不确定性和随机性可能来自多个方面，在数学中，使用概率论来量化不确定性。

图2.1展示了概率论与机器学习的关系。概率论在机器学习中扮演着一个核心角色，因为机器学习算法的设计通常依赖于对数据的概率假设。

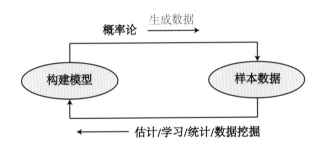

图 2.1 概率论与机器学习之间的关系

### 2.2.2 事件与事件空间

**定义 2.27 基本事件**

在试验中可直接观察到的、最基本的不能再分解的结果称为基本事件。 ♣

**定义 2.28 事件**

试验中所有结果的集合或其子集被称为事件。 ♣

**两者联系：**基本事件（也称为原子事件或简单事件）是试验的单一结果，而事件则包含对所有结果的组合，甚至包括空集和样本空间。

### 2.2.3 样本空间与事件空间

---
**定义 2.29 样本空间**

试验中所有可能结果组成的集合被称为样本空间 $O$。

---

---
**定义 2.30 事件空间**

试验中所有可能事件的集合被称为事件空间[a]$S$。

---
[a]在概率论中，事件空间 $S$ 不一定是 $O$ 的幂集。但一般情况下，大多数常用的 $O$ 的子集都在 $S$ 中。

---

**两者联系：** 样本空间包含着所有的基本事件，所有的基本事件的发生概率相加为 1，而事件空间则包含着所有的事件，事件之间不一定相互独立，所有事件的发生概率相加为 $2^{n-1}$（$n$ 表示基本事件个数）。

### 2.2.4 常用结论

---
**定义 2.31 概率的公理化定义**

对于样本空间 $O$ 中的任意事件 $A$，赋予唯一的实数 $\mathbb{P}(A)$ 使其满足：

1. 非负性：$0 \leqslant \mathbb{P}(A) \leqslant 1$。
2. 规范性：$\mathbb{P}(O) = 1$。
3. 可列可加性：对任意可列无穷多个互不相容的随机事件 $A_1, A_2, \cdots, A_n, \cdots$ 有

$$\mathbb{P}\left(\bigcup_{i=1}^{\infty} A_i\right) = \sum_{i=1}^{\infty} \mathbb{P}(A_i) \tag{2.62}$$

就称实值集合函数 $\mathbb{P}(\cdot)$ 是一个概率测度，$\mathbb{P}(A)$ 称为事件 $A$ 的概率[2]。

---

图2.2展示了一些生活中常见的事件的概率作为示例。

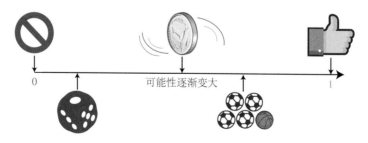

**图 2.2　概率的范围示例**

下面为大家介绍一些概率的重要性质：

**性质** 概率的重要性质：

1. 不可能事件 $\emptyset$ 的概率 $\mathbb{P}(\emptyset) = 0$。

2. 对任意有限多个互不相容的随机事件 $A_1, A_2, \cdots, A_n$, 有

$$\mathbb{P}\left(\bigcup_{i=1}^{n} A_i\right) = \sum_{i=1}^{n} \mathbb{P}(A_i) \tag{2.63}$$

公式（2.63）称为有限可加性。

**推论 2.1**

对于一个离散样本空间 $O$, 用 $B_i$ 表示基本事件，因为基本事件之间是互斥的，故样本空间的概率可以表示为所有基本事件的和：

$$\mathbb{P}(O) = \sum_i \mathbb{P}(B_i) = 1$$

图2.3展示了这一推论的含义。

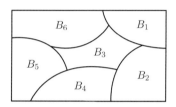

**图 2.3** 样本空间的概率分布示例

**定理 2.1 概率论中的容斥原理**

有两个不同事件，分别用 $A$ 和 $B$ 表示，$A \cap B$ 表示 $A$ 且 $B$, 即事件 A 与事件 B 的交集，有等式

$$\mathbb{P}(A \cup B) = \mathbb{P}(A) + \mathbb{P}(B) - \mathbb{P}(A \cap B)$$

当然也可以用 or 和 and 的逻辑符表达该式：

$$\mathbb{P}(A\, or\, B) = \mathbb{P}(A) + \mathbb{P}(B) - \mathbb{P}(A\, and\, B)$$

**推论 2.2**

对于定理2.1，对等式两边的式子稍作变换，$\sim B$ 表示事件 $B$ 的补集，已知

$$\mathbb{P}(A \cap \sim B) = \mathbb{P}(A \cup B) - \mathbb{P}(B)$$

故有推论：

$$\mathbb{P}(A) = \mathbb{P}(A \cap B) + \mathbb{P}(A \cap \sim B)$$

**推论 2.3**

对于定理2.1，若 $B = \sim A$, 则 $\mathbb{P}(A \cup \sim A) = 1$, 则等式可以改写为

$$\mathbb{P}(not\, A) = \mathbb{P}(\sim A) = 1 - \mathbb{P}(A)$$

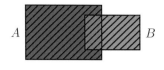
图 2.4 $\mathbb{P}(A \cup B)$ 示意图

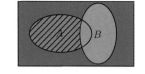
图 2.5 $\mathbb{P}(A \cap \sim B)$ 示意图

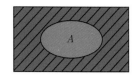
图 2.6 $\mathbb{P}(\text{not } A)$ 示意图

图2.4、图2.5和图2.6形象地解释了概率的容斥原理及其推论。其中，阴影分布分别表示 $\mathbb{P}(A \cup B)$、$\mathbb{P}(A \cap \sim B)$、$\mathbb{P}(\text{not } A)$。

## 2.2.5 随机变量

### 2.2.5.1 随机变量的定义以及其类型

一个随机试验可产生多个结果，我们有时候想要了解满足某个属性的事件的概率是多少，但是对于每一个属性的值都要定义一个事件，显得十分麻烦。故需要一个函数，从样本空间 $O$ 映射到属性空间 $T$。为了让表示事件更加简洁方便，定义**随机变量（random variable）**。

> **定义 2.32 随机变量**
>
> 样本空间 $O$ 上的单值实值函数 $X = X(\omega)$，$\omega \in O$，其中 $\omega$ 为样本点，称为随机变量。

随机变量在不同的条件下由于偶然因素影响，可能取各种不同的值，故其具有不确定性和随机性，但这些取值落在某个范围内的概率是一定的。随机变量通常用大写英文字母或小写希腊字母来表示，从上面的定义注意到，随机变量本质上是函数。

随机变量可分为离散型随机变量和连续型随机变量。

> **定义 2.33 离散型随机变量**
>
> 如果随机变量 $X$ 的取值是有限的或者是可数无穷尽的值，则称 $X$ 为离散型随机变量。

> **定义 2.34 连续型随机变量**
>
> 如果随机变量 $X$ 的值域由全部实数或者一部分区间组成，则称 $X$ 为连续型随机变量。

### 2.2.5.2 随机变量的分布

参数为 $k$ 的离散型随机变量 $X$ 可以取集合 $\{x_1, \cdots, x_k\}$ 中的一个值。

> **定义 2.35 概率质量函数**
>
> 离散型随机变量的**概率质量函数**（Probability Mass Function，简称 **PMF**）为 $P_X(x) = \mathbb{P}(X = x)^a$。PMF 是离散随机变量在各特定取值上的概率。
>
> ―――――――――――――――
> [a]当不会产生随机变量间的混淆时，$P_X(x)$ 可以写作 $P(x)$。

**性质** 概率质量函数的性质：

1. $\sum_i \mathbb{P}(X = x_i) = 1$。
2. $\mathbb{P}(X = x_i \cap X = x_j) = 0 (i \neq j)$。
3. $\mathbb{P}(X = x_i \cup X = x_j) = \mathbb{P}(X = x_i) + \mathbb{P}(X = x_j)(i \neq j)$。
4. $\mathbb{P}(X = x_1 \cup X = x_2 \cup \cdots \cup X = x_k) = 1$。

**例 2.4** 投一枚硬币，只会产生两个结果：正面朝上或反面朝上。其中正面朝上的概率为 $p$。像这种只产生两种可能结果的试验被称为伯努利试验。如果投一枚硬币 $k$ 次，随机变量 $X$ 为正面朝上的次数，那么 $X$ 为离散型随机变量，其取值范围为 $\{0, 1, 2, \cdots, k\}$，$X$ 满足参数为 $k$ 和 $p$ 的二项分布。

离散型随机变量常见的分布有离散均匀分布和二项分布。离散均匀分布即随机变量 $X$ 可以取 $N$ 个值，取到每个值的概率是相同的，即 $\mathbb{P}(X = i) = \frac{1}{N}$。例如投骰子，每个面朝上的概率都为 $\frac{1}{6}$。二项分布为重复 $k$ 次独立的伯努利试验成功次数的分布，每次成功概率为 $p$ 的话，$\mathbb{P}(X = i) = C_k^i p^i (1-p)^{k-i}$，记作 $X \sim B(k, p)$。例如投 $k$ 次硬币，其中正面朝上的次数 $X \sim B(k, \frac{1}{2})$。当 $k = 1$ 时，又称为**伯努利分布**（Bernoulli distribution）或 0-1 分布。

> **定义 2.36 概率密度函数**
>
> 在数学中，连续型随机变量的**概率密度函数**（probability density function）是描述随机变量的输出值在某个确定的取值点附近的可能性的函数。

连续型随机变量常见的分布有均匀分布、指数分布和正态分布。一个均匀分布在区间 $[a, b]$ 上的连续型随机变量 $X$ 可给出如下函数：

$$f(x) = \begin{cases} \dfrac{1}{b - a}, & a \leqslant x \leqslant b \\ 0, & \text{其他} \end{cases}$$

对于连续型随机变量，一个指数分布的概率密度函数是：

$$f(x; \lambda) = \begin{cases} \lambda \mathrm{e}^{-\lambda x}, & x \geqslant 0 \\ 0, & x < 0 \end{cases}$$

**正态分布**（normal distribution）又名**高斯分布**（Gaussian distribution），是一个很常见的连续概率分布。正态分布十分重要，它经常用来代表一个不明的随机变量。常用 $X \sim \mathcal{N}(\mu, \sigma^2)$ 来表示随机变量 $X$ 服从一个位置参数为 $\mu$、尺度参数为 $\sigma$ 的正态分布，

其概率密度函数为

$$f(x) = \frac{1}{\sigma\sqrt{2\pi}} \mathrm{e}^{-\frac{(x-\mu)^2}{2\sigma^2}}$$

> **定义 2.37 概率分布函数**
>
> 在数学中，概率分布函数（probability distribution function）又名累积分布函数（accumulative distribution function），是描述随机变量的取值小于某一数值的概率的函数。对于随机变量 $X$，其概率分布函数为 $F(x) = \mathbb{P}(X \leqslant x)$。♣

由上述定义容易得到，$F(-\infty) = 0$，$F(\infty) = 1$。概率分布函数描述了随机变量的统计特性。对于离散型随机变量 $\mathbb{P}(X = x_i) = p_i, i = 1, 2, \cdots, n$，其概率分布函数为

$$F(x) = \sum_{x_i \leqslant x} p_i \tag{2.64}$$

对于连续型随机变量 $X$，记 $X$ 的概率密度函数为 $f(x)$，则其概率分布函数为

$$F(x) = \int_{-\infty}^{x} f(x)\mathrm{d}x \tag{2.65}$$

### 2.2.5.3 随机变量的数字特征

对随机变量，我们想要知道它们的一些特征以便快速了解它们，这些特征相对应的指标便是随机变量的数字特征。

- **数学期望**（mathematical expectation）：亦称**期望值**（expected value）或**期望**（expectation），反映随机变量平均取值的大小。随机变量 $X$ 的期望一般用 $\mathbb{E}(X)$ 表示，其表达式为

$$\mathbb{E}(X) = \int x \cdot f(x)\mathrm{d}x \tag{2.66}$$

**性质** 期望的基本性质：

1. $\mathbb{E}(X + Y) = \mathbb{E}(X) + \mathbb{E}(Y)$。
2. $\mathbb{E}(aX) = a\mathbb{E}(X)$。
3. 如果 $X$ 和 $Y$ 这两个变量是独立的，那么则有 $\mathbb{E}(XY) = \mathbb{E}(X)\mathbb{E}(Y)$。

关于随机变量的独立性，会在之后的内容中进行介绍。

- **方差**（variance）：在概率论中用于度量随机变量和其数学期望之间的偏离程度。随机变量 $X$ 的方差一般用 $\mathbf{Var}(X)$ 表示，设随机变量 $X$ 的期望 $\mathbb{E}(X) = \mu$，则方差的表达式为

$$\mathbf{Var}(X) = \mathbb{E}\big((X - \mu)^2\big) \tag{2.67}$$

**性质** 方差的基本性质：

1. $\mathbf{Var}(aX + b) = a^2\mathbf{Var}(X)$，其中，$a, b$ 为常数。
2. 如果 $X$ 和 $Y$ 这两个变量是独立的，那么则有 $\mathbf{Var}(X+Y) = \mathbf{Var}(X) + \mathbf{Var}(Y)$。

- **协方差（covariance）**：用于衡量两个随机变量的联合变化程度。方差是协方差的一种特殊情况，即变量与自身的协方差。两个变量之间的协方差记为 **cov**，设 $\mathbb{E}(X) = \mu$，$\mathbb{E}(Y) = \nu$，其表达式为

$$\mathbf{cov} = \mathbb{E}\big((X - \mu)(Y - \nu)\big) = \mathbb{E}(XY) - \mu\nu \tag{2.68}$$

- **皮尔逊相关系数（Pearson correlation coefficient）**：亦称为**相关系数**或**线性相关系数**，一般用于度量两个随机变量之间的**线性关系**，其表达式为

$$\rho(X, Y) = \frac{\mathbf{cov}(X, Y)}{\sigma_x \sigma_y} \tag{2.69}$$

其中，$\mathbf{cov}(X, Y)$ 表示 $X$ 和 $Y$ 的协方差；$\sigma_x$ 和 $\sigma_y$ 表示 $X$ 和 $Y$ 的标准差。相关系数的取值范围为

$$-1 \leqslant \rho(X, Y) \leqslant 1$$

- 其他性质：
  1. 当 $X = x$ 时，$Y$ 的条件期望为 $\mathbb{E}(Y \mid X = x) = \int y \cdot p(y \mid x) dy$。
  2. 总的期望可以用条件期望来表达：$\mathbb{E}(Y) = \mathbb{E}\big(\mathbb{E}(Y \mid X)\big) = \int \mathbb{E}(Y \mid X = x) \cdot P_X(x) dx$。
  3. 总的方差公式为 $\mathbf{Var}(Y) = \mathbf{Var}\big(\mathbb{E}(Y \mid X)\big) + \mathbb{E}\big(\mathbf{Var}(Y \mid X)\big)$。

### 2.2.6 联合概率分布、条件概率分布和边缘分布

> **定义 2.38 联合概率分布**
>
> 联合概率分布是指在多元概率分布中，多个随机变量分别满足各自条件的概率分布。 ♣

联合概率记作 $\mathbb{P}(x_i, y_j)$，表示随机变量 $X = x_i$ 和 $Y = y_j$ 所代表的事件同时发生的概率。

> **定义 2.39 边缘分布**
>
> 边缘分布指在概率论和统计学的多维随机变量中，只包含其中部分变量的概率分布。 ♣

> **定义 2.40 条件概率**
>
> 条件概率指事件 $A$ 在事件 $B$ 发生的条件下发生的概率，记作 $\mathbb{P}(A \mid B)$。 ♣

条件概率有时也称为后验概率。条件概率的定义式为

$$\mathbb{P}(A \mid B) = \frac{\mathbb{P}(A, B)}{\mathbb{P}(B)} \tag{2.70}$$

下面介绍几种概率的常用计算方法：

- 联合概率：可以用链式法则来计算，链式法则与条件概率的定义式是一致的。

$$\mathbb{P}(A, B) = \mathbb{P}(B \mid A)\mathbb{P}(A)$$
$$= \mathbb{P}(A \mid B)\mathbb{P}(B) \tag{2.71}$$

- 边缘概率：可以用**全概率公式**（law of total probability）来计算：

> **定理 2.2 全概率公式**
>
> 对于随机事件 A、B，若 $\sum_i \mathbb{P}(B_i) = 1$ 且 $B_i$ 之间两两互斥，有
>
> $$\mathbb{P}(A) = \sum_i \mathbb{P}(B_i)\mathbb{P}(A \mid B_i) \tag{2.72}$$

图2.7表示了全概率公式的意义。事件 $A$ 与不同的 $B$ 事件有重合，$\mathbb{P}(B_i)\mathbb{P}(A \mid B_i)$ 就表示 $A$ 与 $B_i$ 同时发生的概率，相当于图中 $A$ 与 $B_i$ 相交的部分。把 $A$ 与每个 $B_i$ 相交的部分都相加，便可以得到 $A$ 的概率。

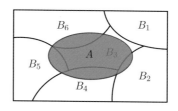

**图 2.7**　全概率公式示意图

又如图2.7所示的例子中，$\mathbb{P}(X = x_i)$ 的概率可以表示为

$$\mathbb{P}(X = x_i) = \sum_j \mathbb{P}(X = x_i \mid Y = y_j)\mathbb{P}(Y = y_j)$$
$$= \sum_j \mathbb{P}(X = x_i, Y = y_j) \tag{2.73}$$

- 条件概率：除了使用定义式以外，还可以使用**贝叶斯定理**（Bayes' theorem）：

> **定理 2.3 贝叶斯定理**
>
> 对于随机事件 A、B，若 $\sum_i \mathbb{P}(A_i) = 1$ 且 $A_i$ 之间两两互斥，有
>
> $$\mathbb{P}(A_i \mid B) = \frac{\mathbb{P}(B \mid A_i)\mathbb{P}(A_i)}{\mathbb{P}(B)} = \frac{\mathbb{P}(B \mid A_i)\mathbb{P}(A_i)}{\sum_j \mathbb{P}(B \mid A_j)\mathbb{P}(A_j)} \tag{2.74}$$
>
> 其中，$\mathbb{P}(A)$、$\mathbb{P}(B)$ 分别被称为事件 A、B 的先验概率；$\mathbb{P}(A \mid B)$、$\mathbb{P}(B \mid A)$ 分别被称为事件 A、B 的后验概率。

贝叶斯定理不难使用条件概率定义和链式法则推出，且定理中的分母常可以用全概率公式来表示。下面是利用贝叶斯定理来计算条件概率的一个例子：

例 2.5 若有一个从外部无法看见里面的黑盒，装有 3 个红球和 1 个蓝球，每次从中不放回地取出 1 个球，那么在第二次取出的球为红色的条件下，第一次取出的球

也为红色的概率可利用贝叶斯定理进行计算。记事件 $A_i$ 为第 $i$ 次取出的球为红球，则有

$$\mathbb{P}(A_1 \mid A_2) = \frac{\mathbb{P}(A_2 \mid A_1)\mathbb{P}(A_1)}{\mathbb{P}(A_2)} = \frac{\frac{1}{3} \times \frac{1}{4}}{\frac{1}{4}} = \frac{1}{3}$$

### 2.2.7 独立性

#### 2.2.7.1 随机事件的独立性

在有些情况下，两个随机事件 $A, B$ 各自发生的概率与彼此是否发生无关。例如，第一次掷硬币出现正面，与第二次掷硬币是否出现正面是无关的。对于一般的随机事件，可以引入下列独立的概念：

> **定义 2.41 随机事件的独立性**
>
> 设 $A, B$ 是两个随机事件，若 $\mathbb{P}(AB) = \mathbb{P}(A)\mathbb{P}(B)$，则称 $A, B$ 是相互独立的。♣

由定义2.41容易得到以下定理：

> **定理 2.4**
>
> 设 $A, B$ 是两个概率非 0 的随机事件，则 $A, B$ 相互独立的充要条件是下式之一成立：
>
> $$\mathbb{P}(B \mid A) = \mathbb{P}(B), \ \mathbb{P}(A \mid B) = \mathbb{P}(A)$$
> ♦

容易将两个事件的独立性推广到 $n$ 个随机事件：

> **定义 2.42 多随机事件的独立性**
>
> 对 $n$ 个随机事件 $A_1, A_2, \cdots, A_n$，称它们是相互独立的当且仅当其中任意 $k(2 \leqslant k \leqslant n)$ 个事件满足
>
> $$\mathbb{P}(A_1, A_2, \cdots, A_k) = \mathbb{P}(A_1)\mathbb{P}(A_2) \cdots \mathbb{P}(A_k)$$
> ♣

#### 2.2.7.2 随机变量的独立性

§2.2.7.1中的定义、定理，也可以类似地推广到随机变量中。利用随机事件的独立性，可以定义随机变量的独立性：

> **定义 2.43 随机变量的独立性**
>
> 设随机变量 $X$ 和 $Y$ 的联合分布函数为 $F(x, y)$，$F_X(x), F_Y(y)$ 分别为各自的分布函数。若对任意 $x, y \in \mathbb{R}$ 有
>
> $$F(x, y) = F_X(x)F_Y(y)$$
>
> 则称 $X, Y$ 相互独立，记为 $X \perp Y$。♣

对于离散和连续两种情况，有以下定理：

> **定理 2.5**
>
> 设离散随机变量 $X$ 和 $Y$ 的联合分布律为
>
> $$\mathbb{P}(X = x_i, Y = y_j) = p_{ij}, \ i, j = 1, 2, \cdots$$
>
> 则 $X, Y$ 相互独立的充要条件是对一切的 $x_i, y_i$，
>
> $$\mathbb{P}(X = x_i, Y = y_j) = \mathbb{P}(X = x_i)\mathbb{P}(Y = y_j)$$
>
> ♦

> **定理 2.6**
>
> 设连续随机变量 $X$ 和 $Y$ 的联合概率密度函数为 $f(x, y)$，$f(x), f(y)$ 分别为各自的边缘密度函数，则 $X, Y$ 相互独立的充要条件是对任意的 $\mathbf{x}, \mathbf{y}$，$f(\mathbf{x}, \mathbf{y}) = f(\mathbf{x})f(\mathbf{y})$。 ♦

### 2.2.7.3 条件独立性

若 $A, B$ 两个事件的独立性由第三个事件 $C$ 决定，那么此时 $A, B$ 就被称为条件独立。

> **定义 2.44 条件独立**
>
> 设随机变量 $X$ 和 $Y$ 的分布函数为 $F_X(x), F_Y(y)$，联合分布函数为 $F(x, y)$，若对任意 $x, y \in \mathbb{R}$ 和任意满足 $\mathbb{P}(Z \leqslant z) > 0$ 的 $z$ 有
>
> $$F(x, y \mid Z = z) = F_X(x \mid Z = z)F_Y(y \mid Z = z) \tag{2.75}$$
>
> 则称 $X, Y$ 在 $Z$ 的条件下相互独立，记为 $X \perp Y \mid Z$。 ♣

对 §2.2.7.1 和 §2.2.7.2 中的定理，也可以推广到条件独立性中来。需要注意的是，条件独立与独立无关，并非包含与被包含关系。也就是说，两变量条件独立并不意味着它们独立，反之亦然。

例 2.6 有两袋小球，甲袋中装有 1 个红球和 1 个蓝球，乙袋中装有 2 个黄球，现任选一个袋子，从中先后拿出 2 个小球，记 $X$ 为第一次拿出的小球颜色，$Y$ 为第二次拿出的小球颜色，$Z$ 为选取的袋子。若以 $X, Y = 0, 1, 2$ 分别表示第一次、第二次取出红、蓝、黄球，以 $Z = 1, 2$ 表示甲、乙袋，可以写出在 $Z = 2$ 条件下的联合分布律：

$$\mathbb{P}(X = i, Y = j \mid Z = 2) = \begin{cases} 1, & i = j = 2 \\ 0, & \text{其他} \end{cases}$$

此时两随机变量 $X, Y$ 各自的边缘分布律为

$$\mathbb{P}(X = i \mid Z = 2) = \mathbb{P}(Y = j \mid Z = 2) = \begin{cases} 1, & i \text{ 或者 } j = 2 \\ 0, & \text{其他} \end{cases}$$

不难验证

$$\mathbb{P}(X = i, Y = j \mid Z = 2) = \mathbb{P}(X = i \mid Z = 2)\mathbb{P}(Y = j \mid Z = 2)$$

这表明两次拿出的小球颜色在 $Z = 2$ 的条件下是相互独立的。显然，乙袋中只有黄球，因此不论哪一次，取出的球必定是黄色，从而自然相互独立。

但若选取的是甲袋，情况就不一样了。容易验证

$$\mathbb{P}(X = 0, Y = 0 \mid Z = 1) = 0$$

但由于

$$\mathbb{P}(X = 0 \mid Z = 1) = 0.5$$
$$\mathbb{P}(Y = 0 \mid Z = 1) = 0.5$$

因而

$$\mathbb{P}(X = 0, Y = 0 \mid Z = 1) \neq \mathbb{P}(X = 0 \mid Z = 1)\mathbb{P}(Y = 0 \mid Z = 1)$$

即 $X, Y$ 在 $Z = 1$ 的条件下并不相互独立。从常识出发也容易理解，甲袋中有 2 个颜色不同的球，此时第一次取出的球的颜色决定了第二次取出的颜色，意味着 $X$ 与 $Y$ 存在相关性。

## 2.2.8 极限定理

### 2.2.8.1 大数定律

生活经验告诉我们，对于抛硬币的事件，当抛了成百上千次时，出现正面的频率和出现反面的频率均会趋近于 $\frac{1}{2}$。这其实就是**大数定律（law of large numbers）**的直观体现。

---

**定理 2.7 大数定律**

对于独立同分布的随机变量序列 $X_1, X_2, \cdots, X_n$，记它们的期望值为 $\mathbb{E}(X_1) = \mathbb{E}(X_2) = \cdots \mathbb{E}(X_n) = \mu$，记它们的均值为

$$\bar{X}_n = \frac{1}{n} \sum_{i=1}^{n} X_i$$

若当 $n$ 趋近于无穷大时，均值 $\bar{X}_n$ 收敛于期望值 $\mu$，即

$$\bar{X}_n \to \mu, n \to \infty$$

则称该随机变量序列满足大数定律。 ◆

---

下面，介绍几种常见的大数定律。

---

**定理 2.8 切比雪夫大数定律**

对于相互独立的随机变量序列 $X_1, X_2, \cdots, X_n$，记它们的期望值为 $\mathbb{E}(X_i)$，方差为 $\mathbf{Var}(X_i)$。若对 $i = 1, 2, \cdots, n$，存在常数 $C$ 使得 $\mathbf{Var}(X_i) \leqslant C$，则对任意 $\varepsilon > 0$，

---

有

$$\lim_{n \to \infty} \mathbb{P}(|\frac{1}{n}\sum_{i=1}^{n}X_i - \frac{1}{n}\sum_{i=1}^{n}\mathbb{E}(X_i)| < \varepsilon) = 1$$

切比雪夫大数定律的具体含义是，当 $n$ 足够大时，对于随机变量 $X_1, X_2, \cdots, X_n$，它们的平均值将无限接近于各自期望值的平均值。

**定理 2.9 伯努利大数定律**

记 $\mu$ 为 $n$ 次独立试验中事件 A 以概率 $p$ 发生的次数，则对任意 $\varepsilon > 0$，有

$$\lim_{n \to \infty} \mathbb{P}(|\frac{\mu}{n} - p| < \varepsilon) = 1$$

伯努利大数定律是切比雪夫大数定律的特例。由上述定义容易得出，当 $n$ 足够大时，事件 A 出现的频率将无限接近于其发生的概率。

**定理 2.10 辛钦大数定律**

对于独立同分布的随机变量序列 $X_1, X_2, \cdots, X_n$，记它们的期望值为 $\mathbb{E}(X_1) = \mathbb{E}(X_2) = \cdots = \mathbb{E}(X_n) = \mu$，若对于 $i = 1, 2, \cdots, n$，期望值 $\mathbb{E}(X_i)$ 存在，则对任意 $\varepsilon > 0$，有

$$\lim_{n \to \infty} \mathbb{P}(|\frac{1}{n}\sum_{i=1}^{n}X_i - \mu| < \varepsilon) = 1$$

辛钦大数定律又称辛钦定理[3]，其含义是，当 $n$ 足够大时，对于独立同分布的随机变量 $X_1, X_2, \cdots, X_n$，它们的平均值将无限接近于服从的分布的期望值。

### 2.2.8.2 中心极限定理

**定理 2.11 中心极限定理**

对于相互独立的随机变量序列 $X_1, X_2, \cdots, X_n$，记它们的期望值为 $\mathbb{E}(X_k) = \mu_k$，方差为 $\mathbf{Var}(X_k) = \sigma_k^2$，记

$$B_k^2 = \sum_{i=1}^{k}\sigma_i^2, \qquad Y_k = \sum_{i=1}^{k}\frac{X_i - \mu_i}{B_k}, \quad k = 1, 2, \cdots$$

若对 $x \in \mathbb{R}$，有

$$\lim_{k \to \infty} \mathbb{P}(Y_k \leqslant x) = \lim_{k \to \infty} \mathbb{P}(\frac{\sum\limits_{i=1}^{k}X_i - \sum\limits_{i=1}^{k}\mathbb{E}(X_i)}{\sqrt{\sum\limits_{i=1}^{k}\mathbf{Var}(X_i)}} \leqslant x)$$

$$= \frac{1}{\sqrt{2\pi}}\int_{-\infty}^{x}e^{-\frac{x^2}{2}}dx = \Phi(x)$$

则称该随机变量序列服从中心极限定理。◆

**中心极限定理**（central limit theorem）是概率论中的一项重要定理，是数理统计学和误差分析的理论基础，指出了大量随机变量之和近似服从正态分布的条件[4]。著名的高尔顿钉板实验用直观简洁的实验现象，展示了中心极限定理在现实生活中的表现。如图2.8所示，高尔顿钉板是一块竖直放置的板，等距、交错排列着数个钉子。大量小球从钉板的顶部小孔放入，任其自由下落后，最终会形成近似于图中所展示的情况。可以观察到，此时小球数量在不同隔板间的分布情况和正态分布曲线十分相似。

**图 2.8** 高尔顿钉板示例

## 2.2.9 极大似然估计

**极大似然估计**（Maximum Likelihood Estimation，**简称 MLE**）是一种常用的估计概率分布的参数的方法，其有助于理解随机变量的性质并进一步加以利用。

### 2.2.9.1 似然函数

给定一个随机变量 $X$ 的样本集 $T = \{X_1, \cdots, X_n\}$，随机变量 $X$ 满足参数为 $\theta$ 的概率分布 $P(X \mid \theta)$。如果所有样本对于 $\theta$ 条件独立，那么样本集的联合概率分布可以写成

$$f(X_1, \cdots, X_n \mid \theta) = \prod_{i=1}^{n} f(X_i \mid \theta) \tag{2.76}$$

考虑到样本集的概率与 $\theta$ 有关，不同的 $\theta$ 值会导致不同的概率，由于采样到了样本集 $T$，可以认为 $\theta$ 等于 $\theta^*$ 的概率最大（$\theta^*$ 是使样本集的概率最大的参数）。极大似然估计法就是基于这样一个思想来选取这样的 $\theta^*$ 作为 $\theta$ 的估计值，使被采样出的样本出现的可能性最大。

极大似然估计法常用于估计模型中的未知参数。假设要求某一个模型中一个未知的参数 $\theta$，可以定义出以特定参数集为条件观察给定事件的概率，即从实际中观察到了一系列的结果，并推出这些结果出现的概率。那么选择使出现概率最大的参数值作为参数

$\theta$ 的估计值，可以写成

$$\widehat{\theta} = \arg\max_{\theta} f(X_1, \cdots, X_n \mid \theta) \tag{2.77}$$

函数 $L(\theta) = f(X_1, \cdots, X_n \mid \theta)$ 被称为**似然函数（likelihood function）**。样本之间往往满足独立同分布的条件，为了方便求导求最值，常使用对数似然函数 $\log L(\theta) = \sum_{i=1}^{n} \log\left(f(X_i \mid \theta)\right)$，它与似然函数是一致的，而且更加便于计算。极大似然估计法为其他参数估计方法提供了一个标准。

### 2.2.9.2 离散型随机变量的极大似然估计

对于离散型随机变量，可以使用极大似然分布来估计它概率分布的参数。本节以二项分布为例子来估算事件发生的概率 $p$。随机变量 $X \sim B(n,p)$，进行 $n$ 次独立随机试验得到样本集 $T = \{x_1, \cdots, x_n\}$。$x_i = 1$ 表示事件发生，$x_i = 0$ 表示事件没发生，那么第 $i$ 次试验结果出现的概率，也就是质量密度函数可以表示为

$$P(x_i \mid p) = p^{x_i}(1-p)^{1-x_i}, x_i \in \{0,1\} \tag{2.78}$$

令 $x = \sum_{i=1}^{n} x_i$，可以写出似然函数：

$$L(p) = \prod_{i=1}^{n} p^{x_i}(1-p)^{1-x_i} = p^x(1-p)^{n-x} \tag{2.79}$$

根据极大似然估计法，接下来要最大化这个似然函数，可以转化为最大化对数似然函数，再转化为最小化负对数似然函数：

$$\arg\max_{p} L(p) = \arg\max_{p} p^x(1-p)^{n-x}$$

$$\Rightarrow \arg\max_{p} l(p) = \arg\max_{p} \log L(p) = \arg\max_{p} \log\left(p^x(1-p)^{n-x}\right)$$

$$\Rightarrow \arg\min_{p} -l(p) = \arg\min_{p} -\log\left(p^x(1-p)^{n-x}\right)$$

化简负对数似然函数：

$$-l(p) = -x\log(p) - (n-x)\log(1-p)$$

那么估计值 $\widehat{p}$ 可以写成

$$\widehat{p} = \arg\min_{p} -l(p) \tag{2.80}$$

为求最值，对负对数似然函数求导并让导数等于 0：

$$\frac{\mathrm{d}\left(-l(p)\right)}{\mathrm{d}p} = -\frac{x}{p} + \frac{n-x}{1-p} = 0$$

最后可以得到估计值

$$\widehat{p} = \frac{x}{n} \tag{2.81}$$

结果表明，这个问题中的估计值就是试验中事件发生的频率。

### 2.2.9.3 连续型随机变量的极大似然估计

对于连续型随机变量，需使用概率密度函数来计算似然函数。以高斯分布为例子，随机变量 $X \sim \mathcal{N}(\mu, \sigma^2)$，其概率密度函数为

$$f(x \mid \mu, \sigma^2) = \frac{1}{\sqrt{2\pi}\sigma} \mathrm{e}^{-\frac{1}{2\sigma^2}(x-\mu)^2} \tag{2.82}$$

多元高斯分布是一种常用的联合概率分布，$P$ 元高斯分布的概率密度函数为

$$f(\mathbf{x} \mid \mu, \Sigma) = \frac{1}{(2\pi)^{P/2}} \frac{1}{|\Sigma|^{1/2}} \mathrm{e}^{-\frac{1}{2}(\mathbf{x}-\mu)^\top \Sigma^{-1}(\mathbf{x}-\mu)} \tag{2.83}$$

其中 $\mu$ 为各个随机变量均值的向量，$\Sigma$ 为随机变量间的协方差矩阵。正态概率密度函数在均值处取到最大值，函数的等高线形如椭圆，如图2.9所示。

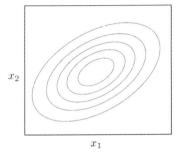

(a) 二元正态概率密度函数等高线    (b) 二元正态概率密度函数示意图

**图 2.9** 二元高斯分布示意图

例 2.7 二元高斯分布的概率密度函数为

$$f(x_1, x_2) = \frac{1}{2\pi |\Sigma|^{1/2}} \mathrm{e}^{-\frac{1}{2}(\mathbf{x}-\mu)^\top \Sigma^{-1}(\mathbf{x}-\mu)} \tag{2.84}$$

其中 $\mu = \begin{pmatrix} \mu_1 \\ \mu_2 \end{pmatrix}$，$\Sigma = \begin{pmatrix} \sigma_{11} & \sigma_{12} \\ \sigma_{21} & \sigma_{22} \end{pmatrix} = \begin{pmatrix} \sigma_1^2 & \rho\sigma_1\sigma_2 \\ \rho\sigma_1\sigma_2 & \sigma_2^2 \end{pmatrix}$，$\rho$ 为两变量之间的相关系数。二元高斯分布的曲面图、等高线图和散点图分别如图2.10、图2.11和图2.12所示。

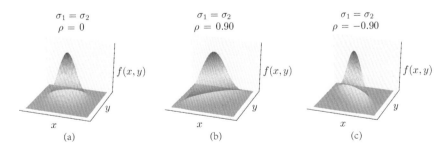

**图 2.10** 二元高斯分布的曲面图

对于一维的高斯分布，可以通过极大似然估计得到均值与方差的估计值为

$$\widehat{\mu} = \frac{1}{n}\sum_{i=1}^{n} x_i \qquad \widehat{\sigma}^2 = \frac{1}{n}\sum_{i=1}^{n}(x_i - \widehat{\mu})^2$$

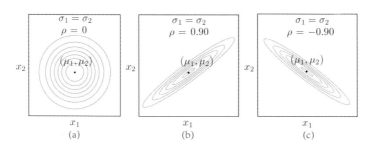

图 2.11　二元高斯分布的等高线图

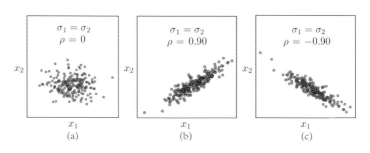

图 2.12　二元高斯分布的散点图

同样的，对于多元高斯分布，使用极大似然估计得到的均值和协方差矩阵为

$$\widehat{\mu} = \frac{1}{n}\sum_{i=1}^{n} \mathbf{x}_i \qquad \widehat{\Sigma} = \frac{1}{n}\sum_{i=1}^{n}(\mathbf{x}_i - \widehat{\mu})(\mathbf{x}_i - \widehat{\mu})^\top$$

## 习题

习题 2.6 设 $\mathbb{P}(A) = \frac{1}{4}$, $\mathbb{P}(B) = \frac{1}{3}$, $\mathbb{P}(A|B) = \frac{1}{2}$, 求 $\mathbb{P}(\sim B)$, $\mathbb{P}(\sim A \cap B)$, $\mathbb{P}(A \cap \sim B)$。

习题 2.7 **数字特征**。设连续性随机变量 $X$ 的概率密度函数为

$$f(x) = \frac{1}{2}\mathrm{e}^{-|x|}, \quad -\infty < x < \infty$$

求 $\mathbb{E}(X), \mathbf{Var}(X)$。

习题 2.8 **联合概率、条件概率、边缘概率**。设连续性随机变量 $X, Y$ 的联合概率密度函数为

$$f(x,y) = \begin{cases} x^2 + \dfrac{xy}{3}, & 0 \leqslant x \leqslant 1, \ 0 \leqslant y \leqslant 2 \\ 0, & \text{其他} \end{cases}$$

(1) 求 $X$ 和 $Y$ 的边缘概率密度。

(2) 求 $X$ 和 $Y$ 的条件概率密度 $f_{X|Y}(x|y), f_{Y|X}(y|x)$。

习题 2.9 **相关系数**。设随机变量 $X$ 与 $Y$ 的相关系数为 $0.9$，若 $Z = 2X - 0.4, W = 3Y - 5$，求 $Z$ 与 $W$ 的相关系数。

习题 2.10 **极大似然估计**。随机变量 $X$ 的概率密度函数为

$$f(x) = \begin{cases} \dfrac{x}{\theta} \mathrm{e}^{-\frac{x^2}{2\theta}}, & x \geqslant 0 \\ 0, & x < 0 \end{cases}$$

其中 $\theta > 0$。进行 $n$ 次独立随机试验得到样本集 $\{x_1, \cdots, x_n\}$。求 $\theta$ 的极大似然估计。

# 2.3 凸优化

## 2.3.1 优化问题

在机器学习中，绝大多数的模型都是在解决一个**优化问题**（optimization problem）。这样的优化问题的一般形式[1]为

$$\mathbf{x}^* = \underset{\mathbf{x} \in \mathcal{X}}{\arg\min} \quad f_0(\mathbf{x})$$
$$\text{s.t.} \quad f_i(\mathbf{x}) \leqslant b_i, \quad i = 1, 2, \cdots, m \tag{2.85}$$

其中 $\mathbf{x}$ 是需要计算的变量，被称为**优化变量**（optimization variable）；函数 $f_0(\mathbf{x})$ 用来衡量预测出来的 $\mathbf{x}$ 的好坏，被称为**目标函数**（objective function）；函数 $f_i(\mathbf{x}), i = 1, \cdots, m$ 是**约束函数**（constraint function），用来对优化变量进行限制。所有满足约束 $f_i(\mathbf{x}) \leqslant b_i, i = 1, \cdots, m$ 的变量集合被称为**可行集**（feasible set），表示为 $\mathcal{X} = \{\mathbf{x} \mid f_i(\mathbf{x}) \leqslant b_i, i = 1, \cdots, m\}$。可行集中的每一个 $\mathbf{x}$ 被称为**可行解**（feasible point）。一般来说，选择的目标函数值越小表示 $\mathbf{x}$ 越好，因此一个变量 $\mathbf{x}^*$ 被称为**最优解**（optimal point）当且仅当 $\mathbf{x}^*$ 是一个可行解并且在 $\mathbf{x}^*$ 处 $f_0(\mathbf{x})$ 取到最小值[2]。

根据目标函数以及约束函数选择的不同，优化问题有很多种类型。一个典型的优化问题是线性规划问题：目标函数和约束函数 $f_0, f_1, \cdots, f_m$ 都是线性函数。如下是一个简单的线性规划问题：

$$x^* = \underset{x \in \mathcal{X}}{\arg\min} \quad x$$
$$\text{s.t.} \quad 2x \leqslant 3 \tag{2.86}$$

机器学习领域中常见的优化问题为**凸优化问题**（convex optimization），而凸优化问题已经被研究得较为透彻，因此本节将主要讨论凸优化问题的基础概念以及一些基本算法。

## 2.3.2 基本概念

在正式介绍凸优化问题之前，本节将从凸集和凸函数的定义入手，向读者介绍与凸优化问题相关的基本概念。

### 2.3.2.1 凸集

首先是**凸集**（convex set）。

---

[1] $\arg\min$ 和 s.t. 是优化问题中常用的两个符号。$\arg\min f(x)$ 表示求得使得函数 $f$ 取到最小值时的 $x$；同理有时还会用到 $\arg\max$，表示求函数取到最大值时的自变量值。s.t.，即"服从于"（subject to），表示自变量需要满足的条件。

[2] 此外，也可以选择 $f_0$ 使得 $\mathbf{x}$ 越大越好，最大化和最小化目标函数可以通过改变正负符号的方式来相互转换。

> **定义 2.45 凸集**
>
> 一个集合 $\mathcal{C}$ 是凸集当且仅当集合中任意两个点之间的线段上的任意点都属于集合 $\mathcal{C}$。即对于 $\forall\, \mathbf{x}_1, \mathbf{x}_2 \in \mathcal{C}$ 和 $\forall\, \theta,\, 0 \leqslant \theta \leqslant 1$，有
>
> $$\theta \mathbf{x}_1 + (1 - \theta)\mathbf{x}_2 \in \mathcal{C}$$

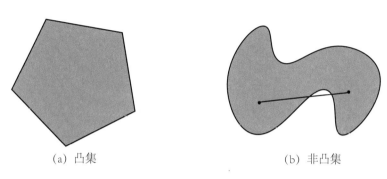

(a) 凸集　　　　　　　　　　　　　　(b) 非凸集

**图 2.13**　凸集和非凸集示例

图 2.13（a）是一个凸集的示例。凸集中的每一个点都可以看成是由其他任意点组合而成的。特别地，把由 $k$ 个点和 $k$ 个 $\theta$（$\theta_i \geqslant 0$ 且 $\theta_1 + \cdots + \theta_i + \cdots + \theta_k = 1$）组合而成的点 $\theta_1 \mathbf{x}_1 + \cdots + \theta_k \mathbf{x}_k$ 称为 $\mathbf{x}_1, \cdots, \mathbf{x}_k$ 的**凸组合**（convex combination）。凸组合可以看成是 $\mathbf{x}_1, \cdots, \mathbf{x}_k$ 的加权平均。显然，对于一个凸集 $\mathcal{C}$，如果 $\mathbf{x}_1, \cdots, \mathbf{x}_k \in \mathcal{C}$，那么它们的凸组合也属于 $\mathcal{C}$。

优化问题和机器学习中会经常用到凸集的一个特例：**超平面**（hyperplane）。

> **定义 2.46 超平面**
>
> 一个超平面是所有满足 $\mathbf{a}^\top \mathbf{x} = b$ 条件的向量 $\mathbf{x} \in \mathbb{R}^n$ 组成的集合
>
> $$\{\mathbf{x} \mid \mathbf{a}^\top \mathbf{x} = b\}$$
>
> 其中 $\mathbf{a} \in \mathbb{R}^n$，$\mathbf{a} \neq \mathbf{0}$ 且 $b \in \mathbb{R}$。

超平面可以看作是线性方程 $\mathbf{a}^\top \mathbf{x} = b$ 的解集。从几何的角度来看，超平面就是实数空间中所有在 $\mathbf{a}^\top \mathbf{x} = b$ 这个平面上的点。注意到，对于二维的空间，$\mathbf{a}^\top \mathbf{x} = b$ 表示一条直线，三维空间中 $\mathbf{a}^\top \mathbf{x} = b$ 表示一个平面，在更高维的一般情况下称它为超平面。一个超平面会将整个空间划分成两个半空间（halfspace），分别是 $\{\mathbf{x} \mid \mathbf{a}^\top \mathbf{x} \leqslant b\}$ 与 $\{\mathbf{x} \mid \mathbf{a}^\top \mathbf{x} \geqslant b\}$。**注意超平面和每一个半空间都是凸集**。图 2.14 是一个二维空间中的超平面示例，整个空间被超平面 $\{\mathbf{x} \mid \mathbf{a}^\top \mathbf{x} = b\}$ 划分为两个部分。向量 $\mathbf{a}$ 是这个超平面在 $\mathbf{x}_0$ 处的**法向量**（normal vector）。超平面的概念会在之后讲解机器学习中的分类问题时用到。

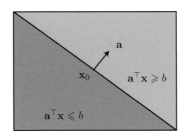

图 2.14  二维空间中超平面示例

### 2.3.2.2 凸函数

**定义 2.47 凸函数**

一个函数 $f$ 被称为**凸函数**（convex function）需要满足以下条件：

1. 函数 $f$ 的定义域 **dom** $f$ 是一个非空凸集。
2. 对于两个自变量 $\forall \mathbf{x}, \mathbf{y} \in \mathbf{dom} f$ 和 $0 \leqslant \theta \leqslant 1$，有

$$f(\theta \mathbf{x} + (1 - \theta)\mathbf{y}) \leqslant \theta f(\mathbf{x}) + (1 - \theta)f(\mathbf{y}) \qquad (2.87)$$

图2.15是一个一维凸函数的示例。从几何的角度来解释，公式（2.87）表示函数 $f$ 上的两个点 $(\mathbf{x}, f(\mathbf{x}))$ 和 $(\mathbf{y}, f(\mathbf{y}))$ 之间的线段位于函数图象的上方。凸函数的切线都位于函数图象下方。当对于 $\mathbf{x} \neq \mathbf{y}$ 和 $0 \leqslant \theta \leqslant 1$，公式（2.87）严格取到不等号时，称函数 $f$ 为**严格凸函数**（strictly convex function）。同理可以定义**凹函数**（concave function）。当函数 $-f$ 为凸函数时，函数 $f$ 为凹函数。当函数 $-f$ 为严格凸函数时，函数 $f$ 为**严格凹函数**（strictly concave function）。注意有些函数既不属于凸函数也不属于凹函数，而有些函数既是凸函数也是凹函数，比如线性函数 $f(x) = ax + b$ 同时满足凸函数和凹函数的定义[1]。图2.16对于凸函数、凹函数及非凸非凹函数各给出了一个示例。

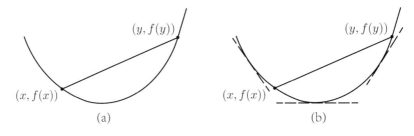

图 2.15  一维凸函数示例

对于一个函数 $f$，一般用**一阶条件**（first-order condition）或者**二阶条件**（second-order condition）来证明 $f$ 是否为凸函数。

---

[1]注意优化问题中定义的凸函数和凹函数与中文的"凸"和"凹"含义正好相反。当观察函数图象时，向下凹陷的函数是凸函数，而向上隆起的函数是凹函数。

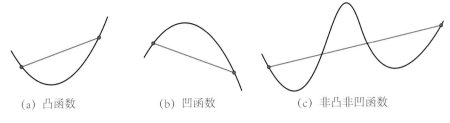

|(a) 凸函数|(b) 凹函数|(c) 非凸非凹函数|

图 2.16　凸函数、凹函数和非凸非凹函数的示意图

**一阶条件**　假设函数 $f$ 一阶可导,则 $f$ 是凸函数当且仅当 $\mathbf{dom}f$ 是凸集并且对于 $\forall \mathbf{x}, \mathbf{y} \in \mathbf{dom}f$ 满足

$$f(\mathbf{y}) \geqslant f(\mathbf{x}) + \nabla f(\mathbf{x})^{\top}(\mathbf{y} - \mathbf{x}) \tag{2.88}$$

可以看到 $f(\mathbf{x}) + \nabla f(\mathbf{x})^{\top}(\mathbf{y} - \mathbf{x})$ 是函数 $f$ 在 $\mathbf{x}$ 处的泰勒一阶展开。不等式（2.88）表示对于凸函数,任意位置的一阶泰勒展开是函数的全局下界估计。不等式（2.88）揭示了凸函数的一个重要的性质:可以通过局部信息（某点的函数值以及梯度）来获得全局信息（全局下界估计）。比如说如果 $\nabla f(\mathbf{x}) = 0$,有 $f(\mathbf{y}) \geqslant f(\mathbf{x})$。因此可以通过求解 $\nabla f(\mathbf{x}) = 0$ 来获得凸函数 $f$ 的最小值。判断凹函数的一阶条件与不等式（2.88）类似。$f$ 是凹函数当且仅当 $\mathbf{dom}f$ 是凸集并且对于 $\forall \mathbf{x}, \mathbf{y} \in \mathbf{dom}f$ 满足

$$f(\mathbf{y}) \leqslant f(\mathbf{x}) + \nabla f(\mathbf{x})^{\top}(\mathbf{y} - \mathbf{x}) \tag{2.89}$$

**二阶条件**　假设函数 $f$ 二阶可导,则 $f$ 是凸函数当且仅当 $\mathbf{dom}f$ 是凸集并且对于 $\forall \mathbf{x} \in \mathbf{dom}f$ 满足

$$\nabla^2 f(\mathbf{x}) \succcurlyeq 0 \tag{2.90}$$

其中 $\nabla^2 f(\mathbf{x}) \succcurlyeq 0$ 是 $f(\mathbf{x})$ 的二阶导数,又称 Hessian 矩阵。$\nabla^2 f(\mathbf{x}) \succcurlyeq 0$ 表示 $\nabla^2 f(\mathbf{x})$ 是一个半正定矩阵。

注意在凸（凹）函数的一阶与二阶条件判断中,**$\mathbf{dom}f$ 是凸集是一个不能忽略的条件**。比如对于函数 $f(x) = x^{-2}$,它的定义域为 $\mathbf{dom}f = \{x \in \mathbb{R} \mid x \neq 0\}$,显然并不是凸集。因此尽管 $f$ 满足二阶导数 $\nabla^2 f(x) > 0$,函数 $f$ 也不是凸函数。

**例 2.8** 下面将给出几个凸函数的例子,并对部分函数的凸性质进行证明。

1. 指数函数:对于 $\forall a \in \mathbb{R}$,$\mathrm{e}^{ax}$ 是实数集 $\mathbb{R}$ 上的凸函数。

2. 幂函数:在正实数集 $\mathbb{R}_{++}$ 上,当 $a \geqslant 1$ 或者 $a \leqslant 0$ 时 $x^a$ 为凸函数;当 $0 < a < 1$ 时,$x^a$ 为凹函数。

3. 对数函数:$\log x$ 在正实数集 $\mathbb{R}_{++}$ 上是凹函数。

4. 范数:所有向量范数在 $\mathbb{R}^n$ 上都是凸函数。对于 $0 \leqslant \theta \leqslant 1$,根据向量范数的三角不等式性质有

$$f(\theta \mathbf{x} + (1 - \theta)\mathbf{y}) \leqslant f(\theta \mathbf{x}) + f((1 - \theta)\mathbf{y}) = \theta f(\mathbf{x}) + (1 - \theta)f(\mathbf{y}) \tag{2.91}$$

5. 最大函数:$f(\mathbf{x}) = \max_i(x_i) = \max\{x_1, x_2, \cdots, x_n\}$ 在 $\mathbb{R}^n$ 上是凸函数。对于 $0 \leqslant$

$\theta \leqslant 1$，由于向量加法和标量乘法是逐元素的，有

$$
\begin{aligned}
f(\theta \mathbf{x} + (1-\theta)\mathbf{y}) &= \max_i(\theta x_i + (1-\theta)y_i) \\
&\leqslant \theta \max_i(x_i) + (1-\theta)\max_i(y_i) \\
&= \theta f(\mathbf{x}) + (1-\theta)f(\mathbf{y})
\end{aligned}
\tag{2.92}
$$

### 2.3.2.3 强凸性

许多凸函数还满足一个更严格的性质，即**强凸性**（**strong convexity**）。

**定义 2.48 强凸性**

当存在 $m > 0$，使得对任意 $\mathbf{x}, \mathbf{y} \in \mathcal{S}$，

$$
f(\mathbf{y}) \geqslant f(\mathbf{x}) + \nabla f(\mathbf{x})^\top (\mathbf{y} - \mathbf{x}) + \frac{m}{2}\|\mathbf{y} - \mathbf{x}\|_2^2
\tag{2.93}
$$

称函数 $f$ 在 $\mathcal{S}$ 上是 $m$-强凸的。

可见，当 $m = 0$ 时，公式（2.93）退化为凸函数的一阶条件，即公式（2.90）。直观地，凸函数的一阶条件表明凸函数的曲线在切线之上，但不要求曲线到切线的距离有一个正的上界；而强凸函数的曲线到切线的距离则有一个下界，这个下界至少正比于曲线到切点的距离的平方。类似于凸函数的二阶条件，强凸函数也有如下定理：

**定理 2.12**

对于 $\mathcal{S}$ 上的 $m$-强凸函数 $f$，对任意 $\mathbf{x}, \mathbf{y} \in \mathcal{S}$ 都有不等式

$$
\nabla^2 f(\mathbf{x}) \geqslant m\mathbf{I}
\tag{2.94}
$$

例如，函数 $f(x) = x$ 是凸函数，但不是严格凸函数，也不是强凸函数；函数 $f(x) = \mathrm{e}^x$ 是凸函数，也是严格凸函数，但不是强凸函数；函数 $f(x) = x^2$ 是凸函数、严格凸函数，也是强凸函数。

### 2.3.2.4 Jensen 不等式

**Jensen 不等式**（**Jensen's inequality**）是凸优化相关证明中经常出现的定理。对于一个函数 $f$，$0 \leqslant \theta \leqslant 1$，$\mathbf{x}, \mathbf{y} \in \mathbf{dom}f$，Jensen 不等式最基本的形式为

$$
f(\theta \mathbf{x} + (1-\theta)\mathbf{y}) \leqslant \theta f(\mathbf{x}) + (1-\theta)f(\mathbf{y})
\tag{2.95}
$$

不等式（2.95）可以容易地扩展到多个点的凸组合的形式。如果 $f$ 是一个凸函数，对于 $\mathbf{x}_1, \cdots, \mathbf{x}_k \in \mathbf{dom}f$，$\theta_1, \cdots, \theta_k \geqslant 0$ 且 $\theta_1 + \cdots + \theta_k = 1$，则

$$
f(\theta_1 \mathbf{x}_1 + \cdots + \theta_k \mathbf{x}_k) \leqslant \theta_1 f(\mathbf{x}_1) + \cdots + \theta_k f(\mathbf{x}_k)
$$

根据 Jensen 不等式可以证明许多常用的不等式。最简单的是算术几何平均不等式（arithmetic-geometric mean inequality），即对于两个数 $x, y > 0$，它们的几何平均不大于

算术平均:

$$\sqrt{xy} \leqslant \frac{x+y}{2} \tag{2.96}$$

函数 $-\log x$ 是凸函数，取 $\theta = 1/2$，根据 Jensen 不等式可以得到

$$-\log(\frac{x+y}{2}) \leqslant -\frac{1}{2}(\log x + \log y)$$

不等式两边同时做指数运算可以得到

$$\frac{2}{x+y} \leqslant \frac{1}{\sqrt{xy}}$$

证明了算术几何平均不等式。

### 2.3.2.5 构建凸函数

本节将会介绍一些能够保留凸性质的运算，通过它们可以利用简单的凸函数来构建新的凸函数，也可以用来验证一个复杂的函数是否为凸函数。

**非负加权求和运算** 对于一个凸函数 $f$，它乘一个非负数 $\alpha \geqslant 0$，得到的结果一定仍是凸函数。两个凸函数 $f_1$ 和 $f_2$ 的和 $f_1 + f_2$ 仍然是凸函数。将这两个简单的性质结合起来，可以得到多个凸函数经过非负数的加权求和之后仍然是凸函数，即如果 $f_1, \cdots, f_k$ 都为凸函数且 $\alpha_1, \cdots, \alpha_k \geqslant 0$，则函数

$$f = \alpha_1 f_1 + \cdots + \alpha_k f_k$$

是凸函数。特别地，如果 $f_1, \cdots, f_k$ 都是严格凸函数，那么 $f$ 也是严格凸函数。证明 $f$ 是凸函数很简单。根据凸函数判断的一阶条件，当 $x, y \in \mathbf{dom} f_1 \cap \cdots \cap \mathbf{dom} f_k$ 时，每一个 $f_k$ 都满足一阶条件，因此 $f$ 也满足一阶条件。用二阶条件证明 $f$ 为凸函数同理。

**仿射映射** 假设有函数 $f : \mathbb{R}^n \mapsto \mathbb{R}$, $\mathbf{x} \in \mathbb{R}^m$, $\mathbf{A} \in \mathbb{R}^{n \times m}$，以及 $\mathbf{b} \in \mathbb{R}^n$，函数

$$g(\mathbf{x}) = f(\mathbf{A}\mathbf{x} + \mathbf{b})$$

在定义域 $\mathbf{dom} g = \{\mathbf{x} \mid \mathbf{A}\mathbf{x} + \mathbf{b} \in \mathbf{dom} f\}$ 上是凸函数。注意上式中 $\mathbf{A}\mathbf{x} + \mathbf{b}$ 就是对于 $\mathbf{x}$ 的**仿射映射（affine mapping）**。在几何中，仿射映射是指对一个向量（$\mathbf{x}$）进行一次线性变换（$\mathbf{A}$）并接上一个平移（$\mathbf{b}$），变换为另一个向量空间。

**复合函数** 假设有两个函数 $g : \mathbb{R}^m \mapsto \mathbb{R}^k$ 与 $h : \mathbb{R}^k \mapsto \mathbb{R}$，对于变量 $\mathbf{x} \in \mathbb{R}^m$，函数 $f(\mathbf{x}) = h(g(\mathbf{x}))$ 被称为是 $h$ 与 $g$ 的**复合函数（function composition）**且 $\mathbf{dom} = \{\mathbf{x} \in \mathbf{dom} g \mid g(\mathbf{x}) \in \mathbf{dom} h\}$。根据函数 $g$ 与 $h$ 性质的不同，$f$ 的凹凸性有不同的体现。假设

$$f(\mathbf{x}) = h(g(\mathbf{x}))$$

并且 $h, g$ 都二阶可导，那么 $f$ 的二阶导数为

$$\nabla^2 f(\mathbf{x}) = \nabla g(\mathbf{x})^\top \nabla^2 h(g(\mathbf{x})) \nabla g(\mathbf{x}) + \nabla h(g(\mathbf{x}))^\top \nabla^2 g(\mathbf{x}) \tag{2.97}$$

公式（2.97）有以下几种情况[1]：

1. 当 $h$ 是凸函数（$\nabla^2 h \succcurlyeq 0$）且关于 $\mathbf{x}_1, \cdots, \mathbf{x}_k$ 都递增（$\nabla h \geqslant 0$），并且 $g$ 是凸函数（$\nabla^2 g \succcurlyeq 0$）时，$f$ 是凸函数。

2. 当 $h$ 是凸函数（$\nabla^2 h \succcurlyeq 0$）且关于 $\mathbf{x}_1, \cdots, \mathbf{x}_k$ 都递减（$\nabla h \leqslant 0$），并且 $g$ 是凹函数（$\nabla^2 g \preccurlyeq 0$）时，$f$ 是凸函数。

3. 当 $h$ 是凹函数（$\nabla^2 h \preccurlyeq 0$）且关于 $\mathbf{x}_1, \cdots, \mathbf{x}_k$ 都递增（$\nabla h \geqslant 0$），并且 $g$ 是凹函数（$\nabla^2 g \preccurlyeq 0$）时，$f$ 是凹函数。

4. 当 $h$ 是凹函数（$\nabla^2 h \preccurlyeq 0$）且关于 $\mathbf{x}_1, \cdots, \mathbf{x}_k$ 都递减（$\nabla h \leqslant 0$），并且 $g$ 是凸函数（$\nabla^2 g \succcurlyeq 0$）时，$f$ 是凹函数。

### 2.3.3 凸优化问题

本节开始正式介绍**凸优化问题**（**convex optimization problem**）及其相关知识，下面将从凸优化问题的标准形式入手，介绍一些凸优化问题的等价形式，并介绍几个常见的凸优化问题。

#### 2.3.3.1 标准形式的凸优化问题

> **定义 2.49 凸优化问题**
>
> 凸优化问题的标准形式为
>
> $$\begin{aligned} \arg\min \quad & f_0(\mathbf{x}) \\ \text{s.t.} \quad & f_i(\mathbf{x}) \leqslant 0, \qquad i = 1, \cdots, m \\ & \mathbf{a}_j^\top \mathbf{x} = b_j, \qquad j = 1, \cdots, p \end{aligned} \tag{2.98}$$
>
> 其中 $f_0, \cdots, f_m$ 为凸函数。 ♣

相比于一般优化问题的标准形式，凸优化问题（2.98）要求目标函数 $f_0$ 必须为凸函数，不等式约束函数 $f_i$ 必须为凸函数以及等式约束函数 $\mathbf{a}_j^\top \mathbf{x} = \mathbf{b}_j$ 必须为仿射映射。注意到问题定义域 $\mathcal{D} = \bigcap\limits_{i=0}^{n} \mathbf{dom} f_i$ 是一个凸集。而凸问题的可行集是该问题定义域和 $m$ 个凸的集合 $\{\mathbf{x} \mid f_i(\mathbf{x}) \leqslant 0\}$，$i = 1, \cdots, m$ 以及 $p$ 个超平面 $\{\mathbf{x} \mid \mathbf{a}_j^\top \mathbf{x} = b_j\}$，$j = 1, \cdots, p$ 的交集。因此，凸优化问题其实是在一个凸集中极小化一个凸的目标函数。

对于一般的优化问题，求解得到的最优点可能是局部最优值。但是凸优化问题的一个重要的性质就是求解得到的永远是全局最优解。

---

[1]在本书中，对于任意一个矩阵 $\mathbf{A}$，$\mathbf{A} \succcurlyeq 0$ 表示 $\mathbf{A}$ 是一个半正定矩阵，$\mathbf{A} \succ 0$ 表示 $\mathbf{A}$ 是一个正定矩阵，半负定矩阵与负定矩阵同理。对于一个向量 $\mathbf{x}$，$\mathbf{x} \geqslant 0$ 表示向量中的每个元素都非负，$\mathbf{x} \leqslant 0$ 表示向量中的每个元素都非正。

### 2.3.3.2 凸优化问题的等价转换

有时，原始的凸优化问题比较难以求解，这时可以通过等价转换进行简化。下面将介绍几种将复杂的凸优化问题等价转换成简单凸优化问题的方法。

**消除等式约束**　在凸优化问题中，一个凸问题的等式约束必须是线性的，即具有 $\mathbf{Ax} = \mathbf{b}$ 的形式。在这种情况下，可以通过寻找 $\mathbf{Ax} = \mathbf{b}$ 的一个特解 $\mathbf{x}_0$，以及一个 $\mathbf{A}$ 的零空间的任意矩阵 $\mathbf{F}$ 来消除等式约束，从而得到关于变量 $\mathbf{z}$ 的方程：

$$\mathbf{Ax} = \mathbf{b} \Leftrightarrow \mathbf{x} = \mathbf{x}_0 + \mathbf{Fz} \tag{2.99}$$

其中 $\mathbf{Fz}$ 满足 $\mathbf{A}(\mathbf{Fz}) = 0$，即 $\mathbf{Fz}$ 可以取得所有 $\mathbf{Ax} = 0$ 的解。这样可以将 $\mathbf{x}$ 替换为 $\mathbf{Fz}$ 并得到优化问题：

$$\begin{aligned} \arg\min \quad & f_0(\mathbf{x}_0 + \mathbf{Fz}) \\ \text{s.t.} \quad & f_i(\mathbf{x}_0 + \mathbf{Fz}) \leqslant 0, \qquad i = 1, \cdots, m \end{aligned} \tag{2.100}$$

消除等式约束的过程中只需要利用一些线性代数运算，但在一些情况下消除问题的等式约束可能会使得问题更难求解，因此最好还是在问题中保留等式约束。

**引入松弛变量**　对于线性不等式约束的优化问题：

$$\begin{aligned} \arg\min \quad & f_0(\mathbf{x}) \\ \text{s.t.} \quad & \mathbf{a}_i^\top \mathbf{x} \leqslant b_i, \qquad i = 1, \cdots, m \end{aligned}$$

可以通过引入松弛变量 $s_i$ 得到新的等式约束 $f_i(\mathbf{x}) + s_i = 0$，将优化问题转换为具有等式约束的问题：

$$\begin{aligned} \arg\min \quad & f_0(\mathbf{x}) \\ \text{s.t.} \quad & \mathbf{a}_i^\top \mathbf{x} + s_i = \mathbf{b}_i, \qquad i = 1, \cdots, m \\ & s_i \geqslant 0, \qquad\qquad i = 1, \cdots, m \end{aligned}$$

### 2.3.3.3 常见的凸优化问题

**线性规划问题**　当目标函数和约束函数都为仿射时，问题被称作**线性规划（Linear Programming，简称 LP）**。

---

**定义 2.50 线性规划**

线性规划问题的一般形式为

$$\begin{aligned} \arg\min \quad & \mathbf{c}^\top \mathbf{x} + d \\ \text{s.t.} \quad & \mathbf{Gx} \leqslant \mathbf{h} \\ & \mathbf{Ax} = \mathbf{b} \end{aligned} \tag{2.101}$$

其中 $\mathbf{G} \in \mathbb{R}^{m \times n}, \mathbf{A} \in \mathbb{R}^{p \times n}$，$\mathbf{Gx} \leqslant \mathbf{h}$ 表示 $\mathbf{Gx} - \mathbf{h} \leqslant 0$。线性规划问题是凸优化问题。

实际上目标函数中的常数 $d$ 常会被省略，因为它不影响最优解集合。另外也称具有仿射目标函数和约束函数的最大化问题为线性规划问题，因为最大化 $\mathbf{c}^\top \mathbf{x} + d$ 可以转换为最小化 $-\mathbf{c}^\top \mathbf{x} - d$。

线性规划是数学建模里最为经典常用的模型之一，在实际中可用于求解利润最大、成本最小、路径最短等最优化问题。

**二次规划问题** 当目标函数为凸二次型（即二次型的系数矩阵是半正定矩阵），约束函数为仿射映射时，问题被称作**二次规划**（**Quadratic Programming，简称 QP**）。

**定义 2.51 二次规划**

二次规划问题的一般形式为

$$\arg\min \quad \frac{1}{2}\mathbf{x}^\top \mathbf{Px} + \mathbf{q}^\top \mathbf{x} + r$$
$$\text{s.t.} \quad \mathbf{Gx} \leqslant \mathbf{h} \tag{2.102}$$
$$\mathbf{Ax} = \mathbf{b}$$

其中 $\mathbf{P} \in \mathbf{S}_+^n$ 是一个对称半正定矩阵，$\mathbf{G} \in \mathbb{R}^{m \times n}, \mathbf{A} \in \mathbb{R}^{p \times n}$。

二次规划是非线性规划中的一类规划问题，在很多方面如投资组合、约束最小二乘问题的求解都有应用。下面将介绍一个典型的二次规划问题。

例 2.9 最小化凸二次函数

$$\|\mathbf{Ax} - \mathbf{b}\|_2^2 = \mathbf{x}^\top \mathbf{A}^\top \mathbf{Ax} - 2\mathbf{b}^\top \mathbf{Ax} + \mathbf{b}^\top \mathbf{b}$$

是一个无约束的二次规划问题，在很多领域都会遇到这个问题，被称作**回归分析**或**最小二乘逼近**。这个问题有一个简单的解析解，在后面的章节中会详细介绍。增加线性不等式约束后，这个问题被称作**约束回归**或**约束最小二乘**，即

$$\arg\min \quad \|\mathbf{Ax} - \mathbf{b}\|_2^2$$
$$\text{s.t.} \quad \mathbf{l}_i \leqslant \mathbf{x} \leqslant \mathbf{u}_i, \quad i = 1, \cdots, n$$

这也是一个二次规划问题。

## 2.3.4 对偶性

本节介绍凸优化问题中至关重要的拉格朗日对偶理论，并介绍经典的 KKT 条件。通过对偶问题，可以将一些非凸问题转化为凸优化问题，这对求解复杂优化问题是很有用的。

### 2.3.4.1 拉格朗日对偶函数

首先回顾一下标准形式的优化问题：

$$\arg\min \quad f_0(\mathbf{x})$$
$$\text{s.t.} \quad f_i(\mathbf{x}) \leqslant 0, \qquad i = 1, \cdots, m \qquad (2.103)$$
$$h_i(\mathbf{x}) = 0, \qquad i = 1, \cdots, p$$

其中，自变量 $\mathbf{x} \in \mathbb{R}^n$。**拉格朗日对偶 (Lagrangian duality)** 的基本思想是将约束条件整合到目标函数中，得到对应的**拉格朗日函数（Lagrange function）**。

---

**定义 2.52 拉格朗日函数**

对标准形式的优化问题，其拉格朗日函数 $L : \mathbb{R}^n \times \mathbb{R}^m \times \mathbb{R}^p \to \mathbb{R}$ 为

$$L(\mathbf{x}, \lambda, \mathbf{v}) = f_0(\mathbf{x}) + \sum_{i=1}^{m} \lambda_i f_i(\mathbf{x}) + \sum_{i=1}^{p} v_i h_i(\mathbf{x})$$

♣

---

其中 $\lambda_i$ 为第 $i$ 个不等式约束 $f_i(x) \leqslant 0$ 对应的**拉格朗日乘子（Lagrange multiplier）**，$v_i$ 为第 $i$ 个等式约束 $h_i(x) = 0$ 对应的拉格朗日乘子。向量 $\lambda$ 和 $\mathbf{v}$ 称为对偶变量或者是问题（2.103）的**拉格朗日乘子向量（Lagrange multiplier vectors）**。而**拉格朗日对偶函数（Lagrange dual function）**的定义则是在此基础之上引申而来的。

---

**定义 2.53 拉格朗日对偶函数**

拉格朗日对偶函数（或**对偶函数**）$g : \mathbb{R}^m \times \mathbb{R}^p \to \mathbb{R}$ 为拉格朗日函数关于 $\mathbf{x}$ 取得的最小值，即对于 $\lambda \in \mathbb{R}^n$，$\mathbf{v} \in \mathbb{R}^p$，有

$$g(\lambda, \mathbf{v}) = \inf_{\mathbf{x} \in \mathcal{D}} L(\mathbf{x}, \lambda, \mathbf{v}) = \inf \left\{ f_0(\mathbf{x}) + \sum_{i=1}^{m} \lambda_i f_i(\mathbf{x}) + \sum_{i=1}^{p} v_i h_i(\mathbf{x}) \mid \mathbf{x} \in \mathcal{D} \right\}$$

♣

---

对偶函数构成了问题（2.103）最优值 $p^*$ 的下界，即对于 $\forall \lambda \geqslant 0$ 和 $\mathbf{v}$，

$$g(\lambda, \mathbf{v}) \leqslant p^* \qquad (2.104)$$

具体来讲，设 $\tilde{\mathbf{x}}$ 是问题（2.103）的一个可行点，即 $f_i(\tilde{\mathbf{x}}) \leqslant 0$ 且 $h_i(\tilde{\mathbf{x}}) = 0$。由于 $\lambda \geqslant 0$，因此

$$\sum_{i=1}^{m} \lambda_i f_i(\tilde{\mathbf{x}}) + \sum_{i=1}^{p} v_i h_i(\tilde{\mathbf{x}}) \leqslant 0$$

而根据上述不等式，可以得到

$$L(\tilde{\mathbf{x}}, \lambda, \mathbf{v}) = f_0(\tilde{\mathbf{x}}) + \sum_{i=1}^{m} \lambda_i f_i(\tilde{\mathbf{x}}) + \sum_{i=1}^{p} v_i h_i(\tilde{\mathbf{x}}) \leqslant f_0(\tilde{\mathbf{x}})$$

所以

$$g(\lambda, \mathbf{v}) = \inf_{\mathbf{x} \in D} L(\mathbf{x}, \lambda, \mathbf{v}) \leqslant L(\tilde{\mathbf{x}}, \lambda, \mathbf{v}) \leqslant f_0(\tilde{\mathbf{x}})$$

由于每一个可行点都满足 $g(\lambda, \mathbf{v}) \leqslant f_0(\tilde{\mathbf{x}})$，因此公式（2.104）成立。

### 2.3.4.2 拉格朗日对偶问题

对于一组 $(\lambda, \mathbf{v})$，其中 $\lambda \geqslant 0$，拉格朗日对偶函数给出了问题（2.103）的原问题最优值 $p^*$ 的下界。那么从拉格朗日函数中能得到的**最好下界**是什么呢？事实上根据上文对拉格朗日对偶函数的观察可以发现，对偶函数的最大值就是最逼近最优值 $p^*$ 的值。这就引申出了**拉格朗日对偶问题**（**Lagrange dual problem**）。

> **定义 2.54 拉格朗日对偶问题**
>
> 拉格朗日对偶问题的形式可以表述成
> $$\arg\max \quad g(\lambda, \mathbf{v})$$
> $$\text{s.t.} \quad \lambda \geqslant 0 \tag{2.105}$$

称问题（2.105）的最优解 $(\lambda^*, \mathbf{v}^*)$ 为**对偶最优解**（**dual optimal**）或**最优拉格朗日乘子**（**optimal Lagrange multipliers**）。下面将通过一个简单例子来解释怎么求拉格朗日对偶问题。

例 2.10 标准形式的线性规划

$$\arg\min \quad \mathbf{c}^\top \mathbf{x} + d$$
$$\text{s.t.} \quad \mathbf{A}\mathbf{x} = \mathbf{b}$$
$$\mathbf{x} \geqslant 0$$

的拉格朗日对偶函数为

$$g(\lambda, \mathbf{v}) = \begin{cases} -\mathbf{b}^\top \mathbf{v}, & \mathbf{A}^\top \mathbf{v} - \lambda + \mathbf{c} = 0 \\ -\infty, & \text{其他情况} \end{cases}$$

严格意义上标准形式的线性规划的对偶问题是在满足 $\lambda \geqslant 0$ 的条件下极大化对偶函数 $g$，即

$$\arg\max \quad g(\lambda, \mathbf{v}) = \begin{cases} -\mathbf{b}^\top \mathbf{v}, & \mathbf{A}^\top \mathbf{v} - \lambda + \mathbf{c} = 0 \\ -\infty, & \text{其他情况} \end{cases}$$
$$\text{s.t.} \quad \lambda \geqslant 0$$

当且仅当 $\mathbf{A}^\top \mathbf{v} - \lambda + \mathbf{c} = 0$ 是对偶函数 $g$ 有界，可以将这一等式约束显式化得到一个等价的问题：

$$\arg\max \quad -\mathbf{b}^\top \mathbf{v}$$
$$\text{s.t.} \quad \mathbf{A}^\top \mathbf{v} - \lambda + \mathbf{c} = 0$$
$$\lambda \geqslant 0$$

更进一步，该问题可以等价转换成

$$\arg\max \quad -\mathbf{b}^\top \mathbf{v}$$
$$\text{s.t.} \quad \mathbf{A}^\top \mathbf{v} + \mathbf{c} \geqslant 0$$

### 2.3.4.3 对偶性与约束准则

本节用 $d^*$ 表示拉格朗日对偶问题（2.105）的最优值。根据之前的定义，这是根据拉格朗日函数得到的原问题最优值 $p^*$ 的最好下界。而两者之间有一个简单但是非常重要的性质，即**弱对偶性**（weak duality）。

> **定义 2.55 弱对偶性**
>
> 对于拉格朗日对偶问题的最优值 $d^*$ 和原问题的最优值 $p^*$，两者满足
> $$d^* \leqslant p^*$$
> 即使原问题不是凸问题，该不等式仍然成立。♣

其中 $p^* - d^*$ 称为原问题的**最优对偶间隔**（optimal duality gap）。当原问题很难求解时，弱对偶不等式可以给出原问题最优值的一个下界，这是因为对偶问题总是凸问题，而且在很多情况下都可以进行有效的求解得到 $d^*$。而最优对偶间隔则与**强对偶性**（strong duality）有关。

> **定义 2.56 强对偶性**
>
> 如果最优对偶间隔为 $0$，即
> $$d^* = p^*$$
> 那么**强对偶性**成立。♣

对于一般问题，强对偶性不成立，但如果原问题是凸优化问题，那么在满足一些条件的情况下强对偶性成立。在凸优化问题中，保证强对偶成立的条件为被称为**约束准则**（constraint qualification）。其中一个典型的约束准则为 **Slater 条件**。

> **定义 2.57 Slater 条件**
>
> 对于凸优化问题
> $$\arg\min \quad f_0(\mathbf{x})$$
> $$\text{s.t.} \quad f_i(\mathbf{x}) \leqslant 0, \quad i = 1, \cdots, m$$
> $$\mathbf{a}_i^\top \mathbf{x} = b_i, \quad i = 1, \cdots, p$$
> 如果存在可行解 $\mathbf{x} \in \mathcal{D}$，满足
> $$\begin{cases} f_i(\mathbf{x}) < 0, & i = 1, \cdots, m \\ \mathbf{a}_i^\top \mathbf{x} = b_i, & i = 1, \cdots, p \end{cases}$$
> 那么就有强对偶性成立。♣

**例 2.11** 对于线性规划问题
$$\arg\min \quad \mathbf{c}^\top \mathbf{x}$$
$$\text{s.t.} \quad \mathbf{A}\mathbf{x} \leqslant \mathbf{b}$$

而言，根据 Slater 条件可以得到，如果想有强对偶性成立，应该有

$$\exists \mathbf{x}, \ \mathbf{A}\mathbf{x} \leqslant \mathbf{b}$$

进一步可以说明，对任意线性规划问题（无论是标准形式还是不等式形式），只要原问题有可行解，强对偶性都成立。将此结论应用到对偶问题，则如果对偶问题有可行解，强对偶性成立。

### 2.3.4.4 KKT 条件

**Karush-Kuhn-Tucker 条件（Karush-Kuhn-Tucker conditions，简称 KKT 条件）**是求非线性规划最优解的必要条件。KKT 条件将涉及等式约束的一般优化问题推广至不等式约束的优化问题。考虑优化问题

$$
\begin{aligned}
\arg\min \quad & f_0(\mathbf{x}) \\
\text{s.t.} \quad & f_i(\mathbf{x}) \leqslant 0, \qquad i = 1, \cdots, m \\
& h_i(\mathbf{x}) = 0, \qquad i = 1, \cdots, p
\end{aligned}
\tag{2.106}
$$

该问题的拉格朗日函数为

$$L(\mathbf{x}, \lambda, \mathbf{v}) = f_0(\mathbf{x}) + \sum_{i=1}^{m} \lambda_i f_i(\mathbf{x}) + \sum_{i=1}^{p} v_i h_i(\mathbf{x}) \tag{2.107}$$

假设 $f_1(\mathbf{x}), \cdots, f_m(\mathbf{x})$ 以及 $h_1(\mathbf{x}), \cdots, h_p(\mathbf{x})$ 可微。令 $\mathbf{x}^*$ 和 $(\lambda^*, \mathbf{v}^*)$ 分别是原问题和对偶问题的某对最优解，对偶间隔为零。因为 $L(\mathbf{x}, \lambda, \mathbf{v})$ 在 $\mathbf{x}^*$ 处取得极小值，因此拉格朗日函数 $L$ 在 $\mathbf{x}^*$ 处的导数必然为零，即

$$\nabla f_0(\mathbf{x}^*) + \sum_{i=1}^{m} \lambda_i^* \nabla f_i(\mathbf{x}^*) + \sum_{i=1}^{p} v_i^* \nabla h_i(\mathbf{x}^*) = 0$$

因此，有

$$
\begin{cases}
f_i(\mathbf{x}^*) \leqslant 0, \quad i = 1, \cdots, m \\
h_i(\mathbf{x}^*) = 0, \quad i = 1, \cdots, p \\
\lambda_i^* \geqslant 0, \quad i = 1, \cdots, m \\
\lambda_i^* f_i(\mathbf{x}^*) = 0, \quad i = 1, \cdots, m \\
\nabla f_0(\mathbf{x}^*) + \sum_{i=1}^{m} \lambda_i^* \nabla f_i(\mathbf{x}^*) + \sum_{i=1}^{p} v_i^* \nabla h_i(\mathbf{x}^*) = 0
\end{cases}
\tag{2.108}
$$

上式即为 **Karush-Kuhn-Tucker(KKT) 条件**。

**强对偶性与 KKT 条件** 优化问题（2.106）的拉格朗日函数（2.107）的对偶函数为

$$g(\lambda, \mathbf{v}) = \inf f_0(\mathbf{x}) + \sum_{i=1}^{m} \lambda_i f_i(\mathbf{x}) + \sum_{i=1}^{p} v_i h_i(\mathbf{x})$$

因此对偶问题实际上就是求

$$d^* = \sup g(\lambda, \mathbf{v}) = \sup \inf \; L(\mathbf{x}, \lambda, \mathbf{v})$$

由原问题 $\lambda \geqslant 0$，$f(\mathbf{x}) \leqslant 0$，可以推导出

$$f_0(\mathbf{x}) = \sup L(\mathbf{x}, \lambda, \mathbf{v})$$

这样一来，原问题的最优解实际上为

$$p^* = \inf f_0(\mathbf{x}) = \inf \sup L(\mathbf{x}, \lambda, \mathbf{v})$$

因此强对偶性 $d^* = p^*$ 实际上等价于拉格朗日函数存在鞍点[1]。进一步推导即可得出 KKT 条件，因此对于目标函数和约束函数可微的任意优化问题（无论是否为凸问题），**如果强对偶性成立，那么任何一对原问题最优解和对偶问题最优解必须满足 KKT 条件**。但是另一方面，满足 KKT 条件的解不一定是最优解。因为如果拉格朗日函数不是凸的，那么 $\nabla L = 0$ 并不能保证 $\mathbf{x}^*$，$\lambda^*$，$\mathbf{v}^*$ 就是鞍点。

**Slater 条件与 KKT 条件**　本节已经说明了对于任意优化问题，强对偶性成立的必要条件是任何一对原问题最优解和对偶问题最优解必须满足 KKT 条件。而如果凸优化问题满足 Slater 条件，则意味着强对偶性成立，此时 **x 为最优解当且仅当存在 $\lambda, \mathbf{v}$ 满足 KKT 条件**。

### 2.3.5　无约束优化问题

**无约束优化问题**（**unconstrained optimization problem**），即在没有约束条件的情况下，求解函数 $f(\mathbf{x})$ 的最值，无约束优化问题的形式为

$$\arg\min \quad f(\mathbf{x})$$

其中 $f(\mathbf{x})$ 是二阶可导凸函数，假定该问题存在最优解 $\mathbf{x}^*$，那么有 $\nabla f(\mathbf{x}^*) = 0$。

例 2.12　对于一个非线性方程

$$\begin{cases} x_1^2 + x_2 = 11 \\ x_1 + x_2^2 = 7 \end{cases}$$

用优化的思想去解决这个问题，可以将方程组转换为

$$\begin{cases} f_1(\mathbf{x}) = x_1^2 + x_2 - 11 = 0 \\ f_2(\mathbf{x}) = x_1 + x_2^2 - 7 = 0 \end{cases}$$

这样，解方程组就等价于

$$\arg\min_{\mathbf{x}} \quad f_1^2(\mathbf{x}) + f_2^2(\mathbf{x})$$

这就是一个无约束优化问题。下面将介绍几种常用的求解无约束优化问题的方法。

---

[1]简单来说，一个不是局部极值点但是一阶导数为 0 的点被称为鞍点。

### 2.3.5.1 梯度下降法

无约束优化问题的目的就是在定义域不受限制的时候，求解一个函数的最小值或者最大值。对于简单函数，可以直接采用导数为 0 来求解，而对于一些复杂的函数，可以采用迭代方法来求解，其中最常用的是 **梯度下降法（Gradient Descent，简称 GD）** [5]。梯度下降法迭代求解函数的最小值，是解决无约束优化问题的常用方法之一。梯度下降法的思想就是从初始点开始不断沿着目标函数下降最快的方向（梯度的负方向）移动的过程，直至达到目标函数的最小值。

梯度下降法通过构造一组梯度下降的序列来求函数的最优解[1]。具体来说，对于一个无约束优化问题 $\arg\min f(\mathbf{x})$，其中 $f(\mathbf{x})$ 为连续可导函数，如果能够构造一个序列 $\mathbf{x}^0, \mathbf{x}^1, \mathbf{x}^2, \cdots$，并满足

$$f(\mathbf{x}^{t+1}) < f(\mathbf{x}^t), \quad t = 0, 1, 2, \cdots$$

那么就能够不断执行该过程到达函数的全局最小值。下面将以一元函数为例详细解释梯度下降的步骤。假设有函数 $f(x)$，从随机的初始点 $x^0$ 开始进行迭代运算。对于一元函数来说，假设下一个 $x^{t+1}$ 是从上一个 $x^t$ 沿着某一方向走一小步 $\Delta x$ 得到的。对于一元函数来说，$\Delta x$ 整体上存在两个方向：一个是正方向（$\Delta x > 0$），另一个是负方向（$\Delta x < 0$）。根据 $f(x)$ 的泰勒展开式

$$f(x + \Delta x) \approx f(x) + \Delta x \nabla f(x)$$

显然需要 $\Delta x \nabla f(x) < 0$ 从而使得函数逐步到达最小值处。令 $\Delta x = -\nabla f(x)$ 可以得到 $\Delta x \nabla f(x) = -\left(\nabla f(x)\right)^2$，保证了 $\Delta x \nabla f(x) < 0$。因此在每一步迭代时需要按照

$$x + \Delta x = x - \nabla f(x)$$

来更新变量 $x$。采用迭代的形式，可以将 $x$ 的更新公式写为

$$x^{t+1} = x^t - \nabla f(x^t)$$

这就是沿着负梯度向着最小值点逐步移动的过程。除此之外，注意到 $\nabla f$ 的值可能会非常大或非常小，导致 $x$ 每一步移动的距离过远或过近。可以在迭代中将梯度乘以一个系数 $\alpha$，通过

$$x^{t+1} = x^t - \alpha \nabla f(x^t) \tag{2.109}$$

来更新 $x$。系数 $\alpha > 0$ 用来控制 $x$ 每次更新的幅度，通常被称为 **学习率（learning rate）** 或者 **步长（step size）**。这里用一元函数作为例子，扩展到多元函数和向量数据，梯度下降的过程类似。但是要注意变量已经是一个向量，需要利用相对应的方法求导。梯度下降法的算法伪代码如算法2.1所示。

---

[1]因为这里针对的是凸函数，因此可以获得全局最优解。然而对于一般的函数，梯度下降可能只能得到局部最优解。

---

**算法 2.1 梯度下降法**

1 **输入：最大迭代次数** $T$，**学习率** $\alpha > 0$，**以及阈值** $\beta$。初始化变量 $\mathbf{x}^0$；

2 **for** $t \leftarrow 1$ *to* $T$ **do**

3     $\mathbf{x}^{t+1} \leftarrow \mathbf{x}^t - \alpha \nabla f(\mathbf{x}^t)$；

4     **if** $|f(\mathbf{x}^t) - f(\mathbf{x}^{t+1})| \leqslant \beta$ **then**

5        **break**；

6     **end**

7 **end**

8 **输出：** $\mathbf{x}^t$。

---

**例题 2.7** 求解下面目标函数为一元函数的无约束优化问题：

$$\arg\min_{x} \quad 2x^2 + 2x - 18$$

**解** 采用梯度下降法来求解这个问题，设定步长 $\alpha = 0.1$，初始点 $x^0 = 0$，停止阈值 $\beta = 0.025$。可以简单计算得到函数的一阶导数为 $\nabla f(x) = 4x + 2$。根据梯度下降法迭代求解优化问题：

**步骤一**：计算梯度 $\nabla f(x^0) = 2$，更新 $x$，得到 $x^1 = x^0 - \alpha \nabla f(x^0) = -0.2$。

**步骤二**：阈值判断，计算 $f(x^0) - f(x^1) = 0.32 \geqslant \beta$，继续迭代。

**步骤三**：计算梯度 $\nabla f(x^1) = 1.2$，更新 $x$，得到 $x^2 = x^1 - \alpha \nabla f(x^1) = -0.32$。

**步骤四**：阈值判断，计算 $f(x^1) - f(x^2) = 0.1152 \geqslant \beta$，继续迭代。

**步骤五**：计算梯度 $\nabla f(x^2) = 0.72$，更新 $x$，得到 $x^3 = x^2 - \alpha \nabla f(x^2) = -0.392$。

**步骤六**：阈值判断，计算 $f(x^2) - f(x^3) = 0.041 \geqslant \beta$，继续迭代。

**步骤七**：计算梯度 $\nabla f(x^3) = 0.432$，更新 $x$，得到 $x^4 = x^3 - \alpha \nabla f(x^3) = -0.4352$

**步骤八**：阈值判断，计算 $f(x^3) - f(x^4) = 0.0149 < \beta$，停止计算。

根据迭代过程，最终答案为 $x_4 = -0.4352$，且最小值为 $f(x_4) = -18.4916$。因为目标函数是二次函数，可以简单验证函数在 $-0.4352$ 处取到最小值，因此梯度下降计算的结果是正确的。

本节已经介绍了梯度下降法解决无约束优化问提的原理及过程，但是一个算法除了能够解决问题，还需要深究是否能够有效地解决优化问题，这也就是算法的收敛性问题，下面将给出关于梯度下降法收敛性的一些重要理论[6]，并给出简要的推导过程。

---

**定理 2.13**

用梯度下降法解决凸优化问题中，任意一个迭代中间值 $f(\mathbf{x}^t)$，其与最优值 $p^*$ 的误差不超过 $\|\nabla f(\mathbf{x}^t)\|_2^2$。即 $\exists m > 0$，使得

$$f(\mathbf{x}^t) - p^* \leqslant \frac{1}{2m} \|\nabla f(\mathbf{x}^t)\|_2^2$$

---

**证明** 这里，假设函数 $f(\mathbf{x})$ 是强凸光滑函数，即对于 $\forall \mathbf{x}, \mathbf{y} \in \mathbf{dom} f$ 有 $\exists M > m > 0$ 使得

$$f(\mathbf{y}) \geqslant f(\mathbf{x}) + \nabla f(\mathbf{x})^T(\mathbf{y} - \mathbf{x}) + \frac{m}{2}\|\mathbf{y} - \mathbf{x}\|_2^2$$
$$f(\mathbf{y}) \leqslant f(\mathbf{x}) + \nabla f(\mathbf{x})^T(\mathbf{y} - \mathbf{x}) + \frac{M}{2}\|\mathbf{y} - \mathbf{x}\|_2^2 \tag{2.110}$$

令 $\mathbf{x}^* = \underset{\mathbf{x}}{\arg\min} f(\mathbf{x}), p^* = f(\mathbf{x}^*)$，则对于 $\forall \mathbf{x} \in \mathbf{dom} f$，对不等式（2.110）两边同时关于 $\mathbf{y}$ 求最大值（注意不等式右边是关于 $\mathbf{y}$ 的二次函数），可得到

$$p^* \geqslant f(\mathbf{x}) - \frac{1}{2m}\|\nabla f(\mathbf{x})\|_2^2$$

整理后可得

$$f(\mathbf{x}) \leqslant p^* + \frac{1}{2m}\|\nabla f(\mathbf{x})\|_2^2 \tag{2.111}$$

这说明对任意一个迭代中间值 $f(\mathbf{x}^t)$，其与最优值 $p^*$ 的误差不超过 $\|\nabla f(\mathbf{x}^t)\|_2^2$。

定理2.13证明了采用梯度下降法迭代每一步得到的解 $\mathbf{x}^t$ 总会在最优解 $\mathbf{x}^*$ 的附近，且偏差不会超过 $\|\nabla f(\mathbf{x}^t)\|_2^2$。

### 2.3.5.2 牛顿法

在无约束凸优化问题中，梯度下降法虽然是常用的方法之一，但是其缺点是收敛速度比较慢。为此，引入一种比梯度下降法收敛速度更快的方法——**牛顿法（Newton's method）**[7]。牛顿法的思想就是用迭代和不断逼近的思想来求解一个方程的根，即求解 $f(\mathbf{x}) = 0$。在优化问题中，对于一个凸函数 $f(\mathbf{x})$ 求其最小值，就相当于求方程 $\nabla f(\mathbf{x}) = 0$ 的根。因此同样可以用牛顿法来求解凸优化问题。

在无约束优化问题中，解决 $\underset{\mathbf{x}}{\arg\min} f(\mathbf{x})$，就是用牛顿法求 $\nabla f(\mathbf{x}) = 0$ 的根。具体来说，对函数 $f(\mathbf{x})$ 进行二阶泰勒公式展开，可得到 $f(\mathbf{x} + \Delta\mathbf{x}) = f(\mathbf{x}) + \nabla f(\mathbf{x})\Delta\mathbf{x} + \frac{1}{2}\nabla^2 f(\mathbf{x})\Delta\mathbf{x}^2$，这个式子要成立，当且仅当 $\Delta\mathbf{x}$ 无限趋近于 $0$，于是上式等价于

$$\nabla f(\mathbf{x}) + \nabla^2 f(\mathbf{x})\Delta\mathbf{x} = 0$$

求解得到 $\Delta\mathbf{x} = -\frac{\nabla f(\mathbf{x})}{\nabla^2 f(\mathbf{x})}$，于是可得到牛顿法在优化问题中的迭代公式

$$\mathbf{x}^{t+1} = \mathbf{x}^t - \frac{\nabla f(\mathbf{x}^t)}{\nabla^2 f(\mathbf{x}^t)} \tag{2.112}$$

为了表示方便，一般把 $f$ 的二阶导数构成的方阵称为 Hessian 矩阵，用 $\mathbf{H}$ 表示。上式可以写为

$$\mathbf{x}^{t+1} = \mathbf{x}^t - (\mathbf{H}^t)^{-1}\nabla f(\mathbf{x}^t) \tag{2.113}$$

牛顿法求解无约束优化问题的算法伪代码如算法2.2所示。

> **算法 2.2 牛顿法**
>
> **1 输入：** 初始值 $\mathbf{x}^0$；
>
> **2 计算** $\nabla f(\mathbf{x}^0)$ 以及 $\mathbf{H}^0$；
>
> **3 while** $\nabla f(\mathbf{x}^t) > \varepsilon$ **do**
>
> **4** $\qquad \mathbf{x}^{t+1} = \mathbf{x}^t - (\mathbf{H}^t)^{-1} \nabla f(\mathbf{x}^t)$；
>
> **5** $\qquad t = t + 1$；
>
> **6 end**
>
> **7 输出：** $\mathbf{x}^t$。

**例 2.13** 举一个用牛顿法求解一元方程 $f(x) = x^3 - x - 3 = 0$ 的简单例子。该方程有一个实根 1.6717。用牛顿法求 $f(x)$ 的根。对 $f(x) = x^3 - x - 3$，首先求导数，得 $f'(x) = 3x^2 - 1$。分别设定初始值 $x^0 = 0$ 和 $x^0 = 1$ 为牛顿法的初值进行计算。首先以 $x^0 = 0$ 为例：

**步骤一：** $f(x^0) = -3.00$，$f'(x^0) = -1.00$，得到 $x^1 = x^0 - \frac{f(x^0)}{f'(x^0)} = -3.0000$。

**步骤二：** $f(x^1) = -27.00$，$f'(x^1) = 26.00$，得到 $x^2 = x^1 - \frac{f(x^1)}{f'(x^1)} = -1.9615$。

**步骤三：** $f(x^2) = -8.59$，$f'(x^2) = 10.54$，得到 $x^3 = x^2 - \frac{f(x^2)}{f'(x^2)} = -1.1465$。

**步骤四：** $f(x^3) = -3.36$，$f'(x^3) = 2.94$，得到 $x^4 = x^3 - \frac{f(x^3)}{f'(x^3)} = -0.0036$。

**步骤五：** $f(x^4) = -3.00$，$f'(x^4) = -1.00$，得到 $x^5 = x^4 - \frac{f(x^4)}{f'(x^4)} = -3.0036$。

......

可以看到迭代数列中的第四项 $x^4$ 又回到初始值 $x^1$ 附近，算法在迭代过程中将陷入局部的循环导致算法无法终止。另外选择迭代初始值 $x^0 = 1$，可以得到：

**步骤一：** $f(x^0) = -3.00$，$f'(x^0) = 2.00$，得到 $x^1 = x^0 - \frac{f(x^0)}{f'(x^0)} = 2.5000$。

**步骤二：** $f(x^1) = 10.12$，$f'(x^1) = 17.75$，得到 $x^2 = x^1 - \frac{f(x^1)}{f'(x^1)} = 1.9299$。

**步骤三：** $f(x^2) = 2.26$，$f'(x^2) = 10.17$，得到 $x^3 = x^2 - \frac{f(x^2)}{f'(x^2)} = 1.7077$。

**步骤四：** $f(x^3) = 0.27$，$f'(x^3) = 7.75$，得到 $x^4 = x^3 - \frac{f(x^3)}{f'(x^3)} = 1.6729$。

**步骤五：** $f(x^4) = 0.01$，$f'(x^4) = 7.40$，得到 $x^5 = x^4 - \frac{f(x^4)}{f'(x^4)} = 1.6715$。

**步骤六：** $f(x^5) = 0.00$，$f'(x^5) = 7.38$，得到 $x^6 = x^5 - \frac{f(x^5)}{f'(x^5)} = 1.6715$。

可以看到 $x^4$ 已经和真正的实根差别不大，随着迭代次数增加，算法会逐渐收敛到函数真正的实根处。选择不同的初值，牛顿法的收敛情况不同，这说明**初始点的选择对于牛顿法的收敛有比较大的影响**，因此在使用牛顿法的时候需要谨慎选择迭代初值 $x^0$。

与梯度下降法相比，牛顿法的收敛速度更快，具有二阶收敛性[8]。这里只给出牛顿法二阶收敛的定理，证明部分留作练习。

> **定理 2.14**
>
> 假设初始值 $\mathbf{x}^0$ 充分靠近极值点 $\mathbf{x}^*$。Hessian 矩阵不是奇异矩阵，即
>
> $$\|(\mathbf{H}^t)^{-1}\|_2 \leqslant M$$

假设函数的二阶导数在极值附近 **Lipschitz 连续**，即存在一个 Lipschitz 连续常数 $L$，使得

$$\|\nabla^2 f(\mathbf{x}) - \nabla^2 f(\mathbf{y})\|_2 \leqslant L\|\mathbf{x} - \mathbf{y}\|_2$$

那么牛顿法具有二阶收敛性，即

$$\|\mathbf{x}^{t+1} - \mathbf{x}^*\|_2 \leqslant \frac{1}{2} ML\|\mathbf{x}^t - \mathbf{x}^*\|_2^2$$

◆

# ❧ 习题 ❧

习题 2.11 **凸函数**。证明一阶条件。（提示：首先证明一元函数情况，再构造证明一般情况）

习题 2.12 **线性规划**。给出下述问题的显式解：

$$\begin{aligned} \min \quad & \mathbf{c}^\top \mathbf{x} \\ \text{s.t.} \quad & \mathbf{Ax} = \mathbf{b} \end{aligned}$$

习题 2.13 **共轭函数**。考虑问题

$$\begin{aligned} \min \quad & \mathbf{c}^\top \mathbf{x} \\ \text{s.t.} \quad & f(x) \leqslant 0 \end{aligned}$$

其中 $\mathbf{c} \neq \mathbf{0}$。
(1) 利用共轭 $f^*$ 表述对偶问题。
(2) 不假设函数 $f$ 是凸的，证明：对偶问题是凸的。

习题 2.14 **拉格朗日对偶问题**。考虑等式约束的最小二乘问题

$$\begin{aligned} \min \quad & \|\mathbf{Ax} - \mathbf{b}\|^2 \\ \text{s.t.} \quad & \mathbf{Gx} = \mathbf{h} \end{aligned}$$

其中 $\mathbf{A} \in \mathbb{R}^{m \times n}, \operatorname{rank}(\mathbf{A}) = n, \mathbf{G} \in \mathbb{R}^{p \times n}, \operatorname{rank}(\mathbf{G}) = p$。
(1) 给出 KKT 条件。
(2) 写出对偶问题最优解 $\mathbf{v}^*$ 的表达式。
(3) 写出原问题最优解 $\mathbf{x}^*$ 的表达式。

习题 2.15 **无约束优化**。考虑 $\mathbb{R}^2$ 上的二次目标函数

$$f(\mathbf{x}) = \frac{1}{2}(x_1^2 + \gamma x_2^2)$$

其中 $\gamma > 0$。分别给出利用梯度下降法和牛顿法求解的迭代公式，并根据 $\gamma$ 的值分类讨论两种方法的收敛性。

# 参考文献

[1] UPTON G, COOK I. Statistics[M/OL]. Oxford: Oxford University Press, 2008. https://www.oxfordreference.com/view/10.1093/acref/9780199541454.001.0001/acref-9780199541454-e-1566.

[2] 曹振华. 随机数学基础[M]. 北京: 高等教育出版社, 2009.

[3] DURRETT R. Probability: Theory and examples[M]. Cambridge: Cambridge University Press, 2019.

[4] 孙蓓. 中心极限定理及其在若干实际问题中的应用[J]. 科教导刊 (中旬刊), 2012(17): 65-67.

[5] 刁瑞, 谢妍. 算法笔记[M]. 北京: 电子工业出版社, 2016.

[6] BOYD S, VANDENBERGHE L. Convex optimization[M]. Cambridge: Cambridge University Press, 2004.

[7] DEUFLHARD P. 非线性问题的牛顿法[M]. 北京: 科学出版社, 2006.

[8] 周雪芹. 关于牛顿法收敛阶的讨论[C]//第十二届中国青年信息与管理学者大会. 北京: 中国学术期刊电子出版社, 2010.

# 第 3 章 回归模型

## 3.1 简介

本章起将正式开始机器学习相关知识的学习。在 §1.5 中，已经介绍了机器学习方法的分类。本章将从最常见的机器学习任务之一——监督学习中的回归问题开始，为读者介绍机器学习任务及其解决方法。

生活中，人们经常需要对数据的某一变量进行预测。通常来说，人们所关心的变量的值与其他变量有关，可以由其他变量决定，因此可以根据其他变量对这一变量进行预测。这些其他变量称为**自变量**（independent variable），被决定的变量称为**因变量**（dependent variable）。例如，房屋的价格这一因变量就受房屋面积、区位环境、楼层高度等因素（自变量）的影响，如果能知道这些因素与房价的关系，就可以通过这些自变量对房屋的价格进行预测。

问题在于如何得到因变量与每一个自变量的关系。通常，人们可以通过经验来估计因变量、自变量之间的关系。在房价的例子中，也就是可以借助已有的房价数据，即市场上房屋的面积、区位环境、楼层高度等因素及其对应的价格信息，估计出想要的关系。借助 §1.2 中提到的机器学习概念，可以将一个房屋作为一个样本，房屋的自变量作为样本的特征，房屋的价格作为样本的标签，市场上已知的房价数据作为训练数据。为预测一个样本的标签，要做的即是根据训练数据，估计出特征与标签之间的关系，然后根据该样本的特征进行预测。这一任务就是回归问题。解决回归问题的数学模型称为**回归模型**（regression model）。可以发现，上述过程由训练、预测两个步骤组成。回归问题的训练过程需要基于标签已知的训练数据，因此，回归模型是一个监督学习的模型。由于一个理想的回归模型经常可以得到一个能够吻合已有数据的连续函数，所以有时会称回归模型可以**拟合**（fit）数据，所得到的函数也被称为样本回归函数。

> **定义 3.1 回归问题**
>
> 回归问题是分析数据特征与标签之间的关系，并用以预测样本标签的任务。其中，标签是一个连续的数值。 ♣

首先，为了便于计算，可以使用矩阵和向量来描述数据集。给定有着 $n$ 个房屋样本的数据集：

$$\mathcal{D} = \{(\mathbf{x}_i, y_i) \mid i = 1, 2, \cdots, n\}$$

其中 $\mathbf{x}_i \in \mathbb{R}^p$ 是第 $i$ 个样本的 $p$ 个特征组成的向量，在本例中包括房屋面积、楼层数、周边公交站点数等分量。$y_i \in \mathbb{R}$ 是第 $i$ 个样本点的标签，即这所房屋的房价。如图3.1所示，为便于计算，数据集中 $n$ 个样本的特征向量可以按行排列为矩阵 $\mathbf{X} \in \mathbb{R}^{n \times p}$，其中 $\mathbf{X}$ 的

第 $i$ 行 $\mathbf{X}_{i:} = \mathbf{x}_i^\top$。注意此处 $\mathbf{x}_i$ 是列向量，$\mathbf{X}_{i:}$ 是行向量，$\mathbf{X}_{:i}$ 是列向量。数据集中 $n$ 个样本的标签可以组成列向量 $\mathbf{y} \in \mathbb{R}^n$。

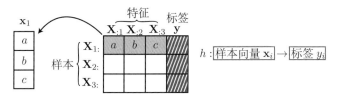

图 **3.1** 数据集的抽象结构图

回归模型可以使用一个函数 $h : \mathbb{R}^p \mapsto \mathbb{R}$ 来表示，其中 $p$ 是特征的数量。选取不同的函数，预测结果可能是千差万别的。显然，预测结果应与真实值越接近越好。由此，回归问题的目标就是要确定一个能够在新样本上有着最小的预测误差的模型 $h$。但是，在训练过程中，由于新样本的标签是未知的，无法使用新样本来评估预测误差，只能基于训练数据集来"模拟"预测误差。使用训练数据集来"模拟"预测误差的方式是使用模型 $h$ 对训练数据集中的每一个样本进行预测，然后对比预测结果和真实标签，综合每一个样本的结果对模型 $h$ 进行"打分"。这里的分数就是损失函数。综合预测结果越接近真实标签，则损失函数越低，反之则越高。在回归问题中，最常用的损失函数是**均方误差**（Mean Squared Error，简称 **MSE**），即数据集中样本预测误差的平方的平均值：

$$\mathcal{L} = \frac{1}{n} \sum_{i=1}^{n} \left( y_i - h(\mathbf{x}_i) \right)^2 \tag{3.1}$$

那么，如何找到能够最小化损失函数的模型 $h$ 呢？为了便于使用优化方法来最小化损失函数，通常用一个参数的集合 $\theta$ 来唯一确定模型 $h$，此时 $h$ 也被称为**参数化模型**（parameterized model）。例如，在房价预测这一任务中，一种可能的参数化方式是 $h(\mathbf{x}; \theta = \{\mathbf{w}, b\}) = \mathbf{w}^\top \mathbf{x} + b$。在这个模型中，模型参数共有 $p + 1$ 个，为 $\mathbf{w} \in \mathbb{R}^p$ 的每个分量以及 $b$，分别代表特征的系数和偏置。当模型预测效果较好时，通常会认为模型参数对数据有着解释性的作用，例如上述特征的系数可以看作是特征的"权重"，可以反映不同特征的重要性。利用回归模型对数据进行分析的方法称为**回归分析**（regression analysis）。将模型参数化后，损失函数可被表示为关于 $\theta$ 的函数，模型的目标则是关于 $\theta$ 最小化损失函数：

$$\arg\min_{\theta} \mathcal{L}(\theta) = \frac{1}{n} \sum_{i=1}^{n} \left( y_i - h(\mathbf{x}_i; \theta) \right)^2 \tag{3.2}$$

在回归问题中，根据参数化方式的不同，可以将模型分为两类：**线性回归**（Linear Regression，简称 **LR**）问题以及**非线性回归**（non-linear regression）问题。线性回归和非线性回归的区别在于对标签与特征之间真实关系的假设不同。尽管生活中数据之间的关系十分复杂，在许多情况下，样本的标签和特征之间的关系可以近似看作线性关系，即认为标签与每个特征满足一个线性方程：

$$y = w_1 x_1 + w_2 x_2 + \cdots + w_p x_p + b = \mathbf{w}^\top \mathbf{x} + b$$

例如,人的体重与身高的关系、城市的人均国内生产总值与人均可支配收入的关系等,都可以近似看作线性关系。形如 $h(\mathbf{x}) = \mathbf{w}^\top \mathbf{x} + b$ 的模型称为**线性模型(linear model)**。线性回归的目标使用一个合适的线性模型以预测样本标签的值。

> **定义 3.2 线性回归**
>
> 线性回归是使用线性模型 $h(\mathbf{x}; \mathbf{w}, b) = \mathbf{w}^\top \mathbf{x} + b$ 预测样本 $\mathbf{x}$ 的标签的一种回归模型,其中,$\mathbf{w}$ 和 $b$ 是模型参数。

当样本的特征数较少时,常常可以通过作图来观测出线性回归的结果。如图3.2所示,当样本矩阵 $\mathbf{X} \in \mathbb{R}^{n \times 1}$ 时,样本回归函数为一条直线;如图3.3所示,当样本矩阵 $\mathbf{X} \in \mathbb{R}^{n \times 2}$ 时,样本回归函数为一个平面。

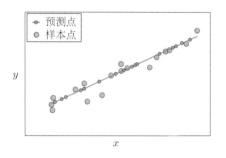

图 3.2　当样本矩阵 $\mathbf{X} \in \mathbb{R}^{n \times 1}$ 时,回归函数为一条直线

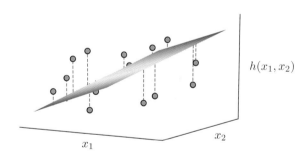

图 3.3　当样本矩阵 $\mathbf{X} \in \mathbb{R}^{n \times 2}$ 时,回归函数为一个平面

然而,生活中数据的标签与特征之间的关系不一定都能用线性模型来描述。例如,某地一天内确认感染流行性肺炎的人数与地区、总人口数、流动人口数等因素的关系则十分复杂,简单的线性函数无法描述两者之间的映射关系。当数据的标签与特征不能满足任意一个线性方程时,称标签与特征之间存在非线性关系。此时,仍然可以使用一些参数化方式来建模标签与特征之间的非线性关系。这样的模型称为**非线性模型(non-linear model)**。

> **定义 3.3 非线性回归**
>
> 非线性回归是根据样本特征,使用非线性模型预测样本标签的一类回归模型。

当样本的特征数较少时，同样可以通过作图来观测出非线性回归的结果。如图3.4所示，当样本矩阵 $\mathbf{X} \in \mathbb{R}^{n \times 1}$ 时，样本回归函数为一条曲线；如图3.5所示，当样本矩阵 $\mathbf{X} \in \mathbb{R}^{n \times 2}$ 时，样本回归函数为一个曲面。

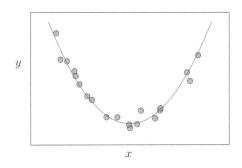

图 3.4　当样本矩阵 $\mathbf{X} \in \mathbb{R}^{n \times 1}$ 时，回归函数为一条曲线。

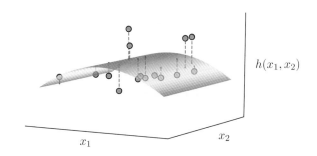

图 3.5　当样本矩阵 $\mathbf{X} \in \mathbb{R}^{n \times 2}$ 时，回归函数为一个曲面。

在实际生活中，遇到一个回归问题时，通常不能立刻判断出该问题适合使用线性回归还是非线性回归。例如，超市某件商品的销量与其价格、生产日期等因素的关系，某地一天内确认感染流行性肺炎的人数与地区、总人口数、流动人口数等因素的关系。需要通过一定的手段来判断该问题适合使用的回归模型，这部分内容将在§6.3进行介绍。

首先大致了解一下回归模型的内容：

- **模型表示：**线性回归模型的输入为向量 $\mathbf{x}$，输出为 $\widehat{y} = \mathbf{w}^\top \mathbf{x} + b$，其中 $\mathbf{w}$ 和 $b$ 是参数。
- **损失函数：**对于线性回归模型，常用的损失函数为**均方误差**。
- **训练方式：**线性回归模型的训练方式很多，通常使用**正规方程法**、**梯度下降法**、**随机梯度下降法**、**小批量梯度下降法**、**牛顿法**等方法进行参数 $\mathbf{w}$ 与 $b$ 的优化。
- **派生模型：**线性回归模型的派生模型有**多项式回归模型**、**径向基回归模型**、**岭回归**、**套索回归**等。

# 3.2 线性回归

## 3.2.1 线性回归模型

线性回归模型假设样本数据 $\mathbf{X} \in \mathbb{R}^{n \times p}$ 与样本标签 $\mathbf{y} \in \mathbb{R}^n$ 之间是线性关系，即对于参数 $\theta = \{\mathbf{w}, b\}$，$\mathbf{w} \in \mathbb{R}^p, b \in \mathbb{R}$，有

$$
\begin{aligned}
h(\mathbf{X}; \mathbf{w}, b) &= \mathbf{X}\mathbf{w} + b \\
&= (\mathbf{w}^\top \mathbf{x}_1 + b, \cdots, \mathbf{w}^\top \mathbf{x}_n + b)^\top
\end{aligned}
\tag{3.3}
$$

因此，对于线性回归模型，损失函数可以写成

$$
\widehat{\mathbf{w}}, \widehat{b} = \arg\min_{\mathbf{w}, b} \frac{1}{n} \|\mathbf{y} - (\mathbf{X}\mathbf{w} + b)\|_2^2
\tag{3.4}
$$

的形式。注意到系数 $\frac{1}{n}$ 对于优化问题的解没有影响，因此可以忽略系数 $\frac{1}{n}$。在实际生活中，数据与标签成线性关系的例子比较常见。比如一个人的身高的平方与体重之间是线性关系，那么可以利用线性回归模型，通过一个人的身高来预测他的体重。下面通过一个实例分析来展示线性回归模型的建模过程。

**例 3.1** 现有一个北京市某年房屋价格及其属性参数的部分数据[1]，该数据集收集了 500 间北京市房屋的数据 $\{(\mathbf{x}_i, y_i) \mid i = 1, \cdots, 500\}$。每个样本数据的属性包括总体面积 $x_{sq}$（单位为 $\mathrm{m}^2$）、卧室数量 $x_{bed}$（单位为个）、客厅数量 $x_{draw}$（单位为个）、卫生间数量 $x_{bath}$（单位为个）这四个属性特征。样本数据对应的标签为房屋价格 $y$（单位为万元）。因此，所有样本数据的特征可以组织成大小为 $500 \times 4$ 的矩阵 $\mathbf{X}$；所有样本标签可以写成长度为 500 的向量 $\mathbf{y}$。样本数据样例如表格3.1所示，共有 500 个样本数据，其中第 2 列"总体面积"至第 5 列"卫生间数量"为特征，第 6 列"房屋价格"为标签。线性回归模型假设总体面积等四个属性与房价之间为线性关系：

$$
y = x_{sq} w_{sq} + x_{bed} w_{bed} + x_{draw} w_{draw} + x_{bath} w_{bath} + b
\tag{3.5}
$$

那么把参数写成 $\mathbf{w} = (w_{sq}, w_{bed}, w_{draw}, w_{bath})^\top$ 与 $b$ 之后，可以利用线性回归模型求解参数。

表 3.1　北京市某年房屋价格及其房屋属性数据样例

| 样本编号 | 总体面积（m²） | 卧室数量（个） | 客厅数量（个） | 卫生间数量（个） | 房屋价格（万元） |
|---|---|---|---|---|---|
| #1 | 131 | 2 | 1 | 1 | 415 |
| #2 | 132.38 | 2 | 2 | 2 | 575 |
| #3 | 198 | 3 | 2 | 3 | 1030 |
| ⋮ | ⋮ | ⋮ | ⋮ | ⋮ | ⋮ |
| #499 | 55.3 | 2 | 1 | 1 | 510 |
| #500 | 115.07 | 3 | 2 | 1 | 398 |

### 3.2.2 正规方程法

现在已经得到了线性回归模型的优化问题（3.4），本小节与接下来的几个小节将介绍如何求解这一优化问题。

优化问题（3.4）说明了求解线性回归模型的最优参数等价于最小化其损失函数。而对于求函数最小值，一个简单的想法便是观察函数形式，若目标函数为凸函数，那么只需令其梯度为 0，通过建立方程并直接求解即可得到最优参数。基于以上思路，正规方程法被提出。

因此，首先需要判断问题（3.4）的凸性。此处使用 §2.3.2.2 提到的二阶条件来判断目标函数是否为凸函数。为了便于表示和计算，重新构建样本数据矩阵为 $\mathbf{X} \in \mathbb{R}^{n \times (p+1)}$，其中每一行 $\mathbf{X}_{i:} = (1, X_{i1}, \cdots, X_{ip})$。相对应地，可以构建 $\mathbf{w} \in \mathbb{R}^{p+1}$ 且 $\mathbf{w} = (b, \mathbf{w}_1, \cdots, \mathbf{w}_p)^\top$。这样，损失函数即可表示为 $\|\mathbf{y} - \mathbf{X}\mathbf{w}\|_2^2$。将损失函数 $\mathcal{L}$ 展开：

$$
\begin{aligned}
\mathcal{L}(\mathbf{w}) &= \|\mathbf{y} - \mathbf{X}\mathbf{w}\|_2^2 \\
&= (\mathbf{y} - \mathbf{X}\mathbf{w})^\top (\mathbf{y} - \mathbf{X}\mathbf{w}) \\
&= \mathbf{y}^\top \mathbf{y} - (\mathbf{X}\mathbf{w})^\top \mathbf{y} - \mathbf{y}^\top \mathbf{X}\mathbf{w} + (\mathbf{X}\mathbf{w})^\top \mathbf{X}\mathbf{w} \\
&= \mathbf{y}^\top \mathbf{y} - 2\mathbf{w}^\top \mathbf{X}^\top \mathbf{y} + \mathbf{w}^\top \mathbf{X}^\top \mathbf{X}\mathbf{w}
\end{aligned}
\tag{3.6}
$$

注意到损失函数 $\mathcal{L}$ 可导，求 $\mathcal{L}$ 关于 $\mathbf{w}$ 的梯度，得到

$$
\nabla_{\mathbf{w}}\mathcal{L} = -2\mathbf{X}^\top \mathbf{y} + 2\mathbf{X}^\top \mathbf{X}\mathbf{w}
\tag{3.7}
$$

进一步求 $\nabla_{\mathbf{w}}\mathcal{L}$ 关于 $\mathbf{w}$ 的梯度，得到目标函数的 Hessian 矩阵

$$
\nabla_{\mathbf{w}}^2 \mathcal{L} = \mathbf{X}^\top \mathbf{X}
\tag{3.8}
$$

对于任意非零向量 $\mathbf{v}$，都有

$$
\mathbf{v}\mathbf{X}^\top \mathbf{X}\mathbf{v} = (\mathbf{X}\mathbf{v})^\top \mathbf{X}\mathbf{v} \geqslant 0
$$

因此，$\mathbf{X}^\top \mathbf{X}$ 是一个半正定矩阵。根据二阶条件，可以判断问题（3.4）的目标函数是凸函数，进而可知问题（3.4）是凸优化问题。凸优化问题有着众多便利的性质，例如，凸优化问题若存在局部最优解，则该局部最优解必然是唯一的全局最优解。根据这一性质，只需令梯度 $\nabla_{\mathbf{w}}\mathcal{L} = 0$，即可求得使损失函数最小的参数 $\mathbf{w}$。根据公式（3.7）可以求得

$$
-2\mathbf{X}^\top \mathbf{y} + 2\mathbf{X}^\top \mathbf{X}\mathbf{w} = 0
\tag{3.9}
$$

当 $\mathbf{X}^\top \mathbf{X}$ 可逆时，最终得到

$$
\mathbf{w} = (\mathbf{X}^\top \mathbf{X})^{-1} \mathbf{X}^\top \mathbf{y}
\tag{3.10}
$$

因此，当 $\mathbf{X}^\top \mathbf{X}$ 可逆时，可以直接计算出参数 $\mathbf{w}$ 的解析解 $(\mathbf{X}^\top \mathbf{X})^{-1}\mathbf{X}^\top \mathbf{y}$。这种根据样本数据 $\mathbf{X}$ 和 $\mathbf{y}$ 直接求解线性回归问题的方法称为**正规方程（normal equation）法**。公式（3.10）被称为正规方程。

> **定义 3.4 正规方程法**
>
> 正规方程法通过直接求方程 $\nabla \mathcal{L}(\mathbf{w}) = 0$ 来计算参数的解析解，从而完成一步求解线性回归问题。

正规方程法的优势在于运算方便，能够一步算出解析解。大多数的机器学习模型都不具有解析解，而正规方程是少有的具有解析解的算法。正规方程的优势还体现在运算效率。从时间复杂度的角度分析，求解 $\mathbf{w}$ 的过程中时间复杂度最大的部分为矩阵求逆 $(\mathbf{X}^\top \mathbf{X})^{-1}$，时间复杂度为 $O(p^3)$ [1]，因此正规方程法的时间复杂度为 $O(p^3)$。虽然时间复杂度看起来并不小，但是正规方程法中的运算都为矩阵相关的简单运算（比如转置、矩阵乘法等），使用时，可以通过并行运算等方法对正规方程法进行加速[3-4]。

正规方程法并非在所有情况下都可以使用。使用正规方程法的一个必要条件就是矩阵 $\mathbf{X}^\top \mathbf{X}$ 是可逆矩阵。但是 $\mathbf{X}^\top \mathbf{X}$ 有可能并不是一个可逆的矩阵。可以证明，$\mathbf{X}^\top \mathbf{X}$ 可逆当且仅当 $\text{rank}(\mathbf{X}) \geqslant p$。例如，当 $p > n$ 时，$\text{rank}(\mathbf{X}) < p$，则 $\mathbf{X}^\top \mathbf{X}$ 不可逆，无法使用正规方程法。

**例 3.2** 现在用正规方程法来求解例3.1对应的线性回归模型。为了简化运算，在 $\mathbf{X}$ 最后一列添加1，并令 $\mathbf{w} = (w_{\text{sq}}, w_{\text{bed}}, w_{\text{draw}}, w_{\text{bath}}, b)^\top$。根据正规方程法（3.9）可以直接计算得到参数：

$$\mathbf{w} = (4.7,\ -46.5,\ -2.9,\ 68.6,\ -31.6)^\top \tag{3.11}$$

为了验证预测出的参数的好坏，用 $\hat{\mathbf{y}} = \mathbf{X}\mathbf{w}$ 去计算真实数据标签 $\mathbf{y}$ 与预测标签 $\hat{\mathbf{y}}$ 之间的均方误差 $\frac{1}{n}\|\mathbf{y} - \hat{\mathbf{y}}\|_2^2$。利用（3.11）计算得到的均方误差为 11.77。

最后本节给出用 Python 编程实现正规方程的代码示例。

```
1  # 读取数据: X, y
2  X = ...
3  y = ...
4  # 正规方程法
5  w = np.linalg.inv(X.T @ X) @ X.T @ y
```

### 3.2.3 梯度下降法

在上一节我们介绍了线性回归的基本概念和其正规方程解法。使用正规方程法，可以直接求得最优解，然而只有当矩阵 $\mathbf{X}^\top \mathbf{X}$ 可逆时才能使用正规方程法。此外，计算 $(\mathbf{X}^\top \mathbf{X})^{-1}$ 的代价也较大，计算时间复杂度为 $O(p^3)$。为了解决这些问题，线性回归通常使用梯度下降法来求解。

§2.3.5.1中介绍过梯度下降法。要使用梯度下降法找到一个函数的极小值，需要沿着

---

[1] 一般选择使用高斯消元法来求解一个可逆矩阵的逆矩阵[2]，高斯消元法的时间复杂度为 $O(p^3)$。

负梯度方向迭代更新参数值。为了简化书写，这里和§3.2.2一样构建 $\mathbf{w}$ 与 $\mathbf{X}$ 以省略 $b$。如果损失函数 $\mathcal{L}(\mathbf{w})$ 在点 $\mathbf{w}$ 处可导且有定义，那么函数 $\mathcal{L}(\mathbf{w})$ 的值在 $\mathbf{w}$ 点沿着梯度相反的方向 $-\nabla_{\mathbf{w}}\mathcal{L}(\mathbf{w})$ 下降最多。因此首先按照梯度计算的方法初始化 $t=0$ 和 $\mathbf{w}^0$，然后按照下式迭代更新 $\mathbf{w}$：

$$\mathbf{w}^{t+1} = \mathbf{w}^t - \alpha\nabla_{\mathbf{w}}\mathcal{L}(\mathbf{w}^t) \tag{3.12}$$

其中 $\mathbf{w}^t$ 表示经过第 $t$ 轮迭代得到的 $\mathbf{w}$ 值，$\nabla_{\mathbf{w}}\mathcal{L}(\mathbf{w}^t)$ 表示函数 $\mathcal{L}(\mathbf{w})$ 的值在 $\mathbf{w}$ 点梯度方向，计算的时候一般使用全部的样本：$\nabla_{\mathbf{w}}\mathcal{L}(\mathbf{w}^t) = -2\mathbf{X}^\top\mathbf{y} + 2\mathbf{X}^\top\mathbf{X}\mathbf{w}$。每一次迭代，$\mathbf{w}$ 都会根据所有样本的值进行更新。这种方法也被称为**批量梯度下降法**（**batch gradient descent**）。

---

**定义 3.5 批量梯度下降法**

批量梯度下降法是一种优化机器学习模型的算法，该算法在每轮迭代中使用所有样本计算当前参数的梯度，沿着负梯度方向迭代更新参数，直至收敛。

---

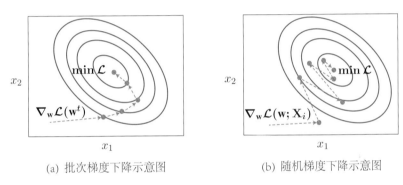

(a) 批次梯度下降示意图　　　　　(b) 随机梯度下降示意图

图 3.6　批量梯度下降与随机梯度下降

　　图3.6（a）是对于一个二维函数的批量梯度下降法示意图。可以看到，参数 $\mathbf{w}$ 会逐渐向 $\min\mathcal{L}$ 移动。假设有 $n$ 个样本，$p$ 个特征，那么每轮迭代的时间复杂度为 $O(np^2)$，若经过 $T$ 轮迭代达到收敛，则总的时间复杂度为 $O(np^2T)$。

　　在机器学习的优化问题中使用梯度下降法时，在学习率 $\alpha$、初始点 $\mathbf{w}^0$、目标函数、归一化四个方面需要特别注意。错误应用梯度下降法可能会大大影响算法的效果[5]，甚至无法收敛。

**学习率**　　不同的学习率将决定收敛速度甚至影响训练结果。如果学习率过小，那么收敛过程会很慢；而如果学习率过大，那么可能会导致不收敛，甚至远离最小值，如图3.7所示。在图3.7（a）中，梯度下降的学习率过小，导致虽然经过很多次更新，损失函数的值仍然没有很大变化，收敛过程非常缓慢。而在图3.7（b）中，学习率的值过大，导致每次更新时损失函数的波动过大，梯度下降可能不会收敛。因此在机器学习模型的训练中，学习率的选择需要十分谨慎。一种可选的策略是不固定学习率，而是让学习率随着训练过程改变，通常是逐渐下降。

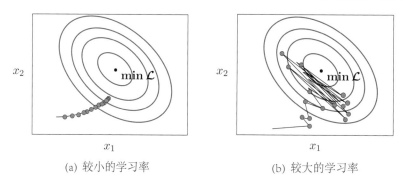

(a) 较小的学习率　　　　　　　(b) 较大的学习率

图 3.7　不同学习率对梯度下降的影响

**初始点**　初始点的选取也将影响最终优化结果。只有在凸函数上，梯度下降的收敛性才有理论保证。一个复杂的非凸函数可能有多个局部极小值，选取到合适的初始点可以很快找到全局最优解，但如果初始点选取得不适当，容易陷入局部最优解。在这种情况下，为了避免陷入局部最优解，可以随机初始化多个初始值 $\mathbf{w}^0$，针对多个初始值进行梯度下降，并从中选择最好的结果。

**目标函数**　并非任何目标函数的优化问题都可以使用梯度下降来解决。首先，梯度下降法要求目标函数是可导的，而有的机器学习模型的目标函数是不可导的，如后文将介绍的套索回归。其次，只有在凸函数上，梯度下降法的收敛性才有理论保证。在非凸函数上，梯度下降法可能不收敛或收敛到某个非全局最优的局部最优点。即便目标函数是凸函数，梯度下降的收敛速度仍然可能很慢，只有当目标函数满足强凸性和光滑性[1]时，才能保证有着较快的收敛速率。

**归一化**　实际数据中，不同特征可能有着不同的尺度。例如，表3.1所示的北京市房价数据集，总体面积和卧室数量的范围就有较大的差别。不同特征在数量级上的差距会对梯度下降法的收敛速度造成很大影响，这是由于负梯度方向仅仅是当前所在局部的最快下降的方向，并不一定指向全局最优解。直观地，假设有两个与标签有着同等相关系数的特征，那么其中较小的特征的最优系数较大，较大的特征的最优系数较小。但在学习时，两个维度上的学习率是相同的，如果学习率较小，在较小的特征的系数上需要迭代很多次；如果学习率较大，在较大的特征的系数上会反复波动。为了统一不同特征的数量级，通常会先对数据进行**归一化（normalization）**处理。归一化有多种不同的方法，这里选择常用的一种方法。对于每一列数据（即每一个属性），把它处理为

$$\mathbf{X}_{:j} = \frac{\mathbf{X}_{:j} - \mu_j}{\sigma_j} \tag{3.13}$$

其中 $\mathbf{X}_{:j}$ 是 $\mathbf{X}$ 中第 $j$ 列的数据，$\mu_j$ 是这一列数据的平均值，而 $\sigma_j$ 是这一列数据的标准差。经过归一化处理后，房屋价格与房屋属性数据如表格3.2所示，可以看到归一化后的

---

[1]称函数在集合 $\mathcal{S}$ 是 $L$-光滑的，如果存在 $L > 0$，使得 $\forall \mathbf{x}, \mathbf{y} \in \mathcal{S}$，$\|\nabla f(\mathbf{x}) - \nabla f(\mathbf{y})\| \leqslant L\|\mathbf{x} - \mathbf{y}\|$。

样本属性值具有同样的数量级。

表 3.2 归一化处理后的北京市某年房屋价格及其房屋属性数据样例

| 样本编号 | 总体面积（m²） | 卧室数量（个） | 客厅数量（个） | 卫生间数量（个） | 房屋价格（万元） |
|---|---|---|---|---|---|
| #1 | 0.29 | -0.28 | -0.34 | -0.57 | 415 |
| #2 | 0.31 | -0.28 | 1.17 | 0.76 | 575 |
| #3 | 1.27 | 0.56 | 1.17 | 2.11 | 1030 |
| ⋮ | ⋮ | ⋮ | ⋮ | ⋮ | ⋮ |
| #499 | -0.80 | -0.28 | -0.34 | -0.57 | 510 |
| #500 | 0.06 | 0.56 | 1.17 | -0.57 | 398 |

**例 3.3** 用梯度下降法优化例3.1中的线性回归模型。为了简化运算，先对 $\mathbf{X}$ 和 $\mathbf{w}$ 采取与例3.2中相同的处理。初始化 $\mathbf{w}^0 = \mathbf{0}$ 为元素全为 0 的向量，步长为 $\alpha = 0.0001$。设置算法在 $|\mathcal{L}(\mathbf{w}^t) - \mathcal{L}(\mathbf{w}^{t-1})| < 0.0001$ 时停止。当迭代次数达到 $t = 132$ 时，求得的 $\mathbf{w}$ 为

$$\mathbf{w} = (340.5, \ -51.9, \ 2.9, \ 56.0, \ 496.9)^\top \tag{3.14}$$

此时均方误差为 11.82，与正规方程法接近。在训练中可以通过调整步长 $\alpha$ 以及最大迭代数量使得预测参数更加接近真实值。最后本节给出用 Python 实现梯度下降法求解例3.1的代码示例。

```
1   # 读取数据
2   X, y = ......
3   # 初始化参数
4   w = ...
5   alpha = 0.0001
6   # 归一化处理
7   for each in X:
8       X[each] = (X[each] - np.mean(X[each])) / np.std(X[each])
9   # 梯度下降法
10  while True:
11      loss_before = ... # 更新前损失函数值
12      grad = 1 * (-X.T @ y + X.T @ X @ w) # 更新 w
13      w = w - alpha * grad
14      loss_after = ... # 更新后损失函数值
15      if np.abs(loss_after - loss_before) < 0.0001:
16          break
```

## 3.2.4 随机梯度下降法

批量梯度下降法是非常常用的机器学习优化算法，但存在一个很大的问题，即单次迭代的运算负担重，因为梯度的计算需要用到整个训练数据集。例如在例3.1中数据集有

21613 个样本，7 个特征，那么每轮迭代时运算操作的数量达到了 1059037 的常数倍。对于大规模的数据集，运算开销会非常大。另外，在计算机中进行计算时，需要一次性将整个数据集加载到内存（或显存）中进行梯度计算，这是难以做到的。因此，为了快速解决样本数较多的机器学习问题，研究者提出了**随机梯度下降法（Stochastic Gradient Descent，简称 SGD）**。

---

**定义 3.6 随机梯度下降法**

随机梯度下降法是一种优化机器学习模型的算法，该算法在每轮迭代中随机选取某一个样本，用仅在该样本上计算的损失函数的梯度近似整个数据集上的梯度。♣

---

之前的批量梯度下降法中，算法用所有数据 $\mathbf{X}$ 计算梯度 $\nabla_{\mathbf{w}}\mathcal{L}(\mathbf{w}) = (\mathbf{y} - \mathbf{Xw})^{\top}\mathbf{X}$。而在随机梯度下降中，每一次迭代更新 $\mathbf{w}$，都只考虑其中一个样本 $\mathbf{x}_i$ 对应的损失函数

$$\mathcal{L}(\mathbf{w}; \mathbf{x}_i) = \|y_i - \mathbf{w}^{\top}\mathbf{x}_i\|_2^2 \tag{3.15}$$

通过这种方法，算法用一个样本对应损失函数的梯度：

$$\nabla_{\mathbf{w}}\mathcal{L}(\mathbf{w}; \mathbf{x}_i) = -2\mathbf{x}_i^{\top}\mathbf{y} + 2\mathbf{x}_i^{\top}\mathbf{w}\mathbf{x}_i \tag{3.16}$$

来近似整个数据集对应的梯度 $\nabla_{\mathbf{w}}\mathcal{L}(\mathbf{w})$。随机梯度下降算法与批量梯度下降算法很相似，算法伪代码如算法3.1所示。在每一次迭代中，算法随机选择一个样本，计算对应的梯度 $\nabla_{\mathbf{w}}\mathcal{L}(\mathbf{w}; \mathbf{x}_i)$ 以更新参数 $\mathbf{w}$。与批量梯度下降法一样，随机梯度下降法通常也需要对数据进行归一化。

---

**算法 3.1 随机梯度下降算法**

1　**输入：样本矩阵 $\mathbf{X} \in \mathbb{R}^{n \times p}$，样本对应的标签 $\mathbf{y} \in \mathbb{R}^n$，最大迭代次数 $T$ 和学习率 $\alpha > 0$。随机初始化参数 $\mathbf{w}^0$；**

2　**for** $t \leftarrow 1, 2, \cdots, T$ **do**

3　　**随机打乱 $n$ 个样本的顺序；**

4　　**for** $i \leftarrow 1, 2, \cdots, n$ **do**

5　　　$\mathbf{w}^t \leftarrow \mathbf{w}^{t-1} - \alpha\nabla_{\mathbf{w}^{t-1}}\mathcal{L}(\mathbf{w}^{t-1}; \mathbf{x}_i)$ ；

6　　**end**

7　　**if** *满足停机准则* **then**

8　　　**break;**

9　　**end**

10　**end**

11　**输出：预测参数 $\mathbf{w}$。** ♥

---

图3.6体现了批量梯度下降与随机梯度下降的梯度更新的区别。显然随机梯度下降的曲线波动更大，因为在每一步只考虑了一个样本，然而整体的趋势与批量梯度下降相同。除此之外，由于随机梯度下降每一次更新的幅度较大，算法比较容易避开局部最优值，所

以随机梯度下降最终的预测结果可能会更准确。

**例 3.4** 使用随机梯度下降方法优化例3.1中的线性回归模型。为了简化运算，对 **X** 和 **w** 采取与例3.2中相同的处理，并对数据进行归一化。初始化 $\mathbf{w}^0 = \mathbf{0}$ 为元素全为 0 的向量，步长为 $\alpha = 0.0001$。设置算法在 $|\mathcal{L}(\mathbf{w}^t) - \mathcal{L}(\mathbf{w}^{t-1})| < 0.0001$ 时停止。当迭代次数达到 $t = 141$ 时，求得的 **w** 为

$$\mathbf{w} = (352.5, \ -53.9, \ 3.8, \ 84.3, \ 487.8)^\top \tag{3.17}$$

均方误差 $\frac{1}{n}\|\mathbf{y} - \hat{\mathbf{y}}\|_2^2 = \mathbf{12.05}$，计算时长为 **262 ms**。可以看到随机梯度下降方法和梯度下降方法到达收敛状态时的迭代代数差距不大，但在运算时间上大幅减少。最后本节给出用 Python 实现梯度下降法求解例3.1的代码示例。

```python
1  # 读取数据
2  X, y = ......
3  # 归一化处理
4  for each in X:
5      X[each] = (X[each] - np.mean(X[each])) / np.std(X[each])
6  # 初始化参数
7  w = ...
8  alpha = 0.0001
9  # 梯度下降法
10 while True:
11     loss_before = ... # 更新前损失函数值
12     for i in range(0,n):
13         grad = 1 * (-X[i].T @ y[i] + X[i].T @ X[i] @ w) # 更新 w
14         w = w - alpha * grad
15     loss_after = ... # 更新后损失函数值
16     if np.abs(loss_after - loss_before) < 0.0001:
17         break
```

## 3.2.5 小批量梯度下降法

随机梯度下降存在的一个重大问题是不稳定。这是因为每次更新参数时只考虑一个样本，这种"短视"的做法会让算法过分关注一个样本，而不是考虑多个样本的平均效应。最原始的批量梯度下降从整体上考虑了所有数据的信息，然而它的运算效率比较低。因此为了在运算效率和算法稳定性之间作出权衡，需要使用**小批量梯度下降法（Mini-Batch Stochastic Gradient Descent, 简称 Mini-Batch SGD）**。

> **定义 3.7 小批量梯度下降法**
>
> 小批量梯度下降法将整体数据集分成多个批，在每轮迭代中随机优化某一批样本对应的损失函数，用一批中的数个样本对应损失函数的梯度近似整体对应的梯度。♣

小批量梯度下降法将数据分为 $L$ 个批，即 $\{\mathbf{X}^{(1)}, \cdots, \mathbf{X}^{(L)}\}$，其中每个批的样本数量分别为 $n_1, \cdots, n_L$。然后在更新参数时综合考虑一个批内的数据。这时损失函数可以表示为

$$\mathcal{L}(\mathbf{w}) = \sum_{l=1}^{L} \sum_{i=1}^{n_l} \mathcal{L}(\mathbf{w}; \mathbf{x}_i^{(l)}) \tag{3.18}$$

这样一来，在迭代中的每一次，算法遍历每一个数据批 $\mathbf{X}^{(l)} \in \mathbb{R}^{n_l \times p}$，利用这一批数据来计算梯度。这样参数的更新公式就变为了

$$\mathbf{w} \leftarrow \mathbf{w} - \alpha \nabla_{\mathbf{w}} \mathcal{L}(\mathbf{w}; \mathbf{x}_i^{(l)}) \tag{3.19}$$

其中

$$\nabla_{\mathbf{w}} \mathcal{L}(\mathbf{w}; \mathbf{x}_i^{(l)}) = -2\mathbf{x}_i^{\top} \mathbf{y} + 2\mathbf{x}_i^{(l)\top} \mathbf{x}_i^{(l)} \mathbf{w} \tag{3.20}$$

小批量梯度下降算法的伪代码如算法3.2所示。

---

**算法 3.2 小批量梯度下降算法**

**1** 输入：样本矩阵 $\mathbf{X} \in \mathbb{R}^{n \times p}$，样本对应的标签 $\mathbf{y} \in \mathbb{R}^n$，最大迭代次数 $T$ 和学习率 $\alpha > 0$。随机初始化参数向量 $\mathbf{w}^0$；

**2** for $t \leftarrow 1, \cdots, T$ do

**3**      for $l \leftarrow 1, \cdots, L$ do

**4**          $\mathbf{w}^t \leftarrow \mathbf{w}^{t-1} - \alpha \nabla_{\mathbf{w}^{t-1}} \mathcal{L}(\mathbf{w}^{t-1}; \mathbf{x}_i^{(l)})$ ;

**5**      end

**6**      if 满足停机准则 then

**7**          break;

**8**      end

**9** end

**10** 输出：预测参数 $\mathbf{w}$。

---

一般来说，在实际使用小批量梯度下降时，通常会使每一批的样本数都相同，即 $n_1 = n_2 = \cdots = n_L = B$。特别地，当 $n_l = 1$ 时就是随机梯度下降算法。数据批的大小 $B$ 是实现小批量梯度下降时所需要调整的参数。如果 $B$ 较小，那么算法会收敛很快，但是不稳定；反之如果 $B$ 较大，那么算法的收敛会比较慢但是会更稳定。因此 $B$ 的选择是在算法效率和稳定性之间的权衡。为了提高其在 CPU 或者 GPU 中的运算效率，批大小 $B$ 经常设置为 2 的幂，比如 32,64,128 等。

梯度下降的计算主要集中在更新 $\mathbf{w}$ 时的梯度计算。对于随机梯度下降，梯度的计算只需要向量乘法运算，每一次更新 $\mathbf{w}$ 只需要 $O(p)$ 的时间复杂度。因此随机梯度下降算法总体的时间复杂度为 $O(Tnp)$，其中 $T$ 为迭代的数量。在小批量梯度下降法中，针对每一批样本 $\mathbf{X}^{(l)} \in \mathbb{R}^{B \times p}$，计算梯度所需的是 $B$ 乘法运算。这一步所需的时间复杂度为 $O(Bp^2)$。在每一次迭代中要针对总共 $L$ 个样本批进行上述的参数更新。因此小批量梯度

下降算法的时间复杂度为 $O(TLBp^2)$。因为 $LB = n$，小批量梯度下降和批量梯度下降算法的时间复杂度其实是相同的。但是如果把更新一次 $\mathbf{w}$ 当作算法的一步，那么小批量梯度下降算法在每一步中的时间成本要少于批量梯度下降。这种特性使得小批量梯度下降更适用于样本数量不断变化的场景，比如**在线学习 (online learning)**[6-7]。

### 3.2.6 牛顿法

上一小节向各位读者介绍了梯度下降法，该方法通过迭代的思路来进行优化，进而降低了计算复杂度。接下来本节介绍另一种采用迭代思想的优化方法，即牛顿法。在上一章 §2.3 凸优化中已经介绍过，牛顿法是用迭代和不断逼近的思想来求解一个比较复杂的方程的根，其核心思想是对函数的一阶泰勒展开求零点。而在线性回归中，如果将损失函数的一阶导数视为牛顿法中的"函数"，就可以对其应用牛顿法预测参数。

牛顿法的根本思路就是利用迭代方法逼近 $f(x) = 0$ 的根。回到线性回归，我们希望预测一个参数 $\mathbf{w}$ 来最小化函数 $\mathcal{L}$。而损失函数的最小值出现在 $\nabla \mathcal{L} = 0$ 的位置。令 $x = \mathbf{w}, f(x) = \nabla \mathcal{L}$，可以得到用牛顿法解线性回归问题的参数迭代公式，其形式如下：

$$\mathbf{w}^{t+1} = \mathbf{w}^t - \left( \nabla^2 \mathcal{L} \left( \mathbf{w}^t \right) \right)^{-1} \nabla \mathcal{L}(\mathbf{w}^t) \tag{3.21}$$

其中

$$\nabla^2 \mathcal{L} = \begin{bmatrix} \frac{\partial^2 \mathcal{L}}{\partial w_1^2} & \frac{\partial^2 \mathcal{L}}{\partial w_1 \partial w_2} & \cdots & \frac{\partial^2 \mathcal{L}}{\partial w_1 \partial w_p} \\ \\ \frac{\partial^2 \mathcal{L}}{\partial w_2 \partial w_1} & \frac{\partial^2 \mathcal{L}}{\partial w_2^2} & \cdots & \frac{\partial^2 \mathcal{L}}{\partial w_2 \partial w_p} \\ \\ \vdots & \vdots & \vdots & \vdots \\ \\ \frac{\partial^2 \mathcal{L}}{\partial w_p \partial w_1} & \frac{\partial^2 \mathcal{L}}{\partial w_p \partial w_2} & \cdots & \frac{\partial^2 \mathcal{L}}{\partial w_p^2} \end{bmatrix} \tag{3.22}$$

是 Hessian 矩阵。可以看到在解决线性回归问题时，牛顿法的思路是利用迭代点处的一阶导数（梯度）和二阶导数（Hessian 矩阵）对损失函数的一阶导数进行近似。

在上一章凸优化一节中，本书已经证明了牛顿法具有二阶收敛性，其收敛速度为 $O(1/t^2)$。牛顿法求解线性回归的优势就在于其收敛速度快。但在用牛顿法解线性回归时，不仅需要求 Hessian 矩阵，还要求 Hessian 矩阵的逆矩阵，运算的时间复杂度为 $O(p^3)$。而存储这些矩阵导致算法的空间复杂度也较高，当数据量很大时运算速度就会受到显著影响。因此，在实际应用中牛顿法的常用程度并不如小批量梯度下降法。牛顿法和梯度下降法都是迭代求解线性回归问题的算法，但它们有很多本质上的**不同之处**：

1. 从几何角度来看，梯度下降法用一个**平面**来拟合函数，而牛顿法则是使用一个**二次曲面**来进行拟合，因此通常情况下牛顿法选择的路径会**更接近于最优路径**。

2. 梯度下降法只要求损失函数**可导**，而牛顿法要求损失函数有二**阶导数**，其适用条件相对于梯度下降法而言更**严苛**。

3. 梯度下降法需要计算**梯度**，而牛顿法需要计算**二阶导数矩阵及其逆**。因此牛顿法的**时间复杂度更高** $[O(p^3)]$，并且牛顿法中计算的二阶导数矩阵需要保存在内存中，因此牛顿法的**空间复杂度也很高**。

4. 梯度下降法算法中需要设置学习率 $\alpha$，而牛顿法中**没有任何参数，节省了调整参数的时间成本**。

例 3.5 这次用牛顿法来求解例3.1中的房价预测问题。同样为了简化运算，对 $\mathbf{X}$ 和 $\mathbf{w}$ 采取与例3.2中相同的处理，并对数据进行归一化。初始化 $\mathbf{w}^0 = \mathbf{0}$ 为元素全为 0 的向量。设置算法在 $|\mathcal{L}(\mathbf{w}^t) - \mathcal{L}(\mathbf{w}^{t-1})| < 0.0001$ 时停止。当迭代次数达到 $t = 34$ 时，牛顿法求得的 $\mathbf{w}$ 为

$$\mathbf{w} = (353.4, \ -53.8, \ 2.9, \ 76.4, \ 479.0)^\top \tag{3.23}$$

均方误差 $\frac{1}{n}\|\mathbf{y} - \hat{\mathbf{y}}\|_2^2 = \mathbf{11.99}$。可以看到牛顿法用了更少的迭代数达到了和梯度下降法差不多的均方误差值。这就是因为牛顿法是二阶收敛，比梯度下降法的收敛速度更快。最后本节给出用 Python 实现牛顿法求解例3.1的代码示例。

```
1   # 读取数据
2   X, y = ......
3   # 归一化处理
4   for each in X:
5       X[each] = (X[each] - np.mean(X[each])) / np.std(X[each])
6   # 初始化参数
7   w = ...
8   # 牛顿法
9   while True:
10      loss_before = ... # 更新前损失函数值
11      H = hessian(X, y, w) # 求 Hessian 矩阵
12      g = derivative(X, y, w) # 求一阶导数
13      w = w - np.linalg.inv(H) @ g # 更新 w
14      loss_after = ... # 更新后损失函数值
15      if np.abs(loss_after - loss_before) < 0.0001:
16          break
```

### 3.2.7 基于梯度的其他算法

通过前面的介绍可以发现，牛顿法虽然收敛速度快，但由于其时间、空间复杂度都很高，因此在实际应用中不如梯度下降法。但梯度下降法由于在下降过程中难以避免会出现"波动"，导致收敛速度相对较慢。因此，针对梯度下降法所出现的问题，研究者们也提出了一些基于梯度的其他改进算法。

**动量随机梯度下降法**　在之前介绍的随机梯度下降和小批量梯度下降中，可以看到在每一次迭代时，梯度的下降并不是严格按照全局的最小方向。虽然总体上来说下降趋势是朝着最小方向的，但是在每一步中的波动比较大，因此可能会导致收敛速度较慢。**动量随机梯度下降**（stochastic gradient descent with momentum）就是为了减少迭代中的这种波动而提出的。

---

**定义 3.8 动量随机梯度下降法**

动量随机梯度下降法指梯度下降的过程中，在某一个点的参数更新方向不仅基于当前这个位置的梯度方向，还会受到之前更新时的梯度方向的影响。其参数更新公式为

$$\mathbf{v}^t = \beta \mathbf{v}^{t-1} - (1-\beta)\nabla\mathcal{L}(\mathbf{w}^t)$$
$$\mathbf{w}^{t+1} = \mathbf{w}^t + \alpha\mathbf{v}^t \tag{3.24}$$

---

**算法 3.3 动量随机梯度下降算法**

1　**输入**：样本矩阵 $\mathbf{X} \in \mathbb{R}^{n\times(p+1)}$，样本对应的标签 $y \in \mathbb{R}^n$，最大迭代次数 $T$，学习率 $\alpha > 0$ 和动量参数 $\beta \in [0,1)$。随机初始化参数向量 $\mathbf{w}^0$，初始化动量 $\mathbf{v}^0 = 0$；

2　**for** $t \leftarrow 1$ *to* $T$ **do**

3　　随机打乱 $n$ 个样本的顺序；

4　　**for** $i \leftarrow 1$ *to* $n$ **do**

5　　　$\mathbf{v}^t \leftarrow \beta\mathbf{v}^{t-1} - (1-\beta)\nabla\mathcal{L}(\mathbf{w}^t)$；

6　　　$\mathbf{w}^{t+1} \leftarrow \mathbf{w}^t + \alpha\mathbf{v}^t$；

7　　**end**

8　　**if** *满足停机准则* **then**

9　　　**break**；

10　**end**

11　**end**

12　**输出**：预测参数 $\mathbf{w}$。

---

　　动量随机梯度下降法借用了物理中动量的概念，一个点的更新方向是在当前点的梯度方向和之前点的梯度方向的共同影响下决定的。其中 $\alpha$ 为学习率，$\mathbf{v}^t$ 为累计的动量，代表之前点的梯度方向，$\beta \in [0,1)$ 为**动量系数**（momentum parameter），即用来权衡当前梯度和累计动量的系数。

　　对 $\mathbf{v}^t$ 的更新综合了 $\mathbf{v}^{t-1}$（之前点的梯度方向）和 $\nabla\mathcal{L}$（当前位置的梯度方向）。在经过用 $\beta$ 加权平均之后，累积的动量和现在的梯度都被考虑了进去。而且，由于 $\beta < 1$，随着迭代代数增加，早期的一些梯度在累计动量之中所占的比重越来越少。基于动量梯度下降的更新公式，伪代码如算法3.3所示。需要各位读者注意的是，与正规方程法的做

法类似，本书在这里构建的样本矩阵 $\mathbf{X}$ 大小为 $n \times (p+1)$，其中第一列元素为 1，参数 $\mathbf{w}$ 长度为 $p+1$，其中第一列为 $b$。通过这种方式将 $b$ 纳入 $\mathbf{X}$ 和 $\mathbf{w}$ 中。

动量随机梯度下降在形式上与随机梯度下降十分接近，在每轮迭代更新参数时仍然只需要进行向量乘法，因此总体的时间复杂度仍然为 $O(Tnp)$。此外，动量随机梯度下降的收敛性同样也是一阶的，收敛速度为 $O(1/t)$。

**Nestrov 加速梯度下降法**　动量梯度下降存在的问题是，在某一点如果计算出梯度为 0（即满足了最小化损失函数的目的），由于动量的存在，参数仍然会沿着动量的方向更新。这种情况会导致收敛变慢。以小球滚向山谷底部这一过程为例，当一个使用动量梯度下降的小球沿着坡滚向山谷的时候，在即将到达山谷的时刻小球并不会减速而是会冲到对面的斜坡上，接着小球可能会在两个斜坡上来回滚动直到最终到达谷底，而来回滚动则会极大拖累收敛速度。而针对这一缺陷研究者提出了 **Nestrov 加速梯度下降法 (Nestrov accelerated gradient descent)**[8]。

---

**定义 3.9 Nestrov 加速梯度下降法**

Nestrov 加速梯度下降法不仅会考虑当前点的梯度，还会进一步去考虑移动之后下一个点的梯度，其参数更新公式为

$$\mathbf{v}^t = \beta \mathbf{v}^{t-1} - \alpha \nabla \mathcal{L}(\mathbf{w}^{t-1} + \beta \mathbf{v}^{t-1})$$
$$\mathbf{w}^{t+1} = \mathbf{w}^t + \alpha \mathbf{v}^t \tag{3.25}$$

---

**算法 3.4 Nestrov 加速梯度下降法**

1 **输入**：样本矩阵 $\mathbf{X} \in \mathbb{R}^{n \times p}$，样本对应的标签 $y \in \mathbb{R}^n$，最大迭代次数 $T$，学习率 $\alpha > 0$ 和动量系数 $\beta \in [0,1)$。随机初始化参数向量 $w$，初始化动量 $\mathbf{v} = 0$；

2 **for** $t \leftarrow 1$ *to* $T$ **do**

3 　　随机打乱 $n$ 个样本的顺序；

4 　　**for** $i \leftarrow 1$ *to* $n$ **do**

5 　　　　$\mathbf{v}^t \leftarrow \beta \mathbf{v}^{t-1} - \alpha \nabla \mathcal{L}(\mathbf{w}^{t-1} + \beta \mathbf{v}^{t-1})$；

6 　　　　$\mathbf{w}^{t+1} \leftarrow \mathbf{w}^t + \alpha \mathbf{v}^t$；

7 　　**end**

8 　　**if** *满足停机准则* **then**

9 　　　　break；

10 　　**end**

11 **end**

12 **输出**：预测参数 $\mathbf{w}$。

通过定义不难看出 Nestrov 加速梯度下降法比动量随机梯度下降法"多考虑一步"。还是用小球的例子来说明，使用 Nestrov 加速梯度下降法，小球在快要滚到谷底的时候会预知到下一步将冲到对面的坡上，于是会提前刹车。

其中从 $\mathbf{v}^t$ 的更新可以看出，此处考虑了下一步的梯度 $\nabla\mathcal{L}(\mathbf{w}^{t-1} + \beta\mathbf{v}^{t-1})$。事实上，Nestrov 加速梯度还有一个等效形式[8]：

$$
\begin{aligned}
\mathbf{v}^t &= \beta\mathbf{v}^{t-1} + \nabla\mathcal{L}\left(\mathbf{w}^{t-1}\right) + \beta\left[\nabla\mathcal{L}\left(\mathbf{w}^{t-1}\right) - \nabla\mathcal{L}\left(\mathbf{w}^{t-2}\right)\right] \\
\mathbf{w}^t &= \mathbf{w}^{t-1} - \alpha\mathbf{v}^t
\end{aligned}
\tag{3.26}
$$

从上式可以看出，Nestrov 加速梯度下降的参数更新是与二阶导数相关的，因此其和牛顿法一样具有二阶收敛性。同时注意到该方法又不像牛顿法一样需要计算 Hessian 矩阵，因此其计算的复杂度也会小很多。基于 Nestrov 加速梯度下降的更新公式，其算法伪代码如算法3.4所示。

同样的，Nestrov 加速梯度下降的时间复杂度仍然为 $O(Tnp)$。需要注意的是，Nestrov 加速梯度下降具有二阶收敛性，收敛速度为 $O(1/t^2)$。

表 3.3　线性回归优化算法总结

| 算法名称 | 收敛速度 | 时间复杂度 | 空间复杂度 |
|---|---|---|---|
| 正规方程法 | $O(1)$ | $O(p^3)$ | $O(p^2)$ |
| 梯度下降法 | $O(1/t)$ | $O(Tnp^2)$ | $O(np)$ |
| 随机梯度下降法[7] | $O(1/t)$ | $O(Tnp)$ | $O(p)$ |
| 小批量梯度下降法 | $O(1/t)$ | $O(TLBp^2)$ | $O(LBp)$ |
| 牛顿法[9] | $O(1/t^2)$ | $O(p^3)$ | $O(p^2)$ |
| 动量随机梯度下降法[10] | $O(1/t)$ | $O(Tnp)$ | $O(p)$ |
| Nestrov 加速梯度下降法[8] | $O(1/t^2)$ | $O(Tnp)$ | $O(p)$ |

将到此为止所介绍的所有线性回归的优化算法进行**总结**：

- **正规方程法**是最简单的方法，可以一步算出**解析解**，但其只得使用于矩阵 $\mathbf{X}^\top\mathbf{X}$ **可逆**的场景，且正规方程法的**时间复杂度较高**。
- **梯度下降法**是实际应用中较为常用的方法，该方法**沿着负梯度方向迭代更新参数值**，**计算复杂度相对较低**，且能保证**收敛**。梯度下降算法大致可分为三类：批量梯度下降法、随机梯度下降法和小批量梯度下降法。
- **批量梯度下降法**最小化所有训练样本的损失函数，使得最终求解的是**全局最优解**，但其**运算复杂度相对较高**；**随机梯度下降法**则是在每一次迭代更新时都**只考虑其中一个样本对应**的损失函数，**降低了计算复杂度**，但难以避免波动与陷入局部极小**值**的问题；**小批量梯度下降法**可以视为前两者的折中方案，通过对数据集进行**分批**来进行迭代更新。
- **牛顿法**同样采用**迭代**的方式求损失函数一阶导数的近似，考虑了二阶导数因而**收敛速度更快**，但**计算复杂度也相对更高**，且适用范围也相对更小。
- 在基于梯度的其他改进优化算法中，本书重点介绍了通过引入"动量"这一概念而改进的两种随机梯度下降算法的变种：动量随机梯度下降法与 Nestrov 加速梯度下降法，这些算法着力于解决随机梯度下降法中"波动"和收敛速度慢的问题。

之前讲解的几个优化算法的收敛速度、时间复杂度和空间复杂度总结如表3.3。

### 3.2.8　线性回归的概率论解释

之前本书都是从统计的角度向各位读者解释线性回归模型，在这一小节中本书从概率论的角度出发，重新审视线性回归，讨论为什么损失函数要采用均方误差的形式。已知模型预测的样本标签与真实样本标签之间存在误差，这里假设这样的随机误差是新的随机变量，将其设为 $\varepsilon$，那么有

$$h\left(\mathbf{X}_{i:}; \mathbf{w}\right) = \mathbf{X}_{i:}\mathbf{w} = y_i + \varepsilon_i \tag{3.27}$$

其中 $\varepsilon_i$ 可以代表各种自然误差，比如测量误差或因某些噪声而引起的误差。假设这些误差都是独立同分布的，那么由大数定律可知 $\varepsilon_i$ 服从高斯分布[1]，即 $\varepsilon_i \sim \mathcal{N}\left(0, \sigma^2\right)$。用 $f$ 表示概率密度函数，那么有

$$f\left(\varepsilon_i\right) = \frac{1}{\sqrt{2\pi}\sigma} \exp\left(-\frac{\varepsilon_i^2}{2\sigma^2}\right) \tag{3.28}$$

其中

$$\varepsilon_i = \mathbf{X}_{i:}\mathbf{w} - y_i \tag{3.29}$$

将该式代入可得

$$f\left(y_i \mid \mathbf{X}_{i:}; \mathbf{w}\right) = \frac{1}{\sqrt{2\pi}\sigma} \exp\left(-\frac{\left(\mathbf{X}_{i:}\mathbf{w} - y_i\right)^2}{2\sigma^2}\right) \tag{3.30}$$

其中 $f\left(y_i \mid \mathbf{X}_{i:}; \mathbf{w}\right)$ 代表的是将 $\mathbf{w}$ 作为固定参数的情况下，输入为特征 $\mathbf{X}_{i:}$ 时输出为 $y_i$ 的概率密度函数。有读者可能会有疑问：该式与 $f\left(y_i - \mathbf{X}_{i:}\mathbf{w}\right)$ 之间如何转换？这个函数本质上表示的是误差，而误差是由输入 $\mathbf{X}_{i:}$ 和输出 $y_i$ 进行衡量的，同时，输入 $\mathbf{X}_{i:}$ 和输出 $y_i$ 是相关的，也就是说当 $\mathbf{X}_{i:}$ 确定时，会按一定概率取得 $y_i$，因此上式与 $f\left(y_i - \mathbf{X}_{i:}\mathbf{w}\right)$ 是相同的。此外，由于每一个误差 $\varepsilon_i$ 都是独立同分布的，因此对于所有的误差，产生一组误差 $\left(\varepsilon_1, \cdots, \varepsilon_n\right)$ 的概率密度函数为

$$f = \prod_{i=1}^{n} f\left(\varepsilon_i\right) = \prod_{i=1}^{n} f\left(y_i \mid \mathbf{X}_{i:}; \mathbf{w}\right) \tag{3.31}$$

上式最右边可以理解为以 $\mathbf{w}$ 作为参数，给定一系列输入 $\mathbf{X}_{i:}$，其对应地输出一系列 $y_i$ 的概率密度函数。

此时，已知 $y_i$ 的概率分布，因为 $\varepsilon$ 是独立同分布的，所以每个样本的输出也是独立同分布的。那么就可以用极大似然估计[2]来估计 $\mathbf{w}$。似然函数为

$$L(\mathbf{w}) = \prod_{i=1}^{n} f\left(y_i \mid \mathbf{X}_{i:}; \mathbf{w}\right) = \prod_{i=1}^{n} \frac{1}{\sqrt{2\pi}\sigma} \exp\left(-\frac{\left(\mathbf{X}_{i:}\mathbf{w} - y_i\right)^2}{2\sigma^2}\right) \tag{3.32}$$

[1]需要各位读者注意的是，事实上即使数据不是高斯分布也可以用线性回归求解。

[2]本书会在后续章节详细介绍极大似然估计在机器学习中的应用。

一般称这个式子为 $\mathbf{w}$ 的似然性。因为 $\mathbf{w}$ 完全决定了在 $\mathbf{X}_{i:}$ 给定时 $y_i$ 出现的概率的大小。那么，现在得到的这一系列样本 $(\mathbf{X}_{i:}, y_i)$ 就可以认为是在 $\mathbf{w}$ 作为参数的情况下，给定 $\mathbf{X}_{i:}$ 时得到输出 $y_i$ 的概率为最大。那么，使得 $L(\mathbf{w})$ 最大的 $\mathbf{w}$ 值就是使得预测函数最优的 $\mathbf{w}$ 值，因此有

$$\max \ L(\mathbf{w}) = \max \ \ln L(\mathbf{w}) = \max \ n \ln \frac{1}{\sqrt{2\pi}\sigma} - \frac{1}{\sigma^2} \cdot \frac{1}{2} \sum_{i=1}^{n} (y_i - \mathbf{X}_{i:}\mathbf{w})^2 \quad (3.33)$$

对上式求最大值实际上等价于

$$\max L(\mathbf{w}) = \min \frac{1}{2} \sum_{i=1}^{n} (y_i - \mathbf{X}_{i:}\mathbf{w})^2 \quad (3.34)$$

各位读者应该对这一公式并不陌生——这就是本书之前所提到的线性回归模型的均方误差形式的损失函数。至此，本小节从概率的角度推导出了均方误差损失函数，并为之赋予了概率上的意义。

## ❧ 习题 ❧

习题 3.1 考虑这样的数据样本 $\mathcal{D} = (\mathbf{X}, \mathbf{y})$，其中：

$$\mathbf{X} = \begin{pmatrix} 1 & 300 \\ 2 & 100 \end{pmatrix}, \mathbf{y} = \begin{pmatrix} 2 \\ 3 \end{pmatrix}$$

使用如下的线性回归模型假设以及最小化相应的损失函数：

$$h(\mathbf{X}; \mathbf{w}) = \mathbf{X}\mathbf{w}$$

$$\mathcal{L}(\mathbf{w}) = \frac{1}{2}\|\mathbf{y} - \mathbf{X}\mathbf{w}\|_2^2$$

(1) 请写出通过正规方程法求出的参数 $\mathbf{w}^*$ 的值。

(2) 若样本受到扰动后变为 $\mathcal{D}_1 = (\mathbf{X}_1, \mathbf{y})$，其中

$$\mathbf{X}_1 = \begin{pmatrix} 1 & 300 \\ 3 & 100 \end{pmatrix}$$

请重新写出通过正规方程法求出的参数 $\mathbf{w}^*$ 的值。

(3) 若样本受到扰动后变为 $\mathcal{D}_2 = (\mathbf{X}_2, \mathbf{y})$，其中

$$\mathbf{X}_2 = \begin{pmatrix} 1 & 300 \\ 2 & 101 \end{pmatrix}$$

请重新写出通过正规方程法求出的参数 $\mathbf{w}^*$ 的值。

(4) 分别比较 (1) 与 (2)、(3) 题中求出的结果，分析不同维度上数据的扰动对所求参数的影响。

习题 3.2 考虑数据样本集 $\mathcal{D} = \{(\mathbf{x}^{(i)}, y^{(i)}) \mid i = 1, 2, \cdots, n\}$。

(1) 考虑使用如下的线性回归模型以及损失函数：

$$h(\mathbf{X}; \mathbf{w}) = \mathbf{X}\mathbf{w}$$

$$\mathcal{L}(\mathbf{w}) = \frac{1}{n} \sum_{i=1}^{n} (y^{(i)} - \mathbf{w}^\top \mathbf{x}^{(i)})^2$$

请通过正规方程法写出参数 $\mathbf{w} \in \mathbb{R}^p$ 的表达式。

(2) 考虑加入截距后的线性回归模型以及相应的损失函数：

$$h(\mathbf{X}; \mathbf{w}, b) = \mathbf{X}\mathbf{w} + b$$

$$\mathcal{L}(\mathbf{w}, b) = \frac{1}{n} \sum_{i=1}^{n} (y^{(i)} - (\mathbf{w}^\top \mathbf{x}^{(i)} + b))^2$$

请使用与 (1) 相同的方法写出参数 $\mathbf{w} \in \mathbb{R}^p, b \in \mathbb{R}$ 的表达式。

习题 3.3 给出数据样本集 $\mathcal{D} = (\mathbf{X}, \mathbf{y})$，并使用如下的线性回归模型以及损失函数：

$$h(\mathbf{X}; \mathbf{w}) = \mathbf{X}\mathbf{w}$$

$$\mathcal{L}(\mathbf{w}) = \frac{1}{2} \|\mathbf{y} - \mathbf{X}\mathbf{w}\|_2^2$$

(1) 请写出使用正规方程法得到的参数 $\mathbf{w}^*$ 的值。

(2) 假设迭代过程从 $\mathbf{w}^0$ 开始，请分别写出使用梯度下降法及牛顿法迭代一步后得到的 $\mathbf{w}^1$ 的值。

习题 3.4 **梯度下降的理论分析**。若连续可导函数 $f: \mathbb{R} \mapsto \mathbb{R}$ 的导数 $f'$ 利普希茨连续，即存在常数 $L > 0$ 使得对任意 $x, y$ 有

$$|f'(x) - f'(y)| \leqslant L|x - y|$$

则称 $f$ 具有 $L$-光滑性。假设在梯度下降算法中，损失函数 $f$ 具有 $L$-光滑性且为凸函数：

(1) 证明对任意 $x, y$：

$$f(y) - f(x) \leqslant f'(x)(y - x) + \frac{L}{2}(y - x)^2$$

（提示：牛顿-莱布尼茨公式）

(2) 证明对任意 $x, y$：

$$f(y) - f(x) \geqslant f'(x)(y - x) + \frac{1}{2L}(f'(y) - f'(x))^2$$

（提示：令 $z = y - \frac{1}{L}(f'(y) - f'(x))$，并利用 (1) 题结论和凸函数的一阶条件。）

(3) 若梯度下降的一步中更新公式为 $x_{k+1} = x_k - \alpha f'(x_k)$，证明：

$$f(x_{k+1}) \leqslant f(x_k) - \alpha(1 - \frac{\alpha L}{2})(f'(x_k))^2$$

(4) 在 (3) 的条件下，令 $\alpha = 1/L$，假设 $f$ 存在唯一全局最小值点 $x^*$，证明：

$$\lim_{k \to \infty} f'(x_k) = 0, \ \lim_{k \to \infty} x_k = x^*$$

（提示：首先证明 $\forall K \in \mathbb{N}_+, \sum\limits_{k=1}^{K} (f'(x_k))^2 \leqslant 2L(f(x_1) - f(x^*))$。）

习题 3.5

```
1  import numpy as np
2  X = 5 * np.random.rand(50)
3  noise = np.random.randn(50)
4  y = 4 * X + 2 + noise
```

请使用上述代码生成数据集并编程实现线性回归模型

$$h(x; w, b) = wx + b$$

(1) 用梯度下降算法进行优化，并作出损失函数 $\mathcal{L}(w) = \frac{1}{2}\|y - wx - b\|_2^2$ 的函数图像（注意，自变量为 $w$ ）。

(2) 用随机梯度下降算法进行优化，并作出每步迭代中损失函数 $\mathcal{L}(w; x^{(i)}) - \frac{1}{2}\|y^{(i)} - wx^{(i)} - b\|_2^2$ 的函数图像（同样的，自变量为 $w$ ）。将这些图像与梯度下降的损失函数图像对比，为什么随机梯度下降会产生波动?

习题 3.6 **学习率**。对于函数 $f(x) = x^2 - 4x = 3$，利用梯度下降法求最小值。设置初始点为 $x_0 = 0$，设置学习率分别为 $\alpha_1 = 0.1, \alpha_2 = 0.5, \alpha_3 = 1$。请写出迭代过程，体会学习率对梯度下降算法的影响。

## 3.3 非线性回归

线性回归模型形式简单，可解释性强，有着大量的理论支撑。但是在实际问题中，很多关系往往不能用线性模型简单地概括。一般解决数学问题时，往往会将新问题转化为已知可解的问题。类似地，在这一节内容中，读者将学习非线性回归方法，通过变量代换，可以将非线性问题转化为已经学过的线性回归问题来解决。不同的变量代换方式对应非线性回归方法的不同形式，但其本质都是使用变量代换构造一个矩阵 $\varphi$，替代样本矩阵 $\mathbf{X}$ 作为模型的输入。本节将介绍两种常见的非线性回归方法的形式——多项式回归和径向基回归。

### 3.3.1 多项式回归

> **定义 3.10 多项式回归**
>
> 多项式回归（polynomial regression）问题是指假定自变量 $x$ 和因变量 $y$ 满足 $y$ 可以表示为 $x$ 的多项式的回归问题。 ♣

从多项式回归问题的定义中可知多项式回归与线性回归最大的不同主要在于其假设的映射函数形式的不同，也正是因为函数的不同，在处理多项式回归时，需要用一点小技巧。首先来认识一下多项式回归的函数形式。

#### 3.3.1.1 多项式回归函数

以一维数据为例，将样本组成一个样本向量，写作 $\mathbf{x} = (x_1, \cdots, x_n)^\top$，$\mathbf{x} \in \mathbb{R}^n$，将参数写作 $\mathbf{w} = (b, w_1, w_2, \cdots, w_m)^\top$，$\mathbf{w} \in \mathbb{R}^{m+1}$，多项式回归模型的函数形式为

$$\widehat{y}_i = b + w_1 x_i + w_2 x_i^2 + \cdots + w_m x_i^m \tag{3.35}$$

其中 $i = 1, 2, \cdots, n$。

#### 3.3.1.2 多项式回归的正规方程法

在多项式回归中，由于自变量的最高项指数增大，因而仍使用正规方程法来解决问题时，对参数进行求导的计算成本会大大增加。因此需要通过简化公式（3.35）的表达形式来降低计算的成本。

将公式（3.35）写成矩阵形式：

$$\begin{pmatrix} \widehat{y}_1 \\ \widehat{y}_2 \\ \widehat{y}_3 \\ \vdots \\ \widehat{y}_n \end{pmatrix} = \begin{pmatrix} 1 & x_1 & x_1^2 & \cdots & x_1^m \\ 1 & x_2 & x_2^2 & \cdots & x_2^m \\ 1 & x_3 & x_3^2 & \cdots & x_3^m \\ \vdots & \vdots & \vdots & \vdots & \vdots \\ 1 & x_n & x_n^2 & \cdots & x_n^m \end{pmatrix} \begin{pmatrix} b \\ w_1 \\ w_2 \\ \vdots \\ w_m \end{pmatrix}$$

即

$$h(\mathbf{x}; \mathbf{w}) = \widehat{\mathbf{y}} = \varphi \mathbf{w} \tag{3.36}$$

其中 $\varphi \in \mathbb{R}^{n \times (m+1)}$。

那么如果换作二维的数据呢? 将样本矩阵写作 $\mathbf{X} = (\mathbf{X}_{1:}^{\top}, \mathbf{X}_{2:}^{\top}, \cdots, \mathbf{X}_{n:}^{\top})^{\top}$, $\mathbf{X} \in \mathbb{R}^{n \times 2}$, $\mathbf{X}_{j:} = (X_{j1}, X_{j2})^{\top}$, 参数 $\mathbf{w} \in \mathbb{R}^{C_{m+2}^2}$, [1]即 $\mathbf{w} = (b, w_1, w_2, \cdots, w_{C_{m+2}^2 - 1})^{\top}$。

$$\varphi = \begin{pmatrix} 1 & X_{11} & X_{12} & \cdots & X_{11}^m & \cdots & X_{11}^k X_{12}^{m-k} & \cdots & X_{12}^m \\ 1 & X_{21} & X_{22} & \cdots & X_{21}^m & \cdots & X_{21}^k X_{22}^{m-k} & \cdots & X_{22}^m \\ \vdots & \vdots & \vdots & \vdots & \vdots & \vdots & \vdots & \vdots & \vdots \\ 1 & X_{n1} & X_{n2} & \cdots & X_{n1}^m & \cdots & X_{n1}^k X_{n2}^{m-k} & \cdots & X_{n2}^m \end{pmatrix} \tag{3.37}$$

其中 $\varphi \in \mathbb{R}^{n \times C_{m+2}^2}$。

通过将 $\mathbf{X}_{j:} = (X_{j1}, X_{j2})^{\top}$ 扩写为包含所有 $X_{j1}^a X_{j2}^b (a, b \in \mathbb{N}, a+b = 0, 1, 2, \cdots, m)$ 组合形式的向量, 从而构成公式 (3.37)。依此类推, 可以写出三维、四维等多维数据的矩阵 $\varphi$。但是随着样本维数的增加, 相应地, 该矩阵的计算成本也大大增加。

可以发现公式 (3.36) 跟公式 (3.3) 形式相似, 借此可以写出它的损失函数:

$$\mathcal{L}(\mathbf{w}) = \frac{1}{2} \sum_{i=1}^{n} (y_i - \varphi_i^{\top} \mathbf{w})^2 \tag{3.38}$$

接下来与之前一致, 需要解决如下凸优化问题:

$$\underset{\mathbf{w}}{\arg\min} \quad \mathcal{L}(\mathbf{w})$$

若损失函数具有强凸性, 那么 $\varphi^{\top} \varphi$ 为正定矩阵, 故正规方程法同样适用, 具体推导可参见 §3.2.2, 最优解为

$$\mathbf{w}^* = (\varphi^{\top} \varphi)^{-1} \varphi^{\top} \mathbf{y} \tag{3.39}$$

### 3.3.1.3 代码实现

下面本节将使用 Python 实现多项式回归的正则方程法。图3.8为本次代码的运行结果。

```
1  import numpy as np
2  import matplotlib.pyplot as plt
3  from sklearn.preprocessing import PolynomialFeatures
4  # 生成含高斯噪声的训练集, 含 50 个样本
5  X = 5 * np.random.rand(50, 1) - 2.5
6  # 这里减去 2.5 是为了方便我们看到整个散点图轮廓
7  noise = np.random.rand(50, 1)
```

[1] $C_{m+2}^2 = \frac{(m+2)(m+1)}{2}$

```
8   y = 0.6 * X ** 2 + 2 * X + 1 + noise
9   plt.scatter(X, y, label='Data')
10  '''
11  从散点图判断用二次函数或可拟合，
12  我们要用原有的数据集 X 生成方便非线性转为线性解决的新数据集，
13  这里我们可以用 sklearn 库中现成的 polynomialfeatures 模块，也可以自己构建。
14  '''
15  pf = PolynomialFeatures(degree=2, include_bias=True)
16  # include_bias 为 True 代表包含 x_0=1 的项
17  train_X = pf.fit_transform(X)
18  # 最小二乘法
19  theta = np.zeros([3, ])
20  theta = np.linalg.inv((train_X.transpose()) @ train_X) @ train_X.transpose()
    ↪   @ y
21  # @ 符号为 python 运算中的矩阵点乘符号
22  # 现在我们已经得到了参数，绘制函数，查看拟合效果
23  x = np.linspace(-3, 3, 100)
24  hypothesis_function = theta[0] + theta[1] * x + theta[2] * x * x
25  plt.plot(x, hypothesis_function, color='darkorange', label='Polynomial
    ↪   regression')
26  plt.legend()
27  plt.savefig('polynomial_function.png')
28  plt.show()
```

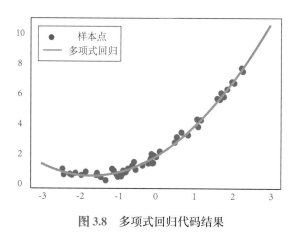

图 3.8 多项式回归代码结果

### 3.3.2 径向基回归

上一节介绍了多项式回归，其基本思想与优化方法与线性回归基本相似。但在实际问题中，因变量 $y$ 并不一定能简单地表示为 $x$ 的多项式的形式，因此还需要寻找其他等

量代换的方法构造矩阵 $\varphi$。接下来，本节将会为大家介绍径向基回归。要了解径向基回归，首先需要学习一个相关的概念：**径向基函数（Radial Basis Function，简称 RBF）**。

---

**定义 3.11 径向基函数**

径向基函数是一个取值仅依赖于到原点或中心点 $\mathbf{c}$ 距离的实值函数，即 $K(\mathbf{x}) = K(\|\mathbf{x}\|)$ 或 $K(\mathbf{x}, \mathbf{c}) = K(\|\mathbf{x} - \mathbf{c}\|)$，任一满足 $K(\mathbf{x}) = K(\|\mathbf{x}\|)$ 的函数都可称作径向基函数[a]。

---

[a]径向基函数不仅被用于回归模型中，也常常被用作支持向量机的核函数。

---

在机器学习领域中，常见的径向基函数有（设向量 $\mathbf{c}$ 为径向基函数的中心点）：

1. 多二次函数（multiquadric function）：

$$K(\|\mathbf{x} - \mathbf{c}\|) = \sqrt{1 + \|\mathbf{x} - \mathbf{c}\|^2} \tag{3.40}$$

2. 高斯核函数（Gaussian kernel function）：

$$K(\|\mathbf{x} - \mathbf{c}\|) = \mathrm{e}^{-\frac{\|\mathbf{x} - \mathbf{c}\|^2}{2\sigma^2}} \tag{3.41}$$

3. 逆二次函数（inverse quadric function）：

$$K(\|\mathbf{x} - \mathbf{c}\|) = \frac{1}{\sqrt{1 + \|\mathbf{x} - \mathbf{c}\|^2}} \tag{3.42}$$

### 3.3.2.1 高斯核函数

在上述提到的众多核函数中，本小节主要介绍最常用的高斯核函数 [公式（3.41）]。这里用样本矩阵表示样本向量的集合，即 $\mathbf{X} = (\mathbf{x}_1, \mathbf{x}_2, \cdots, \mathbf{x}_n)^\top$，设高斯核函数的中心点为 $\mathbf{r}_i$，其方差为 $\lambda_i$，高斯核函数的表达式则为

$$K_i(\mathbf{x}_j) = K_{\lambda_i}(\mathbf{x}_j, \mathbf{r}_i) = \mathrm{e}^{-\frac{\|\mathbf{x}_j - \mathbf{r}_i\|^2}{2\lambda_i^2}} \tag{3.43}$$

将其用于回归问题，假设使用了 $m$ 个高斯核函数，则有如下的形式：

$$\widehat{y}_j = \sum_{i=1}^{m} w_i K_i(\mathbf{x}_j), \quad j = 1, 2, 3, \cdots, n \tag{3.44}$$

其中 $\mathbf{r}_i$ 为均值，即核函数的中心点，$\lambda_i$ 为方差。矩阵的表达形式为

$$\begin{pmatrix} \widehat{y}_1 \\ \widehat{y}_2 \\ \widehat{y}_3 \\ \vdots \\ \widehat{y}_n \end{pmatrix} = \begin{pmatrix} 1 & K_{\lambda_1}(\mathbf{x}_1, \mathbf{r}_1) & K_{\lambda_2}(\mathbf{x}_1, \mathbf{r}_2) & \cdots & K_{\lambda_m}(\mathbf{x}_1, \mathbf{r}_m) \\ 1 & K_{\lambda_1}(\mathbf{x}_2, \mathbf{r}_1) & K_{\lambda_2}(\mathbf{x}_2, \mathbf{r}_2) & \cdots & K_{\lambda_m}(\mathbf{x}_2, \mathbf{r}_m) \\ 1 & K_{\lambda_1}(\mathbf{x}_3, \mathbf{r}_1) & K_{\lambda_2}(\mathbf{x}_3, \mathbf{r}_2) & \cdots & K_{\lambda_m}(\mathbf{x}_3, \mathbf{r}_m) \\ \vdots & \vdots & \vdots & \vdots & \vdots \\ 1 & K_{\lambda_1}(\mathbf{x}_n, \mathbf{r}_1) & K_{\lambda_2}(\mathbf{x}_n, \mathbf{r}_2) & \cdots & K_{\lambda_m}(\mathbf{x}_n, \mathbf{r}_m) \end{pmatrix} \begin{pmatrix} b \\ w_1 \\ w_2 \\ \vdots \\ w_m \end{pmatrix}$$

即

$$\widehat{\mathbf{y}} = \mathbf{K}\mathbf{w} \tag{3.45}$$

如图3.9，随着均值 $\mathbf{r}_i$ 和方差 $\lambda_i$ 的变化，高斯函数的图像也会发生相应的变化。

图3.10则展示了二维特征在三维空间内的高斯分布图像。

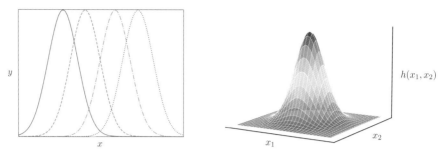

**图 3.9** 对应着不同均值的高斯函数图像　**图 3.10** 三维空间内二维特征的高斯分布图像

数据的拟合函数曲线是这些均值方差不同的高斯分布函数即 $K_{\lambda_i}(\mathbf{x}, \mathbf{r}_i)$ 的加权叠加。此外，由于 $K_{\lambda_i}(\mathbf{x}, \mathbf{r}_i)$ 本身是 e 的指数函数，所以它的值必大于 0，$\mathbf{K}^\top \mathbf{K} \succ 0$，可用正规方程法，得其最优解为

$$\mathbf{w}^* = (\mathbf{K}^\top \mathbf{K})^{-1} \mathbf{K}^\top \mathbf{y} \tag{3.46}$$

### 3.3.2.2 参数的选取

正如学习率之于梯度下降，在 RBF 回归模型中，$K_{\lambda_i}(\mathbf{x}, \mathbf{r}_i)$ 的 $\mathbf{r}_i$、$\lambda_i$ 的大小也至关重要，$\mathbf{r}_i$ 决定了中心点的位置，而 $\lambda_i$ 决定了覆盖范围。

一个好的高斯模型，不仅中心点要分布合理，即圆的圆心要适当，同时还要能够覆盖足够多的样本点，故而圆的半径需要足够宽，这样构建出来的 RBF 模型才有足够好的泛化能力。

**例 3.6** 样本点分布在二维特征空间中，如图3.11（a）。如图3.11（b），如果选取样本点为圆心，且圆的半径太小，那么这样构建出来的 RBF 模型泛化能力很弱，性能较差，如果放在三维空间观察，状似"群山耸立"。如图3.11（c），如果调整参数，选取适当的中心点，并设置恰当的半径，重新拟合，即可获得泛化性能更加优秀的模型。

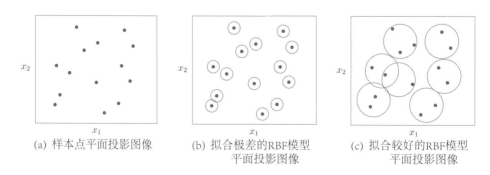

(a) 样本点平面投影图像　(b) 拟合极差的RBF模型　(c) 拟合较好的RBF模型
　　　　　　　　　　　　　　　平面投影图像　　　　　　平面投影图像

**图 3.11** 使用 RBF 模型拟合样本分布

### 3.3.2.3 代码实现

下面本小节将使用 Python 实现 RBF 模型。图3.12为此段代码的运行结果。

```python
1   np.random.seed(0)   # 固定随机数种子, 使得每次随机生成的数据相同
2   # 生成含噪声的训练集, 共含 150 个样本
3   X_1 = 3 * np.random.rand(50, 1)
4   X_2 = 2 * np.random.rand(50, 1) + 3
5   X_3 = 5 * np.random.rand(50, 1) + 7
6   noise = 0.03 * np.random.randn(50, 1)
7   y_1 = np.exp(-(X_1 - np.mean(X_1))**2 / (2 * np.var(X_1))) + noise
8   y_2 = np.exp(-(X_2 - np.mean(X_2))**2 / (2 * np.var(X_2))) + noise
9   y_3 = np.exp(-(X_3 - np.mean(X_3))**2 / (2 * np.var(X_3))) + noise
10  # 合并数据并修改数据形状
11  X = np.append(np.append(X_1, X_2), X_3)
12  y = np.append(np.append(y_1, y_2), y_3)
13  X = X[:, np.newaxis]
14  y.reshape(-1, 1)
15  # 画出样本数据的散点图
16  plt.scatter(X_1, y_1, color='green')
17  plt.scatter(X_2, y_2, color='blue')
18  plt.scatter(X_3, y_3, color='yellow')
19  # 1. 用 sklearn 库中的函数来实现高斯过程回归
20  kernel = C(10) + RBF(length_scale=1)   # 确定高斯核函数
21  gp = GaussianProcessRegressor(kernel=kernel, alpha=0.1, optimizer=None,
    ↪    normalize_y=True)   # 创建高斯过程回归模型
22  gp.fit(X, y)   # 拟合数据
23  # 用新的样本数据, 查看上述模型的预测结果
24  X_ = np.linspace(0, 13, 1000)[:, np.newaxis]
25  y_pred, y_std = gp.predict(X_, return_std=True)
26  plt.plot(X_, y_pred, color='C0')
27  # 2. 根据数据特征, 手动实现多个高斯分布函数的叠加
28  pred_function = np.exp(-(X_-1.5)**2/(2*np.var(X_1)**2)) + \
29                  np.exp(-(X_-4)**2/(2*np.var(X_2)**2)) + \
30                  np.exp(-(X_-9.5)**2/(2*np.var(X_3)**2))
31  # 查看手动实现的模型的预测结果
32  plt.plot(X_, pred_function, color='C1')
33  plt.show()
```

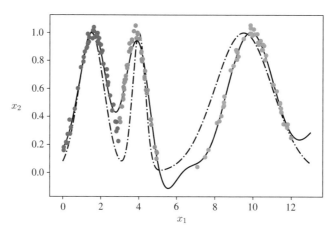

图 **3.12** 径向基回归代码实现图像

## ❧ 习题 ❧

**习题 3.7** 考虑数据样本集 $\mathcal{D} = \{(x_i, y_i) | i = 1, 2, \cdots, n\}$，考虑多项式回归：

$$h(x_i; \mathbf{w}, b) = b + w_1 x_i + w_2 x_i^2$$

对任意的系数 $b, w_1, w_2$，找出一个等价的径向基回归模型，写出参数和使用的中心点。

**习题 3.8** 对于非线性回归的损失函数 $\mathcal{L}(\mathbf{w}) = \frac{1}{2} \|\mathbf{y} - \varphi \mathbf{w}\|_2^2$，

(1) 证明：若 $\varphi^\top \varphi$ 正定，则 $\mathcal{L}(\mathbf{w})$ 具有强凸性，即对任意定义域中的 $\mathbf{w}, \mathbf{w}'$ 存在 $u$，使得

$$\mathcal{L}(\mathbf{w}') \geqslant \mathcal{L}(\mathbf{w}) + \nabla \mathcal{L}(\mathbf{w})^\top (\mathbf{w}' - \mathbf{w}) + \frac{u}{2} \|\mathbf{w}' - \mathbf{w}\|^2$$

(2) 若样本数据维数为 $2$，样本数量为 $n$，使用多项式回归，若要使得损失函数保持强凸性，写出阶数可能的最大值。

**习题 3.9** **归一化径向基回归的概率论解释**。设有 $N$ 个中心点 $x_i$, $i = 1, 2, \cdots, N$ 和径向基函数 $\varphi_i(r)$ 满足 $\int \varphi_i(\|x - x_i\|) \, \mathrm{d}x = 1$，每个中心点 $x_i$ 对应一个基准值 $y_i$。考虑如下抽样方法：先从 $N$ 个中心点中等可能地选择一个，之后按概率密度分布 $\varphi_i(\|x - x_i\|)$ 抽样得到 $x$；$y$ 则服从正态分布 $\mathcal{N}(y_i, \sigma^2)$，抽样得到一个样本 $(x, y)$。

(1) 写出 $(x, y)$ 的联合概率密度函数 $f(x, y)$ 和 $x, y$ 各自的边缘概率密度函数。

(2) 记 $\varphi(x) = \mathbb{E}(y|x) = \int y f(y|x) \, \mathrm{d}y$ 为给定 $x$ 的条件下 $y$ 的期望，求出 $\varphi(x)$ 的表达式。此式即为归一化径向基回归模型。

**习题 3.10** 考虑数据样本集 $\mathcal{D} = (\mathbf{X}, \mathbf{y})$，其中 $\mathbf{X} \in \mathbb{R}^{n \times 2}$。

(1) 若使用如下的线性回归模型以及损失函数：

$$h(\mathbf{X}; \mathbf{w}) = \mathbf{X}\mathbf{w}$$

$$\mathcal{L}(\mathbf{w}) = \frac{1}{2}\|\mathbf{y} - \mathbf{X}\mathbf{w}\|_2^2$$

请写出使用正规方程法求参数 $\mathbf{w}^*$ 的时间复杂度。

(2) 若使用多项式回归模型以及相应的损失函数：

$$h(\mathbf{X}; \mathbf{w}) = \varphi\mathbf{w}$$

$$\mathcal{L}(\mathbf{w}) = \frac{1}{2}\|\mathbf{y} - \varphi\|\mathbf{w}_2^2$$

其中多项式基为

$$\varphi_i = (1, \mathbf{X}_{i1}, \mathbf{X}_{i2}, \cdots, \mathbf{X}_{i1}^m, \cdots, \mathbf{X}_{i1}^k\mathbf{X}_{i2}^{m-k}, \cdots, \mathbf{X}_{i2}^m)$$

请写出使用正规方程法求参数 $\mathbf{w}^* \in \mathbb{R}^{C_m^2+1}$ 的时间复杂度，并与 (1) 中结果进行对比。

习题 3.11 请用以下代码随机生成数据集：

```python
import numpy as np
x = 5 * np.random.rand(50)
noise = np.random.randn(50)
y = x**2 - 4*x + 3 + noise
```

(1) 基于以上数据，请用编程实现多项式回归模型 $h(x_i; \mathbf{w}, b) = b + w_1 x_i + w_2 x_i^2$。绘制数据点及模型函数，查看拟合效果。

(2) 将模型改为径向基回归模型，并比较其与多项式回归的拟合效果差异。(提示：可利用 习题 3.7 的结论)

# 3.4 正则化线性回归

多项式回归模型的复杂度较高，常常会带来过拟合问题。为此，常常需要对回归模型做正则化操作。本节将主要介绍**岭回归**、**套索回归**两种正则化方法，以及它们的通用形式。

### 3.4.1 岭回归

先来看一个简单的例子，在一个线性回归问题中，假设所有的样本 $\mathbf{x}$ 都仅有三个特征 $x_1, x_2, x_3$，且目标函数 $y$ 与样本存在如下线性关系：

$$y = \mathbf{w}^\top \mathbf{x} = w_1 x_1 + w_2 x_2 + w_3 x_3$$

其中 $\mathbf{w} = (w_1, w_2, w_3)^\top$ 是这个线性回归模型的参数。不妨设 $\mathbf{w} = (1,1,1)^\top$，那么目标函数可以表示为

$$y = x_1 + x_2 + x_3 \tag{3.47}$$

如果 $x_1, x_2, x_3$ 存在线性关系

$$x_1 = 2x_2 + x_3$$

那么下面三个模型都能准确地表示目标函数（3.47）

$$\begin{cases} y = x_1 + x_2 + x_3 \\ y = 3x_2 + 2x_3 \\ y = -100x_1 + 203x_2 + 102x_3 \end{cases} \tag{3.48}$$

这意味着参数 $\mathbf{w} = (1,1,1)^\top$，$\mathbf{w} = (0,3,2)^\top$ 和 $\mathbf{w} = (-100, 203, 102)^\top$ 都是等价的。§3.2.8提到预测标签和真实标签之间存在着噪声，当样本数量足够大时，根据大数定理，噪声服从高斯分布。由于测量误差等一些原因，样本特征值同样会存在一些噪声。假设样本 $\mathbf{x} = (x_1, x_2, x_3)^\top$ 的每个特征值对应的噪声分别为 $\varepsilon_1, \varepsilon_2, \varepsilon_3$，且每个特征值的噪声服从高斯分布 $\varepsilon_i \sim \mathcal{N}(0, \sigma_i^2)$。当特征值 $x_1$ 的大小因噪声的干扰而变动 $+0.1$ 时，对于参数 $\mathbf{w} = (1,1,1)^\top$ 的模型而言，目标函数 $y$ 的大小也只会变动 $+0.1$，但对于参数为 $\mathbf{w} = (-100, 203, 102)^\top$ 的模型来说，如若 $x_1$ 的大小变动 $+0.1$，$y$ 的大小的变动将达到 $-10$。因此可以发现，当样本的特征值之间存在着线性关系且参数的模过大时，就算特征值仅包含细微的噪声，模型也会放大这部分噪声的影响，导致模型的预测值发生严重的偏差，使得模型的准确度下降。

因此，需要对参数的模的大小进行限制，从而引入了约束条件 $\sum_{j=1}^{p} w_j^2 \leqslant s^2$，在此约束条件下的回归问题被称为**岭回归**（ridge regression）。

### 3.4.1.1 岭回归的形式

岭回归的定义式为

$$\widehat{\mathbf{w}}^{\text{ridge}} = \arg\min_{\mathbf{w}} \quad (\mathbf{y} - \mathbf{X}\mathbf{w})^{\top}(\mathbf{y} - \mathbf{X}\mathbf{w})$$

$$\text{s.t.} \quad \|\mathbf{w}\|_2^2 \leqslant s^2 \tag{3.49}$$

本书在 §2.3.4.1 中已经介绍过如何写出凸优化问题的拉格朗日函数，式（3.49）很明显是一个 $\ell_2$ 约束条件的二次优化问题，可以写出它的拉格朗日函数为

$$L(\mathbf{w}, \lambda) = (\mathbf{y} - \mathbf{X}\mathbf{w})^{\top}(\mathbf{y} - \mathbf{X}\mathbf{w}) + \lambda(\mathbf{w}^{\top}\mathbf{w} - s^2) \tag{3.50}$$

其中 $s^2$ 作为常数项可以被省去，现在，目标变成优化这个拉格朗日函数，也就是

$$\widehat{\mathbf{w}}^{\text{ridge}} = \arg\min_{\mathbf{w}} L(\mathbf{w}, \lambda) = \arg\min_{\mathbf{w}} (\mathbf{y} - \mathbf{X}\mathbf{w})^{\top}(\mathbf{y} - \mathbf{X}\mathbf{w}) + \lambda\mathbf{w}^{\top}\mathbf{w} \tag{3.51}$$

式（3.51）是岭回归的另一种形式，也是主要形式。

### 3.4.1.2 岭回归的效果

**岭回归可以防止过拟合**　在公式（3.49）中，通过加入限制条件，有效地防止了过拟合。为了直观，本小节从几何角度来解释这一点。图3.13是岭回归的示意图，需要优化的参数向量为 $\mathbf{w} = (w_1, w_2)^{\top}$，约束条件 $w_1^2 + w_2^2 \leqslant s^2$ 使参数向量始终在圆内，参数 $s$ 便是圆的半径。原先没有加入正则化的线性回归问题的全局最优解在 $\widehat{\mathbf{w}}^{\text{OLS}}$ 位置，而岭回归后的全局最优解在两圆交界点处。通过约束条件，岭回归圈定了所有参数的大小，参数向量不可能超出圆外，这也就阻止了模型为拟合所有训练数据而使参数变得任意大或者任意小，故而在一定程度上防止了过拟合[1]。**防止过拟合不仅仅是独属于岭回归的效果，同时也是所有正则化方法的效果**。

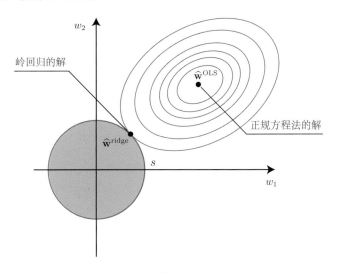

**图 3.13**　岭回归示意图

---

[1]过拟合涉及权衡偏差和方差的内容，本书将在 §6.4 对此进行详细解释。

**岭回归可以实现参数收缩的效果**　通过对比利用正规方程求得的参数 $\widehat{\mathbf{w}}^{\text{OLS}}$ 和利用岭回归求得的参数 $\widehat{\mathbf{w}}^{\text{ridge}}$ 的 $\ell_2$ 范数的值，可以发现 $\|\widehat{\mathbf{w}}^{\text{ridge}}\|_2$ 通常会比 $\|\widehat{\mathbf{w}}^{\text{OLS}}\|_2$ 小。这在图3.13中直观地表现为 $\widehat{\mathbf{w}}^{\text{ridge}}$ 所在的点的位置比 $\widehat{\mathbf{w}}^{\text{OLS}}$ 所在的点的位置离原点更近。因此，岭回归可以达到参数收缩的效果。

**例** 3.7　假设 $\mathbf{X}^\top \mathbf{X} = \mathbf{I}$，那么

$$\widehat{\mathbf{w}}^{\text{OLS}} = (\mathbf{X}^\top \mathbf{X})^{-1}\mathbf{X}^\top \mathbf{y} = \mathbf{X}^\top \mathbf{y}$$

而岭回归得到的参数

$$\widehat{\mathbf{w}}^{\text{ridge}} = (\mathbf{X}^\top \mathbf{X} + \lambda \mathbf{I})^{-1}\mathbf{X}^\top \mathbf{y} = \frac{1}{1+\lambda}\mathbf{X}^\top \mathbf{y} = \frac{1}{1+\lambda}\widehat{\mathbf{w}}^{\text{OLS}}$$

从这个特殊的例子中可以知道，$\widehat{\mathbf{w}}^{\text{ridge}}$ 是 $\widehat{\mathbf{w}}^{\text{OLS}}$ 的 $\frac{1}{1+\lambda}$ 倍。

当然，在使用岭回归的时候，需要不断调整超参数 $\lambda$ 以获得效果更好的模型，故而需要了解 $\lambda$ 的值对参数 $\mathbf{w}$ 的影响。本书将在 §3.4.4 中对此进行进一步介绍。

**岭回归可以解决正规方程法解解析解时的矩阵不可逆问题**　在前述章节的线性回归问题中，已经学习了如何用正规方程法求解其参数的值，即公式（3.10），参数的形式表达式为

$$\mathbf{w}^* = (\mathbf{X}^\top \mathbf{X})^{-1}\mathbf{X}^\top \mathbf{y} \tag{3.52}$$

可以发现，当 $\mathbf{X}^\top \mathbf{X}$ 不可逆时，上式是无法计算的。因此在这种情况下无法使用正规方程法来解决线性回归问题。为了解决以上问题，需要对 $\mathbf{X}^\top \mathbf{X}$ 做一定的修正，使其可逆。

岭回归对此的解决办法是在对角线的所有元素上都加上一个正数，即

$$\mathbf{w}^* = (\mathbf{X}^\top \mathbf{X} + \lambda \mathbf{I})^{-1}\mathbf{X}^\top \mathbf{y} \tag{3.53}$$

其中 $\lambda > 0$。可以证明对称阵 $\mathbf{X}^\top \mathbf{X} + \lambda \mathbf{I}$ 是正定矩阵，由此可知该矩阵是满秩的，因此也是可逆矩阵。证明过程如下：

**证明**　对于任意非零向量 $\mathbf{u}$，

$$\mathbf{u}^\top(\mathbf{X}^\top \mathbf{X} + \lambda \mathbf{I})\mathbf{u} = \mathbf{u}^\top \mathbf{X}^\top \mathbf{X}\mathbf{u} + \lambda \mathbf{u}^\top \mathbf{I}\mathbf{u}$$
$$= \|\mathbf{X}\mathbf{u}\|_2^2 + \lambda\|\mathbf{u}\|_2^2$$
$$> 0$$

故而证得，矩阵 $\mathbf{X}^\top \mathbf{X} + \lambda \mathbf{I}$ 是正定矩阵。

### 3.4.2　套索回归

除岭回归以外，**套索回归**（lasso regression）也是一种重要的正则化回归。

首先来看一个例子。我们希望用线性回归模型来进行白血病诊断预测。一个白血病诊断数据集的特征是基因的表达水平，特征数量 $p > 6000$，此处假设 $p = 6817$，数据集

的样本数量 $n < 100$。该问题对应的回归模型如下：

$$y = \mathbf{w}^\top \mathbf{x} = w_1 x_1 + w_2 x_2 + \cdots + w_{6817} x_{6817} + \varepsilon \tag{3.54}$$

可是在其中真正起到作用的可能只有几个、几十个或者几百个特征，此处假设真正起作用的特征有 21 个，则其对应的真实模型如下：

$$y = \mathbf{w}^\top \mathbf{x} = w_1 x_1 + w_2 x_2 + \cdots + w_{21} x_{21} + \varepsilon$$

假设公式（3.54）描述的模型中的一个特征变量 $x_{100}$ 是无效特征，但其对应的参数 $w_{100} \neq 0$，使得 $w_{100} x_{100} \neq 0$，该变量错误地影响到模型的输出，使预测结果的误差变大。当特征变量 $x_{100} = 5$，对应参数 $w_{100} = 1$ 时，这一项会给输出结果带来大小为 $w_{100} x_{100} = +5$ 的错误贡献。更糟糕的是，这样的无效特征变量不止一个，除了真实模型中的 21 个有效特征变量，其余特征变量都是无效的，如果它们的参数大部分不等于 0，预测结果会产生极为严重的偏差。

上面的实例展示了无效特征的负面影响。在样本特征 $p$ 很大而样本量 $n$ 较小时，样本所提供的信息过少，不足以估计过多的参数，如果无效特征变量 $x_i$ 对应的参数 $w_i$ 不等于 0，则该变量会影响预测结果，使其准确程度下降。与此同时，无效特征的存在使我们无法弄清哪些特征对预测结果有明显的影响，这影响了模型的可解释性。所以，需要对数据集的特征进行选择。特征选择的一种方式是让无效的特征变量 $x_i$ 所对应的参数 $w_i$ 等于 0，换言之，就是让参数向量 $\mathbf{w}$ 满足一定的**稀疏性（sparsity）**，向量 $\mathbf{w}$ 中等于 0 的元素所占的比例越高，其稀疏性越强。

出于对特征选择的强烈需求，在此本书通过正则化的方式使参数满足所需的稀疏性。根据范数的定义，使用 $\ell_0$ 范数进行正则化最符合需求，因为一个向量的 $\ell_0$ 范数等于其非零元素的数量，直接反映了其稀疏性。因此，首先选择 $\ell_0$ 范数作为约束，其形式如下：

$$\begin{aligned} \widehat{\mathbf{w}} = \underset{\mathbf{w}}{\arg\min} \quad & (\mathbf{y} - \mathbf{X}\mathbf{w})^\top (\mathbf{y} - \mathbf{X}\mathbf{w}) \\ \text{s.t.} \quad & \|\widehat{\mathbf{w}}\|_0 \leqslant s \end{aligned} \tag{3.55}$$

但该优化问题的目标函数为优化带来了困难：公式（3.55）所描述的优化问题不是一个凸优化问题，不仅如此，对于所有 $0 \leqslant p < 1$ 的 $\ell_p$ 范数，其所对应的正则化回归的优化问题都不是凸优化问题[1]，这让使用此类范数的优化问题难以解决。因此可以采用 $\ell_1$ 范数约束的优化问题，这是一个凸优化问题。

---

[1] 从 §3.4.4 的图 3.18 中也可以看出，$0 \leqslant p < 1$ 时，$\ell_p$ 范数球所包围的区域不是一个凸集，这意味着优化问题的可行解集不是一个凸集。

### 3.4.2.1 套索回归的形式

套索回归的定义式为

$$\hat{\mathbf{w}}^{\text{lasso}} = \underset{\mathbf{w}}{\arg\min} \quad (\mathbf{y} - \mathbf{Xw})^{\top}(\mathbf{y} - \mathbf{Xw})$$

$$\text{s.t.} \quad \sum_{j=1}^{p} |w_j| \leqslant s \tag{3.56}$$

根据该定义，可以看出，套索回归的优化问题采用了 $\ell_1$ 范数约束。此处参照 §3.4.1.1 中的公式（3.51），以拉格朗日函数的形式表达该优化问题，使其转化成无等式约束优化问题：

$$\hat{\mathbf{w}}^{\text{lasso}} = \underset{\mathbf{w}}{\arg\min} \quad (\mathbf{y} - \mathbf{Xw})^{\top}(\mathbf{y} - \mathbf{Xw}) + \lambda \sum_{j=1}^{p} |w_j|$$

$$= \underset{\mathbf{w}}{\arg\min} \|\mathbf{y} - \mathbf{Xw}\|_2^2 + \lambda \|\mathbf{w}\|_1 \tag{3.57}$$

正如上述例子所介绍的那样，在许多研究领域（如基因科学、生物科学等）中，研究者通常会遇到数据集的特征数目庞大的情况（详见 §6.2 一节）。在 1996 年，有学者[11]提出了套索回归，将其用于特征选择和正则化[1]，套索回归压缩部分参数至 0 的特点使其成了一种常用的回归方法。

### 3.4.2.2 套索回归的效果

套索回归的示意图如图 3.14 所示。在参数 $\mathbf{w}$ 为二维向量的情况下，套索回归的约束区域是一个正方形，其方程为 $|w_1| + |w_2| = s$。在这个示意图中，注意到套索回归的解中 $w_1 = 0$，其对应的特征 $x_1$ 在与 $w_1$ 相乘后，$w_1 x_1$ 等于 0，从而消除了 $x_1$ 对函数输出结果的影响，为参数带来了稀疏性。

由于套索回归拥有提高参数 $\mathbf{w}$ 稀疏性的性质，因此，套索回归可以用于隐式特征选择，即当特征数量 $p$ 过大时，若使用岭回归则性能会很低，而套索回归可以使一部分特征对应的参数等于 0，从而消除这些特征的影响，减小运算量，提高模型的可解释性。

### 3.4.2.3 套索回归的优化方法

套索回归的目标函数中有 $\ell_1$ 范数，因此梯度下降法等需要目标函数处处可微的优化方法无法使用。那么，该如何优化套索回归问题呢？这里介绍一种可以解决套索回归优化问题的方法——**近端梯度法（proximal gradient method）**。在介绍近端梯度法前，首先引入**近端算子（proximal operator）**的概念。

---

[1]关于套索回归实现特征选择的更多内容，将在 §6.2.3 一节为大家介绍。

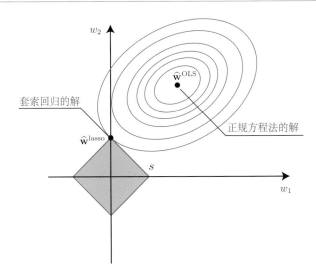

图 **3.14** 套索回归示意图

---

**定义 3.12 近端算子**

对于凸函数 $f : \mathbb{R}^n \mapsto \mathbb{R} \cup \{\infty\}$，其近端算子为[a]

$$\mathrm{prox}_{\alpha f}(\mathbf{v}) = \arg \min_{\mathbf{x}} \left( f(\mathbf{x}) + \frac{1}{2\alpha} \|\mathbf{x} - \mathbf{v}\|_2^2 \right) \tag{3.58}$$

其中 $\alpha > 0$。

---

[a] 此处本书对函数 $f$ 使用**扩展值延伸**（**extended-value extension**），即对于不属于函数 $f$ 的定义域 $\mathrm{dom}\, f$ 的点 $\mathbf{x}$，定义其函数值 $f(\mathbf{x}) = \infty$。

**例 3.8** 几种函数的近端算子：

- 常数函数 $f(x) = 0$ 的近端算子 $\mathrm{prox}_{1f}(x) = x$。
- 集合 $\mathcal{C}$ 的示性函数

$$f(\mathbf{x}) = \mathbb{I}_{\mathcal{C}}(\mathbf{x}) = \begin{cases} 1, & \mathbf{x} \in \mathcal{C} \\ +\infty, & \mathbf{x} \notin \mathcal{C} \end{cases}$$

的近端算子 $\mathrm{prox}_{1f}(\mathbf{x}) = P_{\mathcal{C}}(\mathbf{x}) = \arg\min_{u \in \mathcal{C}} \|\mathbf{u} - \mathbf{x}\|_2^2$。$P_{\mathcal{C}}(\mathbf{x})$ 也被称为 $\mathbf{x}$ 在集合 $\mathcal{C}$ 上的**投影**（**projection**）。

- 函数 $f(\mathbf{x}) = t\|\mathbf{x}\|_1$ 的近端算子为软阈值函数 $\mathrm{prox}_{1f}(\mathbf{x}) = S_t(\mathbf{x})$，其定义为

$$[S_t(\mathbf{x})]_i = \begin{cases} x_i - t, & x_i \geqslant t \\ 0, & |x_i| \leqslant t \\ x_i + t, & x_i \leqslant -t \end{cases} \tag{3.59}$$

近端算子可以理解为对于给定的点 $\mathbf{v}$，找到一个最优的点 $\mathbf{x} = \mathrm{prox}_{\alpha f}(\mathbf{v})$，使得 $f(\mathbf{x}) + \frac{1}{2\alpha} \|\mathbf{x} - \mathbf{v}\|_2^2$ 最小，其解是肯定存在的。换句话说，该方法的目的，是去求一个点 $\mathbf{x}$，不仅使得不可微函数 $f(\mathbf{x})$ 的函数值足够小，而且使得该点接近原不可微点 $\mathbf{v}$。

图3.15展示了近端算子的效果。图中，较细的几条线为一个给定函数 $f$ 的等高线，较

粗的线为函数 $f$ 的定义域的边界。蓝色点为给定点 $\mathbf{v}$，橙色点为每个给定点其所对应的 $\mathrm{prox}_{\lambda f}(\mathbf{v})$，通过近端算子，每个给定点都找到了一个较为接近自己的、使函数值足够小的点。

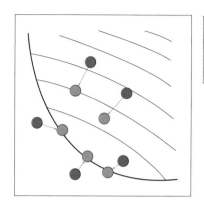

图 3.15　近端算子示意图

利用近端算子，可以实现近端梯度法。近端梯度法一般用于解决下类优化问题：

$$\min \quad f(\mathbf{x}) + g(\mathbf{x}) \tag{3.60}$$

其中 $f$ 是光滑的凸函数，$g$ 是不可微凸函数。虽然该问题是一个凸优化问题，但是函数 $g$ 是一个不可微函数，在其定义域内一些点的导数不存在。例如函数 $g(x) = |x|$ 是一个凸函数，其在 $x = 0$ 处的左导数为 $-1$，右导数为 $1$，所以 $\nabla g(0)$ 不存在。因此在此类优化问题中，不能使用函数 $g$ 的梯度 $\nabla g(\mathbf{x})$，这也导致梯度下降法等基于梯度的方法对该优化问题无法使用，为优化带来了麻烦。而近端梯度法可以解决这一问题。

类比梯度下降法，近端梯度法也使用迭代的方式更新参数。近端梯度法的迭代公式为

$$\mathbf{x}^{k+1} = \mathrm{prox}_{\alpha^k g}\big(\mathbf{x}^k - \alpha^k \nabla f(\mathbf{x}^k)\big) \tag{3.61}$$

当使用近端梯度法解套索回归时，有 $f(\mathbf{w}) = \frac{1}{2}\|\mathbf{X}\mathbf{w} - \mathbf{y}\|_2^2$，$g(\mathbf{w}) = \lambda\|\mathbf{w}\|_1$，那么 $\nabla f(\mathbf{w}) = \mathbf{X}^\top(\mathbf{X}\mathbf{w} - \mathbf{y})$，$g(\mathbf{w})$ 的近端算子为 $\mathrm{prox}_{\alpha g}(\mathbf{w}) = S_{\lambda\alpha}(\mathbf{w})$。那么迭代公式便为

$$\mathbf{w}^{k+1} = \mathrm{prox}_{\alpha^k g}\big(\mathbf{w}^k - \alpha^k \mathbf{X}^\top(\mathbf{X}\mathbf{w}^k - \mathbf{y})\big) \tag{3.62}$$

在使用近端梯度法时，需设定步长 $\alpha$。步长 $\alpha$ 有两种设置方式：一种是设为常数 $\alpha = \frac{1}{L}$，$L$ 为 $\nabla f$ 的利普希茨连续常数[1]，但是这个常数通常很难得到；另一种是用线性搜索，即通过迭代 $\alpha \leftarrow \beta\alpha$ 找到 $\alpha$ 的最优值，其中 $0 < \beta < 1$，通常设 $\beta = \frac{1}{2}$。记

$$\mathbf{z} = \mathrm{prox}_{\alpha g}\big(\mathbf{x}^k - \alpha\nabla f(\mathbf{x}^k)\big) \tag{3.63}$$

迭代的终止条件为

$$f(\mathbf{z}) \leqslant \widehat{f}_\alpha(\mathbf{z}, \mathbf{x}^k) = \widehat{f}_\alpha(\mathbf{x}, \mathbf{y}) = f(\mathbf{y}) + \nabla f(\mathbf{y})^\top(\mathbf{x} - \mathbf{y}) + \frac{1}{2\alpha}\|\mathbf{x} - \mathbf{y}\|_2^2 \tag{3.64}$$

---

[1]见习题 3.4。

下面的算法概括了用近端梯度法解套索回归的过程。

---

**算法 3.5 近端梯度法解套索回归**

1 **输入：** 样本矩阵 $\mathbf{X}$，样本对应标签 $\mathbf{y}$，步长 $\alpha$，正则化参数 $\lambda$，线性搜索参数 $\beta$，最大迭代次数 $T$，初始参数向量 $\mathbf{w}$；

2 **for** $i \leftarrow 1$ *to* $T$ **do**

3    **loop**

4       $\mathbf{z} = \text{prox}_{\alpha g}\big(\mathbf{w} - \alpha\mathbf{X}^\top(\mathbf{Xw}-\mathbf{y})\big)$；

5       **if** $f(\mathbf{z}) \leqslant \widehat{f}_\alpha(\mathbf{z},\mathbf{w})$ **then**

6          **break**；

7       **end**

8       $\alpha = \beta\alpha$；

9    **end**

10   $\mathbf{w} = \mathbf{z}$；

11 **end**

12 **输出：** 预测参数 $\mathbf{w}$

---

### 3.4.2.4 代码实现

下面将使用 Python 实现套索回归。

```python
import numpy as np

np.random.seed(0)
n = 100  # 训练样本个数
m = 50   # 测试样本个数
p = 8    # 特征数
X_train = np.random.uniform(size=(n, p))
X_test = np.random.uniform(size=(m, p))
theta0 = np.array([1, -4, 0.3, -20, 0.001, 7, -0.04, 57])   # 真实的参数
Y_train = X_train.dot(theta0) + 0.1 * np.random.normal(size=(n,))
Y_test = X_test.dot(theta0) + 0.1 * np.random.normal(size=(m,))

def f(X, Y, theta):
    return 0.5 * np.linalg.norm(X.dot(theta)-Y) ** 2

def df(X, Y, theta):
    return X.T.dot(X.dot(theta)-Y)
```

```
18
19  # 定义软阈值函数
20  def soft(l, x):
21      return np.sign(x) * np.maximum(0, np.abs(x)-l)
22
23  theta_lasso = np.random.uniform(size=8)
24  alpha = 1   # 步长
25  lambd = 1   # 正则化参数
26  beta = 0.5  # 线性搜索参数
27  max_iters = 10000  # 最大迭代次数
28
29  for i in range(max_iters):
30      ptheta = theta_lasso
31      # 线性搜索求步长
32      while True:
33          z = soft(lambd*t, ptheta-alpha*df(X_train, Y_train, ptheta))
34          if f(X_train, Y_train, z) <= f(X_train, Y_train, ptheta) \
35              + df(X_train, Y_train, ptheta).dot(z-ptheta) \
36              + np.linalg.norm(z-ptheta)**2 / 2 / t:
37              break
38          alpha = alpha * beta
39      theta_lasso = z
40
41  print(" 套索回归得到的参数为: ", theta_lasso)
42
43  # 套索回归得到的参数为: [0.92728333, -3.81854273, 0.20986632, -19.83761654, 0.,
    ↪   6.86401194, 0., 56.92380496]
```

### 3.4.3 弹性网络

上述介绍的两种正则化回归，实质上是对回归函数添加了两种不同的约束项或**正则项（ regularizer ）**。添加不同的正则项能为线性回归带来不同的效果，如添加了 $\ell_2$ 正则项的岭回归能带来参数收缩的效果，添加了 $\ell_1$ 正则项的套索回归能带来参数稀疏的效果。然而，在实际回归问题中，通常需要得到不止一种效果，因此常会同时使用不止一种正则项。在这里，以**弹性网络（ elastic net ）**[12] 为例进行介绍。弹性网络的形式为

$$\widehat{\mathbf{w}} = \underset{\mathbf{w}}{\arg\min} \|\mathbf{y} - \mathbf{X}\mathbf{w}\|_2^2 + \lambda_1\|\mathbf{w}\|_1 + \lambda_2\|\mathbf{w}\|_2^2 \tag{3.65}$$

其中 $\lambda_1 > 0, \lambda_2 > 0$。

对于公式（ 3.65 ），若令 $\lambda_1 + \lambda_2 = 1$，则有

$$\widehat{\mathbf{w}} = \underset{\mathbf{w}}{\arg\min} \|\mathbf{y} - \mathbf{X}\mathbf{w}\|_2^2 + \lambda\|\mathbf{w}\|_1 + (1-\lambda)\|\mathbf{w}\|_2^2 \tag{3.66}$$

其中，参数 $\lambda \in [0,1]$，被用于权衡 $\ell_1$ 范数和 $\ell_2$ 范数。特别地，当 $\lambda = 1$ 时，弹性网络退化为套索回归，当 $\lambda = 0$ 时，退化为岭回归。图3.16展示了当 $\lambda = 0.5$ 时，弹性网络正则项对应的**范数球（norm ball）**。显然，弹性网络兼具岭回归和套索回归的特性。

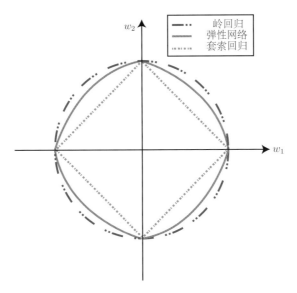

**图 3.16** 弹性网络正则项范数球示意图

弹性网络所具有的特性被称为**群组效应（grouping effect）**。

---
**定义 3.13 群组效应**

对于一个回归模型，在对特征进行归一化后，若对于正相关性高的若干特征，它们的参数相当接近（对于负相关性高的若干特征，它们的参数的绝对值相当接近），则称这个回归模型具有群组效应。

---

由上述定义可知，在极端情况下，若回归模型的某些特征完全相同，则它们对应的参数完全相等。

一个包含有正则项的线性回归模型的通用形式为

$$\widehat{\mathbf{w}} = \arg\min_{\mathbf{w}} \|\mathbf{y} - \mathbf{X}\mathbf{w}\|_2^2 + \lambda J(\mathbf{w}) \tag{3.67}$$

其中，对 $\mathbf{w} \neq \mathbf{0}$，有 $J(\mathbf{w}) > 0$。对于这样一个通用的公式（3.67），有如下定理：

---
**定理 3.1**

对于含有 $p$ 个特征的样本集 $\mathbf{X}$，若有 $\mathbf{X}_{:i} = \mathbf{X}_{:j}$，其中 $i,j \in \{1,2,\cdots,p\}$，则

(1) 若 $J(\cdot)$ 是一个强凸函数，则 $\forall \lambda > 0$，$\widehat{w}_i = \widehat{w}_j$。

(2) 若 $J(\mathbf{w}) = \|\mathbf{w}\|_1$，则 $\widehat{w}_i \widehat{w}_j \leqslant 0$，且 $J(\mathbf{w})$ 还有另外一个最优解 $\widehat{\mathbf{w}}^*$。

---

在一些情况下，若函数本身并不是强凸的，可以通过加上一个二次项 $\|\cdot\|^2$ 使其获得强凸性。弹性网络就是如此，通过加上一个二次项 $\|\mathbf{w}\|_2^2$，弹性网络的正则项就变成了

强凸函数。因此，弹性网络的正则项正好满足定理3.1的第一条。反观套索回归，根据定理3.1第 (2) 条，它并不能获得群组效应，甚至，它的解都不是唯一的。图3.17是某癌症数据集分别在套索回归和弹性网络下，对于 $p = 6$ 的预测参数的对比[12]，横坐标为 $s$，纵坐标为标准化后的参数值 $w$。随着 $s$ 的增加，弹性网络所获得的的标准化参数始终为正，对比套索回归，弹性网络能够获得更为接近的参数值，具备更好的群组效应。

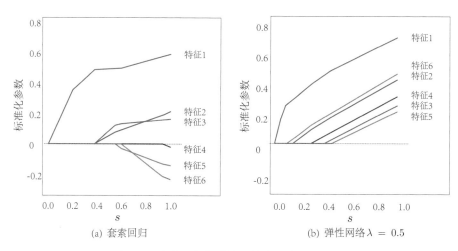

图 **3.17**    套索回归与弹性网络求的参数的对比

### 3.4.4  收缩估计器

岭回归和套索回归都是以下通用形式的两个特例：

$$\widehat{\mathbf{w}} = \arg\min_{\mathbf{w}} \|\mathbf{y} - \mathbf{X}\mathbf{w}\|_2^2 + \lambda \sum_{j=1}^{p} \|w_j\|^q \tag{3.68}$$

根据 $q$ 选值的不同，$\sum_{j=1}^{p} \|w_j\|^q$ 的轮廓如图3.18所示。当 $q \geqslant 1$ 时，正则项是凸函数。特别地，$q = 1$ 时**收缩估计器**（**shrinkage estimator**）就是套索回归。$q = 2$ 时收缩估计器是岭回归。一般来说都会选择 $q \geqslant 1$，从而优化凸函数。除此之外，虽然 $q$ 可以选任意值，在实际使用中通常都会选择 $q = 1$ 或 $q = 2$。因为过大的 $q$ 会对计算造成很大负担并且预测结果也不会有很大改善。从图3.19中可以看到，$q < 2$ 的范数趋向于获得稀疏的参数，而 $q > 2$ 的范数倾向于使预测参数对于每个变量相同。

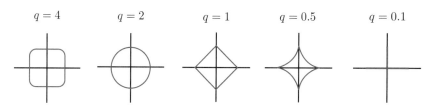

图 **3.18**    不同 $q$ 值对应的轮廓

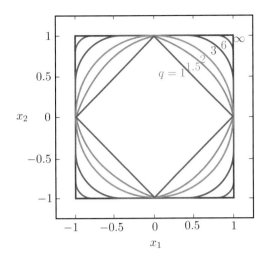

**图 3.19** 不同范数的轮廓

### 3.4.5 参数选择

前面的内容介绍了岭回归和套索回归。在公式（3.51）和公式（3.57），即岭回归和套索回归的定义式中，都有一个参数 $\lambda > 0$，控制着惩罚项的大小。这样的参数被称作可调节参数。

接下来本小节将通过岭回归的例子来直观地讲解可调节参数是如何影响回归模型的参数 $\mathbf{w}$ 的。

公式（3.49）和公式（3.51）是岭回归完全等价的两种形式，那么两个式子中的超参数 $\lambda$ 和 $s$ 必然存在着某种联系。在 §2.3.4.4 中曾介绍过，KKT 条件是求非线性规划最优解的必要条件，而公式（3.49）和公式（3.51）都是典型的二次规划问题，若其存在最优解，则满足

$$\lambda\Big(\sum_{j=1}^{p}(\widehat{w}_j^{\text{ridge}})^2 - s^2\Big) = 0 \tag{3.69}$$

因为 $\lambda > 0$，所以有 $s^2 = \sum\limits_{j=1}^{p}(\widehat{w}_j^{\text{ridge}})^2$。沿用例3.7的假设和结论，可以得到

$$s^2 = \frac{1}{(1+\lambda)^2}\sum_{j=1}^{p}(\widehat{w}_j)^2$$

因此，可以推出 $s$ 和 $\lambda$ 存在如下关系：

$$s^2 \propto \frac{1}{(1+\lambda)^2} \tag{3.70}$$

得到 $s$ 和 $\lambda$ 的关系后，可以轻易发现 $\lambda$ 和所求的参数 $\widehat{\mathbf{w}}^{\text{ridge}}$ 的关系：

- 当 $\lambda = 0$ 时，求得的参数 $\widehat{\mathbf{w}}^{\text{ridge}} = \widehat{\mathbf{w}}^{\text{OLS}}$。
- 当 $\lambda > 0$ 时，求得的参数 $\widehat{\mathbf{w}}^{\text{ridge}} < \widehat{\mathbf{w}}^{\text{OLS}}$。
- 当 $\lambda \to +\infty$ 时，求得的参数 $\widehat{\mathbf{w}}^{\text{ridge}} = 0$。

从几何角度来看，如图3.20，当 $\lambda \to +\infty$ 时，圆半径 $s \to 0$，所以 $\hat{\mathbf{w}}^{\mathrm{ridge}}$ 也会趋近于 $0$。而当 $\lambda \to 0$ 时，约束条件失去了约束作用，相当于约束条件中的 $s \to +\infty$，如图3.21，因此 $\hat{\mathbf{w}}^{\mathrm{OLS}}$ 也会被包含在约束条件内，那么此时得到的最优解便是 $\hat{\mathbf{w}}^{\mathrm{OLS}}$。

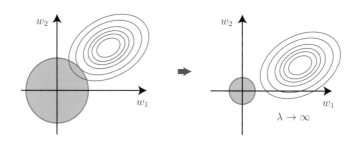

图 3.20　当 $\lambda \to +\infty$ 时，对岭回归的影响

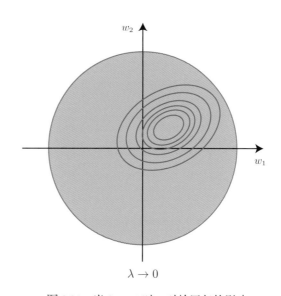

图 3.21　当 $\lambda \to 0$ 时，对岭回归的影响

图3.22（a）展示了岭回归中可调节参数 $\lambda$ 对于不同参数的影响[13]。横坐标为 $s$，纵坐标为被约束的参数。可以看到，岭回归的效果在于将参数的大小进行收缩，使其不会过大。

图3.22（b）展示了套索回归中可调节参数 $\lambda$ 对于不同参数的影响[13]。横坐标为 $s$，纵坐标为被约束的参数。依据公式（3.70），随着 $s$ 的减小，可调节参数 $\lambda$ 增大，从图中可以发现，更多的参数被收缩至 $0$，其对应的特征也失去了作用。

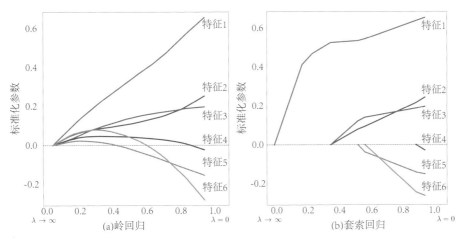

**图 3.22** 岭回归、套索回归中选择不同 $\lambda$ 获得的系数

那么，该如何选取可调节参数 $\lambda$ 呢？这本质上是一个模型选择问题，常用**交叉验证**（cross validation）的方法，通过多次训练测试评估采用不同参数取得的效果，以此为指标选择可调节参数，本书将在 §6.3 为大家详细介绍这一方法。

### 3.4.6 回归模型总结

**回归模型非常简洁**　回归模型的思想较简单，模型简洁，因此**可解释性较强**。回归模型的参数数量较少，获得模型输出和计算梯度时的计算量少，**易于训练**。

**回归模型有丰富的训练方法**　回归模型的训练方法有计算梯度时兼顾所有样本的**梯度下降法**，节省计算开销的**随机梯度下降法**，权衡运算效率和算法稳定性的**小批量梯度下降法**以及无须设置学习率的**牛顿法**等。可以根据对收敛速度、模型性能的不同需求进行选择。

**回归模型有多种派生模型**　**非线性回归模型**与线性回归模型相比，增加了拟合复杂函数的能力，表达能力有所提升。**正则化线性回归模型**中的**岭回归**提升了线性回归模型的泛化性，**套索回归**具备了特征选择的功能，提升了模型的可解释性。

❧ **习题** ❧

习题 3.12　请简述分别利用岭回归与套索回归对得到的模型参数的影响。

习题 3.13　**正则化的概率论解释**。考虑线性模型 $\mathbf{y} = \mathbf{X}\mathbf{w} + \varepsilon$，其中 $\mathbf{w} \in \mathbb{R}^p$，$\varepsilon \sim \mathcal{N}(0, \sigma^2 \mathbf{I})$。
给定样本数据集 $\mathcal{D} = \{(\mathbf{X}_i, \mathbf{y}_i) | i = 1, 2, \cdots, n\}$：

(1) 若假设先验分布 $\mathbf{w} \sim \mathcal{N}(0, \tau^2\mathbf{I})$，求在 $\mathbf{y}$ 的条件下 $\mathbf{w}$ 的对数后验概率 $\log f(\mathbf{w}|\mathbf{y})$。（提示：使用贝叶斯公式）

(2) 求 $\mathbf{w}^* = \arg\max \log f(\mathbf{w}|\mathbf{y})$。

习题 3.14 **弹性网络**。请作出弹性网络中正则项 $R(\mathbf{w}) = \lambda||\mathbf{w}||_1 + (1-\lambda)||\mathbf{w}||_2^2$，$\mathbf{w} \in \mathbb{R}^2$ 的图像，改变系数 $\lambda$，观察图像形状的变化。

# 参考文献

[1] QIU Q. Housing price in beijing[DS/OL]. (2018-07-07) [2021-05-06]. https://www.kaggle.com/ruiqurm/lianjia.

[2] WATKINS D S. Fundamentals of matrix computations[M]. Hoboken, NJ: John Wiley & Sons, 2004.

[3] GARLAND M. Sparse matrix computations on manycore GPU's[C]//Proceedings of the 45th Annual Design Automation Conference. Anaheim, CA, USA: IEEE, 2008: 2-6.

[4] FATAHALIAN K, SUGERMAN J, HANRAHAN P. Understanding the efficiency of GPU algorithms for matrix-matrix multiplication[C]//Proceedings of the ACM SIGGRAPH/EUROGRAPHICS conference on Graphics hardware. New York, NY, USA: Association for Computing Machinery, 2004: 133-137.

[5] MASTERS D, LUSCHI C. Revisiting small batch training for deep neural networks[Z]. 2018.

[6] HAZAN E. Introduction to online convex optimization[J]. Foundations and Trends® in Optimization, 2016, 2(3/4): 157-325.

[7] SAAD D. Online algorithms and stochastic approximations[J]. Online Learning, 1998, 5: 6-3.

[8] YE H, ZHANG Z. Nestrov's acceleration for second order method[Z]. 2017.

[9] POLYAK B T. Newton's method and its use in optimization[J]. European Journal of Operational Research, 2007, 181(3): 1086-1096.

[10] QIAN N. On the momentum term in gradient descent learning algorithms[J]. Neural Networks, 1999, 12(1): 145 - 151.

[11] TIBSHIRANI R. Regression shrinkage and selection via the lasso[J]. Journal of the Royal Statistical Society: Series B, 1996, 58(1): 267-288.

[12] ZOU H, HASTIE T. Regularization and variable selection via the elastic net[J]. Journal of the Royal Statistical Society: Series B (Statistical Methodology), 2005, 67(2): 301-320.

[13] FRIEDMAN J, HASTIE T, TIBSHIRANI R. The elements of statistical learning[M]. New York: Springer, 2001.

# 第 4 章 分类模型

上一章介绍了有监督模型中的回归模型：通过最小化损失函数来学习样本数据和具有**连续值**的数据标签之间的映射函数。在一些应用中，数据的标签可能不是连续的。比如，一个病人的检查结果具有患病或者健康两种类别，或者电子邮件具有正常邮件和垃圾邮件这两种类别。为了使得计算机可以处理与划分这些不同类别的数据，通常用一些**离散**的标签来表示这些类别。比如对于病人的检查结果用 0 表示健康，而用 1 表示患病。在处理这类数据时，假如把离散的标签当作连续值直接利用回归模型来学习，那么回归模型会预测出如 0.5 这样的并没有明确对应类别的数据标签。除此之外，在计算机看来，离散的标签是具有顺序的数字，比如 $1 > 0$。然而这些离散数字代表的标签之间却不具有这种顺序关系。因此研究者通常使用专门处理离散数据的模型，预测离散标签的过程类似于将样本数据分成不同的类别，这类模型被称为**分类模型**。

> **定义 4.1 分类问题**
>
> 分类问题，在机器学习中，指将输入数据 x 分配到 $K$ 个离散的类别 $c_k$ 中的某一类的问题。 ♣

根据类别数量的不同，分类模型分为只具有两种类别的**二分类模型**（binary classification）和具有多种类别的**多分类模型**（multi-class classification）。而根据样本对应标签数量的不同，分类模型又可以分为每个样本只有一个对应标签的**单标签分类模型**（single-label classification）和每个样本有多个对应标签的**多标签分类模型**（multi-label classification）。

作为有监督模型的一种，分类模型的损失函数与回归模型损失函数的形式类似，为

$$\mathcal{L}(\mathbf{y}, \widehat{\mathbf{y}}) = \mathcal{L}(\mathbf{y}, h(\mathbf{X}; \theta)) \tag{4.1}$$

其中 $h(\mathbf{X}; \theta) = (h(\mathbf{X}_{1:}; \theta), \cdots, h(\mathbf{X}_{n:}; \theta))^{\top}$，并且函数 $h(\mathbf{X}_{i:}; \theta)$, $i = 1, \cdots, n$ 表示将每一个样本数据映射到一个类别的分类函数（分类算法），$\theta$ 是函数 $h$ 的参数。类比于回归模型，从优化的角度来说，分类模型要解决的问题可以表示为

$$\widehat{\theta} = \arg\min_{\theta} \mathcal{L}(\mathbf{y}, h(\mathbf{x}; \theta)) \tag{4.2}$$

在回归模型中本书选择损失函数 $\mathcal{L}$ 为均方误差。而在分类模型中，虽然也可以使用均方误差作为损失函数，但是通常会使用其他更适合分类问题的损失函数，比如**交叉熵**（cross-entropy）[1]，本书将在深度学习章节中介绍该损失函数。除此之外，对于不同的数据和问题，需要选择不同的分类函数。根据损失函数 $\mathcal{L}$ 和分类函数 $h$ 选择的不同，本章会详细介绍几种不同的常用分类模型，如逻辑回归模型[2]、决策树[3-4]、支持向量机[5] 等。

# 4.1 判别模型与生成模型

分类问题实际上就是在给定一个样本 x 的情况下，判定它对应的类别标签 $y$。算法可以通过直接学习样本与标签之间映射关系来对数据完成分类。直觉上来说，程序可以学习一个映射函数 $h(\mathbf{x}): \mathbb{R}^p \mapsto \{c_1, c_2, \cdots, c_K\}$，它对于输入的样本数据，输出样本所对应的样本标签。比如对于一个二分类问题，$h(\mathbf{x}) = 0$ 表示样本属于类别 0；$h(\mathbf{x}) = 1$ 表示样本属于类别 1。这类判别模型被称为**非概率判别模型**（non-probabilistic discriminative model），通过学习 $h(\cdot)$ 将样本划分到类别之中。

然而一些场景中却并不存在这种确定的映射关系，这样"武断"的划分可能会造成不良的结果。比如在医疗诊断中，同样的症状可能对应许多不同的疾病，难以仅通过症状直接判定患者所患的是何种疾病。在这种情况下将患者的数据直接映射到某一个疾病可能会掩盖患者患有其他疾病的可能，造成难以估计的后果。因此在这种情况下，医务人员更希望知道患者患有不同疾病的概率。这样一来，一种非常自然的想法就是把样本特征 x 和类别标签 $y$ 看作随机变量。让模型从数据中学习给定 x 后 $y$ 的条件概率分布 $P(y \mid \mathbf{x})$。这一类判别模型称为**概率判别模型**（probabilistic discriminative model）。

非概率判别模型和概率判别模型统称为**判别模型**（discriminative model），通过学习样本与标签之间的映射关系来判断数据的类别，这也是它们被称为判别模型的原因。此外，专业人员在处理数据时还想要获得数据与样本的更多信息。既然有不同类别的多个数据，我们希望能够通过分析数据的特征，生成某一个类别的新数据。这个生成新数据的需求在很多领域中都存在。比如在医学领域中，对于一些罕见病只存在很少的病例，用机器学习模型分析少量病例数据存在很大困难和不准确性。我们希望能够通过分析现有数据来生成接近真实的罕见病病例来帮助研究者进行疾病分析。因此有研究者提出了**生成模型**（generative model）。生成模型观察到不同类别的数据可能由不同的数据分布生成，从数据生成的角度考虑分类任务，对联合概率 $p(y, \mathbf{x})$ 进行建模。在得到联合分布后，算法可以计算后验概率 $P(y \mid \mathbf{x})$，然后根据不同类别的后验概率大小进行分类。除此之外，还可以从联合分布中直接采样产生新的数据，作为现有数据的补充。这也是这类模型被称为生成模型的原因。例如，在图4.1 中，判别模型能够直接给出了两类样本的决策边界，而生成模型则给出了两种类别的联合概率分布（图4.1中两种颜色的区域所示即为模型所生成的联合概率分布，某种颜色的深浅代表该类的联合概率密度的大小）。

综上，根据分类方法的不同，所有的分类模型大致可以分为三类：**非概率判别模型**（§4.1.1），**概率判别模型**（§4.1.2），**生成模型**（§4.1.3）。下面的章节会详细介绍这三类模型。

## 4.1.1 非概率判别模型

非概率判别模型中需要学习将样本映射到对应类别的函数 $h(\mathbf{x})$。

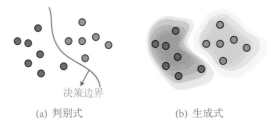

(a) 判别式　　　　　　　(b) 生成式

图 4.1　判别模型和生成模型示意图

---

**定义 4.2 非概率判别模型**

非概率判别模型是利用一个判别函数 $h : \mathbb{R}^p \mapsto c_1, c_2, \cdots, c_K$，将样本 $\mathbf{x}$ 映射到一个类别标签 $y$ 的分类模型。

♣

---

先从一个简单的例子来了解非概率判别模型是如何对数据分类的。

**例 4.1** 假设在一个群体中根据体重区分瘦体型和非瘦体型（暂不考虑性别、身高的影响），并分别用 0 和 1 来表示。那么判别模型会假设存在一个 "边界" 将两种类别的数据分隔开，进而尝试寻找这样一个边界——本例中为这两类的体重数据的 "边界"。比如对于一个样本 $x_i$，可以通过以下函数进行分类：

$$h(x_i) = \begin{cases} 0, & x_i < 50 \\ 1, & \text{其他情况} \end{cases} \tag{4.3}$$

在这样简单的例子中，可以根据常识直接设计出用作分类的函数 $h(\cdot)$。而在一般的应用中，需要根据已有的知识先选定一个函数空间，再在这个空间里面求出分类误差最小的分类函数 $h(\cdot)$。但是这种方法普遍存在的问题是具有离散输出值函数 $h(\cdot)$ 通常是难以求解的。常用的做法是学习具有连续输出值的 $h(\cdot)$，然后根据输出值的范围对数据分类。比如可以假设数据特征和数据标签之间具有线性关系 $\mathbf{y} = \mathbf{Xw} + \mathbf{b}$，然后在线性空间中通过最小化损失函数求解参数 $\mathbf{w}$ 与 $\mathbf{b}$：

$$\widehat{\mathbf{w}}, \widehat{\mathbf{b}} = \arg\min_{\mathbf{w}, \mathbf{b}} \mathcal{L}(\mathbf{y}, \mathbf{Xw} + \mathbf{b}) \tag{4.4}$$

这样对于一个样本 $\mathbf{x}$，可以设定在 $\mathbf{w}^\top \mathbf{x} + b > 0$ 时样本属于类别 1，而在 $\mathbf{w}^\top \mathbf{x} + b \leqslant 0$ 时样本属于类别 0[1]。这样就得到了一个用于分类的映射函数 $h(\mathbf{x}) = \mathcal{I}(\mathbf{w}^\top \mathbf{x} + b > 0)$，其中 $\mathcal{I}(s)$ 是一个指示函数，并且在命题 $s$ 成立时有 $\mathcal{I}(s) = 1$，否则 $\mathcal{I}(s) = 0$。

这里，$\mathbf{w}^\top \mathbf{x} + b = 0$ 是一个**决策边界 (decision boundary)**，把整个空间分成两个部分，分别对应两个类别的数据。在具有多个类别的一般情况下，从几何角度而言，决策边界就是特征空间中的超曲面。分类过程可以看作特征空间被一个或多个决策边界分割成不同区域的过程，样本根据其所在特征空间中的区域从而得到对应的类别。对于二分类问题，如果特征空间是二维的平面直角坐标系，那么决策边界会将平面分为两个或多个

---

[1] 这种分类模型被称为感知机模型，在 §4.6 中会详细介绍这种分类模型。

区域，这些区域最终被分成两部分，而落在不同部分的数据则对应不同的输出标签（如 0 和 1）。如果特征空间是三维的立体直角坐标系，那么决策边界最终会将整个三维空间分成两个部分，其中的数据点分别对应两个输出标签，依此类推。多分类问题与二分类问题类似，只是把特征空间分成多个部分，分别对应不同的标签。

总而言之，非概率判别模型直接通过学习映射函数 $h(\mathbf{x})$ 来得到决策边界，从而实现对数据的分类。图4.2展示了非概率判别模型在二维空间和三维空间的线性决策边界示意图。本书在后面的章节中会介绍多种非概率的判别模型，如 $K$ 近邻算法（§4.2）、感知机模型（§4.6）、支持向量模型（§4.7）等。

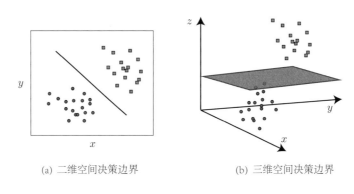

(a) 二维空间决策边界　　　　　　　　(b) 三维空间决策边界

**图 4.2**　非概率判别模型的线性决策边界示意图

### 4.1.2　概率判别模型

正如上面所说，如果更希望知道数据属于每个类别的概率，而不是简单地将数据划分到一个类别中，那么就需要用到概率判别模型。如果把样本特征 $\mathbf{x}$ 和类别标签 $c$ 看作随机变量，当样本特征未知时，$c$ 的概率分布 $P(c)$ 可以看作**先验概率分布**。概率判别模型的目的就是对**条件概率分布** $P(c \mid \mathbf{x})$，即 $c$ 的**后验概率分布**进行建模，然后通过比较每个类别对应的后验概率对数据进行分类。

> **定义 4.3 概率判别模型**
>
> 概率判别模型直接对类别标签 $y$ 的后验概率分布 $P(y \mid \mathbf{x})$ 进行建模，从而实现分类。♣

比如在医疗诊断中假设需要考虑 5 种疾病 $c_1, \cdots, c_5$。对于一个患者的病症 $\mathbf{x}$，通过 $\underset{k}{\arg\max} \, \mathbb{P}(y = c_k \mid \mathbf{x})$ 来进行诊断，同时还能保留患者患有每种疾病的概率 $\mathbb{P}(y = c_k \mid \mathbf{x}), k \in \{1, \cdots, 5\}$。

概率判别模型从概率论的角度学习数据和标签之间的映射，重点在于后验概率的建模与计算。但是数据本身的分布往往是未知的，为后验概率的计算带来了困难。常用的解决办法是对数据分布进行假设，基于假设对后验概率进行建模。比如 §4.5 所介绍的逻辑回归模型，它对于二分类任务假设数据服从伯努利分布，并且假设后验概率是一个关于样本数据的非线性函数 $\mathbb{P}(y=1\mid\mathbf{x})=\frac{1}{1+e^{-\mathbf{w}^{\top}\mathbf{x}}}$，完成了对后验概率的建模。本书在后面的章节中会介绍几种概率判别模型，如逻辑回归（§4.5）和神经网络模型（§4.8），它们会基于不同的假设对数据的后验概率进行建模，从而方便后续运算。

概率判别模型也具有决策边界。对于样本 $\mathbf{x}$，概率判别模型选取使 $\mathbb{P}(c_k\mid\mathbf{x})$ 最大的 $y=c_k$。因此，特征空间中两个或多个 $\mathbb{P}(y=c_k\mid\mathbf{x})$ 相等的位置即为决策边界。在多分类的一般情况下，对于复杂的数据分布，这个决策边界都难以参数化表示，所以在概率判别模型中一般不会讨论决策边界。

**例 4.2** 这里通过一个更加具体一点的例子来认识概率判别模型是如何进行预测的。如图4.3所示，现在有一个水果组成的数据集，包括苹果和香蕉两类水果。这些水果数据样本的特征有**形状**和**颜色**两种，标签为对应的水果种类（苹果或者香蕉）。可以根据这个数据集在一个平面直角坐标系中将这些数据表示出来。概率判别模型可以学习出某样本分别属于两个类别的概率，选择较大值对应的类别作为分类结果。有时会学习出样本属于两个类别的概率值相等的决策边界，例如逻辑回归存在一个线性超平面，可以将样本划分成"苹果"和"香蕉"两部分，而在本例中显然可以用一条直线区分苹果和香蕉这两种水果。

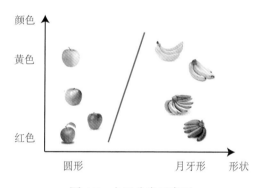

**图 4.3** 水果分类示意图

可以看到，该直线将平面分为左半部分和右半部分，将数据中颜色偏红、形状偏圆的划分为苹果，将数据中颜色偏黄、形状偏矩形的划分为香蕉。而在接受到一个新的水果数据后，如果将数据特征与决策边界进行对比，那么可能出现三种结果：

1. 新的水果颜色偏红色，形状接近圆形，那么数据点会落在决策边界左侧，对应的输出标签即为苹果。

2. 新的水果颜色偏黄色，形状接近月牙形，那么数据点会落在决策边界右侧，对应的输出标签即为香蕉。

3. 数据点正好落在决策边界上。这种情况下分类模型没法确切地将样本分类，可以人为地规定模型将其划分为其中任意一类。

判别模型总的来说有以下**优点**：

1. 较好的判别模型一般具有**较高的准确率**。通过提高判别模型函数的复杂度，可以得到更加灵活的决策边界，能清晰地分辨出多类或某一类与其他类之间的差异特征，并且由于决策边界能直接反映异类数据之间的差异，因而最终模型的分类准确率都比较理想。

2. 由于判别模型的函数更多关注的是异类数据之间的特征差异，因此实际上模型进行分类时**不一定需要使用所有的特征**。譬如在刚才的例子中，实际上模型根据水果的形状便能够很好地将苹果和香蕉进行分类。因此，判别模型允许在面对一些有着大量复杂特征的数据时对其进行**简化**，常用的简化方法之一就是降维[1]。

相对地，判别模型也有一些**缺陷**：

1. 判别模型在**训练时需要综合考虑多种优化方法**。在训练时，判别模型使用损失函数来量化模型输出与真实标签之间的误差，而训练过程实际上就转化成了损失函数的优化问题。而面对该问题时，优化方法的选择与超参数设置就显得十分重要，往往决定了最终模型的性能。

2. 有些判别模型是"黑盒"模型，即**分类过程无法解释**。判别模型中的某些模型（如决策树等）虽然原理较为简单，分类过程也容易解释，但其分类预测能力也相对较弱。而一些分类预测能力强大的判别模型（如卷积神经网络）虽然性能强大，但这些模型的内部工作难以理解，并且它们不能估计每个特征对模型预测的重要性，也不容易理解不同特征之间如何相互作用。

### 4.1.3 生成模型

对于给定的数据样本 $\mathbf{x}$ 和待定预测结果 $y$，判别模型通过直接学习映射函数或者学习后验概率 $P(y \mid \mathbf{x})$ 来完成分类。与之相并列的有另外一组被称为生成模型[6-7]的分类模型，它们对数据和样本标签的联合概率分布 $p(\mathbf{x}, y)$ 进行建模，从数据生成的角度考虑分类任务。

> **定义 4.4 生成模型**
>
> 概率判别模型对样本 $\mathbf{x}$ 和类别标签 $y$ 的联合概率分布 $p(\mathbf{x}, y)$ 进行建模，并利用贝叶斯公式得到后验概率 $P(y \mid \mathbf{x})$，从而实现分类。 ♣

与判别模型不同，生成模型假设数据由各类不同的概率分布产生。例如对于标签为 0 或 1 的二分类问题，生成模型假设标签为 0 的数据 $\mathbf{x}$ 服从分布 $p(\mathbf{x} \mid y = 0)$，标签为 1 的数据 $\mathbf{x}$ 服从分布 $p(\mathbf{x} \mid y = 1)$，而完整的数据则服从联合概率分布 $p(\mathbf{x}, y)$。对于生成模型而言，分类过程就是计算样本最有可能由哪个类别的概率分布生成。对于样本生成的理解，需要从后验概率入手。还是以二分类问题为例，对于样本 $\mathbf{x}$，通过比较样本属于类别 0 的条件概率 $\mathbb{P}(y = 0 \mid \mathbf{x})$ 与属于类别 1 的条件概率 $\mathbb{P}(y = 1 \mid \mathbf{x})$，将样本划分到概率更大的那一类中，此处和判别模型相同。生成模型的不同之处在于计算条件概率利

---

[1]后面的章节会对数据降维进行详细介绍。

用了 §2.2.6 中所讲的贝叶斯公式，即

$$P(y \mid \mathbf{x}) = \frac{p(\mathbf{x}, y)}{p(\mathbf{x})} = \frac{p(\mathbf{x} \mid y)P(y)}{p(\mathbf{x})} \qquad (4.5)$$

其中 $P(y)$ 表示生成类别为 $y$ 的样本的概率，$p(\mathbf{x} \mid y)$ 表示类别为 $y$ 的样本所服从的条件概率分布。而生成模型最终需要求解使得 $P(y \mid \mathbf{x})$ 取最大值的标签 $y$，即

$$\arg\max_y P(y \mid \mathbf{x}) = \arg\max_y \frac{p(\mathbf{x} \mid y)P(y)}{p(\mathbf{x})} \qquad (4.6)$$
$$\propto \arg\max_y p(\mathbf{x} \mid y)P(y)$$

此处不对 $\mathbf{x}$ 的生成作任何假设，对于所有类别，$p(\mathbf{x})$ 都是相等的。

典型的生成模型有朴素贝叶斯模型和高斯混合模型。后面的章节会详细介绍这两种生成模型。

**例 4.3** 继续用分类苹果与香蕉的例子来理解生成模型。同样的，算法要将苹果和香蕉划分到对应的类别中。生成模型基于训练样本估计出 $p(\mathbf{x} \mid y = \text{苹果})$ 和 $p(\mathbf{x} \mid y = \text{香蕉})$ 这两个分布以及两个类别的先验概率，对于一个新的水果样本 $\mathbf{x}$，计算出联合概率分布 $p(\mathbf{x}, y = \text{苹果})$ 和 $p(\mathbf{x}, y = \text{香蕉})$，选择较大值作为该样本的分类结果。如果 $p(\mathbf{x}, y = \text{苹果}) > p(\mathbf{x}, y = \text{香蕉})$，则生成模型将样本分类为苹果；反之，则被分类为香蕉。

在实际应用中，生成模型有如下**优点**:

1. 生成模型从概率的角度出发推断数据的分布情况，可以更好地**反映同类数据的相似性**。
2. 在数据样本数量较小的情况下，生成模型相比判别模型效果更好。
3. 生成模型关注数据整体的联合概率分布 $p(\mathbf{x}, y)$，因此可以通过计算边缘概率分布

$$p(\mathbf{x}) = \sum_{i=1}^{K} p(\mathbf{x} \mid y_i)P(y_i)$$

   来**评判模型是否适合当前分类任务**。
4. 生成模型**可以处理存在隐藏变量的分类任务**，例如高斯混合模型将样本的标签分布视为随机变量 $\mathbf{z}$。

   相对地，生成模型也有如下**缺点**:

1. 对分类任务而言，大多数情况下只需要求出条件概率，联合概率分布中的**大量信息并不被需要**。
2. 在当前的大部分分类任务中，**判别模型的表现超过了生成模型**。

### 4.1.4 判别模型 vs 生成模型

判别模型和生成模型之间的差异可分为以下几方面:

1. **准确率: 较好的判别模型一般具有较高的准确率**。在当前的大部分分类任务中，判别模型的表现都优于生成模型。通过提高判别模型函数的复杂度，得到的决策边界

将更加灵活，能清晰地分辨出多类或某一类与其他类之间的差异特征，并且由于决策边界能直接反映异类数据之间的差异，因而最终模型的分类准确率都比较理想。

2. **训练样本需求**：在训练样本数量较小的情况下，**生成模型的效果更好**。而随着训练样本逐渐增加，判别模型的效果逐渐接近并超过生成模型。

除此之外，判别模型还可以允许对数据特征进行一定程度的选择与重组，例如数据降维；而生成模型可以处理存在隐藏变量的分类任务，例如之后会介绍的高斯混合模型中，将样本的标签分布视为隐藏随机变量 $z$。

在此，再通过实验结果来直观地感受两种模型之间的表现差异。研究者在机器学习领域的多个经典数据集上对比了给定不同数量的训练样本时生成模型与判别模型的分类错误率，得到如图4.4所示的结果[8]。可以发现，在数据样本量较大的情况下，在准确率方面判别模型会超过生成模型，不过当数据样本量较少时生成模型的效果会明显好于判别模型。

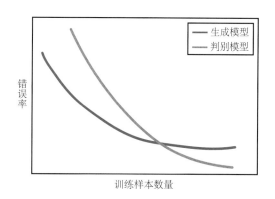

图 4.4　判别模型与生成模型对比实验结果

最后，用表4.1对本节介绍的三种模型进行总结。

表 4.1　不同分类模型的对比

| 模型 | 基本思想 | 优势 | 缺陷 | 典型算法 |
|------|----------|------|------|----------|
| 非概率<br>判别模型 | 利用决策边界分类<br>直接学习映射函数 | 1. 简单易实现<br>2. 节省运算资源 | 1. 只输出预测类别<br>2. 易受噪声影响 | 1. 感知机<br>2. 支持向量机 |
| 概率<br>判别模型 | 基于后验概率分类<br>学习数据本身分布 | 1. 能获取类别概率<br>2. 隐式地获取<br>决策边界 | 1. 训练需要较多样本<br>2. 训练方法复杂 | 1. 逻辑回归<br>2. 神经网络 |
| 生成模型 | 基于联合分布分类<br>模拟样本生成过程 | 1. 样本需求少<br>2. 可处理存在<br>隐变量的分类 | 1. 存在冗余信息<br>2. 表现不如判别模型 | 朴素贝叶斯<br>分类器 |

✍ **习题** ✍

习题 4.1　判别模型使用决策边界进行分类任务，类似地，生成模型中也有决策边界的概念。请简要说明生成模型中的决策边界与判别模型有何联系。

习题 4.2 生成模型通过贝叶斯公式

$$f(y|\mathbf{x}) = \frac{f(\mathbf{x}, y)}{f(\mathbf{x})}$$

计算样本 $\mathbf{x}$ 属于类别 $y$ 的后验概率来进行分类任务。类似地，判别模型也可以用贝叶斯理论来进行解释。请简要说明判别模型与生成模型分别是对贝叶斯公式中的哪一类分布进行建模的。

习题 4.3 请结合课本内容与自己的理解，说明实践中大多数情况下判别模型比生成模型分类效果更好的原因。

## 4.2　$K$ 最近邻算法

在 §4.1中，本书介绍了分类模型的三种类型，即非概率判别模型、概率判别模型与生成模型。事实上，这三种模型中概率判别模型、生成模型都是**参数模型**（parametric model），即它们大多都假设参与分类的模型符合某种含参数的数据分布。例如，概率判别模型与生成模型假设不同样本属于不同分布。因此，参数模型的构建依赖于对数据分布进行的参数假设。然而，在实际生活中获得的数据常常是有限的，不足以支撑我们进行合理的假设。因此，对数据分布没有要求的**非参数模型**（nonparametric model）便应运而生。本节将介绍一种最简单的非参数估计方法——$K$ **最近邻算法**（$K$-Nearest Neighbour，简称 $K$-NN）。

$K$ 最近邻算法为什么是一种非参数估计方法呢？考虑二维空间[1]中的某个随机变量 $X$，$X$ 可以取二维空间中的任何值。记 $X$ 的概率密度函数为 $p(\mathbf{x})$。根据定义2.37可知，对于二维空间中的某个区域 $\mathcal{R}$，$X$ 的观测值落在该区域的概率为

$$p = \int_{\mathcal{R}} p(\mathbf{x})\mathrm{d}\mathbf{x} \tag{4.7}$$

假设我们搜集了 $X$ 的 $k$ 次观测值。则位于区域 $\mathcal{R}$ 中的数据点数目 $K$ 将服从在 §2.2.5.2介绍过的二项分布，即 $X \sim B(k,p)$。由二项分布的性质[2]可知，落在区域 $\mathcal{R}$ 中的数据点的平均比例为 $\mathbb{E}(\frac{K}{k}) = p$，且对于较大的 $k$，有

$$K \approx kp \tag{4.8}$$

若假定区域 $\mathcal{R}$ 足够小，使得落在其中的概率密度函数接近常数，则

$$p \approx p(\mathbf{x})V \tag{4.9}$$

其中，$V$ 为区域 $\mathcal{R}$ 的体积。由公式（4.8）和公式（4.9）可得：

$$p(\mathbf{x}) = \frac{K}{kV} \tag{4.10}$$

假设有一个数据集，其中 $k_i$ 个数据点属于类别 $\mathcal{C}_i$，且有 $\sum_i k_i = k$。如果要对某个新搜集到的数据点 $\mathbf{x}$ 进行分类，那么可以画一个以 $\mathbf{x}$ 为中心的球体，该球体包含 $K$ 个数据点。设球体体积为 $V$ 且包含来自类别 $\mathcal{C}_i$ 的 $K_i$ 个数据点，则由公式（4.10）有

$$p(\mathbf{x} \mid \mathcal{C}_i) = \frac{K_i}{k_i V} \tag{4.11}$$

而先验概率为

$$p(\mathcal{C}_i) = \frac{k_i}{k} \tag{4.12}$$

利用2.3中介绍的贝叶斯定理，将公式（4.10）、公式（4.11）和公式（4.12）结合，可以

---

[1]二维空间：即欧几里得空间或欧氏空间。

[2]二项分布的性质：不属于本书的介绍范畴，感兴趣的读者可自行查阅相关资料。

得到后验概率

$$p(\mathcal{C}_i \mid \mathbf{x}) = \frac{p(\mathbf{x} \mid \mathcal{C}_i)p(\mathcal{C}_i)}{p(\mathbf{x})} = \frac{K_i}{K} \tag{4.13}$$

因此，如果想最小化错误分类的概率，那么可以把测试点 $\mathbf{x}$ 分配给有着最大后验概率的类别，对应最大的 $\frac{K_i}{K}$。因此，想要对一个新的数据点进行分类，可以从训练数据中选取 $K$ 个最近的数据点组成一个集合，然后把新的数据点分配为这个集合里拥有最多数据点的类别。这便是 $K$ 最近邻算法的思想。从公式（4.13）可以看出，$K$ 最近邻算法对数据分布没有要求，是一种非参数估计方法。

**定义 4.5 $K$ 最近邻算法**

$K$ 最近邻算法，将已有样本（或实例）按照特定的距离度量方法划分为 $K$ 个类别，对于待分类样本，计算其距离每个类别的距离，而后将其划分入最邻近的类别中。

从定义4.5中可以看到，$K$ 最近邻算法无须在对新样本进行预测之前训练数据，而是直接利用存储的数据集，通过计算**距离**进行分类或回归学习得到结果。这种**无须进行参数优化**的模型虽然避免了参数优化的烦琐，但是仍有几个问题需要解决：

- **如何选择距离度量**：在 $K$ 最近邻算法中，需要计算样本之间的**距离**。不同的样本所蕴含的信息往往不同。例如，若样本内蕴含了地理位置信息，那么不同地点之间的距离计算更适合使用曼哈顿距离计算而并非常用的欧氏距离[1]。因此，**距离量度**的选择是模型是否适用的关键之一。对此，本书在§4.2.1中给出了 $K$ 最近邻算法通常采用的距离度量。

- **如何选择超参数** $K$：$K$ 作为 $K$ 最近邻算法中的超参数，它的选择影响着模型的**泛化能力**与**准确率**。$K$ 值过小，模型被分为多类，每个点都被充分考虑，**准确率高**而决策边界破碎，**泛化能力弱**；$K$ 值过大，即使距离较远的点也被判定为近邻点，**准确率低**而决策边界平滑，**泛化能力强**。对此，在§4.2.2中对如何选取适宜的超参数 $K$ 的选择以获取较好的模型进行了介绍。

- **如何根据数据点的数量定义类别**：在 $K$ 最近邻算法中，并非每一个数据点对结果的影响都是同等重要的。对每个数据点进行分类，除却考虑距离与超参数 $K$，还需要考虑其周围数据点的数目，有时还需引入权重。为此，需要仔细考虑选择的**分类决策机制**。对此，本书在§4.2.3中介绍了在已有了固定 $K$ 值与样本点到每个类别距离的情况下，如何利用合适的分类决策机制对样本点所属类别进行判断。

$K$ 最近邻算法既可用于分类问题，又可用于回归问题，本节主要讨论其在分类问题中的应用。$K$ 最近邻算法基于已有数据进行分类，根据前文所提到的几点问题，在训练分类器之前，要首先确认表4.2中所列举的关于 $K$ 最近邻算法的前置信息。

其中 $\mathbf{x}_i \in \mathbb{R}^p$ 是具有 $p$ 个样本属性的第 $i$ 个样本点，$y_i \in \mathbb{R}$ 是第 $i$ 个样本点的标签。

---

[1]曼哈顿距离用于衡量两个点的绝对轴距总和，而欧氏距离可以看成是两个点的直线距离。曼哈顿距离、欧氏距离的具体公式介绍详见§4.2.1。

表 4.2　$K$ 最近邻算法——前置信息

| 编号 | 内容 | 符号表示 |
|:---:|:---:|:---:|
| 1 | 已经储存的训练数据集 | $\mathcal{D} = \{(\mathbf{x}_i, y_i) \mid i = 1, 2, \cdots, n\}$ |
| 2 | 采用的距离度量 | $d$ |
| 3 | 涵盖邻近点的个数 | $K$ |
| 4 | 待分类的新实例点 | $\mathbf{x}_t$ |
| 5 | 分类决策机制 | — |

下面来了解一下 $K$ 最近邻算法的大概内容：

- **模型表示**：$K$ 最近邻算法在用于分类问题时，需要确定近邻数量 $K$，并使用**多数表决法**获得分类结果。在用于回归问题时，需要确定超参数 $K$，获得待测试点 $\mathbf{x}$ 的邻近点的集合 $\mathcal{K}_K(\mathbf{x})$，根据集合中邻近点的值通过取平均值等方式获得待测试点的预测值。
- **损失函数**：在本书范畴内，$K$ 最近邻算法没有损失函数。
- **训练方法**：$K$ 最近邻算法是**非参数模型**，无须进行训练。
- **派生模型**：主要对**加权 $K$ 最近邻算法**进行介绍。

### 4.2.1　距离度量

样本点之间的距离反映了样本点之间的相似程度。在 $K$ 最近邻算法中，通常采用**欧氏距离**（Euclidean distance），这也是人们最常用的**距离度量**（distance metric）标准。令 $\mathbf{x} = (x_1, x_2, \cdots, x_n), \mathbf{x}' = (x_1', x_2', \cdots, x_n')$，有

$$d_2(\mathbf{x}, \mathbf{x}') = \sqrt{\sum_{i=1}^{n} (x_i - x_i')^2} = \sqrt{(\mathbf{x} - \mathbf{x}')^{\top}(\mathbf{x} - \mathbf{x}')} \tag{4.14}$$

当然，也可以使用其他距离度量，比如：

- 曼哈顿距离（Manhattan distance）：

$$d_1(\mathbf{x}, \mathbf{x}') = \sum_{i=1}^{n} |x_i - x_i'| \tag{4.15}$$

- $\ell_\infty$ 范数距离：

$$d_\infty(\mathbf{x}, \mathbf{x}') = \max_i |x_i - x_i'| \tag{4.16}$$

在实际处理样本点之间欧氏距离的时候，如果某一个特征数值过大，会导致两个样本点之间的相似性几乎只由这个特征决定。所以为了避免这种情况，常需要对其先进行**特征缩放**（feature scaling）。

**定义 4.6 特征缩放**

特征缩放在机器学习中是将不同特征的值量化到同一区间的方法。

常用的特征缩放方法有 §3.2.2 介绍过的归一化等方法。

## 4.2.2 超参数 $K$ 的选择

在 $K$ 最近邻算法中，$K$ 是需要谨慎设置的超参数。$K$ 值的大小反映了在 $K$ 最近邻算法中检索相似数据的范围。

### 4.2.2.1 不同 $K$ 值对模型的影响

当 $K = 1$ 时，模型仅根据离其最近的点来分类待分类点；当 $K = 5$ 时，模型根据待分类点周围 5 个点来判断待分类点的类别。因为 $K$ 的值并不能直接从数据中获得，模型需要通过使用不同 $K$ 值来训练 $K$ 最近邻算法，并且根据分类准确度来选择出最好的 $K$ 值。

$K$ 的选择会影响模型的泛化能力。图4.5 对比了线性回归和 $K$ 最近邻算法的预测结果。线性回归的决策边界大致将数据划分为两类，但是准确率并不是很高。若使用 $K$ 最近邻算法，当 $K = 1$ 时，模型获得了几近完美的分类结果，但是决策边界却非常破碎扭曲。这样的模型是过拟合的，其过于追求训练数据的准确率，从而致使其泛化能力极为低下。令 $K = 15$，比起 $K = 1$ 时，其准确率虽然下降了，但是决策边界更加清晰，泛化能力更好。事实上，当 $K$ 从 15 减小为 1 时，模型的复杂度增大，偏差减小，方差增大，因此虽然分类结果变好，但泛化能力却减弱了。有关平衡偏差和方差的内容，本书将在 §6.4 中具体介绍。

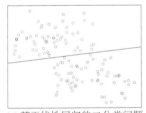 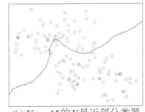 

(a) 基于线性回归的二分类问题　　(b) $K = 15$ 的 $K$ 最近邻分类器　　(c) $K = 1$ 的 $K$ 最近邻分类器

**图 4.5**　线性回归以及 $K$ 最近邻算法使用不同 $K$ 值的预测结果

可以发现，当 $K$ 很小时，模型会对数据很敏感。因为实际收集的数据中存在各种各样的噪声，模型会"学习"到噪声的信息，从而带来误差，影响分类决策。而当 $K$ 比较大的时候，待分类点周围的邻近点可能包含着一些其他类别的数据，从而会影响分类的结果。因此，在实际使用 $K$ 最近邻算法的时候，为了在分类准确率和泛化能力之间获得平衡，需要谨慎地选用超参数 $K$ 的值。

### 4.2.2.2 $K = 1$ 时的最近邻算法

当 $K = 1$ 时，此时的模型最为简单，也最好理解，这里介绍一个新的概念——**泰森多边形（Voronoi diagram）**，其由连接两个相邻点之间的垂直平分线组成的连续多边形组成。在泰森多边形内，任意取一点，其到所在多边形内的控制点一定比到其他多边形的控制点来得近。如图4.6，待分类的实例点会落在不同的色块上，其类型由该色块内的原实例点决定。图中任意两个相邻色块中的黑点的连线为两个色块的垂直平分线。

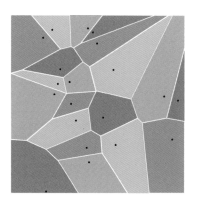

**图 4.6　泰森多边形**

泰森多边形帮助我们更好地理解了 $K = 1$ 时的模型。它实际上是一种对空间平面进行剖分的数学模型，被剖分开的每个色块内样本标签一致。泰森多边形在网络规划、建筑设计（如 2008 年北京奥运会的水立方）等领域有着相当广泛的应用。

### 4.2.3　分类决策机制

在利用 $K$ 最近邻算法进行分类前，还需要确定使用何种分类决策机制。下面，本书将介绍两种不同的分类机制。

#### 4.2.3.1　多数表决法

分类决策机制有许多种，其中最通俗易懂也较为常用的，是**多数表决法（majority voting rule）**。

多数表决法，顾名思义，是一个"多数投票"的过程。在生活中，常常会遇到这样的过程，例如每年一度的全国人民代表大会，会上的提案等工作就需要经过多数投票来进行决议。具体而言，多数表决法是在 $K$ 个最近邻中找出样本数量最多的那个类别作为待分类实例的类别。例如，假设找到了一个新实例的三个最近邻，其中两个属于类别 A 而另一个数据属于类别 B，那么就可以认为这个待分类的数据点属于类别 A。使用这种方法时，$K$ 值需要有一些限定，例如对于二分类问题，$K$ 应该是一个奇数，以避免不同类别样本数相同的情况。

#### 4.2.3.2　加权 $K$ 最近邻算法

多数表决法简单易懂，但在该方法中假设每个近邻点同等重要，这事实上是不符合实际的。因此，多数表决法有时会存在一些不合理的情况。如图4.7，模型找到了一个数据点的 3 个最近邻点,其中一个属于类别 A 而两个属于类别 B,以多数表决法来进行决断,那么这个数据点应该被划分到类别 B。但是事实上,数据点离类别 A 的点要比两个类别为 B 的点近得多。

在这种情况下,另一种更合理的方法就是**权重法**。这种方法会根据近邻点和待分类点之间的距离来为近邻点分配一个权重 $w$,然后计算每个类别的权重来进行分类。这种分类方法被称作**加权 $K$ 最近邻算法**。在图4.7中,模型假设类别 A 的点的分类权重 $w_A = 1$,而两个类别 B 的点的分类权重分别为 $w_{B1} = \frac{1}{2}$ 和 $w_{B2} = \frac{1}{4}$。那么待分类点被分类到 A 的情况的得分为 1,而被分类到 B 的情况的得分为 $\frac{1}{2} + \frac{1}{4} = \frac{3}{4}$。显然,前者得分更高,那么待分类点应该被判定为类别 A。事实上,多数表决法其实是权重法的一个特例,它将每个样本点的权重设置为 1,并不因为数据间的距离不同而进行区分。

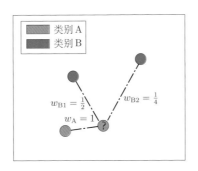

图 4.7　加权 $K$ 最近邻算法示意图

**权重计算方法**　在加权 $K$ 最近邻算法中,最重要的就是权重的计算方法。不同的计算方法会影响到分类结果,一种常见的权重就是两个数据点之间的距离的倒数:

$$w_j = \frac{1}{d(\mathbf{x}_i, \mathbf{x}_j)} \tag{4.17}$$

其中,$\mathbf{x}_i$ 是待分类数据点,$\mathbf{x}_j$ 是样本点。距离越远的数据点其权重越小。这里计算距离用的距离度量一般为曼哈顿距离或欧氏距离,即

$$d_1(\mathbf{x}_i, \mathbf{x}_j) = \|\mathbf{x}_i - \mathbf{x}_j\|_1,\ d_2(\mathbf{x}_i, \mathbf{x}_j) = \|\mathbf{x}_i - \mathbf{x}_j\|_2$$

除了范数的倒数之外,通常还可以使用高斯函数来计算权重:

$$w_j = \exp(-\lambda \|\mathbf{x}_i - \mathbf{x}_j\|_2^2) \tag{4.18}$$

高斯函数的特点是,靠近 0 的地方函数值趋近于 1,而在远离 0 的地方函数值无限接近于 0。这样的权重计算方法同样符合离待分类点越近权重越大、越远权重越小的规律。

### 4.2.4 算法步骤及复杂度分析

在明确距离度量、$K$ 值选择方法与分类决策机制后,便可以利用 $K$ 最近邻算法来进行分类了,主要过程可以分为以下三步:

**步骤一**：计算实例点到所有训练实例点的距离：

$$\mathcal{S} = \{d(\mathbf{x}_t, \mathbf{x}_1), d(\mathbf{x}_t, \mathbf{x}_2), \cdots, d(\mathbf{x}_t, \mathbf{x}_n)\} \tag{4.19}$$

在这个过程中，实例点的维度为 $p$，计算一次 $d(\mathbf{x}_t, \mathbf{x}_1)$ 的复杂度是 $O(p)$，共计要计算 $N$ 次，所以这一步的复杂度为 $O(Np)$。

**步骤二**：选取 $K$ 个离实例点最近的邻近点，也就是 $\mathcal{S}$ 中 $K$ 个最小的值对应的 $\mathcal{D}$ 中的点，构成集合 $\mathcal{K}_K(\mathbf{x})$。在这一步中，要选取 $K$ 个最小的值，必须先对 $\mathcal{S}$ 按从小到大的顺序进行排序，然后选择前 $K$ 个值，此时的时间复杂度主要取决于排序方法的选择。一般来说，现在选用的排序方法的时间复杂度通常为 $O(n \log n)$。

**步骤三**：根据集合 $\mathcal{K}_K(\mathbf{x})$ 中点对应的标签，根据输入提供的分类决策机制进行判断投票，决定未知实例点的类别。最后一步的时间复杂度决定于决策机制的选用。

图4.8是一个利用 $K$ 最近邻算法进行分类的简单示意图。容易看到，待分类的新实例点将被划分为橙色。

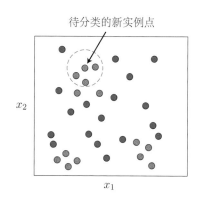

图 4.8　$K$ 最近邻算法

### 4.2.4.1　线性回归与 $K$ 最近邻算法的时间复杂度对比

在表格4.3中，本书将利用正规方程求解的线性回归与 $K$ 最近邻算法之间的时间复杂度进行了对比，其中，$p$ 表示变量个数，$n$ 表示样本数量。对于线性回归算法，其时间复杂度请参考本书已经介绍过的 §3.2。图4.9对线性回归和 $K$ 最近邻算法的时间复杂度对比进行了可视化。左侧子图展示的是两个方法的运行时间与**样本数量** $n$ 之间的关系，特征数量 $p$ 为定值；右侧子图展示了两个方法的运行时间与**特征数量** $p$ 之间的关系，样本数量 $n$ 为定值。对于 $K$ 最近邻算法，由于其直接利用储存的点进行分类，故实际上并未进行"真正的训练"，因此，将其训练过程的时间复杂度记为 $O(1)$。而在预测时，$K$ 最近邻算法的时间开销主要由两部分组成：计算数据点之间距离以及排序，计算数据点间距的时间复杂度为 $O(np)$，排序的时间复杂度为 $O(n \log n)$。因此，预测过程的时间复杂度为 $O(np + n \log n)$。根据分析和可视化的结果可以看出，在样本数量 $n$ 较大的情况下，线性回归测试过程的运行时间更短；在特征数量 $p$ 较大的情况下，$K$ 最近邻算法的

"训练"和测试过程的时间都要更短。在解决回归问题时，可以根据 $n$ 和 $p$ 的实际情况，比较两者的运行时间，选择时间成本更优的模型。

表 4.3　线性回归与 $K$ 最近邻算法时间复杂度对比

|  | 训练过程 | 预测过程 |
|---|---|---|
| 线性回归 | $O(np^2 + p^3)$ | $O(p)$ |
| $K$ 最近邻算法 | $O(1)$ | $O(np + n\log n)$ |

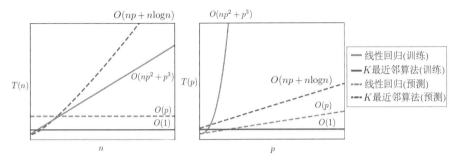

图 4.9　线性回归与 $K$ 最近邻算法时间复杂度对比

$K$ 最近邻算法的伪代码如下：

---

**算法 4.1 $K$ 最近邻算法**

1　**输入：训练数据集 $\mathcal{D}$，待测实例点的特征向量 $\mathbf{x}_t$，涵盖邻近点个数 $K$，采用的距离度量函数 $d$，分类决策机制函数；**
2　**for** $i \leftarrow 1$ *to* $N$ **do**
3　　**计算距离 $d(\mathbf{x}_t, \mathbf{x}_i)$；**
4　**end**
5　**对所有距离进行排序，选择最小的 $K$ 个；**
6　**根据决策机制和 $K$ 个邻近点的信息，确定最后待测实例点的标签；**
7　**输出：实例 $\mathbf{x}_t$ 所属的类 $y$。**

---

### 4.2.4.2　代码实现

下面的代码介绍通过使用 Python 的 Numpy 库、sklearn 库来实现 $K$ 最近邻算法相关的一系列操作。

```
1  import numpy as np
2  from sklearn.datasets import make_classification
3  # 生成样本，类别设置为 2
4  N = 100  # 设置样本数为 100
```

```
5  p = 2  # 设置特征数为 2
6  x, y = make_classification(N, p, n_informative=p, n_redundant=0, n_classes=2,
   ↪    random_state=0)  # 生成模拟分类数据集
7  # 划分数据集，将前六十个样本视为已知点，查看将后四十个样本用 $K$-NN 分类的结果
8  known_x = x[:60]
9  known_y = y[:60]
10 predict_x = x[60:, :]
11 predict_y = y[60:]
12 def KNN(x, y, predict_x, K=5):
13     knn_y = []
14     for sample in predict_x:
15         distance = np.linalg.norm(x-sample, axis=1, ord=1)  # 使用 L1 范数计算
           ↪   数据点距离
16         sort_index = np.argsort(distance)  # 找到距当前样本点最近的 K 个样本
17         neighbors = sort_index[:K]
18         neighbors_y = y[neighbors]
19         # 利用多数投票法对数据进行分类
20         class1_vote = np.sum(neighbors_y == 0)
21         class2_vote = np.sum(neighbors_y == 1)
22         knn_y.append(0) if class1_vote > class2_vote else knn_y.append(1)
23     return knn_y
24 selected_k = 15  # 取 K 值为 15
25 knn_y = KNN(known_x, known_y, predict_x, K=selected_k)
26 correct_count = 0
27 for index in range(len(predict_y)):
28     if predict_y[index] == knn_y[index]:
29         correct_count += 1
30 accuracy = correct_count / len(predict_y)  # 计算 K=15 时的分类准确度
31 print('K=15 时的准确率为: ', accuracy)
32 # K=15 时的准确率为: 0.95
```

### 4.2.5  $K$ 最近邻算法在回归问题中的应用

$K$ 最近邻算法并不仅是为了解决分类而提出的，它还可以被用来解决回归问题。与解决分类问题相似，$K$ 最近邻算法在回归问题中唯一需要改变的就是怎么通过邻近点的集合 $\mathcal{N}_K(\mathbf{x})$ 的邻近点 $\mathbf{x}_j$ 的值 $y_j$ 来预测待预测点的值 $\widehat{y}$。因此，同样可以根据每个邻近点的样本权重 $w_j$ 进行计算：

$$\widehat{y} = \sum_{\mathbf{x}_j \in \mathcal{N}_K(\mathbf{x})} w_j y_j \tag{4.20}$$

**$K$ 最近邻算法总结** $K$ 最近邻算法是一种比较简单的**非参数模型**。之前介绍的都是参数模型，比如线性回归模型，其将自变量 $x$ 和因变量 $y$ 之间的关系建模为关于参数 $w$ 的线性模型，但是非参数模型并不需要参数 $w$ 的存在。

$K$ 最近邻算法需要大量空间来存储数据以便做预测，并且预测时间成本很高。另外，对于大规模的数据，仅仅是找到邻近点就会花费大量时间。然而，$K$ 最近邻算法有着简单、容易实现的巨大优势，故仍然适用于很多应用，并且实际性能并不差。

## ≋ 习题 ≋

**习题 4.4** **最近邻误差**。给定训练集 $\mathcal{D} = \{(\mathbf{x}^{(i)}, y_i) \mid i = 1, 2, \cdots, n\}$，且已知这些样本点属于 $c$ 个类 $y_i \in \omega = \{\omega_1, \cdots, \omega_c\}$，并假设 $\mathbf{x}' \in \mathcal{D}$ 是距离测试点 $\mathbf{x}$ 最近的样本点，$y$ 为测试点的标签，$y \in \omega = \{\omega_1, \cdots, \omega_c\}$。设 $\mathbf{x}'$ 与 $\mathbf{x}$ 相互独立，即 $P(y, y' \mid \mathbf{x}, \mathbf{x}') = P(y \mid \mathbf{x})P(y' \mid \mathbf{x}')$。当训练样本数足够大时，根据最近邻规则有 $\mathbb{P}(y = \omega_i \mid \mathbf{x}) = \mathbb{P}(y' = \omega_i \mid \mathbf{x}')$。若使用贝叶斯分类器，则会将后验概率最大的类别 $\omega_m$ 分为 $\mathbf{x}$ 的预测标签，即此时 $\mathbb{P}(y = \omega_m \mid \mathbf{x}) = \max_i \mathbb{P}(y = \omega_i \mid \mathbf{x})$。

(1) 定义 $\mathbb{P}(\text{error} \mid \mathbf{x}, \mathbf{x}')$ 为最近邻分类器对 $\mathbf{x}$ 的分类误差概率，显然它即为 $\mathbf{x}$ 与 $\mathbf{x}'$ 标签不同的概率。当训练样本数足够大时，请用后验概率写出 $\mathbb{P}(\text{error} \mid \mathbf{x}, \mathbf{x}')$ 的表达式。

(2) 定义贝叶斯最优分类器对 $\mathbf{x}$ 的分类误差概率为 $\mathbb{P}^*(\text{error} \mid \mathbf{x}) = 1 - \mathbb{P}(y = \omega_m \mid \mathbf{x})$。在 (1) 的基础上，请证明最近邻分类器的分类误差概率不超过贝叶斯最优分类器分类误差概率的两倍，即

$$\mathbb{P}(\text{error} \mid \mathbf{x}, \mathbf{x}') \leqslant 2\mathbb{P}^*(\text{error} \mid \mathbf{x})$$

**习题 4.5** **维数灾难**。超立方体是数学中立方体的高维类似物，而一个单位超立方体是棱长为 $1$ 的超立方体。用以下代码随机生成 $10^d$ 个维度为 $d$ 的单位超立方体内的数据点。

```
1  import numpy as np
2  d = 1
3  X = np.random.rand(10**d, d)
```

(1) 改变维数 $d$，统计单位超球体内的点数量占比。

(2) 计算不同维数下每个点与最近邻点的距离均值并进行比较。

(3) 若维数 $d$ 不断增大，会导致什么后果？

# 4.3 贝叶斯分类器

前一节 §4.2已经介绍了一种常见的非参数估计方法 $K$ 最近邻算法。非参数估计方法不依赖于对数据分布进行的参数假设，而在某些情况下，则需要根据已有数据来推断数据背后的本质特征，这种本质特征就需要依据参数来表达。参数模型包括判别模型和生成模型。本节将介绍一种新的生成模型——**贝叶斯分类器**（**Bayes Classifier**）。贝叶斯分类器是一系列以贝叶斯定理为理论基础构建的概率分类器，其原理是利用贝叶斯公式算出最大后验概率，并选择后验概率最大的分类结果。由于贝叶斯分类器是通过计算样本属于哪个样本的概率最大来判断样本的类别，而并非注重分类数据之间的区别，所以它是一种典型的生成模型。接下来，本节将从生成贝叶斯分类器引入，着重介绍朴素贝叶斯分类器以及其在文本分类中的应用。

首先，了解一下贝叶斯分类器的大概内容。

- **模型表示**：我们的目的是通过**贝叶斯公式**获得类别 $C$ 的**后验概率**：

$$\mathbb{P}(C = c_i \mid X = \mathbf{x}) = \frac{\mathbb{P}(X = \mathbf{x}, C = c_i)}{\mathbb{P}(X = \mathbf{x})} \tag{4.21}$$

  并选择**后验概率最大的分类结果**作为分类器的输出：

$$\widehat{c} = \arg\max_c \mathbb{P}(C = c \mid X = \mathbf{x}) \tag{4.22}$$

  贝叶斯分类器的模型参数是**似然度** $\mathbb{P}(X = \mathbf{x} \mid C = c_i)$ 和**先验概率** $\mathbb{P}(C = c_i)$。

- **损失函数**：估计似然度 $\mathbb{P}(X = \mathbf{x} \mid C = c_i)$ 时，使用的方法是**极大似然估计法**。因此损失函数是**负对数似然函数** $-\mathcal{L}(\theta, c_i) = -\sum_{i=1}^{n} \log \mathbb{P}(X = \mathbf{x}_i \mid C = c_i)$。

- **训练方式**：根据 §2.2.8.1和 §2.2.9中曾为大家介绍的**伯努利大数定律**和**极大似然估计**，可以了解到，对于先验概率 $\mathbb{P}(C = c_i)$，可以用类别出现的**频率**来估计概率，而对于似然度 $\mathbb{P}(X = \mathbf{x}_i \mid C = c_j)$，可以统计类标签为 $c_j$ 的样本中样本 $\mathbf{x}_i$ 出现的**频率**来估计似然度。

- **派生模型**：贝叶斯分类器的派生模型包括**朴素贝叶斯分类器**、**高斯贝叶斯分类器**等。

## 4.3.1 生成贝叶斯分类器

在介绍朴素贝叶斯分类器之前，首先介绍生成贝叶斯分类器。

**例 4.4** 我们以一个例子来解释生成贝叶斯分类器如何从数据集中训练得到参数。表4.4中共包含 14 个样本，每个样本都有 4 个特征。第一个特征 $x_1$ 为"天气"，有 3 个可能值：晴朗，多云，有雨；第二个特征 $x_2$ 为"温度"，有 3 个可能值：热，适中，凉爽；第三个特征 $x_3$ 为"湿度"，有 2 个可能值：高，适中；第四个特征 $x_4$ 为"风力"，有 2 个可能值：强，弱。结果"是否适合打网球" $C$ 有 2 种可能类别：适合，不适合。以 $X$ 表示

一个样本数据，$f$ 表示分类器，

$$X = (x_1, x_2, x_3, x_4), \ f : X \mapsto C,$$

$$\text{s.t.} \quad x_1 \in \{晴朗, 多云, 有雨\},$$

$$x_2 \in \{热, 适中, 凉爽\},$$

$$x_3 \in \{高, 适中\},$$

$$x_4 \in \{强, 弱\},$$

$$C \in \{c_1 = 适合, c_2 = 不适合\}$$

表 4.4 网球数据集

| 编号 | 天气 $x_1$ | 温度 $x_2$ | 湿度 $x_3$ | 风强 $x_4$ | 是否适合打网球 $C$ |
|---|---|---|---|---|---|
| 1 | 晴朗 | 热 | 高 | 弱 | 不适合 |
| 2 | 晴朗 | 热 | 高 | 强 | 不适合 |
| 3 | 多云 | 热 | 高 | 弱 | 适合 |
| 4 | 有雨 | 适中 | 高 | 弱 | 适合 |
| 5 | 有雨 | 凉爽 | 适中 | 弱 | 适合 |
| 6 | 有雨 | 凉爽 | 适中 | 强 | 不适合 |
| 7 | 多云 | 凉爽 | 适中 | 强 | 适合 |
| 8 | 晴朗 | 适中 | 高 | 弱 | 不适合 |
| 9 | 晴朗 | 凉爽 | 适中 | 弱 | 适合 |
| 10 | 有雨 | 适中 | 适中 | 弱 | 适合 |
| 11 | 晴朗 | 适中 | 适中 | 强 | 适合 |
| 12 | 多云 | 适中 | 高 | 强 | 适合 |
| 13 | 多云 | 热 | 适中 | 弱 | 适合 |
| 14 | 有雨 | 适中 | 高 | 强 | 不适合 |

在 §4.1 中已经知道，对于生成模型来说，如公式（4.23），想求得未知实例 $\mathbf{x}$ 的后验概率并以之来判断类别，就必须先求得实例 $\mathbf{x}$ 与所有类别 $c_i$ 之间的联合概率。

$$
\begin{aligned}
\mathbb{P}(C = c_i \mid X = \mathbf{x}) &= \frac{\mathbb{P}(X = \mathbf{x} \mid C = c_i)\mathbb{P}(C = c_i)}{\mathbb{P}(X = \mathbf{x})} \\
&= \frac{\mathbb{P}(X = \mathbf{x}, C = c_i)}{\mathbb{P}(X = \mathbf{x})}, \quad i = 1, 2
\end{aligned}
\tag{4.23}
$$

以 $|x_i|$ 表示该特征的可取值个数，对于未知实例 $\mathbf{x}$ 而言，由于每个特征有多个可取值，$\mathbf{x}$ 的可能值有 $\prod\limits_{i=1}^{4} |x_i| = 3 \times 3 \times 2 \times 2 = 36$ 种，而类别的可取值个数 $|C| = 2$，为了保证把所有可能性都考虑在内，需要考虑 $36 \times 2 = 72$ 种联合概率。

依据贝叶斯分类器的模型表示，为了获得分类结果，需要获得数据出现的概率，即**似然度** $\mathbb{P}(\mathbf{x}_i \mid C = c_j)$，再根据极大似然估计法，可以使用数据出现的频率估计似然度。表 4.5 中计算出了 72 种条件概率（比如，若想知道 $C = c_1$ 时，"天气"为"晴朗"，"温度"为"热"，"湿度"为"高"，"风强"为"强"的概率，从表 4.4 可知，$C = c_1$ 的样本

表 4.5　所有的条件概率

| 天气 $x_1$ | 温度 $x_2$ | 湿度 $x_3$ | 风强 $x_4$ | 适合打网球 $C = c_1$ | 不适合打网球 $C = c_2$ |
|---|---|---|---|---|---|
| 晴朗 | 热 | 高 | 弱 | 0/9 | 1/5 |
| 晴朗 | 热 | 高 | 强 | 0/9 | 1/5 |
| 晴朗 | 热 | 适中 | 弱 | 0/9 | 0/5 |
| 晴朗 | 热 | 适中 | 强 | 0/9 | 0/5 |
| ⋮ | ⋮ | ⋮ | ⋮ | ⋮ | ⋮ |

共有 9 个, 其中没有一条满足以上特征要求, 故而此条件概率的值为 $\frac{0}{9}$ )。此外, 需要求得**先验概率** $\mathbb{P}(C = c_i)$（4.24）才能计算联合概率。与似然度的估计方法相同, 根据极大似然估计法, 可以使用样本中类别 $c_i$ 出现的频率来估计先验概率。

$$\mathbb{P}(C = c_1) = \frac{9}{14} \quad \mathbb{P}(C = c_2) = \frac{5}{14} \tag{4.24}$$

可以看出, 这种方法过于依赖训练数据, 一旦数据过少或者失真, 预测值将严重偏离真实值。同时, 生成贝叶斯分类器需要的参数过多, 训练参数需要的时间复杂度过高。

### 4.3.2　朴素贝叶斯分类器

上节内容提到, 生成贝叶斯分类器的参数很多、运算效率低下。为了解决这个问题, 通常会对样本特征做出一些假设。下面, 以**朴素贝叶斯分类器（naïve Bayes classifier）** 为例进行介绍。

> **定义 4.7 朴素贝叶斯分类器**
>
> 朴素贝叶斯分类器是一种基于条件独立假设的生成贝叶斯分类器。对于样本数据 $X = (x_1, x_2, \cdots, x_p)$, 朴素贝叶斯分类器的目的是预测:
>
> $$\mathbb{P}\big(C \mid X = (x_1, x_2, \cdots, x_p)^\top\big) = \frac{\mathbb{P}\big(X = (x_1, x_2, \cdots, x_p)^\top \mid C\big)\mathbb{P}(C)}{\mathbb{P}\big(X = (x_1, x_2, \cdots, x_p)^\top\big)} \tag{4.25}$$

从公式（4.25）中容易看到, 如果样本每个属性的可选择值比较多的话, 计算 $\mathbb{P}(X = (x_1, x_2, \cdots, x_p)^\top \mid C)$ 就比较烦琐。对于 §4.3.1 中网球的例子, 每个样本有 4 个属性和 2 种标签结果, 故不同的组合共有 $3 \times 3 \times 2 \times 2 \times 2 = 72$ 种, 因此需要计算并保存这 72 种组合的概率。若分类问题复杂, 则计算开销会很大。

为了降低计算成本, 朴素贝叶斯方法为模型加上了一个比较强的假设, 即条件独立假设。

> **定义 4.8 条件独立假设**
>
> 对于样本数据 $X = (x_1, x_2, \cdots, x_p)^\top$, 每个属性 $x_i$ 之间是条件独立的, 满足 $x_i \perp x_j \mid C, \forall i \neq j,\ i, j = 1, 2, \cdots, p$。

根据定义4.8的假设[1]，有

$$\mathbb{P}(X = (x_1, x_2, \cdots, x_p)^\top \mid C) = \mathbb{P}(x_1 \mid C) \cdot \mathbb{P}(x_2 \mid C) \cdot \cdots \cdot \mathbb{P}(x_p \mid C) \tag{4.26}$$

因此，对于朴素贝叶斯分类器来说，只需要计算针对每一个属性的条件概率 $\mathbb{P}(x_i \mid C)$ 而非联合概率 $\mathbb{P}(X \mid C)$。这大大减小了计算量。比如，在网球的例子中，利用朴素贝叶斯分类器，只需要计算 $2 \times (3 + 3 + 2 + 2) = 20$ 种概率。

### 4.3.2.1 训练朴素贝叶斯分类器

**利用极大似然估计法获得模型参数**　朴素贝叶斯分类器作为一种生成贝叶斯分类器，训练重点仍然在于计算模型参数，即似然度 $\mathbb{P}(X \mid C)$ 和先验概率 $\mathbb{P}(C)$。根据极大似然估计法，对于概率 $\mathbb{P}(X_i = x_i \mid C = c_j)$，同样可以用样本出现的频率来估计概率，即

$$\begin{aligned} \mathbb{P}(x_i \mid c_j) &= \frac{N(X_i = x_i, C = c_j)}{N(C = c_j)}, \\ \mathbb{P}(c_j) &= \frac{N(C = c_j)}{n} \end{aligned} \tag{4.27}$$

其中，$n$ 是样本的数量，而 $N(a)$ 是满足条件 $a$ 的样本数量。由此可以获得贝叶斯分类器的模型参数。

**平滑化**　在使用朴素贝叶斯分类器时，是以收集到的数据为基础来计算的。由于数据的局限性，我们常常会遇到一些难以处理的情况。比如，对于在训练数据中从未出现过的新情况，就无法进行分类。回到网球的例子，由于训练集中从未出现过"天气 = 多云"并且分类结果为"不适合"的数据，故无法计算 $\mathbb{P}(天气 = 多云 \mid 适合)$ 的概率。对于一个新的数据，如果这个新数据的属性"天气"为"多云"，则就无法计算出它属于"不适合"类别的概率。这会造成**零概率问题**（**zero-frequency problem**），正如我们知道"天气"可以取到"多云"这个值，但在训练集中，没有哪一个数据的"天气"属性为"多云"，故计算得到 $\mathbb{P}(天气 = 多云 \mid 适合) = \mathbb{P}(天气 = 多云 \mid 不适合) = 0$。显然，这与常识性认知相左，"天气 = 多云"并且类别为"适合"这件事是有可能发生的。出现这种错误的原因是收集的数据不全面。为了处理这类问题，需要对条件概率进行处理，即公式（4.27）中对于条件概率的计算应该改为

$$\mathbb{P}(x_i \mid c_j) = \frac{N(X_i = x_i, C = c_j) + 1}{N(C = c_j) + K_i} \tag{4.28}$$

其中，$K_i$ 表示属性 $x_i$ 可能取到的值的数量。例如，网球训练集的"天气"属性能取到"晴朗""多云"和"有雨"，则有 $K_{天气} = 3$。通过将公式（4.27）的分母加 $K_i$，分子加 1，使概率值恒大于 0，以达到去除零概率的效果。这种方法被称作**平滑化**（**smoothing**）。在实际使用贝叶斯分类器时，都需要做平滑化处理，即实际使用的不是公式（4.27），而是公式（4.28）。

---

[1] 在 §7.2.1 中，也应用了这种假设。

### 4.3.2.2 利用朴素贝叶斯分类器预测

计算得到了需要的所有概率值之后，如何对一个新的样本进行分类？这就需要用到贝叶斯法则了。假设某样本有属性 $x_1, x_2$ 及类别 $C$，满足

$$x_1 = \{a_1, a_2\}, x_2 = \{b_1, b_2\}, C = \{1, 0\}$$

并且已经通过数据计算保存了所有需要的概率值。现在，对于一个新样本 $X = (x_1 = a_1, x_2 = b_1)$，利用朴素贝叶斯分类器进行分类，有

$$
\begin{aligned}
\mathbb{P}(C \mid X) &= \frac{\mathbb{P}(X \mid C)\mathbb{P}(C)}{\mathbb{P}(X)} \\
&= \frac{\mathbb{P}(x_1 \mid C)\mathbb{P}(x_2 \mid C)\mathbb{P}(C)}{\mathbb{P}(X)} \\
&\propto \mathbb{P}(x_1 \mid C)\mathbb{P}(x_2 \mid C)\mathbb{P}(C)
\end{aligned}
\tag{4.29}
$$

因此，只需要计算出 $\mathbb{P}(x_1 = a_1 \mid C = 1)\mathbb{P}(x_2 = b_1 \mid C = 1)\mathbb{P}(C = 1)$ 与 $\mathbb{P}(x_1 = a_1 \mid C = 0)\mathbb{P}(x_2 = b_1 \mid C = 0)\mathbb{P}(C = 0)$，对比哪个数值更大，则这个样本就属于哪个类别。

### 4.3.2.3 朴素贝叶斯分类器示例

例 4.5 依然以网球的例子来具体说明利用朴素贝叶斯分类器进行分类的过程。

根据表4.4，可以计算出条件概率值如表4.6~ 表4.9所示。

表 4.6 天气的条件概率

| 天气 | 适合打网球 | 不适合打网球 |
|------|-----------|-------------|
| 晴朗 | 0.222 | 0.6 |
| 多云 | 0.444 | 0 |
| 有雨 | 0.333 | 0.4 |

表 4.7 温度的条件概率

| 温度 | 适合打网球 | 不适合打网球 |
|------|-----------|-------------|
| 热 | 0.222 | 0.4 |
| 适中 | 0.444 | 0.4 |
| 凉爽 | 0.333 | 0.2 |

表 4.8 湿度的条件概率

| 湿度 | 适合打网球 | 不适合打网球 |
|------|-----------|-------------|
| 高 | 0.333 | 0.8 |
| 适中 | 0.667 | 0.2 |

表 4.9 风强的条件概率

| 风强 | 适合打网球 | 不适合打网球 |
|------|-----------|-------------|
| 强 | 0.333 | 0.6 |
| 弱 | 0.667 | 0.4 |

现在，假设有一个新的样本 $X = (\text{天气} = \text{晴朗}, \text{温度} = \text{凉爽}, \text{湿度} = \text{高}, \text{风强} = \text{强})^\top$，对于两个不同的类分别计算概率为

$$
\begin{aligned}
\mathbb{P}(\text{适合} \mid X) &= 0.0053 \\
\mathbb{P}(\text{不适合} \mid X) &= 0.0206
\end{aligned}
\tag{4.30}
$$

由于 $\mathbb{P}(\text{适合} \mid X) < \mathbb{P}(\text{不适合} \mid X)$，故将这个样本 $X$ 的类别分为"不适合打网球"。具体的运算过程运用了公式（4.27）以及贝叶斯定理。

#### 4.3.2.4 朴素贝叶斯分类器总结

朴素贝叶斯分类器是一个很容易理解的模型,对它的总结如下:

1. 朴素贝叶斯分类器**原理简单,预测准确度较好**,故常被使用。
2. 朴素贝叶斯分类器的使用前提是假设所有属性之间是**条件独立**的。这虽然是一个比较苛刻的假设,很多时候并不符合实际情况,但却为后续计算大幅度**节省了成本**。

### 4.3.3 朴素贝叶斯分类器在文本分类中的应用

**文本分类**(text categorization)是自然语言处理中相当经典的问题,在生活中也非常常见。文本分类会对输入的一大串文本进行特征提取,判定其属于哪一类,比如对垃圾邮件的判定,对文章种类的判定等。文本分类的主要步骤,包括对输入的一大串文本进行特征提取,对这些特征进行表示,并把提取的特征映射到类别。通过这几步,能够从文本数据获取最具代表性且更易处理的特征,并完成分类任务。

下面介绍的文本分类方法主要适用于英文文本分类。对于文本分类的特征提取步骤,将介绍一种常用的方法:词袋法。对于文本分类的其他步骤,将介绍两种基于不同概率分布的朴素贝叶斯分类器。

#### 4.3.3.1 词袋法

词袋法通常用于文本分类的特征提取。顾名思义,"词袋"即"词语的口袋"。词袋法实质上可以看做是 $N = 1$ 时的 $N$-gram 模型[9],**其忽略文本自身的语法和语序等因素,将文本看作是多个词的集合,而词之间是相互独立的**。当外界输入一个文本的模型时,模型首先对其进行预处理,进行比如分词、去停用词等操作,从而将一大段文本转为词汇的集合 $S$。接着,模型进行特征提取步骤。我们需要预先准备一个包含大量词汇的字典(dictionary),每个词汇就相当于一个特征。模型将对照字典中的每个特征,判定集合 $S$ 中是否也包含它,并将结果记录下来。为了记录此种信息,研究者们提出了向量表示方法。常见的两种方法分别为布尔值表示法和词频表示法。

**布尔值表示法**　根据词是否出现进行表示,1 表示出现,0 表示未出现,最后得到的向量形如 $[1, 0, 1, 1, 0, \cdots, 1, 0]$,如图4.10。

对于在集合 $S$ 中出现而字典中没有出现的词,可以在字典中设置一个并不是词的特征,即 <UNK>(unknown),在词频法中,所有未知词的个数即是该特征的值,而在用布尔值表示的方法中,一旦出现未知词,该特征就会被赋予 1 的值。

**词频表示法**　词频表示法根据词出现的频率进行表示,最后得到的向量形如 $[2, 2, 1, 1, 0, \cdots, 0, 1]$,该向量的每一个元素对应一个词在文本中出现的频率,如图4.11。

图 4.10　布尔值表示法

图 4.11　词频表示法

一般来说，为了保证所有词都能囊括在字典里，字典的规模会特别大。另外，由于很多词语未必会出现，字典内存在大量的 0，这就造成了词袋模型存在两个问题——高维度性和高稀疏性。正是这两种特性，导致词袋模型不仅在存储上具有极大的空间复杂度，同时计算的时间复杂度也不小。同时，由于词袋模型忽略了上下文关系，故会造成部分信息的丢失，这会对预测的准确性造成影响。

### 4.3.3.2　多元伯努利分布和多项式分布

现在，我们已经完成了预处理和特征提取这两步，接下来需要构建分类器，完成从词向量到类别标签的映射。

由于在词袋法中，可以将词语所映射的特征视为随机变量，那么自然可以使用适当的概率分布假设来完成分类。在布尔值表示法中，使用布尔值来表示词向量，单个词则可以假设其符合伯努利分布，对于整个词向量，可以假设其符合**多元伯努利分布（multivariate Bernoulli distribution）**；词频表示法使用词频来表示词向量，作为多元伯努利的推广，可以假设其符合**多项式分布（multinomial distribution）**。下面将对这两种分布进行具体介绍。

**多元伯努利分布**　在了解多元伯努利分布之前，先来回顾一下伯努利分布。

伯努利分布, 又称为两点分布或者 0-1 分布, 是一种离散型的概率分布, 若随机变量 $X$ 服从伯努利分布, 则该随机变量的取值只有两种可能, 用 0 和 1 来表示这两种可能, 随机变量取值为 1 的概率为 $p(0 < p < 1)$, 它的概率表达式为

$$\mathbb{P}(X = x) = p^x (1-p)^{1-x} \tag{4.31}$$

多元伯努利分布, 即同时进行多个不同的伯努利实验, 若发生了 $n$ 次独立的伯努利实验, 每个伯努利实验的概率参数为 $p_i$, 那么 $n$ 次独立伯努利实验的概率表达式为

$$\mathbb{P}(X_1 = x_1, X_2 = x_2, \cdots, X_n = x_n) = \prod_{i=1}^{n} p_i^{x_i} (1-p_i)^{1-x_i} \tag{4.32}$$

**多项式分布** 多项式分布其实就是伯努利分布的推广。在一次实验中, 对于随机变量 $X$, 设其有 $d$ 种状态 ( 当 $d = 2$ 时, 多项式分布本质上就是伯努利分布 ), 可以将其表示为一个 $d$ 维的向量, 每一维代表一种状态, 随机变量可以表示为 $X = (X_1, X_2, X_3, \cdots, X_d)$, 且 $X_i \in \{0, 1\}$。假设 $X_i = 1$ 的概率为 $\mu_i$, 且 $\sum_{i=1}^{d} \mu_i = 1$, 该随机变量的概率表达式为

$$\mathbb{P}(X_1 = x_1, X_2 = x_2, \cdots, X_d = x_d) = \prod_{i=1}^{d} \mu_i^{x_i} \tag{4.33}$$

若发生了 $n$ 次独立实验, 假设出现了 $m_i$ 次 $X_i = 1$ 的情况, 且 $\sum_{i=1}^{d} m_i = n$, 那么概率可表示为

$$\mathbb{P}(X_1 = m_1, X_2 = m_2, \cdots, X_d = m_d) = \frac{n!}{m_1! m_2! \cdots m_d!} \prod_{i=1}^{d} \mu_i^{m_i} \tag{4.34}$$

### 4.3.3.3 基于伯努利分布的朴素贝叶斯

考虑单词的出现服从伯努利分布, 即一个单词在文档中会被标记为出现 ( True ) 或者不出现 ( False ) 这两种可能。具体来说, 用 $W_i$, $i = 1, 2, \cdots, k$ 表示字典中的每一个词语, 其中字典中总词数为 $k$。对于一篇需要分类的文档 $D$, $W_i = \text{True}$ 当且仅当单词 $W_i$ 出现在 $D$ 中, 否则 $W_i = \text{False}$。因此, 对于某一篇文档 $D$, 单词出现的概率可以表示为

$$\mathbb{P}(W_1 = \text{True}, W_2 = \text{False}, \cdots, W_k = \text{True} \mid C = c) \tag{4.35}$$

其中 $C$ 为一随机变量, 表示文档 $D$ 所属类别。除此之外, 基于朴素贝叶斯分类器的假设, 给定文档的类别后, 每一个词语之间应该是独立的, 所以有

$$\begin{aligned} &\mathbb{P}(W_1 = \text{True}, W_2 = \text{False}, \cdots, W_k = \text{True} \mid C = c) \\ &= \mathbb{P}(W_1 = \text{True} \mid C = c) \times \cdots \times \mathbb{P}(W_k = \text{True} \mid C = c) \end{aligned} \tag{4.36}$$

其中每一个 $\mathbb{P}(W_i = \text{True} \mid C = c)$ 都服从伯努利分布。这种基于伯努利分布的分类器很适合具有二值的变量 (binary variable)。而且对于每个单词, 只需要计算 $\mathbb{P}(W_i = \text{True} \mid C =$

$c$），因为

$$\mathbb{P}(W_i = \text{False} \mid C = c) = 1 - \mathbb{P}(W_i = \text{True} \mid C = c) \tag{4.37}$$

对于基于伯努利分布的朴素贝叶斯分类器，概率值的计算和朴素贝叶斯模型相似，用频率来代替概率，即

$$\mathbb{P}(W_i = \text{True} \mid C = c) = \frac{N(W_i = \text{True}, C = c)}{N(C = c)} \tag{4.38}$$

直接的解释是所有类别为 $c$ 的文本中，出现单词 $W_i$ 的文本的比例。先验概率 $\mathbb{P}(C = c)$ 为

$$\mathbb{P}(C = c) = \frac{N(C = c)}{N(D)} \tag{4.39}$$

其中 $N(D)$ 为文档的总数量。先验概率即为所有文档中类别为 $c$ 的文档比例。

有了 $\mathbb{P}(W_i = \text{True} \mid C = c)$ 和先验概率 $\mathbb{P}(C = c)$，就可以通过计算 $\mathbb{P}(C = c \mid W)$ 来对文本进行分类了。为了处理未出现的值，同样可以用 §4.3.2.1 中介绍的平滑化方法来避免概率为 0 的值出现。

在用朴素贝叶斯分类器时，还存在概率值计算**算术下溢**（**arithmetic underflow**）的问题。因为概率值都是属于 $[0,1]$ 范围的数，多个概率值相乘之后，计算结果可能会超过计算机内存所能表示的范围，造成算术下溢，这时计算结果就变成了 0。为了解决这种问题，并不直接对概率值做乘法，而是通过 log 函数来将乘法转换成加法。由于 log 函数是单调函数，这种操作并不会影响分类结果。具体来说，对于本节考虑的文本分类问题，需要计算

$$
\begin{aligned}
\widehat{c} &= \arg\max_c \ \mathbb{P}(W_1, \cdots, W_k \mid c)\mathbb{P}(c) \\
&= \arg\max_c \ \log \mathbb{P}(W_1, \cdots, W_k \mid c)\mathbb{P}(c) \\
&= \arg\max_c \ \log \mathbb{P}(c) + \sum_{i=1}^{k} \log \mathbb{P}(W_i \mid c)
\end{aligned} \tag{4.40}
$$

这样，通过将乘法运算转换成了加法运算，进而解决了算术下溢的问题。

### 4.3.3.4 基于多项式分布的朴素贝叶斯

下面，再介绍另外一种基于多项式分布的模型。一个多项式分布由这个参数决定：实验重复的次数 $n$ 以及每次实验成功的概率 $p_1, p_2, \cdots, p_n$。在文本分类问题中，假设每个单词 $W_i$ 的出现次数 $n_i$ 服从一个多项式分布。这时，对于某一篇文档 $D$，它出现的概率可以表示为

$$
\begin{aligned}
&\mathbb{P}(W_1 = n_1, W_2 = n_2, \cdots, W_k = n_k \mid C = c, N, p_{1,c}, \cdots, p_{k,c}) \\
&= \frac{N!}{n_1! n_2! \cdots n_k!} \cdot p_{1,c}^{n_1} p_{2,c}^{n_2} \cdots p_{k,c}^{n_k}
\end{aligned} \tag{4.41}
$$

这里 $N$ 是文档 $D$ 中的单词总数，$p_{i,c}$ 表示对于类别为 $c$ 的文档，单词 $W_i$ 出现一次的概率。特别地，有

$$\sum_{i=1}^{k} n_i = N, \quad \sum_{i=1}^{k} p_{i,c} = 1 \tag{4.42}$$

注意到公式（4.41）第一项与分类实际上无关，只需要计算

$$\hat{c} = \arg\max_c \mathbb{P}(C = c) \cdot p_{1,c}^{n_1} p_{2,c}^{n_2} \cdots p_{k,c}^{n_k} \tag{4.43}$$

对于基于多项式分布的朴素贝叶斯分类器，先验概率的计算应该为

$$\mathbb{P}(C = c) = \frac{N(C = c)}{N(D)} \tag{4.44}$$

与其他几种朴素贝叶斯分类器相同。而条件概率的计算有所不同

$$\mathbb{P}(W_i = n_i \mid C = c) = \frac{n_{i,c}}{n_c} \tag{4.45}$$

这里 $n_{i,c}$ 是所有类别为 $c$ 的文本中单词 $W_i$ 出现的次数，$n_c$ 是所有类别为 $c$ 的文档的总单词数。同样地，可以使用 §4.3.2.1 中介绍的平滑化方法来避免零概率出现，比如

$$\mathbb{P}(W_i = n_i \mid C = c) = \frac{n_{i,c} + 1}{n_c + k} \tag{4.46}$$

这里 $k$ 是词典的大小（即词典中单词数）。

### 4.3.3.5 两种朴素贝叶斯方法在文本分类上的效果

这里，依据论文[10]，在数据集 WebKB 4 上简单比较一下两种朴素贝叶斯方法在文本分类上的效果。由图4.12可见，当字典规模不是很大时，采用基于多元伯努利分布的概率模型（布尔值表示法）的准确率比采用基于多项式分布的概率模型（词频表示法）高。但是随着字典规模逐渐变大，后者的准确率大于前者，而前者的准确率持续走低。

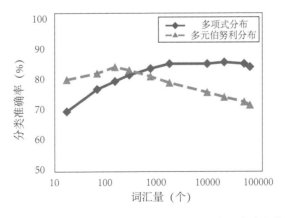

**图 4.12** 基于多元伯努利分布的概率模型 VS. 基于多项式分布的概率模型

## ❦ 习题 ❦

习题 4.6　在线学习与普通的训练方式的不同之处在于，训练样本是以一个序列的形式逐个输入的，而非一个完整的数据集。请简述如何将朴素贝叶斯分类器应用于在线学习。

习题 4.7　课本介绍了词袋法中使用词频和布尔值的两种表示方法，请定性比较二者的优劣，并据此解释图4.12中两曲线的趋势变化规律。

习题 4.8　**缺失值**。基于如下数据训练一个朴素贝叶斯分类器。其中，None 表示特征值缺失。对比 §4.3.2.3的结果，体会数据缺失对朴素贝叶斯分类器的影响。

表 4.10　网球数据集

| 编号 | 天气 $x_1$ | 温度 $x_2$ | 湿度 $x_3$ | 风强 $x_4$ | 是否适合打网球 $C$ |
|------|------|------|------|------|----------|
| 1 | 晴朗 | 热 | 高 | 弱 | 不适合 |
| 2 | 晴朗 | 热 | 高 | 强 | 不适合 |
| 3 | 多云 | 热 | 高 | 弱 | 适合 |
| 4 | 有雨 | None | 高 | 弱 | 适合 |
| 5 | None | 凉爽 | 适中 | 弱 | 适合 |
| 6 | 有雨 | 凉爽 | 适中 | 强 | 不适合 |
| 7 | 多云 | 凉爽 | 适中 | 强 | 适合 |
| 8 | 晴朗 | 适中 | 高 | 弱 | 不适合 |
| 9 | 晴朗 | 凉爽 | 适中 | 弱 | 适合 |
| 10 | 有雨 | 适中 | 适中 | 弱 | 适合 |
| 11 | 晴朗 | 适中 | 适中 | 强 | 适合 |
| 12 | 多云 | 适中 | 高 | 强 | 适合 |
| 13 | 多云 | None | 适中 | 弱 | 适合 |
| 14 | 有雨 | 适中 | 高 | 强 | 不适合 |

## 4.4 高斯贝叶斯分类器

考虑用生成模型来完成这样一个二分类问题：利用过去一周内的空气温度、空气湿度、气压等数据，预测明天的天气是晴天还是阴天。§4.1曾介绍过，生成模型需要先对联合概率分布 $\mathbb{P}(\mathbf{x}, y)$ 或某一类别的条件概率分布 $\mathbb{P}(\mathbf{x} \mid y)$ 进行建模，然后才能利用贝叶斯公式进行数据分类，比如 §4.3.2所介绍的针对离散数据的朴素贝叶斯分类器。然而空气温度与气压等数据显然是连续型数据，因此之前针对离散数据的模型会失效。那么针对连续型数据，一种自然的数据分布建模方法就是先假设每个类别的数据服从某个连续分布（通常是高斯分布），然后利用已知数据进行极大似然估计得到概率分布。这样假设每一类数据服从高斯分布的生成模型，被称为高斯贝叶斯分类器。

高斯贝叶斯分类器的主要内容如下：

- **模型表示**：高斯贝叶斯分类器同样通过**贝叶斯公式**计算表示类别的随机变量 $C$ 的**后验概率分布**

$$\mathbb{P}(C = c_i \mid X = \mathbf{x}) = \frac{\mathbb{P}(X = \mathbf{x}, C = c_i)}{\mathbb{P}(X = \mathbf{x})}$$

并选择使**后验概率最大**的分类结果作为分类器的输出

$$\widehat{c} = \arg\max_c \mathbb{P}(C = c \mid X = \mathbf{x})$$

高斯贝叶斯分类器与前文介绍的贝叶斯分类器的主要区别在于高斯贝叶斯分类器针对的是连续型数据分布。

- **损失函数**：高斯贝叶斯分类器使用的损失函数是**负对数似然函数**。
- **训练方法**：高斯贝叶斯分类器使用的训练方法同样为**极大似然估计**。
- **派生模型**：高斯贝叶斯分类器的派生模型有**高斯朴素贝叶斯分类器**、**线性判别分析**、以及**二次判别分析**。

在 §2.2中，我们曾介绍过多元高斯分布。如果随机变量 $\mathbf{x}$ 服从多元高斯分布 $\mathcal{N}(\mu, \Sigma)$，其概率密度函数为

$$f(\mathbf{x} \mid \mu, \Sigma) = \frac{1}{(2\pi)^{p/2}} \frac{1}{|\Sigma|^{1/2}} \mathrm{e}^{-\frac{1}{2}(\mathbf{x}-\mu)^\top \Sigma^{-1}(\mathbf{x}-\mu)} \tag{4.47}$$

其期望是 $\mu$，不同维度之间的协方差矩阵为 $\Sigma$。在高斯贝叶斯分类器中，对于一个具有 $C$ 种类别标签的 $n$ 个样本的数据集 $\mathcal{D} = \{(\mathbf{x}_1, y_1), \cdots, (\mathbf{x}_n, y_n)\}$，如果样本特征数量为 $p$，我们假设同一类的样本服从 $p$-维的高斯分布，并且不同类别的样本服从不同的高斯分布。即假设对于类别为 $c \in \{1, 2, \cdots, C\}$ 的数据 $\mathbf{x}_{y=c}$，有

$$\mathbf{x}_{y=c} \sim \mathcal{N}(\mu_c, \Sigma_c) \tag{4.48}$$

其中 $\mu_c$ 和 $\Sigma_c$ 是类别为 $C = c$ 的样本所属高斯分布的均值以及协方差。相对应的，类别为 $C = c$ 的样本的概率密度函数为

$$f(\mathbf{x}_{y=c}) = f(\mathbf{x} \mid y = c) = \frac{1}{(2\pi)^{p/2}|\Sigma_c|^{1/2}} \exp\left(-\frac{1}{2}(\mathbf{x} - \mu_c)^\top \Sigma_c^{-1}(\mathbf{x} - \mu_c)\right) \tag{4.49}$$

一般假设不同类别的 $\mu_c$ 不同，但对于 $\Sigma_c$，则可以进行不同程度的假设，即对 $\Sigma_c$ 的

形式作出不同程度的限制。对 $\Sigma_c$ 的假设不同派生出了不同的高斯贝叶斯分类器模型。

### 4.4.1 高斯朴素贝叶斯分类器

高斯贝叶斯分类器中，对数据分布假设最强的是**高斯朴素贝叶斯分类器（Gaussian Naive Bayes Classifier）**。在 §4.3.2 中，我们介绍了针对离散数据的朴素贝叶斯分类器。朴素贝叶斯分类器借助条件独立假设来减少参数量、提升运算效率。类似地，在高斯贝叶斯分类器中也可以利用条件独立假设，即假设各特征相互独立。我们知道，特征变量 $x_i$ 与 $x_j$ 的协方差是高斯分布协方差矩阵 $\Sigma$ 中的元素 $\sigma_{ij}$, $i,j \in \{1, \cdots, p\}$，因此，高斯朴素贝叶斯分类器限制类别 $c$ 的协方差矩阵 $\Sigma_c$ 为一个对角矩阵 $\text{diag}(\sigma_{11}, \cdots, \sigma_{pp})$。

在对一个样本进行分类时，我们选取能最大化其判别函数 $g_c(\mathbf{x})$ 的类别。

$$
\begin{aligned}
g_c(\mathbf{x}) &= \log \mathbb{P}(y = c \mid \mathbf{x}) \\
&= \log \frac{f(\mathbf{x} \mid y = c)\mathbb{P}(y = c)}{f(\mathbf{x})} \\
&= -\frac{1}{2}\log|\Sigma_c| - \frac{1}{2}(\mathbf{x} - \mu_c)^\top \Sigma_c^{-1}(\mathbf{x} - \mu_c) + \log \mathbb{P}(y = c) + \alpha(\mathbf{x})
\end{aligned}
\tag{4.50}
$$

其中 $\alpha(\mathbf{x}) = -\frac{p}{2}\log(2\pi) - \log f(\mathbf{x})$，与 $c$ 无关，并不会影响分类的结果，所以通常在判别函数中会省略这一项。

在朴素假设下，训练分类器也十分简单，只需要按照 §2.2.9 的极大似然估计的结论，在类别 $c$ 的样本点中，统计先验概率 $\mathbb{P}(y = c)$，并对每个特征分量 $x_j$ 分别计算样本均值 $\widehat{\mu}_{c,j}$、样本方差 $\widehat{\sigma}_{c,jj}^2$，即得到高斯朴素贝叶斯分类器对该类的估计：

$$
\begin{aligned}
\mathbb{P}(y = c) &= \frac{n_c}{n}, \ c = 1, 2, \cdots, C \\
\widehat{\mu}_{c,j} &= \frac{1}{n_c}\sum_{y_i = c} x_{ij}, \ c = 1, 2, \cdots, C \\
\widehat{\sigma}_{c,jj}^2 &= \frac{1}{n_c}\sum_{y_i = c}(x_{ij} - \widehat{\mu}_{ij})^2, \ c = 1, 2, \cdots, C
\end{aligned}
\tag{4.51}
$$

其中 $x_{ij}$ 是训练集中标签为 $C = c$ 的第 $i$ 样本点第 $j$ 个特征值，$n_c$ 为训练集中标签为 $c$ 的样本数量。可以发现，需要训练的参数共有 $[(2p + 1)C]$ 个。

### 4.4.2 线性判别分析

朴素贝叶斯分类器直观且实现简单，然而朴素贝叶斯假设中特征的相互独立性在实际应用中很难满足。例如在现实生活中，收入高的人，一般情况下消费也高，这两个特征具有一定的相关性，那么在判断一个人是否会购买保险这个问题上，收入高与消费高不能够看作是相互独立的两个特征。因此虽然朴素贝叶斯分类器简单直观，但是它在数据更加复杂的场景中分类表现并不好。为了解决这个问题，一些分类模型抛弃了条件独立假设，即不假设数据的不同特征是独立的。这些模型被统称为**非朴素贝叶斯分类器（non-naïve Bayesian classifier）**。根据预测具体方法的不同，本节将会介绍两个常用且主要的非朴素贝叶斯模型：**线性判别分析（Linear Discriminant Analysis，简称 LDA）**[1] **与二次判别分析（Quadratic Discriminant Analysis，简称 QDA）**。

线性判别分析是一种简单的非朴素贝叶斯分类器，它假设每个类别所对应的高斯分布具有相同的协方差，即

$$\Sigma_1 = \cdots = \Sigma_c = \cdots = \Sigma_C = \Sigma \tag{4.52}$$

例如，如图4.13所示，两个类别的数据分别服从两个协方差矩阵相同但均值不同的二维高斯分布。

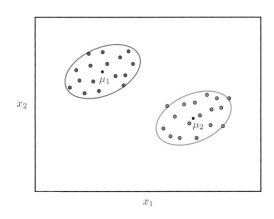

图 4.13　线性判别分析示意图

与朴素贝叶斯相同，下面我们以一个二分类问题为例，考察线性判别分析的决策边界。考虑一个任意样本 $\mathbf{x}$ 被分类为类别 1 与类别 2 之间的对数几率是

$$\log \frac{\mathbb{P}(y=1 \mid \mathbf{x})}{\mathbb{P}(y=2 \mid \mathbf{x})} = \log \frac{f(\mathbf{x} \mid y=1)}{f(\mathbf{x} \mid y=2)} + \log \frac{\mathbb{P}(y=1)}{\mathbb{P}(y=2)} \tag{4.53}$$

将 $y=1$ 和 $y=2$ 的高斯分布代入公式（4.53），当对数几率为零时，有

$$
\begin{aligned}
\log \frac{\mathbb{P}(y=1 \mid \mathbf{x})}{\mathbb{P}(y=2 \mid \mathbf{x})} &= \log f(\mathbf{x} \mid y=1) - \log f(\mathbf{x} \mid y=2) + \log \frac{\mathbb{P}(y=1)}{\mathbb{P}(y=2)} \\
&= \log \frac{\mathbb{P}(y=1)}{\mathbb{P}(y=2)} - \frac{1}{2}(\mu_1 + \mu_2)^\top \Sigma^{-1}(\mu_1 - \mu_2) + \mathbf{x}^\top \Sigma^{-1}(\mu_1 - \mu_2) \\
&= 0
\end{aligned} \tag{4.54}
$$

令

$$\mathbf{a} := \Sigma^{-1}(\mu_1 - \mu_2) \quad \text{且} \quad \mathbf{b} := \log \frac{\mathbb{P}(y=1)}{\mathbb{P}(y=2)} - \frac{1}{2}(\mu_1 + \mu_2)^\top \Sigma^{-1}(\mu_1 - \mu_2)$$

那么不难看出，由对数几率为零得到的两个类别的分类边界是一个关于样本 $\mathbf{x}$ 的**线性方程**

$$\mathbf{x}^\top \mathbf{a} + \mathbf{b} = 0 \tag{4.55}$$

这也是这个分类方法被称为**线性判别分析**的原因。此外，在对一个样本进行分类时，判

---

[1]本节只对线性判别分析在分类问题中的应用进行解释。线性判别分析更常用的场景是对数据进行降维。

别函数 $g_c(\mathbf{x})$ 为

$$
\begin{aligned}
g_c(\mathbf{x}) &= \log \mathbb{P}(y = c \mid \mathbf{x}) \\
&= \log \frac{f(\mathbf{x} \mid y = c)\mathbb{P}(y = c)}{f(\mathbf{x})} \\
&= \mathbf{x}^\top \Sigma^{-1} \mu_c - \frac{1}{2}\mu_c \Sigma^{-1} \mu_c + \log \mathbb{P}(y = c) + \alpha(\mathbf{x})
\end{aligned}
\tag{4.56}
$$

其中 $\alpha(\mathbf{x}) = \mathbf{x}^\top \Sigma^{-1} \mathbf{x} - \frac{p}{2}\log(2\pi) - \frac{1}{2}\log|\Sigma| - \log f(\mathbf{x})$，与 $c$ 无关。从公式（4.56）可以看出，对任意一个样本进行分类，需要每个类的先验概率、高斯分布参数 $\mu_c$ 和 $\Sigma_c$。这些参数可以从训练集中进行参数估计得到。根据 §2.2.9 给出的高斯分布的极大似然估计公式[1]，我们有

$$
\begin{aligned}
\mathbb{P}(y = c) &= \frac{n_c}{n}, \ c = 1, 2, \cdots, C \\
\mu_c &= \sum_{y_i = c} \frac{\mathbf{x}_i}{n_c}, \ c = 1, 2, \cdots, C \\
\Sigma &= \sum_{c=1}^{C} \sum_{y_i = c} \frac{(\mathbf{x}_i - \mu_c)(\mathbf{x}_i - \mu_c)^\top}{n}
\end{aligned}
\tag{4.57}
$$

其中 $n_c$ 是类别为 $c$ 的样本数量，$n = \sum_{c=1}^{C} n_c$。从数据中计算得到 $\mu_c$ 与 $\Sigma$ 后，对于一个新的样本 $\mathbf{x}$，我们就可以将它们代入公式（4.55）或者计算 $\arg\max_c g_c(\mathbf{x})$ 来将样本 $\mathbf{x}$ 进行分类。可以发现，需要训练的参数共有 $[(p+1)C + p^2]$ 个。

### 4.4.3 二次判别分析

线性判别分析假设不同类别所服从的高斯分布具有相同的协方差，然而对于更复杂的数据，协方差的相等性假设不一定成立。为了对线性判别分析进行改进，二次判别分析假设每个类别对应高斯分布的协方差不相同。同理于公式（4.56），将类别 $c$ 对应高斯分布的概率密度函数（4.48）代入为 $f(\mathbf{x} \mid y = c)$，二次判别分析的判别函数为

$$
\begin{aligned}
g_c(\mathbf{x}) &= \log f(\mathbf{x} \mid y = c) + \log \mathbb{P}(y = c) \\
&= -\frac{1}{2}\log|\Sigma_c| - \frac{1}{2}(\mathbf{x} - \mu_c)^\top \Sigma_c^{-1}(\mathbf{x} - \mu_c) + \log \mathbb{P}(y = c) + \alpha(\mathbf{x})
\end{aligned}
\tag{4.58}
$$

其中 $\mu_c$ 和 $\Sigma_c$ 分别表示类别 $c$ 所属高斯分布的均值与协方差，$\alpha(\mathbf{x}) = -\frac{p}{2}\log(2\pi) - \log f(\mathbf{x})$，与 $c$ 无关。与公式（4.56）类似，这里二次判别分析的判别函数省去了不影响分类的 $\log f(\mathbf{x})$ 以及常数项。公式（4.58）是关于 $\mathbf{x}$ 的二次函数，二次判别分析也因此而得名。与线性判别分析类似，二次判别分析中的参数同样从训练数据中进行极大似然估计得到，此时

$$
\Sigma_c = \sum_{y_i = c} \frac{(\mathbf{x}_i - \mu_c)(\mathbf{x}_i - \mu_c)^\top}{n}, \ c = 1, 2, \cdots, C
\tag{4.59}
$$

---

[1] 也可采用其他的参数估计方式。

可以看到，二次判别分析需要训练的参数有 $(p^2 + p + 1)C$ 个。对于一个新的样本 $\mathbf{x}$，二次判别分析同样通过选取最大化其判别函数的类别来进行分类。

例 4.6 我们通过一个简单的示例来理解线性与二次判别分析的差异。图4.14是线性判别分析和二次判别分析在两种不同数据分布上的预测结果。由图中可以看出，当两个分布的协方差相同时，线性判别分析和二次判别分析的分类结果没有很大差异。但是当协方差矩阵不同时，这两种方法的分类边界明显不同。而且此时线性判别分析已经不能很好地划分两类数据。

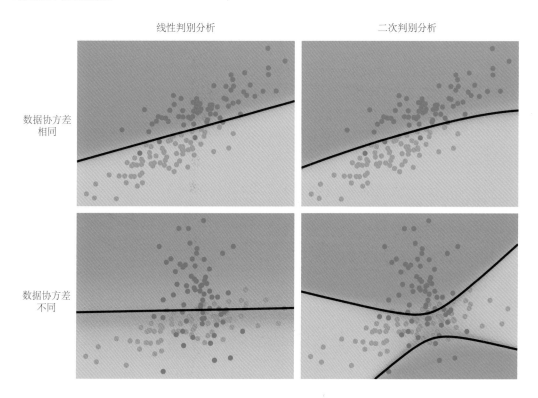

图 4.14  LDA 与 QDA 的分类差异

**高斯贝叶斯分类器总结**  本质上，线性判别分析和高斯朴素贝叶斯分类器都是二次判别分析的特例。在二次判别分析中，当假设不同类别对应高斯分布的协方差相同时，二次判别分析就等价于线性判别分析；当假设协方差是一个对角矩阵时，二次判别分析等价于高斯朴素贝叶斯分类器，因为此时变量的不同维度之间是相互独立的。

线性判别分析和二次判别分析是两个实践中被证明十分有效的分类模型。它们无须训练就可以利用数据计算得到闭式解参数值，十分具有吸引力。但它们同样也有缺点，当不同类别的数据分布不平衡时，即不同类别的样本数量差距很大时，利用数据预测参数的误差会比较大，应该谨慎使用这两种方法。表4.11总结了三种高斯贝叶斯分类器的特征。

表 4.11　高斯贝叶斯分类器总结

| 分类器 | 数据分布假设 | 优势 | 缺陷 |
|---|---|---|---|
| 高斯朴素贝叶斯分类器 | 特征独立<br>$\Sigma_c$ 为对角矩阵 | 简单有效 | 特征独立性不符合实际 |
| 线性判别分析 | 特征不独立<br>所有类别具有相同 $\Sigma_c$ | 分布假设符合实际 | 受到数据平衡的影响 |
| 二次判别分析 | 特征不独立<br>每个类别具有不同 $\Sigma_c$ | | |

≫ 习题 ≪

习题 4.9　对于二分类问题,给定训练集 $\mathcal{D} = \{(\mathbf{x}^{(i)}, y_i) \,|\, i = 1, 2, \cdots, n\}$,样本类别 $y_i \in \{0, 1\}$。

(1) 如果根据线性判别分析的方法对样本进行分类,请写出 $\mathbb{P}(y_i = 1 | \mathbf{x}^{(i)})$ 的表达式。

(2) 如果根据逻辑回归的方法对样本进行分类,请写出 (1) 中后验概率的表达式。

(3) 根据 (1)(2) 题的结果,请证明两种方法对应的对数几率的形式都是 $\mathbf{w}^\top \mathbf{x} + b$。

(4) 根据前面几题的结果,请比较线性判别分析与逻辑回归的异同。

习题 4.10　**离群点**。对于二分类问题,训练集 $\mathcal{D} = \{(\mathbf{x}^{(i)}, y_i) \,|\, i = 1, 2, \cdots, n\}$,其中样本特征 $\mathbf{x}^{(i)} \in \mathbb{R}^2$,样本类别 $y_i \in \{+1, -1\}$。

现在给定具体的训练数据集 $n = 8$,其中类别为 $+1$ 的样本点有 $(1, 2), (1, 0.5), (2, 2), (-0.5, 2.5)$,类别为 $-1$ 的样本点为 $(4, 4), (6, 4), (5, 5), (2, 6)$。

(1) 若利用二次判别分析进行分类,请写出两类的判别函数,并使用训练集中样本点测试分类效果。

(2) 若给类别为 $-1$ 的样本中加入一点 $(100, 0)$,请写出新的判别函数,并使用训练集中样本点测试新的判别函数的分类效果。

# 4.5 逻辑回归

上一节讲述了生成模型的经典模型，本节将介绍一些概率判别模型。如果想要从概率的角度解决分类问题，常用的一种做法是对 $\mathbb{P}(y \mid \mathbf{x})$ 建模、计算，选择最大的后验概率所对应的类作为分类问题的输出结果，**逻辑回归（logistic regression）** 模型正是从这样的想法之中所诞生的。

逻辑回归是一种使用**逻辑函数（logistic function）** 的回归模型，由于其特性，常用于分类问题，所以逻辑回归模型属于分类模型的一种。逻辑回归是一种对 $\mathbb{P}(y \mid \mathbf{x})$ 直接进行建模的模型，因此它属于概率判别模型。

首先大致了解一下逻辑回归模型的内容：

- **模型表示**：逻辑回归模型的输出为 $\mathbb{P}(y \mid \mathbf{x}) = \frac{1}{1+e^{-\mathbf{w}^\top \mathbf{x}}}$。
- **损失函数**：学习参数 $\mathbf{w}$ 时，本书使用了极大似然估计法，损失函数为负对数似然函数 $\mathcal{L}(\mathbf{w}) = -\ell(\mathbf{w}) = \sum_{i=1}^{n} [y_i(\mathbf{w}^\top \mathbf{x}_i) - \log(1 + e^{\mathbf{w}^\top \mathbf{x}_i})]$。
- **训练方式**：对于逻辑回归模型，通常使用梯度下降法或牛顿法进行参数 $\mathbf{w}$ 的优化。
- **派生模型**：逻辑回归的著名派生模型之一为**多类逻辑回归模型**。

在介绍逻辑回归模型前，先为大家介绍几个概念。

## 4.5.1 概率与逻辑函数

在 §2.2 一节中已经介绍，概率值一定位于 $[0,1]$ 的实数区间内。虽然对于人来说，概率是一个非常简单易懂的概念，但在计算机程序中，概率值通常使用浮点数表示，这可能会导致指数衰减[1]、算数下溢等棘手的问题。更重要的是，想要将线性回归模型用于分类问题，会面临线性回归模型的输出的值域为实数集 $\mathbb{R}$ 的事实，这与概率的值域 $[0,1]$ 不匹配。我们希望能够找到一种构造映射的方法使得每个实数值与一个概率值一一对应，并且实数值最好能保留概率的值越大事件越容易发生的性质。数学上，$[0,1]$ 与 $\mathbb{R}$ 是等势的[2]，因此可以构造从 $[0,1]$ 到 $\mathbb{R}$ 的双射。下面介绍一种最常用的构造方法：**几率**。

> **定义 4.9 几率**
>
> **几率（odds，又称"发生比"）** 指示了一个事件 $A$ 发生概率 $p$ 与不发生概率 $1-p$ 之间的比。
>
> $$o_A = \frac{p}{1-p} \tag{4.60}$$

注意到几率的值域为非负实数，并且几率越大，其发生概率越大，这一性质得到保留。进一步，可以用对数函数将非负实数单调映射到整个实数集中，便于使用线性回归模型进行处理，logit 函数由此产生。

---

[1]指数衰减：某个量以和它的值成比例的速率下降，称之为服从指数衰减。

[2]如果两个集合间存在一一对应关系（或双射），那么它们是**等势的**。

---

**定义 4.10 logit 函数**

**logit 函数 (又称对数几率)** 由几率取对数得到:

$$\text{logit}(p) = \log \frac{p}{1-p} \tag{4.61}$$

---

logit 函数的意义是将一个概率值 $p$ 单调映射到整个实数集上, 便于进一步操作。

介绍了几率和对数几率之后, 回到分类问题本身, 本书将用回归的思路来求解分类问题。前面提到, 使概率最大的预测值 $y$ 既可以作为模型的预测结果, 又可以通过对数几率函数将概率映射到实数集上, 这意味着分类模型输出的值域可以通过此种方式映射到回归模型输出的值域, 反之亦然。自然可以将分类问题转化为一个回归问题。结合之前所学的回归问题的相关知识, 此处使用最简单的线性回归模型, 考虑条件概率 $\mathbb{P}(y_i = y \mid \mathbf{x}_i)$ 的对数几率满足

$$\log \frac{\mathbb{P}(y_i = y \mid \mathbf{x}_i)}{1 - \mathbb{P}(y_i = y \mid \mathbf{x}_i)} = \mathbf{w}^\top \mathbf{x}_i \tag{4.62}$$

解出 $\mathbb{P}(y_i = y \mid \mathbf{x}_i)$:

$$\mathbb{P}(y_i = y \mid \mathbf{x}_i) = \frac{1}{1 + \mathrm{e}^{-\mathbf{w}^\top \mathbf{x}_i}}$$

此处设 $z = \mathbf{w}^\top \mathbf{x}_i$, 则有:

$$\mathbb{P}(y_i = y \mid \mathbf{x}) = g(z) = \frac{1}{1 + \mathrm{e}^{-z}}$$

至此, 已经推导出逻辑函数的定义。

---

**定义 4.11 逻辑函数**

$$g(z) = \frac{1}{1 + \mathrm{e}^{-z}} \tag{4.63}$$

称公式 (4.63) 为逻辑函数。

---

在接下来的内容中, 还将对该函数进行详细的介绍。

对于二分类问题, 假设两类的标签 $y$ 分别为 0,1, 则可以写为

$$\begin{aligned} \mathbb{P}(y_i = 1 \mid \mathbf{x}_i) &= \frac{1}{1 + \mathrm{e}^{-\mathbf{w}^\top \mathbf{x}_i}} \\ \mathbb{P}(y_i = 0 \mid \mathbf{x}_i) &= 1 - \mathbb{P}(y_i = 1 \mid \mathbf{x}_i) \end{aligned} \tag{4.64}$$

至此, 可以获得逻辑回归模型的定义:

---

**定义 4.12 逻辑回归**

逻辑回归是一种使用逻辑函数对二分类问题进行建模的模型。

---

通过公式 (4.64) 可以看出, 逻辑回归模型是对 $\mathbb{P}(y \mid x)$ 直接进行建模的模型, 所以根据 §4.1 中生成模型和判别模型的定义, 逻辑回归模型是判别模型。下面将对二分类问题中的逻辑回归作更细致的介绍。

### 4.5.2 二分类问题中的逻辑回归

下面将详细解释一下二分类问题中的逻辑回归。之前介绍过,对于二分类问题,一个分类器的目标就是找到一个超平面来将两类数据点分开。图4.15展示了二维空间中的一个二分类问题。

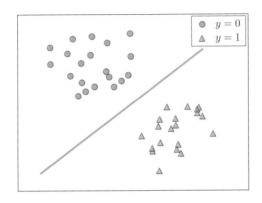

**图 4.15** 二维空间中的二分类问题

假设有样本 $\mathbf{x} \in \mathbb{R}^p$,样本对应的类别标签为 $y \in \{0,1\}$。可以把决策边界表示为 $\mathbf{w}^\top \mathbf{x} = 0$。如果此模型对一个样本的预测值 $\hat{y} = h(\mathbf{x}) = \mathbf{w}^\top \mathbf{x} > 0$,那么这个样本就会被分类为 1,否则会被分类为 0。但在一些情况下需要知道一个样本有多大的概率会被分为类别 1 或者类别 0。这在一些用概率来指导决策的问题中是非常重要的需求。为了满足这样的要求,不再只关注 $y$ 和 $\mathbf{x}$ 的关系,而是考虑 $\mathbb{P}(y = 1 \mid \mathbf{x})$ 与 $\mathbf{x}$ 的关系 [因为是二分类问题,所以有 $\mathbb{P}(y = 1 \mid \mathbf{x}) + \mathbb{P}(y = 0 \mid \mathbf{x}) = 1$,因此只需要关注其中一类的概率即可 )]。

由于仍然需要找到线性的决策边界,故可以沿用之前的决策边界定义来计算 $\mathbb{P}(y = 1 \mid \mathbf{x})$,得到

$$\mathbb{P}(y = 1 \mid \mathbf{x}) = g(\mathbf{w}^\top \mathbf{x}) = \mathbf{w}^\top \mathbf{x} \tag{4.65}$$

这里定义 $g(z) = z$ 并且 $z = \mathbf{w}^\top \mathbf{x}$。但是该线性函数的值域是整个实数域,这不满足概率值属于 $[0,1]$ 的要求。所以需要修改一下 $g(z)$ 的定义来将 $\mathbf{w}^\top \mathbf{x}$ 映射到需要的范围内。最简单的一种 $g(z)$ 是阶跃函数

$$g(z) = \begin{cases} 0, & z < 0 \\ 0.5, & z = 0 \\ 1, & z > 0 \end{cases} \tag{4.66}$$

但是阶跃函数并不是处处可导的函数,这就为后续的计算与优化带来了麻烦。所以在该问题中,本书选择的是**逻辑函数**:

$$g(z) = \frac{1}{1 + \mathrm{e}^{-z}}$$

图4.16是 **sigmoid 函数**的图像，逻辑函数是 sigmoid 函数的一种[1]，其中的三条线分别代表公式（4.63）中 $x$ 为标量的情况下，$z = x$、$z = 2x$ 和 $z = x - 1$ 时逻辑函数的图像。可以看出，这样的定义除了使得优化问题可导，还有一个好处就是事件"分类为类别 1"的对数几率恰好就是样本点的线性映射：

$$\log \frac{\mathbb{P}(y = 1 \mid \mathbf{x})}{1 - \mathbb{P}(y = 1 \mid \mathbf{x})} = \mathbf{w}^\top \mathbf{x} \tag{4.67}$$

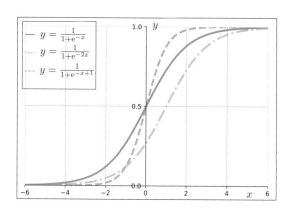

**图 4.16** sigmoid 函数

对比公式（4.64）和公式（4.67），可以看到逻辑回归是在用线性回归的预测值 $\mathbf{w}^\top \mathbf{x}$ 来拟合分类的对数几率。

最后来看一看逻辑回归模型所获得的决策边界。对于逻辑回归模型，其决策边界上的数据点 $\mathbf{x}$ 被分为类 $y = 1$ 和类 $y = 0$ 的概率同为 0.5，根据公式（4.67），可以获得决策边界的表达式 $\log \frac{0.5}{1-0.5} = \mathbf{w}^\top \mathbf{x}$，即

$$\mathbf{w}^\top \mathbf{x} = 0 \tag{4.68}$$

是逻辑回归模型获得的决策边界，可以看出，该决策边界是一个**线性决策边界**。

### 4.5.3 多类逻辑回归

本节已经介绍了二分类问题中的逻辑回归。在多分类问题中，可以类比逻辑回归，通过对 $\mathbb{P}(C = c_i \mid \mathbf{x})$ 进行建模的方式解决问题。用 $\mathbf{w}_i$ 表示类 $c_i$ 对应的模型的参数，考虑采用的建模的方式与逻辑回归相同，为

$$\mathbb{P}(C = c_i \mid \mathbf{x}) = g(z_i) = \frac{1}{1 + \mathrm{e}^{-\mathbf{w}_i^\top \mathbf{x}}}$$

其中 $z_i = \mathbf{w}_i^\top \mathbf{x}$，随后取 $\hat{c} = \arg\max_c \mathbb{P}(C = c_i \mid \mathbf{x})$ 作为模型的输出，这时会发现一个问题，那就是对于任意样本点 $\mathbf{x}_i$，不能保证其属于每个类的概率的和 $\sum_c \mathbb{P}(C = c \mid \mathbf{x})$ 等于 1。换言之，这种建模方式所获得的结果没有进行归一化，所获得的模型的中间结果 $g(z_i)$ 不满足 §2.2中概率定义的规范性，其不能被称作"概率"。因此需要换一种方法进

---

[1]sigmoid 函数是一类图像具有"S"形曲线的函数，常见的有逻辑函数、双曲正弦函数和反正切函数等。

行建模，使中间结果符合概率的定义。因为中间结果不符合规范性，故希望在建模的过程中将其规范化。一种建模方式是在建模过程中加入规范化因子 $\tau$，使得

$$\mathbb{P}(C = c_i \mid \mathbf{x}) = \frac{1}{\tau}e^{\mathbf{w}_i^\top \mathbf{x}} \tag{4.69}$$

此处的目标是令 $\sum\limits_c \mathbb{P}(C = c \mid \mathbf{x})$ 等于 1，对每个类别分别计算 $\mathbb{P}(C = c_i \mid \mathbf{x})$ 后进行求和运算，可以发现，规范化因子 $\tau = \sum\limits_{i=1}^{p} e^{\mathbf{w}_i^\top \mathbf{x}}$，其中 $p$ 为多分类问题中类别的数量。更换建模方式所得到的模型的中间结果为

$$g(z_i) = \mathbb{P}(C = c_i \mid \mathbf{x}) = \frac{e^{\mathbf{w}_i^\top \mathbf{x}}}{\sum\limits_{i=1}^{p} e^{\mathbf{w}_i^\top \mathbf{x}}}$$

这一中间结果完全满足了概率的定义，使模型的可解释性更强。

可以用一个函数 $\sigma$ 来表示上文的建模过程：

$$\sigma(\mathbf{z})_j = \frac{e^{z_j}}{\sum\limits_{k=1}^{p} e^{z_k}}, \quad j = 1, 2, \cdots, p \tag{4.70}$$

其中 $\mathbf{z} = [z_1, z_2, \cdots, z_p], \mathbf{z} \in \mathbb{R}^P$，称公式（4.70）所定义的函数 $\sigma(\cdot)$ 为 **softmax 函数**。在 §4.8 一节中，将会介绍该函数在神经网络中的使用。

之前所介绍的 softmax 函数是解决多分类问题的手段之一。此外，还可以通过另一种思路解决多分类问题。此处假设有三个类别 $(A, B, C)$，逻辑回归采用一种一对多的分类方法，即每次把其中一个类别作为正类，而剩下的所有类别作为负类，然后对所有情况都划分出一个分类平面。比如第一次将 $A$ 作为正类，把 $B$ 和 $C$ 作为负类，那么这时找到的分类平面可以判断一个样本是否属于类别 $A$；第二次将 $B$ 作为正类，$A$ 和 $C$ 作为负类。依此类推，最后通过比较三个模型的输出进行分类。这一类的分类方法被称作**一对多（One-Vs-Rest，简称 OVR）**，这种针对多分类问题的逻辑回归分类模型被称作**一对多逻辑回归（one-vs-rest logistic regression）**或 OVR 逻辑回归。

再换一种思路，可以把多分类问题转化成多个二分类问题，再解决这些二分类问题得到多分类问题的结果，可以每次选取两个类别对应的样本点，训练一个二分类模型。仍然以之前假设的三个类别的分类问题为例，可以训练三个分类器：$A$ 与 $B$ 的分类器、$B$ 与 $C$ 的分类器、$A$ 与 $C$ 的分类器，根据三个模型的输出，使用在 §4.2.3.1 所介绍的**多数表决法**获得最终的输出结果。这一类的分类方法被称为**一对一（One-Vs-One，简称 OVO）**，采用这种分类方法的逻辑回归分类模型被称作**一对一逻辑回归（one-vs-one logistic regression）**或 OVO 逻辑回归。

### 4.5.4 逻辑回归的求解

现在，大家已经对逻辑函数和逻辑回归模型有了初步的了解。下面为大家讲解逻辑回归模型中的参数是如何优化的，即逻辑回归是如何求解的。

在 §2.2 一节中介绍了极大似然估计法。现在，用极大似然估计法的视角来看一看逻

辑回归模型参数 $\mathbf{w}$ 的求解过程。

为了简化符号，令 $\mathbb{P}(\mathbf{x}) = \mathbb{P}(y = 1 \mid \mathbf{x})$，则 $1 - \mathbb{P}(\mathbf{x}) = \mathbb{P}(y = 0 \mid \mathbf{x})$。假设有数据集 $\mathcal{D} = \{(\mathbf{x}_1, y_1), \cdots, (\mathbf{x}_i, y_i), (\mathbf{x}_n, y_n)\}$，其中 $\mathbf{x}_i \in \mathbb{R}^p$，$y_i \in \{0, 1\}$ 且 $i = 1, 2, \cdots, n$，则似然函数为

$$L(\mathbf{w}) = \prod_{i=1}^{n} [\mathbb{P}(\mathbf{x}_i)]^{y_i} [1 - \mathbb{P}(\mathbf{x}_i)]^{1 - y_i} \tag{4.71}$$

选择把 $y_i$ 作为指数是因为正好 $y_i \in \{0, 1\}$。取对数得到对数似然函数为

$$\begin{aligned}
\log L(\mathbf{w}) &= \sum_{i=1}^{n} [y_i \log \mathbb{P}(\mathbf{x}_i) + (1 - y_i) \log (1 - \mathbb{P}(\mathbf{x}_i))] \\
&= \sum_{i=1}^{n} [y_i \log \frac{\mathbb{P}(\mathbf{x}_i)}{1 - \mathbb{P}(\mathbf{x}_i)} + \log (1 - \mathbb{P}(\mathbf{x}_i))] \\
&= \sum_{i=1}^{n} [y_i (\mathbf{w}^\top \mathbf{x}_i) - \log(1 + e^{\mathbf{w}^\top \mathbf{x}_i})]
\end{aligned} \tag{4.72}$$

我们的目标是最大化对数似然函数（4.72）。根据"最小化损失函数"的思路，可以将公式（4.72）取相反数作为逻辑回归问题的损失函数：

$$\mathcal{L}(\mathbf{w}) = -\log L(\mathbf{w}) \tag{4.73}$$

该问题有很多种方法求解，先为大家介绍梯度下降法，该方法也曾在线性回归中被介绍。

对于参数 $\mathbf{w}$，可以求出 $\mathcal{L}(\mathbf{w})$ 关于它的梯度：

$$\nabla_{\mathbf{w}} \mathcal{L}(\mathbf{w}) = \frac{\partial \mathcal{L}(\mathbf{w})}{\partial \mathbf{w}} = -\sum_{i=1}^{n} [y_i - \frac{1}{1 + e^{-\mathbf{w}^\top \mathbf{x}_i}}] \mathbf{x}_i \tag{4.74}$$

所以可以迭代更新 $\mathbf{w}$：

$$\mathbf{w}^{t+1} = \mathbf{w}^t + \eta \cdot \sum_{i=1}^{n} [y_i - \frac{1}{1 + e^{-(\mathbf{w}^t)^\top \mathbf{x}_i}}] \mathbf{x}_i \tag{4.75}$$

其中 $\eta$ 表示学习速率。下面将给出用梯度下降法优化逻辑回归模型的伪代码。

---

**算法 4.2 梯度下降法求解逻辑回归**

**1 输入**：样本矩阵 $\mathbf{X} \in \mathbb{R}^{n \times p}$，样本对应的标签 $\mathbf{y} \in \mathbb{R}^n$，最大迭代次数 $T$ 和学习率 $\eta > 0$。随机初始化系数向量 $\mathbf{w}^0$；

**2 for** $t \leftarrow 1$ *to* $T$ **do**

**3** $\quad \bigg|\quad \mathbf{w}^t = \mathbf{w}^{t-1} + \eta \cdot \sum_{i=1}^{n} [y_i - \frac{1}{1 + e^{-(\mathbf{w}^t)^\top \mathbf{x}_i}}] \mathbf{x}_i$

**4 end**

**5 输出**：预测系数 $\mathbf{w}$。

---

除了梯度下降法，在 §3.2.6 为大家介绍的牛顿法也可以用来最大化逻辑回归的对数

似然函数。将逻辑回归模型的输出表示为

$$h(\mathbf{x}) = \mathbb{P}(y = 1 \mid \mathbf{x}) = \frac{1}{1 + e^{-\mathbf{w}^\top \mathbf{x}}}$$

使用牛顿法进行参数的优化时，需要对参数 $\mathbf{w}$ 求目标函数 $\mathcal{L}(\mathbf{w})$ 的二阶导数，获得 Hessian 矩阵 $\mathbf{H} = \nabla^2 \mathcal{L}(\mathbf{w})$，其中

$$\begin{aligned} H_{kr} &= \frac{\partial \mathcal{L}}{\partial w_k \partial w_r} \\ &= \sum_{i=1}^{n} x_{ik} h(\mathbf{x}_i)(1 - h(\mathbf{x}_i)) x_{ir} \end{aligned} \tag{4.76}$$

将上述 Hessian 矩阵以及目标函数的梯度 $\nabla_{\mathbf{w}} \mathcal{L}(\mathbf{w})$ 代入凸优化一节中的算法2.2即可得到牛顿法求解逻辑回归的算法。

**逻辑回归总结**　逻辑回归有如下的**优点**：

1. 逻辑回归**模型简单**。逻辑回归作为一种**判别模型**，通过直接对 $\mathbb{P}(y \mid x)$ 建模，利用逻辑函数来计算样本被分为某一类的概率，简单易实现。

2. 逻辑回归可以使用**牛顿法**进行求解。可以利用牛顿法替代常用的梯度下降法，从而**减少参数更新迭代次数**，**加快参数更新速度**。

同时，它也有如下的**缺点**：

1. 逻辑回归利用了线性回归的预测值来拟合分类的对数几率，模型较简单，若不考虑正则化问题，易造成**过拟合**现象，模型表现不佳。

2. 逻辑回归只能学习到**线性决策**的模式，因此对于被非线性决策边界才能分隔的数据集，逻辑回归模型的效果较差[1]。

---

[1]在现实生活中，数据集常常无法被线性决策边界分隔，对于这一现象，将在 §4.7.2.3 一节介绍。

☙ 习题 ❧

**习题 4.11** 给出如下图所示的训练样本特征空间：

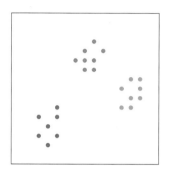

其中每一个点代表一个训练样本。

(1) 请画出分别使用一对多逻辑回归与一对一逻辑回归把以上样本点分为 3 类的决策边界。

(2) 从 (1) 的结果可以看到决策边界将样本特征空间分成了几个区域，我们把无法分类的区域称为"模糊区域"，请比较 (1) 中两种方法对应的"模糊区域"的大小。

**习题 4.12** 我们定义了逻辑回归问题的损失函数为对数似然函数的相反数：

$$\mathcal{L}(\mathbf{w}) = -\ln L(\mathbf{w})$$
$$= -\sum_{i=1}^{n}[y_i(\mathbf{w}^\top \mathbf{x}^{(i)}) - \ln(1 + e^{\mathbf{w}^\top \mathbf{x}^{(i)}})] \tag{4.77}$$

请证明该损失函数是凸的。

**习题 4.13** **逻辑回归与交叉熵**。对于两个概率密度 $p(x)$、$q(x)$，$p(x)$ 相对于 $q(x)$ 的交叉熵定义为

$$H(p, q) = \mathbb{E}_{x \sim p(x)}[-\ln q(x)]$$

尝试用交叉熵解释逻辑回归问题的损失函数：

$$\mathcal{L}(\mathbf{w}) = -\sum_{i=1}^{n}[y_i \ln \mathbb{P}(\mathbf{x}^{(i)}; \mathbf{w}) + (1 - y_i) \ln(1 - \mathbb{P}(\mathbf{x}^{(i)}; \mathbf{w}))]$$

**习题 4.14** **使用牛顿法优化逻辑回归**。求损失函数（4.77）的梯度可得

$$\nabla_{\mathbf{w}} \mathcal{L}(\mathbf{w}) = -\sum_{i=1}^{n}[y_i - \frac{1}{1 + e^{-\mathbf{w}^\top \mathbf{x}^{(i)}}}]\mathbf{x}^{(i)}$$

(1) 求 $\frac{\partial^2}{\partial w_j \partial w_k}\mathcal{L}(\mathbf{w})$。

(2) 以向量形式写出使用牛顿法优化逻辑回归的更新迭代式。

# 4.6 感知机

上一节介绍的逻辑回归是一种直接对后验概率 $\mathbb{P}(y \mid \mathbf{x})$ 进行建模的判别模型。对于每个样本，逻辑回归会输出样本对应每个类别的后验概率，然后通过概率的相对大小来对样本进行分类。然而在很多工程应用中，分类模型的使用者并不关心类别的后验概率，只希望通过决策边界直接得到最后的结果。因此，在 20 世纪 50 年代后期一种应用于工程界的分类模型——**感知机**（**perceptron**）[11] 应运而生。

感知机模型的主要内容可分为以下几点：

- **模型表示：** 感知机模型的输出为 $h(\mathbf{x}; \mathbf{w}, b) = \text{sign}(\mathbf{w}^\top \mathbf{x} + b)$。
- **损失函数：** 感知机模型的损失函数基于所有误分类点到分类超平面的距离之和设计，其形式为 $\mathcal{L}(\mathbf{w}, b) = \frac{-1}{\|\mathbf{w}\|_2} \sum\limits_{(\mathbf{x}_i, y_i) \in \mathcal{M}} y_i(\mathbf{w}^\top \mathbf{x}_i + b)$。
- **训练方法：** 感知机模型主要使用梯度下降法进行参数优化。

感知机是一类二分类模型的总称。对于一个样本，感知机先通过线性变换将样本映射到一个实数值，然后通过这个实数值的正负形来对样本进行分类。具体来说，给定一个样本 $\mathbf{x}$ 和参数 $\mathbf{w}, b$，感知机通过分类函数

$$h(\mathbf{x}; \mathbf{w}, b) = \text{sign}(\mathbf{w}^\top \mathbf{x} + b) = \begin{cases} 1, & \mathbf{w}^\top \mathbf{x} + b \geqslant 0 \\ -1, & \mathbf{w}^\top \mathbf{x} + b < 0 \end{cases} \tag{4.78}$$

把样本 $\mathbf{x}$ 划分到 1 与 $-1$ 这两个类别中[1]。从几何的角度来看，感知机决策函数公式（4.78）是根据点 $\mathbf{x}$ 与超平面 $\mathbf{w}^\top \mathbf{x} + b = 0$ 在空间中的相对位置来分类的。这样一来，类别 1 与类别 $-1$ 的样本会分布在超平面的两侧。与逻辑回归不同，感知机采用线性函数 $\mathbf{w}^\top \mathbf{x} + b$ 来完成分类，所以感知机是一种线性分类器。

**感知机学习算法** 感知机通过有监督学习的方法预测权重 $\mathbf{w}, b$。理想情况下的感知机模型应该能够完美分类所有数据样本点。因此首先可以从最小化误分类点出发来设计感知机的损失函数。具体来说，对于 $n$ 个样本 $(\mathbf{x}_1, y_1), (\mathbf{x}_2, y_2), \cdots, (\mathbf{x}_n, y_n)$，感知机的损失函数可以为

$$\mathcal{L}(\mathbf{w}, b) = \sum_{i=1}^{n} \mathbb{1}(y_i \neq h(\mathbf{x}_i; \mathbf{w}, b)) \tag{4.79}$$

其中当 $y_i \neq h(\mathbf{x}_i; \mathbf{w}, b)$，即模型预测类别与数据真实类别标签不同时，指示函数 $\mathbb{1}(y_i \neq h(\mathbf{x}_i; \mathbf{w}, b)) = 1$；否则指示函数为 0。虽然表示误分类点个数的损失函数（4.79）可以满足最小化分类误差的要求，但它是一个不连续可导的分段常数函数，难以优化求解。

现在广泛使用的感知机采用了另一种方便进行优化的损失函数，把误分类点到分类超平面之间的总距离作为模型分类误差。具体来讲，对于一个误分类点 $\mathbf{x}_i$，它到超平面

---

[1]为了方便证明与理解，感知机里通常把二分类中的两个类别定义为 1 和 $-1$。在实际应用中，类别标签并不局限于这两个数字。但是不失一般性，总可以将两个样本标签记为 1 和 $-1$。

$\mathbf{w}^\top\mathbf{x}+b=0$ 的距离可以参考解析几何中点到平面的距离公式，即

$$\frac{|\mathbf{w}^\top\mathbf{x}_i+b|}{\|\mathbf{w}\|_2} \tag{4.80}$$

那么假设所有误分类的样本数据以及其真实类别标签所组成的集合为 $\mathcal{M}$，对于每一个误分类样本 $(\mathbf{x}_i, y_i) \in \mathcal{M}$ 来说，有

$$y_i \neq (\mathbf{w}^\top\mathbf{x}_i+b) \ 即 \ -y_i(\mathbf{w}^\top\mathbf{x}_i+b) > 0 \tag{4.81}$$

这是因为类别标签只有 1 与 −1 两种，一个误分类点的预测类别标签和真实类别标签的符号一定相反。这样一来，误分类点 $(\mathbf{x}_i, y_i)$ 到平面的距离可以表示为

$$\frac{-y_i(\mathbf{w}^\top\mathbf{x}_i+b)}{\|\mathbf{w}\|_2} \tag{4.82}$$

感知机把所有误分类点到分类平面的距离之和作为损失函数，即

$$\mathcal{L}(\mathbf{w},b) = \frac{-1}{\|\mathbf{w}\|_2}\sum_{(\mathbf{x}_i,y_i)\in\mathcal{M}} y_i(\mathbf{w}^\top\mathbf{x}_i+b) \tag{4.83}$$

其中"距离"也被称为间隔，其具体概念本书会在后续介绍具体模型时进行进一步详解。显然，损失函数（4.83）是可导的。这个可导的损失函数称为感知机准则函数。

和其他有监督学习模型相同，感知机需要最小化分类误差，即通过

$$\widehat{\mathbf{w}},\widehat{b} = \arg\min_{\mathbf{w},b} \frac{-1}{\|\mathbf{w}\|_2}\sum_{(\mathbf{x}_i,y_i)\in\mathcal{M}} y_i(\mathbf{w}^\top\mathbf{x}_i+b) \tag{4.84}$$

来学习模型参数 $\mathbf{w}, b$。不失一般性，可以对 $\|\mathbf{w}\|_2$ 添加一个约束条件，这样感知机只需要考虑

$$\widehat{\mathbf{w}},\widehat{b} = \arg\min_{\mathbf{w},b} \ -\sum_{(\mathbf{x}_i,y_i)\in\mathcal{M}} y_i(\mathbf{w}^\top\mathbf{x}_i+b)$$
$$\text{s.t.} \quad \|\mathbf{w}\|_2 = 1 \tag{4.85}$$

由于感知机准则函数可导，感知机一般使用梯度下降法来求解优化问题（4.85）。对于误分类点集合 $\mathcal{M}$，有

$$\nabla_\mathbf{w}\mathcal{L} = -\sum_{(\mathbf{x}_i,y_i)\in\mathcal{M}} y_i\mathbf{x}_i$$
$$\nabla_b\mathcal{L} = -\sum_{(\mathbf{x}_i,y_i)\in\mathcal{M}} y_i \tag{4.86}$$

将其代入梯度下降的更新公式就可以求解得到感知机模型参数。同理也可以使用随机梯度下降或其他优化方法来求解。上述整个利用优化求解方法被称为感知机学习算法。

**感知机的缺点** 感知机**模型简单**、**易于训练**，但也有一些不可忽视的缺点。首先，感知机的一个主要缺点是**多个最优解问题**。由于感知机准则函数（4.83）只关心误分类点，只要感知机能够正确分类训练集中所有的样本时，损失函数就为 0。对于线性可分数据，通常情况下，有无数个超平面能够正确分类所有的训练样本，其中每一个超平面对于感知机准则都没有差别，如图4.17所示的情况。然而，一个超平面能正确分类所有的训练数

据，不代表其在测试数据上也有好的**泛化能力**。因此并不是所有的超平面都是模型需要的。例如在图4.17（c）中，被红色圆圈圈起来的点为一个新输入的实例点，用红色超平面来预测这个点时会判断其属于蓝色类，这就体现出这一超平面的泛化能力较差。相比之下，绿色超平面离两类数据点都有着一定的距离，这一超平面的泛化能力可能比其他超平面更好，是一个更优的超平面。因此，在分类问题中最优分类超平面的选择成为了模型的关键。基于此，研究者提出了寻找最优超平面的支持向量机算法（下一节会详细介绍）。

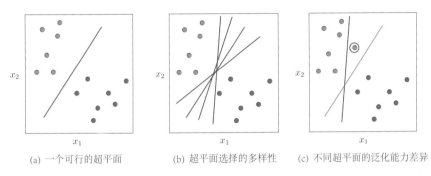

(a) 一个可行的超平面　　　(b) 超平面选择的多样性　　　(c) 不同超平面的泛化能力差异

图 4.17　超平面选择的多样性示意图

感知机的另一个缺点是**只适用于线性可分的数据**[1]。从感知机的假设函数（4.78）可以看出，感知机本质上是一个线性分类器。一个线性分类器只能根据样本特征的加权和来判断样本的类别，得到的分类边界是一个超平面，本质上无法学习到非线性的模式，如图4.18所示。但相比于逻辑回归等线性分类器，感知机对线性可分的要求更加严格。尽管逻辑回归等分类器也是线性分类器，它在线性不可分的情况下也可以收敛，得到一个尽可能好的结果。而从式（4.86）可以看出，只要存在着误分类点，感知机学习算法就总要进行迭代。对于线性不可分数据，感知机永远无法正确分类所有的点，因此，感知机学习算法在线性不可分数据上是不收敛的。为了使感知机能够有效分类线性不可分数据，人们提出了多层感知机，也就是最基础的神经网络。这部分内容将在§4.8中介绍。

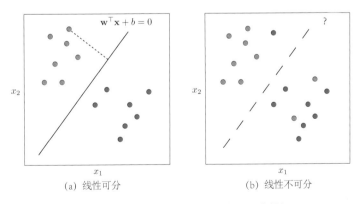

(a) 线性可分　　　　　　　(b) 线性不可分

图 4.18　感知机无法应用于线性不可分数据

---

[1]对于有两类的样本数据，如果一个分类模型可以用一个线性分类函数把数据中的两类样本全部正确分类，则称数据线性可分。反之，则称数据线性不可分。

## 4.7 支持向量机

上文提到，感知机简单且易于实现。感知机以最小化误分类点，或者以最小化所有误分类点与分类平面的总距离为优化目标。对于线性可分的数据集，有许多个分类平面可以满足感知机的优化目标。但是并不是所有分类平面都具有很好的泛化性。因此感知机最大的缺点在于分类平面不唯一，使得模型泛化性受到影响。为了解决这个问题，研究者考虑改变优化目标，提出了称为**支持向量机（Support Vector Machine，简称 SVM）**的分类模型。

支持向量机认为样本和分类平面之间的间隔越大，说明这个样本被正确分类的概率越大。基于这个假设，支持向量机把最大化样本与分类平面的间隔作为优化目标，找到一个正确分类样本并且和样本之间间隔最大（即样本被正确分类的概率最大）的唯一分类平面（§4.7.1）。

首先来了解一下支持向量机模型的大致内容：

- **模型表示**：支持向量机模型的输入为向量 $\mathbf{x}$，输出为分类标签 $y$，形式可表示为

$$\arg\max \quad M$$
$$\text{s.t.} \quad \mathbf{w}^\top \mathbf{x} + b \geqslant +1, \quad \mathbf{x}\text{属于} +1\text{类}$$
$$\mathbf{w}^\top \mathbf{x} + b \leqslant -1, \quad \mathbf{x}\text{属于} -1\text{类}$$

其中 $M$ 表示间隔，$\mathbf{w}$ 和 $b$ 为模型参数。

- **损失函数**：根据支持向量机具体形式的不同，损失函数可分为两类：
  - **硬间隔支持向量机**：硬间隔支持向量机使用 $\|\mathbf{w}\|^2$ 作为损失函数；
  - **软间隔支持向量机**：软间隔支持向量机使用带惩罚项的**铰链损失（hinge loss）**作为损失函数，即

$$\mathcal{L}(\mathbf{w}, b) = \max\left(0, 1 - y_i\left(\mathbf{w}^\top\mathbf{x} + b\right)\right) + \lambda\|\mathbf{w}\|^2 \tag{4.87}$$

- **训练方法**：支持向量机的优化问题为含有不等式约束的二次规划问题，因此可以使用**二次规划求解器（quadratic programming solver）**进行求解，但由于问题求解的运算复杂度相当高，因此在实际中通常将其转换为对偶问题，并使用序列最小化算法求解。

- **派生模型**：支持向量机和感知机一样，也面临着处理线性不可分数据的问题。为此，研究者针对数据的不同，提出了由简至繁的一系列支持向量机模型：
  - **硬间隔支持向量机（hard-margin support vector machine）**：对于完全线性可分的数据，§4.7.2介绍了硬间隔支持向量机，通过最大化间隔得到唯一的分类超平面。
  - **软间隔支持向量机（soft-margin support vector machine）**：在实际应用中，并不是所有数据都是完全线性可分的。在一些近似线性可分的数据上，线性分类平面可以正确分类大部分数据，但是总有少量的数据无法被正确分类。对于近

似线性可分数据,支持向量机引入了软间隔的概念,允许有少量误分类数据存在。§4.7.3将详细介绍软间隔支持向量机的优化求解过程。

- **基于核方法的非线性支持向量机**:相比于线性数据,现实数据更多是由非线性函数产生的。对于这种完全非线性的数据集,软间隔支持向量机已经无法对它们完成分类。因此,支持向量机考虑使用核方法(§4.7.5.2),利用核函数将非线性数据映射到高维空间,使得数据在高维空间线性可分[1],从而将线性分类的支持向量机推广到了非线性情况。

### 4.7.1 间隔与支持向量

在正式学习支持向量机之前,需要了解如何找到唯一的分类超平面(如图4.17中绿色的分类平面)。支持向量机认为,一个点距离分隔超平面的远近可以表示分类预测的正确程度,离分隔超平面越远其被正确分类概率越大。为了最大化分类点距离超平面的间隔,首先需要刻画间隔,这通常有两种选择:函数间隔与几何间隔。

**函数间隔与几何间隔**   在超平面 $\mathbf{w}^\top \mathbf{x} + b = 0$ 确定的情况下,$|\mathbf{w}^\top \mathbf{x} + b|$ 能够相对地表示点 $\mathbf{x}$ 距离超平面的远近。而 $\mathbf{w}^\top \mathbf{x} + b$ 的符号与类标记 $y$ 的符号是否一致能够表示分类是否正确。所以可用 $y(\mathbf{w}^\top \mathbf{x} + b)$ 来表示分类的正确性,这就是**函数间隔**(functional margin)的概念,用来表示分类预测的正确性。

---

**定义 4.13 函数间隔**

对于给定的训练数据集和超平面 $\mathbf{w}^\top \mathbf{x} + b = 0$,定义该超平面关于样本点 $(\mathbf{x}_i, y_i)$ 的函数间隔为

$$\hat{\gamma}_i = y_i(\mathbf{w}^\top \mathbf{x}_i + b) \tag{4.88}$$

---

通过观察上面的公式,可以发现只要成比例地改变 $\mathbf{w}$ 和 $b$,例如将它们改为 $2\mathbf{w}$ 和 $2b$,超平面并没有改变,但是函数间隔却变成原来的 2 倍。因此选择分隔超平面时,只有函数间隔还不够,可以对分隔超平面的法向量 $\mathbf{w}$ 加某些约束,如规范化,$\|\mathbf{w}\| = 1$,使得间隔是确定的。这时函数间隔成为**几何间隔**(geometric margin),如图4.19。

---

**定义 4.14 几何间隔**

对于给定的训练数据集和超平面 $(\mathbf{w}, b)$,定义超平面 $\mathbf{w}^\top \mathbf{x} + b$ 关于样本点 $(\mathbf{x}_i, y_i)$ 的几何间隔为

$$\gamma_i = y_i \left( \frac{\mathbf{w}^\top}{\|\mathbf{w}\|} \mathbf{x}_i + \frac{b}{\|\mathbf{w}\|} \right) \tag{4.89}$$

---

根据函数间隔与几何间隔的定义,可以得到如下关系:

$$\gamma_i = \frac{\hat{\gamma}_i}{\|\mathbf{w}\|} \tag{4.90}$$

---

[1] 一般来说,低维空间的数据在经过一些核函数映射到高维空间后会变得线性可分。§4.7.5.2将会介绍相应的理论基础。

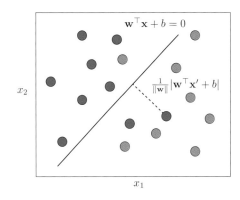

图 4.19　几何间隔示意图

根据上述关系，可以得到：（1）如果 $\|\mathbf{w}\| = 1$，那么函数间隔和几何间隔相等；（2）改变 $\mathbf{w}$ 和 $b$ 值的时候，函数间隔会成比例改变，而几何间隔不变。因此，几何间隔是刻画间隔的更佳选择。

在了解了如何刻画间隔之后，就可以引入支持向量机的两个基本概念：**支持向量**（**support vector**）与**间隔边界**（**boundary of the margin**）。

**定义 4.15 支持向量**

在线性可分的情况下，训练数据集的样本点中与分隔超平面距离最近的样本点的实例称为支持向量。♣

支持向量表示距离分隔超平面最近的点，如图4.20中虚线上的点。支持向量机的核心思想就是使得支持向量与超平面的间隔尽可能最大化，在下面的小节会具体用公式描述这种思想。

**定义 4.16 间隔边界**

间隔边界为 2 个位于分隔超平面两侧且平行的超平面，分别经过两侧的支持向量。♣

间隔边界由支持向量决定，如图4.20中的虚线，而间隔可以视作两个间隔边界之间的距离。

### 4.7.2　硬间隔支持向量机

在了解支持向量机的基本概念后，本节开始探讨寻找最优超平面的问题，即上一节末尾所提的，寻找与支持向量距离最大化的超平面。从几何角度直观来看，一个能够最大化间隔的超平面可能就是一个有着优秀泛化能力的分类边界。通过观察函数间隔与几何间隔的关系等式（4.90），可以发现函数间隔 $\gamma$ 与 $\frac{1}{\|\mathbf{w}\|}$ 成正比，因此最大化函数间隔可以转换成最小化 $\|\mathbf{w}\|$——这等同于对模型进行正则化处理，降低了模型的复杂度，因此

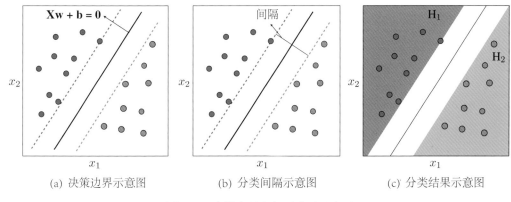

(a) 决策边界示意图　　　　(b) 分类间隔示意图　　　　(c) 分类结果示意图

图 4.20　支持向量和间隔边界示意图

提高了模型的泛化能力[1]。基于此，提出了最大化间隔分类器，此分类器又被称为硬间隔支持向量机。

### 4.7.2.1　最大化间隔分类器

正如前文所提到的，支持向量机的目标为在样本线性可分的情况下找到既分隔样本又使得间隔最大的超平面，该目标可以转化为间隔最大化问题。间隔最大化意味着对于分隔超平面最近的点也有足够大的把握将其分开，这样的超平面应对未知的新实例有着很好的分类预测能力。

本小节在之前的基础上向各位读者讲解最大化间隔分类器，即硬间隔支持向量机。假设数据都是完全线性可分的，即存在线性分隔超平面将数据完全分开，这是一种理想状态。

---

**定义 4.17 硬间隔支持向量机**

硬间隔支持向量机模型假设数据线性可分，并寻找一个最大间隔超平面，使得间隔边界之间的间隔最大。其数学形式可以表述为

$$\arg\max \quad M$$
$$\text{s.t.} \quad \mathbf{w}^\top \mathbf{x} + b \geqslant +1, \quad \mathbf{x}\,属于 +1\,类 \tag{4.91}$$
$$\mathbf{w}^\top \mathbf{x} + b \leqslant -1, \quad \mathbf{x}\,属于 -1\,类$$

其中 $M$ 代表间隔，$\mathbf{w}$ 和 $b$ 为硬间隔支持向量机的参数，$\mathbf{x}$ 为样本数据。

---

通过定义可以看到，所谓的硬间隔支持向量机就是**在数据完全线性可分的情况下最大化间隔**。因此，该优化问题即为在满足数据线性可分的约束下最大化间隔边界的间隔 $M$。注意这里关于 $\pm 1$ 的取值并不影响最优化问题的解。对参数 $\mathbf{w}$ 和 $b$ 成倍的改变可以成倍改变对应的值，这对函数目标优化没有任何影响，也就是说，可以产生一个等价的最优化问题。

---

[1] 一种严格的证明可以参考文献[12]，所需知识超出本书范围，故在此不作介绍。

**间隔的计算**　为达到支持向量机的优化目标，首先需要了解如何计算间隔，即如何用硬间隔支持向量机的参数 **w** 和 $b$ 来表示间隔 $M$。接下来，本书从一维的特殊情况开始，逐步推导间隔的计算方法，并最终引出硬间隔支持向量机的优化问题。

首先从一维的特殊例子开始讲起。如图4.21所示，一维情况下的样本被完全分成两类。将两个类别的分隔边界分别表示为 $x^-$ 和 $x^+$，那么数据点满足

$$\begin{cases} x^- w + b = -1 \\ x^+ w + b = +1 \end{cases} \tag{4.92}$$

将两个式子相减可得

$$w\left(x^+ - x^-\right) = 2 \tag{4.93}$$

而由间隔 $M = \|x^+ - x^-\|$ 可得

$$M = \left|\frac{2}{w}\right| = \frac{2}{\sqrt{w^2}} = \frac{2}{\|w\|} \tag{4.94}$$

由上式便可以用硬间隔支持向量机的参数来表示间隔 $M$，此外上式还将最大化间隔 $M$ 的问题转换成了最小化 $\|w\|$ 的问题。

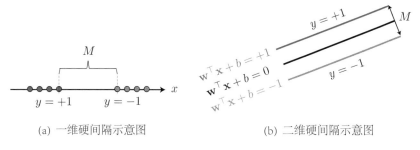

(a) 一维硬间隔示意图　　　　　(b) 二维硬间隔示意图

**图 4.21**　一维和二维硬间隔

接下来再推导一般情况下间隔宽度与模型参数的关系。图4.21（b）展示了二维情况下的支持向量机，而在高维情况下分类边界是一个超平面。**x**$^-$ 和 **x**$^+$ 依然是两个分隔边界上的点，满足

$$\begin{cases} \mathbf{w}^\top \mathbf{x}^- + b = -1 \\ \mathbf{w}^\top \mathbf{x}^+ + b = +1 \end{cases} \tag{4.95}$$

**x**$^-$ 和 **x**$^+$ 的连线垂直于分离边界，那 **x**$^-$ 和 **x**$^+$ 连线的长度就是间隔宽度，即

$$M = d\left(\mathbf{x}^+, \mathbf{x}^-\right) = \|\mathbf{x}^+ - \mathbf{x}^-\| \tag{4.96}$$

其中可以用 **x**$^+$ − **x**$^-$ 来表示以 **x**$^-$ 为起点、**x**$^+$ 为终点的向量。假设 **u** 和 **v** 是 **x**$^+$ + $b$ = +1 分隔边界上的不同两点，那么对 **u** 和 **v** 连成的向量有

$$(\mathbf{u} - \mathbf{v})\mathbf{w} = \mathbf{u}\mathbf{w} - \mathbf{v}\mathbf{w} = (1 - b) - (1 - b) = 0 \tag{4.97}$$

所以向量 **w** 与 **w**$^\top$**x**$^+$ + $b$ = +1 垂直，而之前已经提到过，在高维空间中 **w**$^\top$**x**$^+$ + $b$ = +1 为超平面。这意味着向量 **w** 与超平面 **w**$^\top$**x**$^-$ + $b$ = +1 上任意一条直线垂直，即 **w** 与该

超平面垂直。同样也可以证明 $\mathbf{w}$ 垂直于 $\mathbf{w}^\top \mathbf{x} + b = -1$ 分离边界。由此得到向量 $\mathbf{w}$ 与 $\mathbf{x}^+ - \mathbf{x}^-$ 平行，可以表示成

$$\mathbf{x}^+ - \mathbf{x}^- = \lambda \mathbf{w} \tag{4.98}$$

结合式（4.95）可得

$$\begin{aligned} &\mathbf{w}^\top \mathbf{x}^+ + b^+ = +1 \\ \Rightarrow &\mathbf{w}^\top \left( \lambda \mathbf{w} + \mathbf{x}^- \right) + b = +1 \\ \Rightarrow &\mathbf{w}^\top \mathbf{x}^- + b + \lambda \mathbf{w}^\top \mathbf{w} = +1 \\ \Rightarrow &-1 + \lambda \mathbf{w}^\top \mathbf{w} = +1 \\ \Rightarrow &\lambda = \frac{2}{\mathbf{w}^\top \mathbf{w}} \end{aligned} \tag{4.99}$$

结合 $M = \|\mathbf{x}^+ - \mathbf{x}^-\|$ 可得

$$M = \|\mathbf{x}^+ - \mathbf{x}^-\| = \|\lambda \mathbf{w}\| = \lambda \sqrt{\mathbf{w}^\top \mathbf{w}} = \frac{2}{\sqrt{\mathbf{w}^\top \mathbf{w}}} = \frac{2}{\|\mathbf{w}\|} \tag{4.100}$$

可以看到这与本书在一维情况下推导出的结论（4.94）是一致的。模型优化的目标是最大化间隔 $M$，等价于最大化 $M^2$，这样就可以将这一问题转换成最小化参数 $\|\mathbf{w}\|^2$，即学习最优的参数

$$\begin{aligned} \arg\max_{\mathbf{w},b} M = \arg\max_{\mathbf{w},b} M^2 \\ = \arg\min_{\mathbf{w},b} \frac{1}{2} \|\mathbf{w}\|^2 \end{aligned} \tag{4.101}$$

由此，设共有 $N$ 个训练样本，优化问题也就转换为

$$\begin{aligned} &\arg\min_{\mathbf{w},b} \quad \frac{1}{2} \|\mathbf{w}\|^2 \\ &\text{s.t.} \quad 1 - y_i \left( \mathbf{w}^\top \mathbf{x}_i + b \right) \leqslant 0, \quad i = 1, 2, \cdots, N \end{aligned} \tag{4.102}$$

### 4.7.2.2 硬间隔支持向量机的优化

上一节给出了硬间隔支持向量机的优化问题形式，但由于原优化问题是含有不等式约束的二次规划问题，直接对这一问题求解的算法复杂度相当高。因此一般不直接优化原问题，而是首先将其转化为对偶问题，随后基于序列最小优化算法进行问题求解，最后将解代入 KKT 条件进行验证。接下来，本小节详细介绍硬间隔支持向量机的对偶优化方法，并通过对比原问题和对偶问题来说明对偶转化的优势。

**步骤一：将原问题转化为对偶问题** 问题（4.102）为原始问题，可以应用拉格朗日乘子法构造拉格朗日函数，并将原问题转换为对偶问题：

首先，构造拉格朗日函数

$$L(\mathbf{w}, b, \alpha) = f_0(\mathbf{w}) + \sum_{i=1}^{N} \alpha_i f_i(\mathbf{w})$$

$$= \frac{1}{2}\|\mathbf{w}\|^2 + \sum_{i=1}^{N} \alpha_i \left[1 - y_i \left(\mathbf{w}^\top \mathbf{x}_i + b\right)\right], \quad \alpha_i \geqslant 0 \tag{4.103}$$

根据拉格朗日函数，将问题（4.102）转换为等价形式：

$$\min_{\mathbf{w}, b} \max_{\alpha} \quad L(\mathbf{w}, b, \alpha) = \frac{1}{2}\|\mathbf{w}\|^2 + \sum_{i=1}^{N} \alpha_i \left[1 - y_i \left(\mathbf{w}^\top \mathbf{x}_i + b\right)\right]$$

$$\text{s.t.} \quad \alpha_i \geqslant 0, \quad i = 1, 2, \cdots, N \tag{4.104}$$

其次，根据 Slater 条件（定义2.57）可见，当存在非支持向量时，原优化问题就满足 Slater 条件，强对偶性成立。根据强对偶性，可以将问题（4.104）进一步转换为拉格朗日对偶问题

$$\max_{\alpha} \min_{\mathbf{w}, b} \quad L(\mathbf{w}, b, \alpha)$$

$$\text{s.t.} \quad \alpha_i \geqslant 0, \quad i = 1, 2, \cdots, N \tag{4.105}$$

现在首先计算拉格朗日函数关于 $\mathbf{w}, b$ 的最小值。对拉格朗日函数求鞍点可得

$$\frac{\partial L}{\partial \mathbf{w}} = \mathbf{w} - \sum_{i=1}^{N} \alpha_i \mathbf{x}_i y_i = 0$$

$$\frac{\partial L}{\partial b} = -\sum_{i=1}^{N} \alpha_i y_i = 0 \tag{4.106}$$

将该结果回代入拉格朗日函数可得

$$\arg\min_{\alpha} \quad L(\mathbf{w}, b, \alpha) = -\frac{1}{2} \sum_{i=1}^{N} \sum_{j=1}^{N} \alpha_i \alpha_j y_i y_j \mathbf{x}_i^\top \mathbf{x}_j + \sum_{i=1}^{N} \alpha_i \tag{4.107}$$

问题（4.105）则被再次转换为

$$\arg\max_{\alpha} \quad \sum_{i=1}^{N} \alpha_i - \frac{1}{2} \sum_{i=1}^{N} \sum_{j=1}^{N} \alpha_i \alpha_j y_i y_j \mathbf{x}_i^\top \mathbf{x}_j$$

$$\text{s.t.} \quad \sum_{i=1}^{N} \alpha_i y_i = 0$$

$$\alpha_i \geqslant 0, \quad i = 1, 2, \cdots, N \tag{4.108}$$

问题（4.108）即为需要求解的对偶问题。再来回顾一下原始问题（4.102）

$$\arg\min_{\mathbf{w}, b} \quad \frac{1}{2}\|\mathbf{w}\|^2$$

$$\text{s.t.} \quad 1 - y_i \left(\mathbf{w}^\top \mathbf{x}_i + b\right) \leqslant 0, \quad i = 1, 2, \cdots, N$$

通过对比可以发现，对偶问题相比于原问题有以下三点优势：

- 原问题由于含有 $\mathbf{w}$，问题的规模与样本维度相关，而对偶问题消去了原问题中的 $\mathbf{w}$ 和 $b$，使得问题规模只与样本数量有关，降低了运算复杂度；

- 对偶问题的约束条件 $\sum\limits_{i=1}^{N} \alpha_i y_i = 0$ 同样易于消去，本书会在下文进行讲解；
- 相比于原问题中复杂的不等式约束条件 $1 - y_i\left(\mathbf{w}^\top \mathbf{x}_i + b\right) \leqslant 0$，对偶问题在消去 $\sum\limits_{i=1}^{N} \alpha_i y_i = 0$ 后约束条件仅剩 $\alpha_i \geqslant 0$，极大地降低了求解复杂度。

可见，通过将原问题转化为对偶问题，优化的计算复杂度得到降低，从而能够较为快速地处理大量数据。

**步骤二：使用 SMO 算法求解问题**　接下来，对于该对偶优化问题，常用**序列最小优化算法（Sequential Minimal Optimization，简称 SMO）**[13] 求解，其核心思想非常简单：每次只优化一个参数，固定其他参数，仅求当前优化参数的极值。

由于问题（4.108）中含有约束条件 $\sum\limits_{i=1}^{N} \alpha_i y_i = 0$，因此 SMO 算法此时会选择两个参数 $\alpha_i$ 和 $\alpha_j$，满足

$$\alpha_i y_i + \alpha_j y_j = c = -\sum_{k \neq i, j} \alpha_k y_k \tag{4.109}$$

$$\alpha_i \geqslant 0, \quad \alpha_j \geqslant 0$$

进而可以将 $\alpha_j$ 表示为

$$\alpha_j = \frac{c - \alpha_i y_i}{y_j} \tag{4.110}$$

由于 $y_j^2 = 1$，上式也可以写成

$$\alpha_j = \left(c - \alpha_i y_i\right) y_j \tag{4.111}$$

通过这样的变换把目标问题转换为仅有一个约束条件 $\alpha_i \geqslant 0$ 的最优化问题。

再其次，假设选择的参数为 $\alpha_1$ 和 $\alpha_2$，将问题（4.108）的目标函数中与 $\alpha_1$ 和 $\alpha_2$ 无关的部分合并为常数 $C$，可得

$$\begin{aligned}W\left(\alpha_1, \alpha_2\right) =& \alpha_1 + \alpha_2 - \frac{1}{2} y_1^2 \alpha_1^2 \mathbf{x}_1^\top \mathbf{x}_1 - \frac{1}{2} y_2^2 \alpha_2^2 \mathbf{x}_2^\top \mathbf{x}_2 - y_1 y_2 \alpha_1 \alpha_2 \mathbf{x}_1^\top \mathbf{x}_2 - \\ & y_1 \alpha_1 \sum_{i=3}^{N} \alpha_i y_i \mathbf{x}_i^\top \mathbf{x}_1 - y_2 \alpha_2 \sum_{i=3}^{N} \alpha_i y_i \mathbf{x}_i^\top \mathbf{x}_2 + C\end{aligned} \tag{4.112}$$

将 $y_i^2 = 1$ 和 $\alpha_2 = \left(c - \alpha_1 y_1\right) y_2$ 代入上式可得

$$\begin{aligned}W\left(\alpha_1\right) =& \alpha_1 + \left(c - \alpha_1 y_1\right) y_2 - \frac{1}{2} \alpha_1^2 \mathbf{x}_1^\top \mathbf{x}_1 - \frac{1}{2}\left(c - \alpha_1 y_1\right)^2 \mathbf{x}_2^\top \mathbf{x}_2 - y_1 \alpha_1\left(c - \alpha_1 y_1\right) \mathbf{x}_1^\top \mathbf{x}_2 - \\ & y_1 \alpha_1 \sum_{i=3}^{N} \alpha_i y_i \mathbf{x}_i^\top \mathbf{x}_1 - \left(c - \alpha_1 y_1\right) \sum_{i=3}^{N} \alpha_i y_i \mathbf{x}_i^\top \mathbf{x}_2 + C\end{aligned}$$

$$\tag{4.113}$$

令 $\frac{\partial W(\alpha_1)}{\partial \alpha_1} = 0$ 可得

$$\left(\mathbf{x}_1 - \mathbf{x}_2\right)^2 \alpha_1^{\text{new}} = \left(\mathbf{x}_1 - \mathbf{x}_2\right)^2 \alpha_1^{\text{old}} + y_2\big(\left(f\left(\mathbf{x}_1\right) - y_1\right) - \left(f\left(\mathbf{x}_2\right) - y_2\right)\big) \tag{4.114}$$

其中 $f\left(\mathbf{x}_i\right) - y_i$ 表示模型预测标签与实际标签的差值，记为 $E_i$。同时记 $\eta = \left(\mathbf{x}_1 - \mathbf{x}_2\right)^2$。

由此可以推导出 $\alpha_1$ 的更新公式：

$$\alpha_1^{\mathrm{new}} = \alpha_1^{\mathrm{old}} + \frac{y_2 (E_1 - E_2)}{\eta} \tag{4.115}$$

最后，通过像这样在 $\alpha_i$ 上对优化目标求偏导并令导数为零，可以求出变量 $\alpha_i^{\mathrm{new}}$，然后根据 $\alpha_i^{\mathrm{new}}$ 求出 $\alpha_j^{\mathrm{new}}$，最终通过多次迭代达到收敛，求得最优解 $\alpha^* = (\alpha_1^*, \cdots, \alpha_N^*)^\top$。

将 $\alpha^*$ 代入式（4.106）求得 $\mathbf{w}^*$ 及 $b^*$，最终得出最大间隔分界 $\mathbf{w}^{*\top}\mathbf{x} + b^* = 0$。

**步骤三：将解代入 KKT 条件进行验证**　在得到对偶问题的解后，还需要利用 KKT 条件对求得的解进行验证。本书关于凸优化的章节中 KKT 条件一节（§2.3.4.4）讲过，对于任意优化问题，强对偶性成立的必要条件是任何一对原问题最优解和对偶问题最优解必须满足 KKT 条件。因此如果强对偶性成立，那么硬间隔支持向量机优化原问题最优解和对偶问题最优解必须满足 KKT 条件，即满足

$$\begin{cases} \dfrac{\partial L}{\partial \mathbf{w}} = 0, \dfrac{\partial L}{\partial b} = 0, \dfrac{\partial L}{\partial \alpha} = 0 \\ \alpha_i \left( 1 - y_i \left( \mathbf{w}^T \mathbf{x} + b \right) \right) = 0, & i = 1, 2, \cdots, N \\ 1 - y_i \left( \mathbf{w}^T \mathbf{x} + b \right) \leqslant 0, & i = 1, 2, \cdots, N \\ \alpha_i \geqslant 0, & i = 1, 2, \cdots, N \end{cases} \tag{4.116}$$

此时满足 KKT 条件的解也必然是原问题的解。

本节最后通过一个鸢尾花分类的实际例子来整体回顾硬间隔支持向量机是如何进行分类的。

例 4.7　安德森鸢尾花卉数据集（Anderson's iris data set）是一个包含了三个种类共计 150 份样本的鸢尾花数据集。每个样本包含四个特征值和一个分类标签。四个特征分别为花萼长度、花萼宽度、花瓣长度和花瓣宽度，单位均为厘米。标签为样本代表的鸢尾花的属种，包括山鸢尾、变色鸢尾和维吉尼亚鸢尾，每个标签分别对应 50 个样本。

在本例中，我们只使用山鸢尾和变色鸢尾对应的 100 个样本，利用硬间隔支持向量机模型进行二分类，并用 0 表示标签山鸢尾，用 1 表示标签变色鸢尾。裁剪并修改标签后的数据集中部分样例如表格4.12所示。

表 4.12　预处理后的安德森鸢尾花数据集样例

| 数据编号 | 花萼长度 | 花萼宽度 | 花瓣长度 | 花瓣宽度 | 属种标签 |
|---|---|---|---|---|---|
| #1 | 5.1 | 3.5 | 1.4 | 0.2 | 0 |
| #2 | 4.9 | 3 | 1.4 | 0.2 | 0 |
| #3 | 4.7 | 3.2 | 1.3 | 0.2 | 0 |
| ⋮ | ⋮ | ⋮ | ⋮ | ⋮ | ⋮ |
| #99 | 5.1 | 2.5 | 3 | 1.1 | 1 |
| #100 | 5.7 | 2.8 | 4.1 | 1.3 | 1 |

随机采集 70 份样本作为训练集，剩余 30 份作为测试集。设置训练在迭代次数达到

1 000 次时停止。训练结束后求得的 $\mathbf{w}$ 和 $b$ 为

$$\mathbf{w} = [-0.21, -0.40, 0.83, 0.41]$$
$$b = -0.11 \tag{4.117}$$

此时的分类准确率（分类正确的样本数除以总样本数）为 $100\%$，即所有测试样本均被正确分类。

　　接下来，为了更好地展示硬间隔支持向量机的分界面及支持向量，我们只选取花萼长度和花萼宽度两项特征来构建硬间隔向量机模型。仍然按照 $7:3$ 的比例划分训练集和测试集。完成训练后模型的 $\mathbf{w}$ 和 $b$ 为

$$\mathbf{w} = [1.42, -2.14]$$
$$b = -1.04 \tag{4.118}$$

将数据在二维特征平面中标出，并画出硬间隔支持向量机的分界面及支持向量。从图4.22可以看出，在二维样本空间中，硬间隔支持向量机的几何形式为分隔数据点的直线。

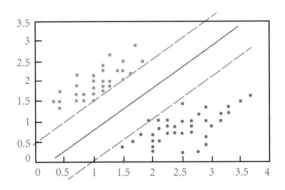

图 4.22　基于鸢尾花分类的支持向量机

　　最后给出用 Python 实现梯度下降法求解例4.7的代码示例。这里我们利用 Python 中的 scikit-learn 库提供的函数来构建硬间隔支持向量机模型。

```
1  from sklearn import svm
2  from sklearn import model_selection
3  # 读取数据集
4  X = ...
5  Y = ...
6  # 划分数据集
7  x_train, x_test, y_train, y_test = model_selection.train_test_split(X, Y,
   ↪   random_state = 0, test_size = 0.3)
8  # 初始化硬间隔 SVM
9  classifier=svm.LinearSVC()
10 # 训练模型
11 classifier.fit(x_train,y_train.ravel())
```

```
12    # 在测试数据集上进行预测
13    y_hat=classifier.predict(x_test)
```

### 4.7.2.3 线性不可分现象

上一节关于支持向量机的内容考虑的是数据点线性可分的情况，即指两类数据可以用一个超平面完全分开。但是，在实际问题中，数据完全线性可分是非常罕见的，一定程度的线性不可分现象时常存在于数据之中。图4.23展示了用于训练分类模型的数据集的可能的几种情况，从左到右依次为完全线性可分、近似线性可分和完全线性不可分情况。其中近似线性可分和完全线性不可分的现象是较为常见的。这种现象来源于观测、采集数据点时产生的误差，或者是数据所包含的噪声，抑或是数据或问题本身的性质。

线性不可分现象按照被误分类的点数多少，分为以下两种情况：

- 近似线性可分：仅有少数几个点混入错误类别中，大体上仍可用超平面分隔。
- 完全线性不可分：无论如何选取超平面，都有相当部分的数据点被误分类，或数据点实际上是由曲线分隔开的。

对于上述的线性不可分现象，先考虑简单情形，改进原型支持向量机，使它能够处理一定程度上线性不可分的数据集。

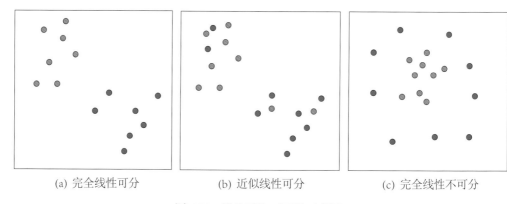

(a) 完全线性可分　　　　　(b) 近似线性可分　　　　　(c) 完全线性不可分

**图 4.23** 线性可分/不可分示意图

### 4.7.3 软间隔支持向量机

上一节所介绍的硬间隔支持向量机是一种在数据完全线性可分的情况下适用的模型。但是在实际的问题中，大部分数据不是完全线性可分的，在线性不可分的数据中，硬间隔支持向量机无法收敛。为了解决这一问题，本节将为大家介绍软间隔支持向量机，它适用于数据近似线性可分的情况。

#### 4.7.3.1 软间隔

在近似线性可分的情况下，虽然存在超平面可以分隔开大部分的数据点，但总存在少量数据点被误分类。由于这些点的存在，这些分隔超平面无法满足原型支持向量机的约束条件，导致其无解。该现象产生的主要原因是约束条件要求同一类的所有点都被分隔在同一侧，而数据之中存在噪声，在噪声的影响下，部分数据点被分隔超平面误分类。不应因为这些受到噪声影响的数据点而完全否定可以分隔开大部分数据点的分隔超平面的效果。所以我们希望对支持向量机进行改进，使其可以容忍数据中噪声所带来的一定的误差，求解出一个表现较好的分隔超平面。区别于原支持向量机的"硬"间隔条件，引入误差的支持向量机被称为"软"间隔支持向量机。

基于上述推理，在训练软间隔支持向量机时需要在最大化间隔的同时最小化训练误差。而同时优化两个问题较难处理，超出了二次规划的范畴。我们希望可以利用一些方法，将同时优化两个问题这一难题转化为仅需优化一个问题的简单情况。根据凸优化知识可以了解到，对于这种情况，可将两个问题的目标函数相加，作为新的目标函数进行优化，在两个目标函数相加之前对其中的一个目标函数乘以一个超参数 $C$ 进行缩放，该参数代表对该目标函数的重视程度。将该技巧运用于此处，把训练误差用系数 $C$ 缩放后与 $\frac{1}{2}\mathbf{w}^\top\mathbf{w}$ 相加，得到优化问题如下：

$$\underset{\mathbf{w}}{\arg\min} \quad \frac{1}{2}\mathbf{w}^\top\mathbf{w} + C \tag{4.119}$$

现在来考虑训练误差的形式。一种简单的想法是将误分类的点的数量作为训练误差，但这显然会破坏原目标函数的连续性与可导性。因此，考虑将误分类的点与其对应类的决策平面之间的距离作为误差。例如，假设类 A 在原支持向量机中的约束条件为 $\mathbf{w}^\top\mathbf{x}+b \geqslant 1$，若 $\mathbf{x}_k$ 属于类 A 且 $\mathbf{w}^\top\mathbf{x}_k + b < 1$，则此误分类点的误差 $\varepsilon_k = 1 - (\mathbf{w}^\top\mathbf{x}_k + b)$。注意到 $\varepsilon_k > 0$。此处的误差在数值上并非点到面的垂直距离，仅仅是一个松弛变量，但它的确与距离成正比，因而等价于点到面的距离。

注意到对于正确分类的点 $\mathbf{x}_m$，$\mathbf{w}^\top\mathbf{x}_m + b \geqslant 1$，这意味着点 $\mathbf{x}_m$ 对应的误差 $\varepsilon_m \leqslant 0$。为了能将误差适用于正确分类的数据点，人为定义它们的误差 $\varepsilon_m = 0$。最后写成凸优化的等价形式可得

$$\begin{aligned}
\underset{\mathbf{w},b,\varepsilon_i}{\arg\min} \quad & \frac{1}{2}\mathbf{w}^\top\mathbf{w} + C\sum_{i=1}^{N}\varepsilon_i \\
\text{s.t.} \quad & y_i(\mathbf{w}^\top\mathbf{x}_i + b) \geqslant 1 - \varepsilon_i, \quad i = 1,2,\cdots,N \\
& \varepsilon_i \geqslant 0, \quad\quad\quad\quad\quad\quad i = 1,2,\cdots,N
\end{aligned} \tag{4.120}$$

如图4.24所示，数据点被分为橙色和蓝色两类。图中的黑色实线为分隔超平面，蓝色虚线和橙色虚线分别代表两个类别的决策平面。图中 $\varepsilon_j$、$\varepsilon_k$ 即为图中所取两个误分类点贡献的误差。从该图中可以看出，训练后得到的分隔超平面对噪声带来的部分误差已经有了一定程度的容忍度，对近似线性可分的数据集可以获得不错的效果。在优化问题（4.120）中，参数 $C$ 影响着模型对误差的容受程度，其被用于权衡"扩大分类间隔"和

"减小分类误差"两个问题的重要性。下面将对参数 $C$ 的效果和设定方式进行更详细的介绍。

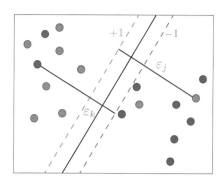

图 4.24　软间隔误差示意图

### 4.7.3.2 软间隔支持向量机作为优化带惩罚项的铰链损失

软间隔支持向量机可以视为优化带惩罚项的铰链损失。这是因为对于公式（4.120），当分类正确时，有 $y_i = 1, \mathbf{w}^\top \mathbf{x}_i + b \geqslant 1$ 和 $y_i = -1, \mathbf{w}^\top \mathbf{x}_i + b \leqslant -1$ 两种情况，故此时 $1 - y_i(\mathbf{w}^\top \mathbf{x}_i + b) \geqslant 0$。当分类错误时，同理可得 $1 - y_i(\mathbf{w}^\top \mathbf{x}_i + b) < 0$。因此，通过对误差 $\varepsilon_i$ 引入一个 $\max$ 函数，公式（4.120）可以等价于

$$\underset{\mathbf{w},b}{\arg\min} \quad C \sum_{i=1}^{N} \max\left(0, 1 - y_i(\mathbf{w}^\top \mathbf{x}_i + b)\right) + \frac{1}{2}\mathbf{w}^\top \mathbf{w} \tag{4.121}$$

其中，第一项 $C \sum_{i=1}^{N} \max\left(0, 1 - y_i(\mathbf{w}^\top \mathbf{x}_i + b)\right)$ 为铰链损失函数，第二项 $\frac{1}{2}\mathbf{w}^\top \mathbf{w}$ 为惩罚项或正则项。

### 4.7.3.3 参数选择

优化问题（4.120）中，参数 $C$ 并非优化得到，而是一个指定的超参数。与之前机器学习中的正则化方法一样，$C$ 的选择也会影响模型的结果。

- $C$ 数值较大：意味着错误分类的代价更加严重，因而最优解会偏向减少训练误差。但这意味着在测试集上的表现可能会更差，即有可能导致过拟合。
- $C$ 数值较小：意味着错误分类的代价较小，而分类间隔更加重要。减少 $C$ 的值来期望能得到更好的泛化效果，但训练误差会增加，有时会导致欠拟合。

如图4.25为不同的 $C$ 对决策平面产生的影响。对于超参数 $C$，可以使用 §6.3 中所介绍的交叉检验等方式选择。

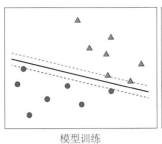

| | |
|---|---|
| △ | 真实类别 A |
| ○ | 真实类别 B |
| ■ | 预测类别 A |
| ■ | 预测类别 B |

模型训练　　　　　　　模型测试

(a) $C$ 数值较大的决策边界

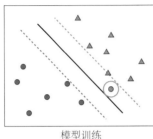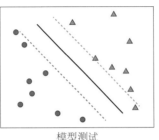

模型训练　　　　　　　模型测试

(b) $C$ 数值较小的决策边界

**图 4.25**　不同 $C$ 值的决策边界示意图

#### 4.7.3.4　软间隔支持向量机的对偶优化

公式（4.120）给出了软间隔支持向量机的优化问题形式。与硬间隔支持向量机相似，软间隔支持向量机的求解也可以使用对偶形式来加快[1]。

**步骤一：将原问题转化为对偶问题**　与原问题相比，对偶问题不再使用二次优化求解器来求解，而是使用更加快速的 SMO 算法。因此，通过将原问题转化为对偶形式，求解过程的时间成本大大减小了。

同样地，先回顾一下软间隔支持向量机的形式：

$$
\begin{aligned}
\underset{\mathbf{w},b,\varepsilon}{\arg\min} \quad & \frac{1}{2}\mathbf{w}^{\top}\mathbf{w} + C\sum_{i=1}^{N}\varepsilon_i \\
\text{s.t.} \quad & y_i(\mathbf{w}^{\top}\mathbf{x}_i + b) \geqslant 1 - \varepsilon_i, \quad i = 1,2,\cdots,N \\
& \varepsilon_i \geqslant 0, \quad\quad\quad\quad\quad\quad\quad\; i = 1,2,\cdots,N
\end{aligned}
\tag{4.122}
$$

取 $\mathbf{w} = \mathbf{0}, b = 0, \varepsilon_i = 2, i = 1,2,\cdots,N$，可见问题（4.122）满足 Slater 条件，具有强对偶性。与硬间隔支持向量机类似，可以将公式（4.122）转化为拉格朗日乘子式：

$$
L(\mathbf{w},b,\alpha,\varepsilon,\mu) = \frac{1}{2}\mathbf{w}^{\top}\mathbf{w} - \sum_{i=1}^{N}\alpha_i[y_i(\mathbf{w}^{\top}\mathbf{x}_i + b) - 1] + C\sum_{i=1}^{N}\varepsilon_i - \sum_{i=1}^{N}\mu_i\varepsilon_i \tag{4.123}
$$

---

[1] 使用对偶形式可以加速求解的原因在于优化算法的选择，详见 §4.7.3.4。

拉格朗日乘子式（4.123）对 $\mathbf{w}, b, \varepsilon$ 进行求导可以获得

$$
\nabla_{\mathbf{w}} L = \mathbf{w} - \sum_{i=1}^{N} \alpha_i y_i \mathbf{x}_i = 0
$$

$$
\nabla_b L = - \sum_{i=1}^{N} \alpha_i y_i = 0 \tag{4.124}
$$

$$
\nabla_{\varepsilon_i} L = C - \alpha_i - \mu_i = 0
$$

将求导结果代入拉格朗日乘子式（4.123），可以推导出软间隔支持向量机的对偶形式为

$$
\begin{aligned}
&\underset{\alpha}{\arg\max} \quad \sum_{i=1}^{N} \alpha_i - \frac{1}{2} \sum_{i,j=1}^{N} \alpha_i \alpha_j y_i y_j (\mathbf{x}_i^{\top} \mathbf{x}_j) \\
&\text{s.t.} \quad C \geqslant \alpha_i \geqslant 0, \quad i = 1, 2, \cdots, N \\
&\qquad \sum_{i=1}^{N} \alpha_i y_i = 0
\end{aligned} \tag{4.125}
$$

公式（4.125）的求解结果也与硬间隔支持向量机类似，区别在于拉格朗日乘子 $\alpha$ 还拥有上界 $C$。在实际使用支持向量机时，常常需要通过交叉检验来选择效果相对较好的 $C$ 的值。

**步骤二：使用 SMO 算法求解问题**　软间隔支持向量机的对偶问题（4.125）可以使用 SMO 算法来优化。

§4.7.2.2中介绍了使用 SMO 算法优化硬间隔支持向量机的过程，算法的核心思想是在优化时选取少量参数，将其他参数固定，视为常数。接下来本节要对软间隔支持向量机的对偶优化问题（4.125）使用 SMO 算法。与§4.7.2.2中的介绍相同，假设在 SMO 算法中所选的优化参数是 $\alpha_i$ 和 $\alpha_j$，将其他参数视作常数，根据问题（4.125）中的约束条件，可以获得

$$
\alpha_i y_i + \alpha_j y_j = \tau = - \sum_{k \neq i,j} \alpha_k y_k
$$

$$
C \geqslant \alpha_i \geqslant 0, \quad C \geqslant \alpha_j \geqslant 0 \tag{4.126}
$$

与硬间隔支持向量机优化的 SMO 算法步骤类似，可以将 $\alpha_j$ 表示为

$$
\alpha_j = \frac{\tau - \alpha_i y_i}{y_j} \tag{4.127}
$$

由于 $y_j^2 = 1$，上式也可以写成

$$
\alpha_j = (\tau - \alpha_i y_i) y_j \tag{4.128}
$$

通过该步骤目标问题的约束条件转换为 $C \geqslant \alpha_i \geqslant 0$。

下面假设所选取的待优化的参数为 $\alpha_1$ 和 $\alpha_2$。其求解过程与硬间隔支持向量机相同，

得到的参数更新公式为

$$\alpha_1^{\mathrm{new}} = \alpha_1^{\mathrm{old}} + \frac{y_2 \left( E_1 - E_2 \right)}{\eta} \tag{4.129}$$

其中 $E_i = f(\mathbf{x_i}) - y_i, \eta = |\mathbf{x}_1 - \mathbf{x}_2|^2$。但由于该参数更新公式未考虑到优化问题的约束条件 $\alpha_1 y_1 + \alpha_2 y_2 = -\sum_{i=3}^{N} \alpha_i y_i$ 和 $C \geqslant \alpha_i \geqslant 0$，因此需要对求得的 $\alpha_1$ 进行修剪。

考虑两种情况：（1）$y_1 \neq y_2$。约束条件可以改写为 $\alpha_1 - \alpha_2 = k$。此时根据 $k$ 的正负有不同的上下界，统一表示为

$$A = \max \left( 0, \alpha_2^{\mathrm{old}} - \alpha_1^{\mathrm{old}} \right) \\ B = \min \left( C, C + \alpha_2^{\mathrm{old}} - \alpha_1^{\mathrm{old}} \right) \tag{4.130}$$

（2）$y_1 = y_2$。约束条件可以改写为 $\alpha_1 + \alpha_2 = k$。此时的上下界可以表示为

$$A = \max \left( 0, \alpha_2^{\mathrm{old}} + \alpha_1^{\mathrm{old}} - C \right) \\ B = \min \left( C, \alpha_2^{\mathrm{old}} + \alpha_1^{\mathrm{old}} \right) \tag{4.131}$$

根据上下边界，可以对之前求得的 $\alpha_1^{\mathrm{new}}$ 进行修剪：

$$\alpha_1^{\mathrm{new}} = \begin{cases} B, & \alpha_1^{\mathrm{new}} > B \\ \alpha_1^{\mathrm{new}}, & A \leqslant \alpha_1^{\mathrm{new}} \leqslant B \\ A, & \alpha_1^{\mathrm{new}} < A \end{cases} \tag{4.132}$$

最后，通过像这样在 $\alpha_i$ 上对优化目标求偏导并令导数为零，可以求出变量值 $\alpha_i^{\mathrm{new}}$，然后根据 $\alpha_i^{\mathrm{new}}$ 求出 $\alpha_j^{\mathrm{new}}$，最终通过多次迭代达到收敛，求得最优解 $\alpha^* = (\alpha_1^*, \cdots, \alpha_N^*)^\top$。

将 $\alpha^*$ 代入式（4.124）求得 $\mathbf{w}^*$ 及 $b^*$，最终得出最大间隔分界 $\mathbf{w}^{*\top}\mathbf{x} + b^* = 0$。

**步骤三：将解代入 KKT 条件进行验证**　最后需要利用 KKT 条件对求得的解进行验证，即满足

$$\begin{cases} \frac{\partial L}{\partial \mathbf{w}} = 0, \frac{\partial L}{\partial b} = 0, \frac{\partial L}{\partial \alpha} = 0 \\ \alpha_i \left( 1 - y_i \left( \mathbf{w}^\top \mathbf{x}_i + b \right) \right) = 0, & i = 1, 2, \cdots, N \\ \left( 1 - y_i \left( \mathbf{w}^\top \mathbf{x}_i \right) + b \right) \leqslant 0, & i = 1, 2, \cdots, N \\ C \geqslant \alpha_i \geqslant 0, & i = 1, 2, \cdots, N \end{cases} \tag{4.133}$$

此时满足 KKT 条件的解也必然是原问题的解。

### 4.7.3.5 代码实现

下面本节将使用 Python 实现软间隔支持向量机。

```python
1  from sklearn import datasets
2  from sklearn.svm import SVC
3  from sklearn.model_selection import train_test_split
```

```
4   from sklearn.preprocessing import StandardScaler
5   iris_data = datasets.load_iris()
6   X = iris_data.data[:, [2, 3]]
7   y = iris_data.target
8   # 划分训练集和测试集
9   X_train, X_test, y_train, y_test = train_test_split(X, y, test_size=0.3,
    ↪   random_state=0)
10  # 对特征值进行标准化
11  std = StandardScaler()
12  std.fit(X_train)
13  X_train_std = std.transform(X_train)
14  X_test_std = std.transform(X_test)
15  # 1. 训练惩罚系数 C=1 的线性 SVM 分类器
16  svm_linear_softer = SVC(kernel='linear', C=1, random_state=0)
17  svm_linear_softer.fit(X_train_std, y_train)
18  # 2. 训练惩罚系数 C=1000 的线性 SVM 分类器（C 趋于无穷大时称为 hard-margin SVM）
19  svm_linear_harder = SVC(kernel='linear', C=1000, random_state=0)
20  svm_linear_harder.fit(X_train_std, y_train)
21  # 3. 训练核函数为多项式、惩罚系数 C=1 的 SVM 分类器
22  svm_poly_softer = SVC(kernel='poly', C=1, random_state=0)
23  svm_poly_softer.fit(X_train_std, y_train)
24  # 4. 训练核函数为多项式、惩罚系数 C=1000 的 SVM 分类器
25  svm_poly_harder = SVC(kernel='poly', C=1000, random_state=0)
26  svm_poly_harder.fit(X_train_std, y_train)
```

### 4.7.4 支持向量在对偶形式中的作用

§4.7.1中介绍了支持向量的定义，即在支持向量机中分布在间隔平面上的点。而在支持向量机的对偶形式中，支持向量有着更多作用。通过§2.3.4.4介绍的 KKT 条件，可以得到

$$\alpha_i\big(y_i(\mathbf{w}_i^\top \mathbf{x}_i + b) - 1\big) = 0, \; i = 1, 2, \cdots, N \tag{4.134}$$

这个等式的成立有两种情况：

1. 当 $\alpha_i = 0$，有 $y_i(\mathbf{w}^\top \mathbf{x}_i + b) - 1 \neq 0$，即数据 $\mathbf{x}_i$ 不在决策平面 $\mathbf{w}^\top \mathbf{x}_i + b = \pm 1$ 上。
2. 当 $\alpha_i \neq 0$，有 $y_i(\mathbf{w}^\top \mathbf{x}_i + b) - 1 = 0$，即数据 $\mathbf{x}_i$ 正好位于决策平面 $\mathbf{w}^\top \mathbf{x}_i + b = \pm 1$ 上。

可以看到，第二种情况正好符合本书对于支持向量的定义。图4.26展示了对于 10 个样本进行分类任务的结果。可以看到支持向量（位于决策平面上的数据点）的对应 $\alpha$ 值不为 0。

§4.7.2.2中提到，利用对偶形式计算系数 $\mathbf{w}$ 时，计算公式为 $\mathbf{w}^* = \sum\limits_{i=1}^{N} \alpha_i^* y_i x_i$。显然，

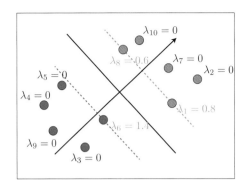

**图 4.26** 支持向量示意图

只有非零的 $\alpha_i^*$ 会对系数的计算造成影响，这正好符合本书对支持向量的定义。一般情况下，支持向量的数量只占样本总数量的一小部分，所以支持向量机的计算效率非常高。

### 4.7.5 支持向量机的核方法

在 §4.7.2.3 中提到，线性不可分现象可分为近似线性可分和完全线性不可分两种情况。软间隔支持向量机仍然是一个线性分类器，本质上无法学习到完全线性不可分的模式。在分类问题的一些情况中会发现在数据所在的空间中，数据点之间并不存在明确的分界平面。这样就很难找到一个能够将数据分类的分类超平面。

究其原因，线性支持向量机利用的是样本向量之间的内积。因此，我们自然地想到可否用一些非线性的映射函数将样本向量映射到高维空间，并用高维空间中的内积来代替原本向量的内积，即

$$\mathbf{x}_i^\top \mathbf{x}_j \Rightarrow \Phi(\mathbf{x}_i)^\top \Phi(\mathbf{x}_j)$$

此时高维空间中的内积被称为**核函数（kernel function）**，即

$$K(\mathbf{x}_i, \mathbf{x}_j) = \Phi(\mathbf{x}_i)^\top \Phi(\mathbf{x}_j) \tag{4.135}$$

其中 $\Phi(\mathbf{x})$ 表示低维空间到高维空间的映射函数。

当数据映射到一个更高维的空间之后，数据之间就会变得非常稀疏，也就更容易找到不同数据之间的分界。如图 4.27 所示，在二维空间中并不能用一个曲线来划分这两类不同的数据点。但是当数据映射到三维空间中之后，就可以找到一个完美的分类平面。这种通过将低维空间中的数据映射到高维空间，从而将不可分问题转化为可分问题的方法被称为**核方法（kernel trick）**。核方法中最重要的部分就是核函数 $K$ 的选择。

#### 4.7.5.1 核函数

支持向量机的性能很大程度上取决于核函数的选择。可选择的核函数种类非常多，对于不同的应用与目的需要选择不同的核函数。机器学习中常用到的核函数[14] 有以下几种：

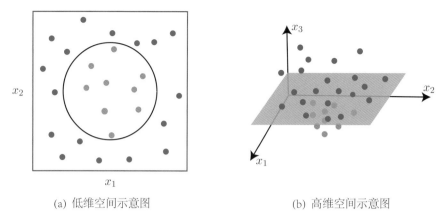

(a) 低维空间示意图　　　　　　　(b) 高维空间示意图

图 4.27　核方法示意图

- **线性核函数:** $K(\mathbf{x}_i, \mathbf{x}_j) = \mathbf{x}_i^\top \mathbf{x}_j$，在数据本来的空间中计算内积，是之前所介绍的硬间隔支持向量机中所使用的核函数。线性核函数可以较快地求解问题，并且可解释性最强，可以轻易知道哪些特征是比较重要的。但是线性核函数只能用来解决线性可分问题，当数据分布比较复杂时，线性核函数就不再适用。因此当数据线性可分，通常都会采用具有线性核函数的支持向量机，即硬间隔支持向量机。

- **多项式核函数:** $K(\mathbf{x}_i, \mathbf{x}_j) = (\mathbf{x}_i^\top \mathbf{x}_j)^d$，其中 $d \geqslant 1$。多项式核函数将数据映射到高维空间中，参数 $d$ 需要根据不同使用场景来进行选择。如图4.28所示，多项式核函数可以解决线性核函数无法解决的问题，依靠将数据映射到高维空间来使得数据线性可分。因此若数据线性不可分，支持向量机通常会使用多项式核函数来计算数据的内积。但是在使用时需要对超参数 $d$ 进行谨慎选择，超参数选择不当时会造成过拟合。图4.28展示了一个多项式核函数的示例，该示例中 $d = 2$。

- **高斯核函数:** $K(\mathbf{x}_i, \mathbf{x}_j) = \exp(\frac{\|\mathbf{x}_i - \mathbf{x}_j\|^2}{2\sigma^2})$，其中参数 $\sigma > 0$。高斯核函数也被称为径向基函数，是最常用的一种核函数。相比较于多项式核函数，高斯核函数可以将数据映射到无限维，因此核函数的能力更强。但是由于数据被映射到无限维，高斯核函数的可解释性比较差。在解对偶问题的时候，高斯核函数的计算速度比较慢。如果样本数量很多，那么使用高斯核函数的计算量会很大，因此高斯核函数更适用于数据量比较少的情况。另外，高斯核效果对于超参数的选择比较敏感，并且容易过拟合。

- **拉普拉斯核函数:** $K(\mathbf{x}_i, \mathbf{x}_j) = \exp(\frac{\|\mathbf{x}_i - \mathbf{x}_j\|}{\sigma})$，其中参数 $\sigma > 0$。拉普拉斯核函数是高斯核函数的一个变种。

- **Sigmoid 核函数:** $K(\mathbf{x}_i, \mathbf{x}_j) = \tanh(\beta \mathbf{x}_i^\top \mathbf{x}_j + \theta)$。其中 $\tanh$ 为双曲正切函数，参数 $\beta > 0, \theta > 0$。Sigmoid 核函数来自神经网络，在深度学习领域有很广泛的应用[1]。

---

[1]后面神经网络与深度学习相关章节中会对 Sigmoid 函数进行详细的解释。

图 4.28　多项式核映射示例

### 4.7.5.2 核方法的性质

**有效性**　在前文中读者已经直观感受到核方法能够将数据在高维空间变为线性可分，但只有证明了核方法总能将数据映射到高维空间使得数据变为线性可分，才能说它一定是有效的。也就是需要回答这样的问题：对于任意的数据集，是否都存在一个空间使得数据映射之后线性可分？即需要映射到多高的维度，才能使得数据线性可分？要回答这些问题，需要解释这样一个概念：**VC 维（Vapnik-Chervonenkis dimension）**。VC 维是一种被用来衡量研究对象（数据集与学习模型）学习能力的指标。这里本书只介绍 VC 维在支持向量机中的使用。

> **定义 4.18 分类算法的 VC 维**
>
> 设有一个拥有参数 $\theta$ 的分类模型 $f$。如果存在一个 $\theta$，使得 $f$ 能够无错误地分类所有数据点 $(x_1, x_2, \cdots, x_n)$，就称模型 $f$ **分散 (shatter)** 了数据集 $(x_1, \cdots, x_n)$。一个分类模型的 VC 维为 $n$，当且仅当任意数据维度大小为 $n$ 的数据集能被其分散，且存在数据维度大小为 $n+1$ 的某一数据集不能被其分散。

来看一个简单的例子。假设在二维空间中有一个线性分类算法，即分类模型 $f$ 需要在二维空间中学习到一条线性的分类边界。如图4.29所示，在二维空间，对于任意的三个点，永远能找到一条直线来完美地区分不同类的数据。然而有四个点时，有时便找不到这样一条完美的分界线（至少两条直线才能完美区分）。那么对于一个二维空间的线性分类器，它的 VC 维就等于 3。

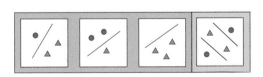

图 4.29　VC 维为 3 的线性分类器示例

> **定理 4.1**
>
> 一般来说，对于一个 $p$ 维空间中的线性分类器，它的 VC 维是 $p+1$，即分类器能完美分散 $p+1$ 个数据点。

注意到 VC 维的定义需要分类器"无误差"地分类样本，但在实际使用中模型可以接受一些错误的存在，所以可以将数据映射到稍低一些的维度中。另外可以看到，一个模型的 VC 维只与模型的复杂度以及数据样本数量有关。也就是说数据本身的特征数量以及数据分布并不会影响一个模型的学习能力。

**高效性**　核函数的作用就是在低维空间中直接计算两个数据样本在高维空间中的内积，从而大幅降低运算的时间复杂度。以二次核函数 $K(\mathbf{x}, \mathbf{y}) = (1 + \mathbf{x}^\top \mathbf{y})^2$ 为例，假设两个数据 $\mathbf{x}, \mathbf{y} \in \mathbb{R}^p$，二次核函数对应的映射函数 $\Phi(\mathbf{x})$ 会将数据 $\mathbf{x} = [x_1, x_2, \cdots, x_p]^\top$ 映射到 $\mathbb{R}^{p^2}$ 空间中：

$$\Phi(\mathbf{x}) = \left[1, \sqrt{2}x_1, \cdots, \sqrt{2}x_p, x_1^2, \cdots, x_2^p, \sqrt{2}x_1x_2, \cdots, \sqrt{2}x_{p-1}x_p\right]^\top \tag{4.136}$$

在新的空间中计算两个向量的内积 $\Phi(\mathbf{x})^\top\Phi(\mathbf{y})$ 的时间复杂度为 $O(p^2)$。而通过核函数 $K(\mathbf{x}, \mathbf{y})$，算法只需要花费 $O(p)$ 的时间成本就能计算出高维空间的向量内积。二次核函数是一种比较简单的情况，考虑一般的多项式核函数 $K(\mathbf{x}, \mathbf{y}) = (1 + \mathbf{x}^\top \mathbf{y})^d$，如果在高维空间中直接计算内积，需要的时间复杂度为 $O(p^d n^2)$。而利用核函数，运算的时间复杂度只有 $O(pn^2)$。因此在变量数量很多的情况下，核函数能节省大量的计算时间。

### 4.7.5.3　使用核函数的支持向量机优化

对于使用核函数的支持向量机的优化问题，处理思路与前文的求解思路是一致的。事实上我们甚至可以将软间隔支持向量机中的矩阵点积视为一种特殊的核函数。首先，将原问题转换为其拉格朗日对偶问题的形式，随后利用 SMO 算法进行迭代更新求解，最后还需要使用 KKT 条件来验证此时求得的解也是原问题的解。

**步骤一：将原问题转换为对偶问题**　首先，需要表示核函数的支持向量机的优化原始问题，其在形式上与上文介绍的软间隔支持向量机是一致的，区别在于由于使用了核函数，因此需要对数据 $\mathbf{x}$ 使用函数 $\Phi$ 进行映射：

$$\begin{aligned}
\underset{\mathbf{w}, b, \varepsilon}{\arg\min} \quad & \frac{1}{2}\|\mathbf{w}\|^2 + C\sum_{i=1}^{N}\varepsilon_i \\
\text{s.t.} \quad & 1 - y_i\left(\mathbf{w}^\top\Phi(\mathbf{x}_i) + b\right) - \varepsilon_i \leqslant 0, \quad i = 1, 2, \cdots, N \\
& \varepsilon_i \geqslant 0, \qquad\qquad\qquad\qquad i = 1, 2, \cdots, N
\end{aligned} \tag{4.137}$$

接着，同样将使用核函数的支持向量机的优化问题转换为拉格朗日对偶形式，转换过程与前文所述软间隔支持向量机优化问题的转换过程是一致的，区别只是将线性点积变为核函数 $K(\mathbf{x}_i, \mathbf{x}_j)$，因此可以直接写出其对偶问题形式：

$$\begin{aligned}
\underset{\alpha}{\arg\max} \quad & \sum_{j=1}^{N}\alpha_i - \frac{1}{2}\sum_{i=1}^{N}\sum_{j=1}^{N}\alpha_i\alpha_j y_i y_j K(\mathbf{x}_i, \mathbf{x}_j) \\
\text{s.t.} \quad & \sum_{i=1}^{N}\alpha_i y_i = 0 \\
& C \geqslant \alpha_i \geqslant 0, \quad i = 1, 2, \cdots, N
\end{aligned} \tag{4.138}$$

该问题的优化可以参照 §4.7.2.2 硬间隔支持向量机所用的优化方法，即 **SMO 算法**。

**步骤二：使用 SMO 算法求解问题** 因为核函数通过将数据映射到高维来使其线性可分，所以可以参照软间隔支持向量机，在高维空间中用同样的方法来求解。SMO 算法的核心思想仍然是每次只优化一个参数，固定其他参数，仅求当前优化参数的极值。区别在于此时使用了核方法，因此点积 $\mathbf{x}_i^\top \mathbf{x}_j$ 需要改写为核函数 $K(\mathbf{x}_i, \mathbf{x}_j)$。这里用 $K_{ij}$ 指代核函数 $K(\mathbf{x}_i, \mathbf{x}_j)$。

使用 SMO 算法求解优化问题（4.138）的步骤如下：首先，由于问题（4.138）中含有约束条件 $\sum_{i=1}^{N} \alpha_i y_i = 0$，因此 SMO 算法此时会选择两个参数 $\alpha_i$ 和 $\alpha_j$，满足

$$\alpha_i y_i + \alpha_j y_j = c = -\sum_{k \neq i, j} \alpha_k y_k \tag{4.139}$$

$$\alpha_i \geqslant 0, \quad \alpha_j \geqslant 0$$

进而可以将 $\alpha_j$ 表示为

$$\alpha_j = (c - \alpha_i y_i) y_j \tag{4.140}$$

通过这样目标问题转换为仅有一个约束条件 $\alpha_i \geqslant 0$ 的最优化问题。

接着，假设选择的参数为 $\alpha_1$ 和 $\alpha_2$，并令 $\frac{\partial W(\alpha_1)}{\partial \alpha_1} = 0$ 可得

$$(K_{11} - K_{22} + 2K_{12}) \alpha_1^{\mathrm{new}} = (K_{11} - K_{22} + 2K_{12}) \alpha_1^{\mathrm{old}} + \\ y_2 \big( (f(\mathbf{x}_1) - y_1) - (f(\mathbf{x}_2) - y_2) \big) \tag{4.141}$$

其中 $f(\mathbf{x}_i) - y_i$ 表示模型预测标签与实际标签的差值，记为 $E_i$。同时记

$$\eta = (K_{11} - K_{22} + 2K_{12})$$

由此可以推导出 $\alpha_1$ 的更新公式：

$$\alpha_1^{\mathrm{new}} = \alpha_1^{\mathrm{old}} + \frac{y_2 (E_1 - E_2)}{\eta} \tag{4.142}$$

各位读者可以发现，上式在形式上与在求解软间隔 SVM 优化问题中推导出的公式实际上是一致的。同样地，对上式得到的 $\alpha_1^{\mathrm{new}}$ 也需要进行裁剪，该过程与 §4.7.3.4 是一致的，即

$$\alpha_1^{\mathrm{new}} = \begin{cases} B, & \alpha_1^{\mathrm{new}} > B \\ \alpha_1^{\mathrm{new}}, & A \leqslant \alpha_1^{\mathrm{new}} \leqslant B \\ A, & \alpha_1^{\mathrm{new}} < A \end{cases} \tag{4.143}$$

通过像这样在 $\alpha_i$ 上对优化目标求偏导并令导数为零，可以求出变量值 $\alpha_i^{\mathrm{new}}$，然后根据 $\alpha_i^{\mathrm{new}}$ 求出 $\alpha_j^{\mathrm{new}}$。最终通过多次迭代达到收敛，求得最优解 $\alpha^*$。

最后根据 $\alpha^*$ 求得 $\mathbf{w}^*$ 及 $b^*$，最终得出最大间隔边界 $\mathbf{w}^{*\top} \Phi(\mathbf{x}) + b^* = 0$。

综上所述，求解对偶问题（4.138）的伪代码如算法 4.3 所示。

> **算法 4.3 SMO 算法**
>
> 1 **输入：**样本矩阵 $\mathbf{X} \in \mathbb{R}^{n \times p}$，样本对应的标签 $\mathbf{y} \in \mathbb{R}^n$，最大迭代次数 $T$ 和
>    拉格朗日乘子 $\alpha \geqslant 0$。
> 2 随机初始化拉格朗日乘子 $\alpha^0$，预测系数 $\mathbf{w}$ 和 $b$;
> 3 **for** $t \leftarrow 1, \cdots, T$ **do**
> 4      选取两个参数 $\alpha_i$ 和 $\alpha_j$ 进行优化;
> 5      根据公式（4.142）更新 $\alpha_i^{\text{new}}$;
> 6      对 $\alpha_i^{\text{new}}$ 进行裁剪;
> 7      **if** 满足停机准则 **then**
> 8          break;
> 9      **end**
> 10      更新 $b^t$;
> 11 **end**
> 12 根据 $\alpha^*$ 求得 $\mathbf{w}^*$ 及 $b^*$;
> 13 **输出：**预测系数 $\mathbf{w}^*$ 和 $b^*$。

可以看到，使用 SMO 算法时，由于每次都需要挑选一对参数，因此时间复杂度为 $O(n^2)$，其中 $n$ 为训练样本的数量。在此基础之上考虑高维空间的向量内积后的时间复杂度为 $O(n^2p)$。此外由于需要存储核函数矩阵 $\mathbf{K}$，因此空间复杂度为 $O(n^2)$。

**步骤三：将解代入 KKT 条件进行验证** 最后，同样需要利用 KKT 条件对求得的解进行验证。对于上述对偶问题的解，需要满足

$$
\begin{cases}
\dfrac{\partial L}{\partial \mathbf{w}} = 0, \dfrac{\partial L}{\partial b} = 0, \dfrac{\partial L}{\partial \alpha} = 0 \\
\alpha_i \left(1 - y_i \left(\mathbf{w}^\top \Phi(\mathbf{x}_i) + b\right)\right) = 0, & i = 1, 2, \cdots, N \\
1 - y_i \left(\mathbf{w}^\top \Phi(\mathbf{x}_i) + b\right) \leqslant 0, & i = 1, 2, \cdots, N \\
\alpha_i \geqslant 0, & i = 1, 2, \cdots, N
\end{cases}
\tag{4.144}
$$

此时满足该 KKT 条件的解也必然是原问题的解。

**支持向量机总结** 支持向量机提出的动机在于感知机的缺点。感知机是一种**直接学习决策边界**的模型，但问题在于使用相同的训练样本也会产生不同的模型，模型泛化性较差。支持向量机基于"样本和分类平面间隔越大，被正确分类的概率越大"的假设，把最大化样本与分类平面的间隔作为优化目标，从而使得模型**结果唯一**。

支持向量机一般转化为对偶问题进行优化求解。支持向量机的原问题是含有不等式约束的二次规划问题，使用二次规划求解器的计算复杂度非常高。考虑将其转化为对偶问题进行求解，通过消去原问题中的 $\mathbf{w}$ 和 $b$，使得问题规模只与样本数量有关，**降低了**

**运算复杂度**。使用 SMO 算法求解对偶问题，并将结果代入 KKT 条件进行验证。

支持向量机有多种派生模型。最基本的**硬间隔支持向量机**是在数据完全线性可分的情况下适用的模型，而在现实数据中大部分数据并非完全线性可分。对于近似线性可分的情况，在原硬间隔支持向量机基础上引入误差来容忍少量样本的错误分类，从而派生出**软间隔支持向量机**。而对于数据点完全线性不可分的情况，使用**核方法**将其映射到高维空间从而使其线性可分。

## ✑ 习题 ✑

习题 4.15　(1) 根据硬间隔支持向量机的对偶形式

$$\max_{\alpha} \quad \frac{1}{2} \sum_{i,j=1}^{N} \alpha_i \alpha_j y_i y_j (\mathbf{x}_i^\top \mathbf{x}_j)$$

$$\text{s.t.} \quad \alpha_i \geqslant 0$$

$$\sum_{i=1}^{N} \alpha_i y_i = 0, \; i = 1, 2, \cdots, N$$

若已知 $\alpha^*$，请给出求原参数 $b^*$ 的方法。

(2) 同理，请给出软间隔支持向量机中已知 $\alpha^*$ 求 $b^*$ 的方法。

习题 4.16　对比上一题中硬间隔支持向量机的对偶形式，请证明软间隔支持向量机的对偶形式只在 $\alpha_i \geqslant 0; i = 1, 2, \cdots, N$ 的限制条件上发生了改变。

习题 4.17　给出样本数据集 $\mathcal{D} = \{(\mathbf{x}^{(i)}, y_i) \mid i = 1, 2, \cdots, n\}, \mathbf{x}^{(i)} = (x_1^{(i)}, x_2^{(i)})^\top$，其样本特征空间如下图所示。我们称这样的数据为异或数据，请找到一个变换 $\Phi(\mathbf{x})$ 使异或数据线性可分。

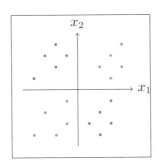

习题 4.18　在第三章的非线性回归一节中，我们曾学习了高斯核函数的径向基回归：

$$\varphi_i(\mathbf{x}_j) = K_{\lambda_i}(\mathbf{x}_j, \mathbf{r}_i) = \exp\{-\frac{(\mathbf{x}_j - \mathbf{r}_i)^2}{2\lambda_i^2}\}$$

请简要说明其与高斯核支持向量机的区别与相同点。

习题 4.19　**半正定核函数**。若核函数 $K : \mathbb{R}^p \times \mathbb{R}^p \mapsto \mathbb{R}$ 关于向量组 $\{\mathbf{x}_1, \mathbf{x}_2, \cdots, \mathbf{x}_n\}$ 的格拉姆

矩阵

$$\mathbf{K} = \begin{pmatrix} K(\mathbf{x}_1, \mathbf{x}_1) & K(\mathbf{x}_1, \mathbf{x}_2) & \cdots & K(\mathbf{x}_1, \mathbf{x}_n) \\ K(\mathbf{x}_2, \mathbf{x}_1) & K(\mathbf{x}_2, \mathbf{x}_2) & & \vdots \\ \vdots & & \vdots & \vdots \\ K(\mathbf{x}_n, \mathbf{x}_1) & \cdots & \cdots & K(\mathbf{x}_n, \mathbf{x}_n) \end{pmatrix}$$

是半正定的，则称 $K$ 是半正定的核函数。设 $K_1$、$K_2$ 为两个半正定核函数。

(1) 给定函数 $f : \mathbb{R}^p \mapsto \mathbb{R}$，证明：$K(\mathbf{x}_i, \mathbf{x}_j) = f(\mathbf{x}_i)f(\mathbf{x}_j)$ 是半正定的。

(2) 证明：$K(\mathbf{x}_i, \mathbf{x}_j) = K_1(\mathbf{x}_i, \mathbf{x}_j)K_2(\mathbf{x}_i, \mathbf{x}_j)$ 是半正定的。（提示：将 $K_1$、$K_2$ 的格拉姆矩阵特征值分解后，特征向量逐元素相乘即为新的特征向量）

(3) 若 $P(x) = \sum\limits_r a_r x^r$ $(a_r \geqslant 0)$ 为一个非负系数多项式，证明：$K(\mathbf{x}_i, \mathbf{x}_j) = P(K_1(\mathbf{x}_i, \mathbf{x}_j))$ 是半正定的。

(4) 证明：$K(\mathbf{x}_i, \mathbf{x}_j) = \exp\{K_1(\mathbf{x}_i, \mathbf{x}_j)\}$ 是半正定的。（提示：泰勒展开）

(5) 证明：高斯核函数 $K(\mathbf{x}_i, \mathbf{x}_j) = \exp\{-\frac{\|\mathbf{x}_i - \mathbf{x}_j\|^2}{2\sigma^2}\}$ 是半正定的。

习题 4.20 用以下代码生成异或数据，利用 习题 4.17 的结论作出使数据线性可分的变换。

```python
import numpy as np
import matplotlib.pyplot as plt
# 创建数据
X_xor = np.random.randn(40, 2)
y_xor = np.logical_xor(X_xor[:, 0] > 0 , X_xor[:, 1] > 0)
y_xor = np.where(y_xor, 1, -1)
# 绘制散点图
plt.scatter(x=X_xor[y_xor==1, 0],      # 横轴坐标
            y=X_xor[y_xor==1, 1],      # 纵轴坐标
            color='g', marker='x', label='1')
plt.scatter(x=X_xor[y_xor==-1, 0],
            y=X_xor[y_xor==-1, 1],
            color='b', marker='o', label='-1')
plt.legend()   # 显示图例
plt.show()
```

# 4.8 深度学习

深度学习是机器学习如今的热门研究领域之一，在计算机视觉、自然语言处理等许多领域都有着优异的表现。在§1.5.3中已经介绍了深度学习的定义。和其他的机器学习方法一样，深度学习的流程框架也遵循着§1.4中介绍的一般流程：（1）利用多种手段搜集数据；（2）构造达到目标预期的模型；（3）通过最小化损失函数来对模型进行不断优化，直至达到预期的效果。在本章中，我们将对深度学习的基础架构——**神经网络（Neural Network，简称 NN）**进行详细的介绍。由于神经网络通过计算标签 $y$ 的后验概率分布 $P(y \mid x)$ 进行建模，实现分类，故其也是一种概率判别模型。

## 4.8.1 神经元

在深度学习中，神经网络指的是人工神经网络（artificial neural network），这个名字来源于生物学中的生物神经网络（biological neural network）。科学家们是从生物神经网络中得到启发，通过模仿生物特质来设计出人工神经网络的。

**神经元（neuron）**，在生物学领域中又称神经细胞，是一种构成神经系统的基本单元。神经元结构如图4.30所示。

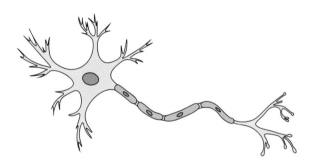

图 4.30　神经元结构图

如图4.30，神经元具有较短的树突和较长的轴突。轴突末梢多次分支，每一小支的末端膨大呈球状或杯状，叫作突触小体。突触小体可与其他多个神经元的细胞体或树突相接触，形成突触[15]。突触是神经元之间进行信息传递的关键部位。信息传递通常是通过化学信号或电信号来进行的。当某个神经元"兴奋"时，会向和它之间形成了突触连接的其他神经元发送信号，从而改变它们的电位。当这种电位改变达到一定"阈值"时，接收到信号的神经元便会被"激活"成"兴奋"状态，也开始向其他的神经元传递信息。

科学家们参考生物神经元的结构，创造了神经元模型。神经元模型是一个包含输入、输出与计算功能的模型。和生物神经元一样，单个神经元模型的输出可以看作"轴突末梢"，能与其他神经元的输入相连并形成"突触"。在神经元中进行的计算，可以看作"神经信号"的"激活"过程。完成"激活"过程的函数被称为**激活函数（activation function）**。经过"激活"后，便能向相连的其他神经元传递信息。§4.8.2将对激活函数进行具体介绍。

如图4.31所示，这个神经元模型由 3 个输入节点、2 个计算节点（这里为求和函数和 sigmoid 函数）和 1 个输出节点组成。其中，$x_i(i = 1, 2, 3)$ 为输入，$\widehat{y}$ 为输出，$w_i(i = 1, 2, 3)$ 为权值。可以看到，每个输入都对应一个权值（或参数）。和其他机器学习算法原理相同，神经网络的训练目的也是将模型参数调整到最佳，使得模型的预测效果最好。

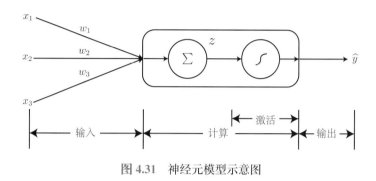

**图 4.31** 神经元模型示意图

图4.31中被框起来的部分即可认为是一个神经元，接受外界的输入后进行线性计算和非线性转换，再向外界输出结果。

以 $z$ 来表示求和的结果，那么这个神经元模型的计算过程便为

$$z = \sum_{i=1}^{3} w_i x_i$$

$$\widehat{y} = \text{sigmoid}(z) = \frac{\mathrm{e}^z}{1 + \mathrm{e}^z}$$

在介绍神经网络模型之前，先来了解一下神经网络模型的基础内容：

- **模型表示**：神经网络主要由**激活函数**、**全连接层**、**输出层**构成，根据不同任务，**卷积层**、**池化层**等有时也会被使用。
- **损失函数**：对于不同的问题，神经网络会采用不同的损失函数进行训练和评估：在二分类问题中，神经网络常用的损失函数为**二值交叉熵损失函数**；在多分类问题中，神经网络则会使用**交叉熵损失函数**；在回归问题中，神经网络会使用**均方差损失函数**。
- **训练方法**：对于神经网络的训练方法，本章会为大家介绍**反向传播算法**，这是一个利用链式求导法则对神经网络中的参数进行梯度计算的算法。神经网络的训练方法是**小批量随机梯度下降法**。
- **派生模型**：针对不同的任务，有众多效果优秀的派生模型被提出，例如针对图像处理的**卷积神经网络**、针对文本处理的**递归神经网络**以及可以生成以假乱真的数据的**生成对抗网络**等。

### 4.8.2 神经网络的结构

众所周知，人类的大脑中有上亿个神经元，这些神经元相互连接，通过突触传递信号，组成功能相似或者相异的神经系统，神经系统之间相互配合，完成思考、行动的决策。同样地，在深度学习的神经网络中，神经网络通过神经元的组合连接，利用激活函数对信息进行有效性的筛选，形成单个或者多个层次结构，功能接近的层可以被视作一个块结构，不同的结构相互连接构建出一个神经网络。

和神经元结构类似，神经网络的结构通常包含四个功能模块：**输入**模块、**计算**模块、**激活**模块、**输出**模块。输入模块、输出模块正如其名，负责数据的输入与输出。计算模块对输入的数据进行计算，计算主要分为两种，一是利用**激活函数**激活函数来筛选、处理计算模块的结果，二是利用**全连接层**，将每个节点均与上一层的所有节点连接，完成层与层之间信息的连接与传递。神经网络通过利用全连接层与激活函数进行**模块化**的堆叠来实现不同的功能，完成复杂的任务。

下面，将介绍神经网络的**激活函数**、**全连接层**，以及由多个神经元连接而成的**单层**、**两层**、**多层神经网络**。

**激活函数**　生物学中，只有电位达到相应阈值神经元才会被"激活"，对有效信息进行传递。为了仿照生物学这样的"激活"的特性，对信息的有效程度进行筛选，科学家们提出了激活函数的概念。

> **定义 4.19 激活函数**
>
> 激活函数，是神经网络中用于计算并定义神经元输出的函数。　　　　　　　　♣

图4.32中列举出了常见的三种激活函数的形式及图像。

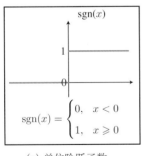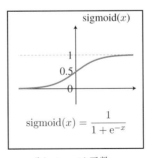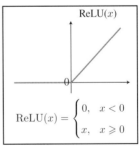

(a) 单位阶跃函数　　　　(b) sigmoid 函数　　　　(c) ReLU 函数

**图 4.32**　三种常见的激活函数

从图4.32中容易看出，单位阶跃函数将输入值 $x$ 映射为 0 或 1；sigmoid 函数在定义域内单调递增，将输入值 $x$ 映射到 0 与 1 之间；ReLU 函数将输入值 $x$ 映射为 $\max(0, x)$。如今，ReLU 函数由于其计算简单、容易优化等特点，在实际应用中常常能达到最好的效果，故而是目前被用得最多的激活函数[16]。可以看到，在单位阶跃函数及 ReLU 函数中，输入小于 0 时，输出固定为 0，这会在反向传播[1]时造成梯度消失问题。

**全连接层**  全连接层（**fully-connected layer**）是神经网络中典型的一类计算模块，图4.33展示了全连接层的示意图。在全连接层中，每个节点均与上一层的所有节点连接。全连接层由于节点全相连的特性，常常拥有大量的参数，需要占用很多内存。

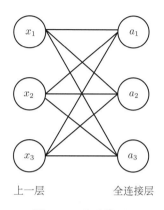

图 **4.33**  全连接层

**单层神经网络**  将多个神经元进行组合，便能获得单层神经网络，如图4.34所示。

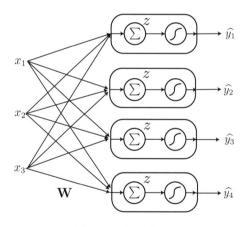

图 **4.34**  单层神经网络

这时候的神经网络每个输出其实就是一个逻辑回归，仅能解决一些简单的线性问题。不过单层神经网络参数有限，网络的拟合能力较低，无法满足日益增长的数据量所带来的需求。更重要的一点是，单层神经网络仅对线性组合后的输入数据进行了简单的映射，本质上仍旧只能解决线性分类问题，这为神经网络的应用带来了很大的限制。后来，随着神经网络逐步发展，图4.34中所展示的单层神经网络变成了神经网络的基本组成单元，神经网络的层数得到增加，神经网络开始逐步能解决更加复杂的问题，比如非线性分类问题。

---

[1]具体介绍见 §4.8.4.2。

**两层神经网络**　将单层神经网络的输出重新作为新的单层神经网络的输入，便可以获得双层神经网络。图4.35是两层神经网络的示意图。可以看到，第一层神经元的输出成了第二层神经元的输入。在这种情况下，图中的第一层神经元被称为**隐藏层**，第二层则被称为**输出层**。按照这样的方式，可以继续添加隐藏层，而隐藏层大于 1 的神经网络即为多层神经网络。

相较于单层神经网络，输出 $\hat{y}$ 并不仅仅局限于对输入的简单线性组合，在对隐藏层输出再进行线性组合与非线性激活操作后，使得神经网络具备了完成非线性分类任务的能力。

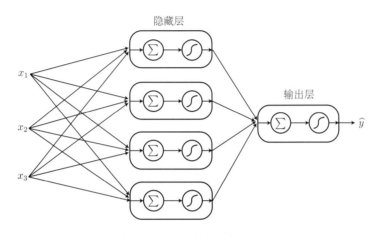

图 4.35　两层神经网络

**多层神经网络**　图4.36是一个多层神经网络的示意图。该神经网络的每个隐藏层均为全连接层。神经网络的层次越多，越能更深入地表示特征。具体而言，在神经网络中，每一层神经元学习到的是前一层神经元值的更抽象的表示，随着网络的层数增加，每一层对于前一层次的抽象表示便会更深入。通俗地说，第一个隐藏层学习到的可以看作是"边缘"的特征，第二个隐藏层学习到的则是由"边缘"组成的"形状"的特征，第三个隐藏层学习到的则是由"形状"组成的"图案"的特征……通过抽取更抽象的特征来对事物进行区分，从而获得更好的区分与分类能力。

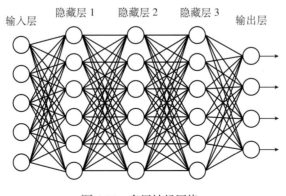

图 4.36　多层神经网络

神经网络的层次越多,越能拥有更强的函数模拟能力。具体而言,随着层数的增加,模型的参数会变得更多,更多的参数意味着神经网络可以模拟更加复杂的函数,即函数模拟能力变得更强。

### 4.8.3 损失函数

在训练、测试任何模型的时候,都需要用指标去衡量模型的好坏,神经网络也不例外。在这里,介绍三种损失函数作为衡量神经网络好坏的指标。

#### 4.8.3.1 二值交叉熵损失函数

在一个解决二分类问题的神经网络模型中,样本的标签只有 0 和 1 两种可能,其中 0 表示负类,1 表示正类。模型的输出会经由 sigmoid 函数的再计算,输出一个概率值,这个概率值反映了模型预测输入的实例为正类的可能性,即 $\widehat{y} = \mathbb{P}(y = 1 \mid x)$。那么预测其为负类的可能性就可以表示为 $1 - \widehat{y} = \mathbb{P}(y = 0 \mid x)$。将这两个概率统一写作

$$\mathbb{P}(y \mid x) = \widehat{y}^{y}(1 - \widehat{y})^{1-y} \tag{4.145}$$

$\mathbb{P}(y \mid x)$ 越大,表明该模型预测的准确率越高。通过引入 log 函数,**二值交叉熵损失函数**(**binary cross entropy loss function**)的形式为

$$\mathcal{L} = -\log \mathbb{P}(y \mid x) = -y \log \widehat{y} - (1 - y) \log(1 - \widehat{y}) \tag{4.146}$$

#### 4.8.3.2 交叉熵损失函数

**交叉熵损失函数**(**cross entropy loss function**)是对二值交叉熵损失函数的一种推广,更适用于多分类问题。以三分类问题为例,神经网络一共有三个输出,其中每个输出表示输入样本属于某一类的概率:

$$\widehat{y_i} = \frac{\mathrm{e}^{z_i}}{\sum\limits_{j=1}^{3} \mathrm{e}^{z_j}} = \mathbb{P}(y_i = 1 \mid x) \tag{4.147}$$

值得注意的是,这里用的是 softmax 函数,而非 sigmoid 函数。

---

**定义 4.20 softmax 函数**

给定一个含任意实数的 $p$ 维向量 $\mathbf{z}$,softmax 函数 $\sigma(\mathbf{z})$ 能将该向量变换为另一个 $p$ 维向量,使向量 $\mathbf{z}$ 的所有元素 $z_i \in (0, 1)$,并使得 $\sum\limits_{j=1}^{p} \sigma(\mathbf{z})_j = 1$。softmax 函数的表达式如下:

$$\sigma(\mathbf{z})_j = \frac{\mathrm{e}^{z_j}}{\sum\limits_{k=1}^{p} \mathrm{e}^{z_k}}, \quad j = 1, 2, \cdots, p \tag{4.148}$$

---

类比二值交叉熵损失函数，可以写出交叉熵损失函数的表达式：

$$\mathcal{L} = -\sum_{j=1}^{3} y_j \log \widehat{y}_j \tag{4.149}$$

其中 $y_j$ 为指示变量，如果真实类别与预测类别相同就为 $1$，否则为 $0$。

### 4.8.3.3 均方差损失函数

在 §1.5 等章节已经多次提及，其定义式为

$$\mathcal{L} = \frac{1}{n} \sum_{i=1}^{n} (\widehat{y}_i - y_i)^2 \tag{4.150}$$

## 4.8.4 神经网络的优化

在介绍了神经网络的结构与其所使用的损失函数之后，将会为大家介绍神经网络的优化方法。在神经网络优化的过程中，首先需要通过**前向传播算法**获得模型的输出，储存模型中的相关参数，随后使用**反向传播算法**，利用前向传播算法中储存的参数，获得其对应的梯度，最后使用小批量梯度下降法等训练方法进行参数的更新。

### 4.8.4.1 前向传播

通过上述内容，我们已经对神经网络的结构有了基础的认识。众所周知，生物体的神经网络非常错综复杂，动辄拥有数以万计的细胞以及复杂的细胞间连接关系。人工神经网络亦然。在一个大规模神经网络中，神经元的数目也非常多。为了使众多神经元间能够进行信息交换，**传播（propagation）**过程是必不可少的。下面将以图4.35中的两层神经网络为例，说明神经网络是如何通过层层之间的传播、神经元中的计算输出最后的结果的。

网络的输入为三维的样本向量 $\mathbf{x} = (x_1, x_2, x_3)^{\top}$，中间的隐藏层由四个神经元组成，隐藏层的输出记作 $\mathbf{h} = (h_1, h_2, h_3, h_4)^{\top}$，网络最后输出的是 $\widehat{y}$，即样本 $\mathbf{x}$ 属于类别 1 的概率。特别地，输入层到隐藏层之间的权重矩阵用 $\mathbf{W}_1 = \{w_{ij}\}_{3 \times 4}$ 表示，隐藏层到输出层之间的权重向量用 $\mathbf{w}_2 = (w_1, w_2, w_3, w_4)^{\top}$ 表示。

每有一个样本 $\mathbf{x}$ 进入该神经网络，样本 $\mathbf{x}$ 会先与权重矩阵 $\mathbf{W}_1$ 相乘得到隐藏层的输入 $\mathbf{z}_1$，然后经过 sigmoid 函数将其映射到 $[0,1]$ 上；接着函数的结果 $\mathbf{h}$ 会再与权重向量 $\mathbf{w}_2$ 相乘得到 $z_2$，输入到输出层，同样经过一个 sigmoid 函数得到最后的结果 $\widehat{y}$。将这个过程中涉及的所有式子按照步骤全部列出来：

$$\begin{aligned} \mathbf{z}_1 &= (\mathbf{W}_1)^{\top} \mathbf{x} \\ \mathbf{h} &= \text{sigmoid}(\mathbf{z}_1) = \frac{\mathrm{e}^{\mathbf{z}_1}}{1 + \mathrm{e}^{\mathbf{z}_1}} \\ z_2 &= (\mathbf{w}_2)^{\top} \mathbf{h} \\ \widehat{y} &= \text{sigmoid}(z_2) = \frac{\mathrm{e}^{z_2}}{1 + \mathrm{e}^{z_2}} \end{aligned} \tag{4.151}$$

这个样本从输入层经过隐藏层到输出层得到最终结果的过程被称为**前向传播**（forward propagation）。前向传播除却获得模型输出结果，也同样储存了后续**反向传播**需要更新的参数，对模型效果的不断提升做出了贡献。

### 4.8.4.2 反向传播

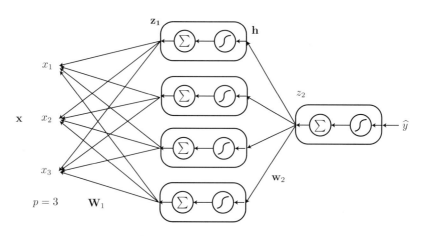

**图 4.37** 两层神经网络反向传播

在确定损失函数之后，需要利用前向传播所获得的结果优化神经网络的参数。梯度下降法通常是最先考虑的优化算法，那么如何通过网络最后输出值求得的损失函数求得参数的梯度呢？这里以图4.37所示网络为例，使用二值交叉熵作为损失函数。

由于反向传播涉及前向传播中储存的参数以及损失函数的表达式，需要结合前向传播参数式（4.151）与二值交叉熵损失函数式（4.146）做具体分析。为观察方便，将二者统一整合为式（4.152）。

$$
\begin{aligned}
&\mathbf{z}_1 = (\mathbf{W}_1)^\top \mathbf{x} \\
&\mathbf{h} = \text{sigmoid}(\mathbf{z}_1) = \frac{e^{\mathbf{z}_1}}{1 + e^{\mathbf{z}_1}} \\
&z_2 = (\mathbf{w}_2)^\top \mathbf{h} \\
&\widehat{y} = \text{sigmoid}(z_2) = \frac{e^{z_2}}{1 + e^{z_2}} \\
&\mathcal{L} = -\log \mathbb{P}(y \mid x) = -y\log\widehat{y} - (1-y)\log(1-\widehat{y})
\end{aligned}
\tag{4.152}
$$

从式（4.152）中，可以发现，想要直接求 $\frac{\partial \mathcal{L}}{\partial \mathbf{W}_1}$ 和 $\frac{\partial \mathcal{L}}{\partial \mathbf{w}_2}$ 是相当困难的，其中涉及的变量函数太多。此时，常常用数学中的链式求导法则解决这个问题。

**定义 4.21 链式求导法则**

$f$ 和 $g$ 是两个关于 $x$ 的可导函数，复合函数 $f\big(g(x)\big)$，它关于 $x$ 的导数为

$$
\frac{\partial f\big(g(x)\big)}{\partial x} = \frac{\partial f\big(g(x)\big)}{\partial g(x)} \cdot \frac{\partial g(x)}{\partial x}
$$

下面根据链式法则来对 $\mathbf{w}_2$ 求导:

$$
\begin{aligned}
\frac{\partial \mathcal{L}}{\partial \mathbf{w}_2} &= \frac{\partial \mathcal{L}}{\partial \widehat{y}} \cdot \frac{\partial \widehat{y}}{\partial z_2} \cdot \frac{\partial z_2}{\partial \mathbf{w}_2} \\
&= \left( \frac{\widehat{y} - y}{\widehat{y}(1 - \widehat{y})} \right) \cdot \left[ \frac{\mathrm{e}^{z_2}}{1 + \mathrm{e}^{z_2}} \left( 1 - \frac{\mathrm{e}^{z_2}}{1 + \mathrm{e}^{z_2}} \right) \right] \cdot \mathbf{h} \\
&= (\widehat{y} - y)\mathbf{h}
\end{aligned}
\tag{4.153}
$$

从式（4.153）中可以发现，反向传播算法是一种利用链式法则从网络的输出**反向**倒推回网络的输入计算神经网络的梯度的方法。

例 4.8 下面用一个更加具体的例子来详细地讲解反向传播算法更新迭代参数的过程。

图4.38展示了一个简单的两层神经网络结构，给定一个样本 $\mathbf{x} = (x_1 = 1, x_2 = 2)$，其标签为 $y = 1$，现在以这个样本作为训练数据来更新神经网络中的参数。先初始化神经网络中的 6 个权重参数分别为：$w_1^{(0)} = 0.25, w_2^{(0)} = 0.5, w_3^{(0)} = 0.4, w_4^{(0)} = 0.1, w_5^{(0)} = 0.6, w_6^{(0)} = 0.3$；设置学习率 $\eta = 0.6$。

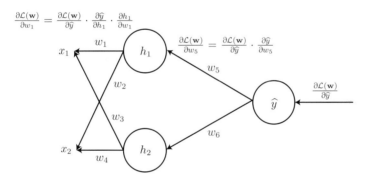

图 4.38  反向传播算法示例

我们以第一次更新参数 $w_1$ 的过程为例说明反向传播如何迭代更新参数。

$$
h_1 = \mathrm{sigmoid}(0.25 \times 1 + 0.5 \times 2) = 0.7773
$$

$$
h_2 = \mathrm{sigmoid}(0.4 \times 1 + 0.1 \times 2) = 0.6457
$$

$$
\widehat{y} = \mathrm{sigmoid}(0.6 \times h_1 + 0.3 \times h_2) = 0.6593
$$

$$
\mathcal{L}(\mathbf{w}) = -y \log \widehat{y} - (1 - y) \log(1 - \widehat{y}) = 0.6010
\tag{4.154}
$$

$$
\frac{\partial \mathcal{L}(\mathbf{w})}{\partial w_1^{(0)}} = \frac{\partial \mathcal{L}(\mathbf{w})}{\partial \widehat{y}} \cdot \frac{\partial \widehat{y}}{\partial h_1} \cdot \frac{\partial h_1}{\partial w_1^{(0)}} = -0.0354
$$

$$
w_1^{(1)} = w_1^{(0)} - \eta \cdot \frac{\partial \mathcal{L}(\mathbf{w})}{\partial w_1^{(0)}} = 0.2712
$$

表4.13展示了 20 次迭代中参数的更新状况和损失函数的变化情况。可以看出，随着迭代次数的增加，损失函数越来越小。

表 4.13　参数优化过程

| 迭代次数 | $w_1$ | $w_2$ | $w_3$ | $w_4$ | $w_5$ | $w_6$ | 损失函数 |
|---|---|---|---|---|---|---|---|
| 0 | 0.2500 | 0.5000 | 0.4000 | 0.1000 | 0.6000 | 0.3000 | 0.6010 |
| 1 | 0.2712 | 0.5425 | 0.4140 | 0.1281 | 0.7589 | 0.4320 | 0.4967 |
| 2 | 0.2928 | 0.5857 | 0.4309 | 0.1619 | 0.8979 | 0.5476 | 0.4139 |
| 3 | 0.3133 | 0.6267 | 0.4488 | 0.1975 | 1.0194 | 0.6494 | 0.3485 |
| $\vdots$ | $\vdots$ | $\vdots$ | $\vdots$ | $\vdots$ | $\vdots$ | $\vdots$ | $\vdots$ |
| 20 | 0.4737 | 0.9474 | 0.6258 | 0.5516 | 1.9269 | 1.4520 | 0.0704 |

## 4.8.4.3　神经网络的训练方式

上一小节介绍了如何使用反向传播算法获得参数的梯度，下面将介绍神经网络常用的训练方式。

§3.2.3中介绍了梯度下降法，这是一种常用的参数优化方式。如果在训练神经网络时使用批量梯度下降法更新参数，会发现训练集的数量过于庞大，导致参数的梯度是不可计算的。因此，我们在训练中所选择的方法是§3.2.5中的**小批量梯度下降法（mini-batch GD）**，在训练的每一次迭代中，从训练集中随机抽取预设定数量的样本，将这些样本视为一个**批（batch）**，计算参数梯度时所使用的是一个批。神经网络训练中所使用的小批量梯度下降法的流程如下：

I. 初始化所有系数（比如 $\mathbf{W}_1, \mathbf{w}_2$）。

II. 从训练集中随机抽取样本获得一个批，对于每一批的样本：

　　**步骤一**：从输入到输出，"前向"运算，计算预测输出 $\hat{y}$ 和损失 $\mathcal{L}$；

　　**步骤二**："反向"计算损失关于所有系数的梯度；

　　**步骤三**：用随机梯度下降更新系数值。

III. 重复第 2 步直到收敛。

可以看出，在训练过程中，每次迭代使用了批替代整个训练集来训练神经网络，这意味着训练中的每次迭代并没有利用训练集中所有的数据。而随机抽取样本获得批的方法也导致了一个潜在的问题：随机性使得训练的过程中有些样本被使用的次数较多，有些样本使用的次数较少。为了避免这样的随机性，使训练集中的每个样本在训练过程中都被充分使用，我们在从数据集随机抽取样本时采取不放回的抽取方式。当整个训练集的样本都被使用一遍后，重新对整个训练集进行不放回的样本抽取。我们将训练集中所有样本都被使用一次的过程叫作一个**时期（epoch）**。在从训练集中获得批时，需要设置**批规模（batch size）**，确定一个批内有多少个样本。

除了小批量梯度下降法，一些深度学习框架还提供了别的优化算法，例如 Adam 算法[17] 等。Adam 算法主要利用动量（momentum）来更新梯度的一阶矩估计和二阶矩估计，以此在每轮迭代中自适应地调整参数的学习率。

神经网络由于参数规模巨大，因此在训练过程中需要进行大量的简单运算。**中央处**

理器（Central Processing Unit，简称 CPU）有较强的处理复杂逻辑运算的能力，但其计算单元的数量较少，因此并行计算能力不足，在训练神经网络模型时效率较低。**图形处理器**（Graphics Processing Unit，简称 GPU）的计算单元数量较多，因此并行计算的能力更强，处理大量简单运算的效率较高。故常使用 GPU 进行大规模神经网络模型的训练，训练时所使用的数据也会存储在 GPU 的存储器——显存之中。

在使用 GPU 训练神经网络时，常常会遇到一个重要的问题：如何设置批规模？当批规模较小时，每个批中的样本的噪声影响会变大，导致训练过程产生振荡，难以收敛。不仅如此，批规模较小也会使得显存的利用率较低，单个时期内的迭代次数较多，数据的处理速度较慢。而批规模变大会导致需要的时期数量增加，时间成本增高，与此同时，数据中噪音的效果变弱，导致训练过程中参数容易收敛至**鞍点**[1]，模型泛化性和准确度受到影响。如图4.39、图4.40分别展示了在二维、三维情况下的鞍点示意图。批规模过大则会引起显存溢出，参数无法训练。对于如何选择批规模的问题，一般会采用不同的规模进行尝试，所选择的批规模一般是 2 的幂，批规模逐渐增加，直至训练时间成本过高或者无法训练，最后从所获得的模型中选择训练时长较为合适且效果较好的模型。

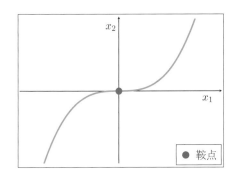

图 4.39　二维鞍点示意图

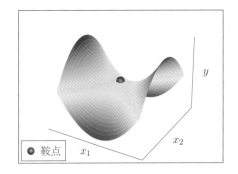

图 4.40　三维鞍点示意图

假设需要训练一个输入为图像数据的神经网络模型，训练使用的数据集为 ImageNet 数据库[2]，如果训练所使用的 GPU 配备了 8 GB 的显存，32 或者 64 个样本是较为合适的批规模设定。

### 4.8.5　神经网络的实现

在之前的内容中为大家介绍了神经网络的结构，以及神经网络的优化等理论内容。本小节将从实战的角度为大家介绍常用的神经网络框架，并对神经网络的优缺点进行总结。

在 Python 语言社区中，已经有很多深度学习的框架（图4.41）。这些框架提供基本的模块，能够自动完成反向传播的梯度计算，从而帮助使用者快速地构建所需的深度学

---

[1]在 §2.3中介绍过鞍点，简单来说，一个不是局部极值点但是一阶导数为 0 的点被称为鞍点。

[2]ImageNet 项目是一个大型视觉数据库，用于视觉目标识别软件研究。

习模型。

图 4.41　一些深度学习框架

在这些框架中，TensorFlow 和 PyTorch 是较为常用的两种框架。TensorFlow 是工业界最常用的深度学习框架，它提供了可视化工具来方便用户随时观测训练过程。但是 TensorFlow 的问题在于对于初学者来说过于复杂，接口设计比较抽象难懂（TensorFlow2.0 及以上的版本已经对此做了改进）。PyTorch 则是一种学界很常用的框架。它简洁易用，方便研究人员去观察网络低层次的运算。但是由于 PyTorch 在工业界很少使用，PyTorch 训练出的模型难以真正在实际应用中进行部署。在选择框架时，读者可以根据兴趣或具体需要来进行选择。

**神经网络总结**　神经网络有如下的**优点**：

1. 神经网络模型的**表达能力较强**。

2. 神经网络作为一个**端到端**的模型，在输入端输入数据之后便能在输出端直接获得所需结果，无须粘合其他模型完成任务，也无须掌握特定领域的知识，**易迁移**至其他领域运用。

3. 神经网络由于使用反向传播与小批量梯度下降法进行优化，因此是一个**可训练**的模型。对比如 SVM、$K$ 最近邻算法这些不可训练的模型，神经网络的模型性能能够随着训练过程不断调整变化，在样本量充足的情况下，能够较好地拟合数据分布，**模型表现优于**传统机器学习模型。

同时，它也有如下的**缺点**：

1. 神经网络训练所优化的是非凸问题，优化问题的目标函数之中存在**鞍点**，这意味着如果在训练神经网络时使用小批量梯度下降法等无法摆脱鞍点的训练方法，参数有可能收敛至鞍点，获得的模型**性能不佳**。

2. 神经网络在层数较多时，**参数量巨大，模型复杂度非常高**，这不仅使训练速度缓慢，而且对训练神经网络的设备的**计算能力、内存有较高要求，硬件门槛较高**，这意味着很多深度神经网络模型无法被大部分个人计算机所训练。

3. 神经网络的**可解释性**较弱，所以也被称为"黑盒子"，这影响了神经网络模型获得的结果的说服力。

现在，许多科研任务着力于解决神经网络模型的这些缺点，但对这些科研任务的介绍已超出本书的范畴，读者可以自行阅读相关资料进行了解。

### 4.8.6 卷积神经网络

深度学习领域在近几年完成了"爆炸式"的发展，有大量的深度学习被提出以解决各式各样的问题。在这些模型中最广为人知的模型之一就是**卷积神经网络（Convolutional Neural Network，简称 CNN）**。CNN 在图像处理[18-20]、自然语言处理[21-22]、目标检测[23-25]等领域都有着非常成功的应用。

在 CNN 被提出之前，图像处理所面临的问题主要有两个：首先是随着图像质量的提升，传统算法处理高像素图像的效率非常低；其次是在图像处理的过程中，离散化的过程（如多层神经网络对像素值进行简单的加权求和）会丢失图像本身的空间特征，从而影响后续分析。CNN 从人类视觉系统的研究成果中得到了解决这些问题的灵感。人类每天看到的世界的"像素"很高，因此人类用视觉系统处理的信息量远远大于一张普通的图像。此外，人类视觉系统能够高效地提取图像的特征，使得一张图像哪怕经过翻转或者移动，人类都有能力认出这张图像。神经生物学的研究[26-28]发现，人类通过"分层"的神经系统来处理图像数据。简单来说，对于一个图像，视觉系统会首先抽象出图像中的所有基本信息（如边缘和方向），接着进一步提取出图像中的所有形状，最后大脑会判定图像中物体的具体类别。以人类识别人脸为例，先会抽象出一个人脸部的边缘以及脸部的方向。然后进一步会提取出人脸的形状，如椭圆形。接下来视觉系统会去处理具体的五官等信息，最终将看到的脸和认识的人进行匹配。这种分层处理的机制中每一层负责不同尺度信息的处理，使得人类大脑可以快速处理图像数据且不会丢失特征信息。

由此，CNN 试图仿造这种机制，设计出一种多层的神经网络，其中每一层处理不同层次的特征信息。这其实就是 CNN 的灵感来源。一个典型的 CNN 网络结构如图4.42所示。网络由很多不同种类的神经网络层组成，包括卷积层、池化层，以及全连接层。不同的神经网络层在 CNN 中具有不同的功能，本节将会对 CNN 的主要组成部分一一进行解释：§4.8.6.1会从数字图像的角度出发介绍图像的数据结构、卷积运算的背景，§4.8.6.2会详细解释 CNN 网络中最重要的卷积层的核心概念，最后 §4.8.6.3和 §4.8.6.4会对池化层和全连接层进行介绍。

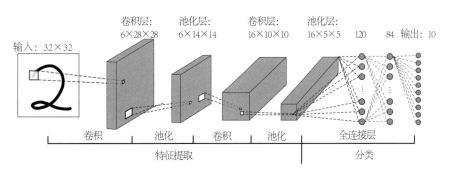

**图 4.42　CNN 通用结构示意图**

### 4.8.6.1 数字图像与卷积

在讲解卷积神经网络之前，首先需要了解数字图像在计算机中是如何表示的，以及卷积运算的概念。事实上，在计算机中，数字图像是通过一个个**像素点（pixel）**来表示的，完整的图像本质上则是由像素点组成的一个二维矩阵（如灰度图像）或多个二维矩阵（如 RGB 图像）。在 RGB 图像中，图像由红（R）、绿（G）、蓝（B）三个通道，即 3 个二维矩阵构成，每一层矩阵分别对应 R/G/B 的单色光灰度值。

如图4.43所示，在计算机中，一个大小为 $H \times W$ 的 RGB 图像本质上是由 3 个 $H \times W$ 的二维矩阵组成的三维数组，其中 $H$ 表示该矩阵的行数，$W$ 表示该矩阵的列数，矩阵中的每个元素代表一个像素点的单色光灰度值。该图像也可以被抽象为一个三维数组，并使用**高度（height）**、**宽度（width）**来分别表示每个二维矩阵的行数、列数，用**深度（depth）**来表示图像的通道数。不难发现图像的每个通道所表示的二维矩阵即为图像某一通道的单色光灰度矩阵。

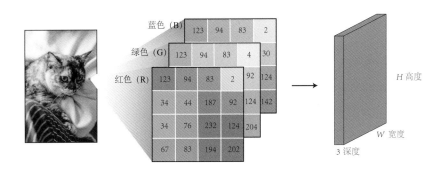

**图 4.43** RGB 图像的数字表示

接下来要考虑如何处理数字图像数据。如果采用 §4.8.2 中介绍的全连接网络，可以把数字图像扁平化为一个一维数组，并对其中每个元素赋予一个权重值，从而进行加权求和以得到输出值。然而这样的做法完全丢失了像素的空间排列信息，并且有着庞大的参数量。对于一个分辨率为 $32 \times 32$ 的三通道图像，一层全连接层就需要有 3072 个参数需要训练。

为解决这一问题，研究者们提出了许多想法，其中一种来源于神经科学中对视觉系统的研究[29]，相关研究发现视觉皮层中的神经元具有局部感受野，即它们仅对特定位置的刺激做出反应。由此研究者们采用了一种简单的做法，限制中间层输入和输出之间的连接，使得输出仅对应输入数据的一部分，从而大幅减少参数量。这种运算称为**卷积（convolution）**。给定两个矩阵 $\mathbf{X}$、$\mathbf{H}$，它们的二维卷积[1]结果为一个矩阵 $\mathbf{Y}$：

$$\mathbf{Y}_{mn} = \sum_{k=-\infty}^{\infty} \sum_{l=-\infty}^{\infty} \mathbf{X}_{m+k,n+l} \mathbf{H}_{k,l} \tag{4.155}$$

---

[1]更高维的卷积将在后文详细介绍。

当下标超过矩阵的取值范围时，则取 0。为简化形式，用符号 $*$ 来表示卷积运算：

$$\mathbf{Y} = \mathbf{X} * \mathbf{H} \tag{4.156}$$

实际上，卷积运算还有一种形象化解释，即较小的矩阵 $\mathbf{H}$ 从 $\mathbf{X}$ 左上角开始自左向右、从上到下依次滑动，并在滑动过程中与 $\mathbf{X}$ 覆盖区域进行逐元素相乘并求和，其中 $\mathbf{H}$ 也被称为**卷积核**。

图4.44展示了卷积核在输入矩阵上滑动的过程。该卷积核从左上角出发向右滑动，每次移动 1 列，当到达最右侧时，返回最左侧并向下移动 1 行，随后重复向右滑动的过程直至到达右下角。

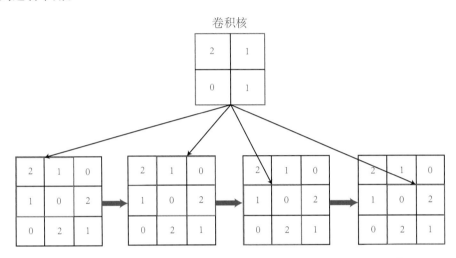

**图 4.44** 卷积过程实例

可以观察到，在滑动过程的每一步，卷积核会"覆盖"矩阵的某个区域。覆盖区域的大小取决于卷积核的尺寸，即 $F \times F \times D$。

例 4.9 为便于读者理解，再以 2 个一维矩阵 $\mathbf{X}$ 和 $\mathbf{H}$ 为例来具体说明卷积中"逐元素相乘求和"的过程，假设 $\mathbf{X}$ 为

$$\mathbf{X} = \begin{pmatrix} 1 & 1 & 1 & 0 & 0 \\ 0 & 1 & 1 & 1 & 0 \\ 0 & 0 & 1 & 1 & 1 \\ 0 & 0 & 1 & 1 & 0 \\ 0 & 1 & 1 & 0 & 0 \end{pmatrix}$$

$\mathbf{H}$ 为

$$\mathbf{H} = \begin{pmatrix} 1 & 0 & 1 \\ 0 & 1 & 0 \\ 1 & 0 & 1 \end{pmatrix}$$

$\mathbf{H}$ 从 $\mathbf{X}$ 的左上角开始，按照从左往右的顺序进行滑动并执行计算，当 $\mathbf{H}$ 移动到最右侧时，便返回最左侧，同时向下移动 1 行。在卷积过程中的某一步，$\mathbf{H}$ 移动到了如图4.45所

示的位置，对应输出元素为 $Y_{22}$，计算结果为

$$Y_{22} = 1 \times 1 + 1 \times 0 + 1 \times 1 +$$
$$0 \times 0 + 1 \times 1 + 1 \times 0 +$$
$$0 \times 1 + 1 \times 0 + 1 \times 1$$
$$= 4$$

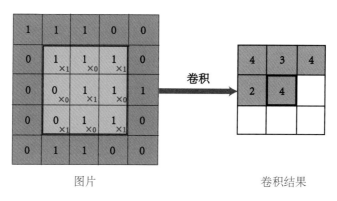

**图 4.45** 卷积计算实例

在完成该步计算后，**H** 继续向右/向下滑动，直到到达 **X** 右下角，即无法继续滑动。可以进一步计算出输出矩阵后续元素的值：

$$Y_{23} = 1 \times 1 + 1 \times 0 + 0 \times 1 +$$
$$1 \times 0 + 1 \times 1 + 1 \times 0 +$$
$$1 \times 1 + 1 \times 0 + 0 \times 1$$
$$= 3$$
$$Y_{31} = 2, Y_{32} = 3, Y_{33} = 4$$

卷积运算先前被广泛运用于信号与图像处理领域的**滤波器（filter）**中，可用于提取所需的特定特征[1]。

**例 4.10 图像处理中的 Sobel 算子** 利用卷积运算，可使用 Sobel 算子得到图像的边缘特征。设想一个简单的 $6 \times 6$ 黑白图像如图4.46，令其与矩阵

$$\mathbf{H}_{\text{Sobel}} = \begin{pmatrix} -1 & 0 & 1 \\ -2 & 0 & 2 \\ -1 & 0 & 1 \end{pmatrix} \tag{4.157}$$

进行卷积运算，可以发现黑色区域与白色区域对应的卷积结果为 0，而黑白之间的边界对应的卷积结果为一定的数值，这表明了矩阵 $\mathbf{H}_{\text{Sobel}}$ 可以用于提取纵向的边缘特征。事实上，$\mathbf{H}_{\text{Sobel}}$ 是 Sobel 算子中的横向梯度算子，相应地，Sobel 算子中的纵向梯度算子可

---

[1]本书所介绍的卷积运算又称互相关运算，与信号与图像处理中常用的卷积定义有所不同，后者相当于先将卷积核沿反对角线翻转，再进行互相关运算。

以适用于边缘横向分布的情况。如果采用其他不同的矩阵 **H**，还可以另外得到 Scharr 算子和 Laplacian 算子等不同的滤波器，提取不同的特征。

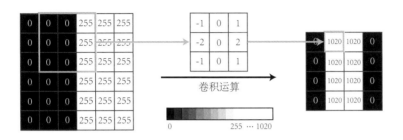

图 4.46　Sobel 算子利用卷积运算提取图像纵向边缘特征

从例4.10可以看出，卷积操作中矩阵 **H** 的设置对于图像特征提取的结果有很大影响，不同矩阵参数值会提取出不同特征。然而上述滤波器都是针对问题手动设置的，不能广泛应用于其他的问题中。因此，研究者基于滤波器的概念，在 CNN 中设计了**卷积层（convolutional layer）**这种自动学习矩阵参数从而自动提取特征的方法。

#### 4.8.6.2 卷积层

整体而言,卷积层利用相对于图像较小的**卷积核（convolution kernel）**（类似于 Sobel 算子中的矩阵 $\mathbf{H}_{\text{Sobel}}$），基于卷积操作对输入图像的局部区域提取特征。卷积核的具体数值参数会根据它提取特征的好坏来自动调整。卷积层通过在图像上按照规定的方法移动卷积核，可以得到图像不同区域的局部特征。这些局部特征整合后的结果被称为图像的**特征图（feature map）**。此外，由于卷积操作是一种线性映射关系，而实际应用中特征之间很少存在严格的线性关系，因此为了引入非线性，卷积层选择用一个非线性的激活函数最终处理特征图。典型的卷积层整体如图4.47所示，CNN 会将多个卷积层前后连接起来，将前一个卷积层输出的特征图作为后一个卷积层的输入，从而模仿人类视觉系统分层处理图像的机制。下面详细介绍一个卷积层中所有的组成部分。

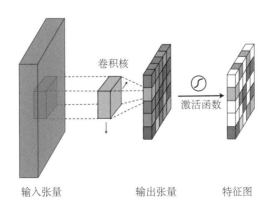

图 4.47　卷积层整体示意

**张量**　在卷积神经网络中，用**张量**（tensor）来统一描述输入与输出的数据结构。

> **定义 4.22 张量**
>
> 张量是神经网络使用的主要数据结构，其本质是大小为 $T_1 \times T_2 \times \cdots \times T_n$ 的 $n$ 维数组。一般而言，神经网络中大多使用三维张量，并用 $H$、$W$、$D$ 分别表示张量的高度、宽度和深度（通道数）。

　　根据张量的定义，可以将一个三维张量分解为 $D$ 个 $H \times W$ 大小的二维矩阵，称其为该张量的 $D$ 个通道，并用 $T_{ijk}$ 表示一个三维张量 $\mathcal{T}$ 第 $k$ 个通道中第 $i$ 行第 $j$ 列的元素。

**卷积核**　以一个对应于 $32 \times 32 \times 3$ 大小的输入张量的卷积核为例，其尺寸为 $5 \times 5 \times 3$，如图4.48所示。通过图上的标记可以看到，卷积核的深度等于输入张量的深度，而在神经网络领域，卷积核的尺寸一般取 3、5、7 等相对较小的值，从而提取出一些小区域的特征信息。[1]

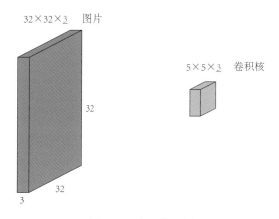

图 4.48　卷积核示例

> **定义 4.23 卷积核**
>
> 卷积核为一个 $F \times F \times D$ 的三维张量，其中 $F \times F$ 为每个二维矩阵的大小，$D$ 为卷积核的深度，该参数等于输入张量的深度。在卷积层中，卷积核的每个通道在输入上滑动，并在滑动过程中对大小为 $F \times F \times D$ 的区域中的元素进行加权求和，从而提取局部位置的特征信息。

　　卷积核的特性之一是**局部性**，即只关注局部特征，而局部区域的大小取决于卷积核的大小。这片局部区域也被称为卷积核的**感受野**（receptive field）。为了得到图像的所有特征，需要在图像上滑动卷积核从而处理每一个局部区域。

---

[1]在某些 CNN 架构中还会采用尺寸为 1 的卷积核，用以进行一些特殊的卷积操作。

如图4.49所示，对于一个大小为 $32 \times 32 \times 3$ 的输入张量，卷积核在滑动的每一步会覆盖其大小为 $5 \times 5 \times 3$ 的区域。

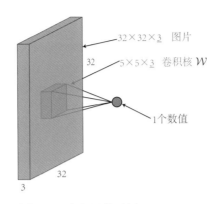

**图 4.49**　卷积运算示例

对于该区域的每一个元素，将其与卷积核中相同位置的元素相乘，由此可以得到 $5 \times 5 \times 3 = 75$ 个值，将其累加并加上偏差值 $b$，即可得到一个值，该值代表了卷积核从该区域提取到的局部特征。假设卷积核 $\mathcal{W}$ 的尺寸为 $F \times F \times D$，偏差为 $b$，则每次卷积计算的结果 $y$ 为

$$y = \sum_{k=1}^{D} \sum_{i=1}^{F} \sum_{j=1}^{F} W_{ijk} X_{ijk} + b \tag{4.158}$$

其中 $X_{ijk}$ 表示被卷积核覆盖的区域中第 $k$ 通道第 $i$ 行第 $j$ 列的元素。

**特征图**　对于整个输入张量而言，通过卷积核在滑动过程中不断重复这一加权求和运算，可以得到多个关于输入的局部特征值，并且可以按照卷积核在滑动过程中的空间位置将这些值组合成一个新的三维张量，该张量中的每个元素反映了输入张量对应区域的局部特征，我们将该三维张量输出定义为该层的特征图。

> **定义 4.24 特征图**
>
> 给定尺寸为 $H_1 \times W_1 \times D_1$ 的输入张量 $\mathcal{X}$，以及一个尺寸为 $F \times F \times D_1$ 的卷积核 $\mathcal{W}$，特征图 $\mathcal{Y}$ 为卷积核在输入张量上执行卷积运算的输出张量，其结构为 $H_2 \times W_2 \times 1$ 的张量，可以表示为
>
> $$\mathcal{Y} = \mathcal{W} * \mathcal{X} + \mathbf{b} \tag{4.159}$$
>
> 其中 $*$ 表示卷积运算。

例如对于图4.48中的输入张量和卷积核而言，该卷积核按照从左往右、从上到下的顺序执行卷积后，可以得到一个 $28 \times 28 \times 1$ 的张量，如图4.50所示，该张量即为该卷积核输出的特征图。

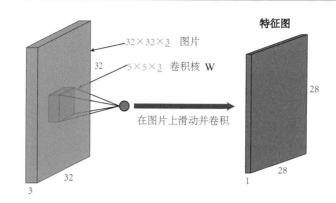

图 **4.50** 卷积运算获得特征图的示例

**激活函数**  卷积是一种线性运算，卷积输出的特征图是输入的线性组合。因此，无论在卷积神经网络中堆叠多少个卷积层，其输出本质上都是对输入数据的线性组合，无法进行非线性分类。因此，卷积运算输出的特征图都会通过一个非线性函数，即 §4.8.2中所介绍的激活函数，从而提升特征提取效果。在近年的深度卷积神经网络中，最常用的激活函数是 ReLU 函数，即将特征图中所有的负值变为 0。

**卷积层参数**  在了解了卷积层的基本组成部分之后，我们进一步观察一些参数对卷积层最终输出结果的影响。在卷积过程中，卷积核一般从输入张量的左上角起，按照从左到右、从上到下的顺序，每隔一定列数或行数在输入张量上进行滑动，直到卷积核到达输入张量的右下角。我们把每一次移动的列数或行数称为**步长**（**stride**）。

> **定义 4.25 步长**
>
> 步长 $S$ 为一个人工设置的固定整数参数，代表卷积核滑动过程中每次向右/向下移动的列数/行数，通常取 1、2、3 等值。 ♣

不难想到，通过调整步长的大小，可以控制输出特征图的尺寸，并且可以通过增大步长来减少一定的计算量。下面通过一个例子来进行说明，由于卷积核滑动过程中主要与输入张量的高度和宽度相关，而与深度无关，因此为便于读者理解，同样将张量的深度设置为 1，使三维的张量降为二维的矩阵，省去深度这一维度。

例 4.11  如图4.51所示，给定大小为 $7 \times 7$ 的输入，以及大小为 $3 \times 3$ 的卷积核。当步长设置为 1 时，卷积核从左上角开始向右滑动，每次移动 1 列，当卷积核移动到最右侧时共移动了 5 次，对应产生的特征图元素为 $Y_{11}, Y_{12}, \cdots, Y_{15}$。随后卷积核返回最左侧并向下移动 1 行，接着重复上述步骤向右移动，可以看出卷积核共可以向下移动 5 次。因此，最终卷积核生成的特征图尺寸为 $5 \times 5$。

若步长设置为 2，如图4.52所示，卷积核仍然从左上角开始向右滑动，但每次移动的距离变成了 2 列。卷积核移动到最右侧时共移动了 3 次，并且可以看出此时卷积核可以向下移动的次数也变成了 3 次。因此最终卷积核生成的特征图尺寸变为 $3 \times 3$。

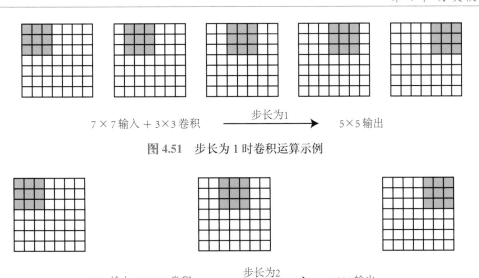

$$7 \times 7 \text{输入} + 3 \times 3 \text{卷积} \xrightarrow{\text{步长为1}} 5 \times 5 \text{输出}$$

图 4.51　步长为 1 时卷积运算示例

$$7 \times 7 \text{输入} + 3 \times 3 \text{卷积} \xrightarrow{\text{步长为2}} 3 \times 3 \text{输出}$$

图 4.52　步长为 2 时卷积运算示例

通过上述例子可以归纳出，对于给定尺寸为 $H_1 \times W_1 \times D_1$ 的输入张量以及尺寸为 $F \times F \times D_1$ 的卷积核，设置步长为 $S$，则输出特征图的高度 $H_2$ 和宽度 $W_2$ 可以表示为

$$H_2 = (H_1 - F)/S + 1$$
$$W_2 = (W_1 - F)/S + 1$$

(4.160)

此时再回到例4.11中，假设将步长设置为 3，那么此时会发现

$$H_2 = W_2 = (7 - 3)/3 + 1 = 2.33$$

然而特征图的尺寸显然只能是自然数，因此无法将步长设置为 3，或者说不能将尺寸为 $3 \times 3$ 的卷积核在 $7 \times 7$ 的输入上以 3 的步长滑动。并且，只能将步长设置为 1、2、4，得到尺寸为 5、3、2 的特征图，这意味着输出的特征图尺寸是受限的，且一定小于等于输入张量的尺寸。

但在实际中，我们希望输出的特征图尺寸不是受限制的，甚至于希望输出的特征图尺寸等于输入的张量尺寸。一种简单的解决方法是使用**零填充（zero padding）**扩展输入张量的尺寸，从而控制输出特征图的尺寸。

> **定义 4.26 零填充**
>
> 零填充 $P$ 为一个人工设置的固定整数参数，代表将原本尺寸为 $H_1 \times W_1 \times D_1$ 的输入张量的每个通道矩阵外围用 0 填充 $P$ 层，从而扩展其尺寸为 $(H_1+2P) \times (W_1+2P) \times D_1$。

对于例4.11中的输入张量，假设设置零填充参数 $P = 1$，那么填充后的效果如图4.53所示。可以看到此时的输入大小为 $9 \times 9$，此时设置步长为 3 时输出特征图的尺寸为

$$H_2 = W_2 = (9 - 3)/3 + 1 = 3$$

说明此时可以将尺寸为 $3 \times 3$ 的卷积核以 3 的步长进行卷积, 并生成尺寸为 $3 \times 3$ 的特征图。

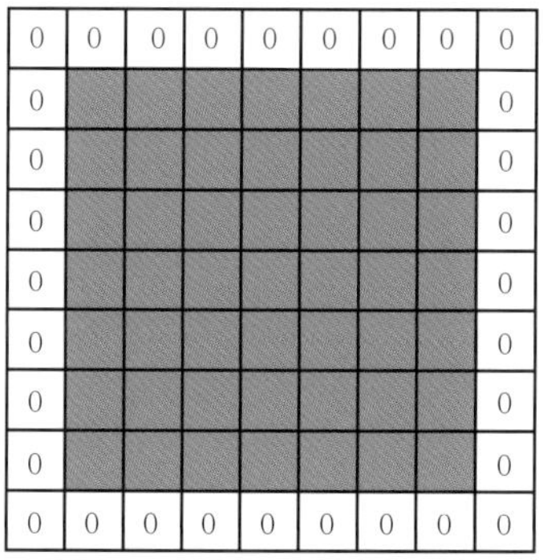

图 4.53  零填充效果示例

更进一步地, 假设将步长设置为 1, 并将零填充参数设置为 1, 那么输出特征图的尺寸为

$$H_2 = W_2 = (9 - 3)/1 + 1 = 7$$

这意味着得到了一个和输入相同尺寸的特征图!

通过零填充, 可以进一步控制卷积核生成特征图的尺寸, 此外由于零填充的部分是通道矩阵的边缘, 因此实际上零填充可以使模型获得更多更细致的图像边缘信息。对于给定尺寸为 $H_1 \times W_1 \times D_1$ 的输入张量以及尺寸为 $F \times F \times D_1$ 的卷积核, 设置步长为 $S$, 零填充参数为 $P$, 则输出特征图的高度 $H_2$ 和宽度 $W_2$ 可以表示为

$$H_2 = (H_1 - F + 2P)/S + 1$$
$$W_2 = (W_1 - F + 2P)/S + 1 \tag{4.161}$$

在实际的卷积层中, 每一层的卷积核通常不止一个, 每个卷积核都在输入张量上执行卷积运算并产生一个特征图。最终 $K$ 个卷积核共产生 $K$ 个特征图, 这些特征图共同组成一个新的大小为 $H_2 \times W_2 \times K$ 的张量。

至此, 我们将输入张量、卷积核与输出特征张量之间的关系进行总结: 给定尺寸为 $H_1 \times W_1 \times D_1$ 的输入张量以及 $K$ 个尺寸为 $F \times F \times D_1$ 的卷积核, 设置步长为 $S$, 零填充参数为 $P$, 则输出特征张量的高度 $H_2$、宽度 $W_2$ 和深度 $D_2$ 可以表示为

$$H_2 = (H_1 - F + 2P)/S + 1$$
$$W_2 = (W_1 - F + 2P)/S + 1 \tag{4.162}$$
$$D_2 = K$$

其中, 每个卷积核的权重参数数量为 $F \times F \times D_1$, 因此整个卷积层的权重参数数量为 $(F \times F \times D_1) \times K$, 偏差参数数量为 $K$。

最后, 我们用伪代码的形式展示卷积层操作的过程, 如算法4.4所示。

**算法 4.4 卷积层运算**

1 **输入**：输入张量 $\mathcal{X} \in \mathbb{R}^{H_1 \times W_1 \times D_1}$，$K$ 个卷积核 $\mathcal{W}_i \in \mathbb{R}^{F \times F \times D_1}$，其中 $i = 1, \cdots, K$，步长 $S$，零填充参数 $P$；

2 将张量 $\mathcal{X}$ 通过零填充扩展为 $\hat{\mathcal{X}} \in \mathbb{R}^{(H_1+2P) \times (W_1+2P) \times D_1}$；

3 **for** $k \leftarrow 1, 2, \cdots, K$ **do**

4     初始化 $m = 1$，$n = 1$；

5     **while** $F + (m-1)S \leqslant H_1$ **and** $F + (n-1)S \leqslant H_1$ **do**

6         $Y_{mnk} = \sum\limits_{k=1}^{D} \sum\limits_{i=1}^{F} \sum\limits_{j=1}^{F} W_{ijk} \times X_{ijk}^{mn} + b_k$；

7         $m = m + S$；

8         **if** $F + (m-1)S > H_1$ **then**

9             $m = 1, n = n + S$；

10         **end**

11     **end**

12 **end**

13 $\mathcal{Y} = \text{ReLU}(\mathcal{Y})$；

14 **输出**：特征张量 $\mathcal{Y} \in \mathbb{R}^{H_2 \times W_2 \times D_2}$。

### 4.8.6.3 池化层

**池化层**（pooling layer）是卷积神经网络中的重要组成部分，它对卷积得到的特征图进行下采样，目的是降低卷积层输出的特征维度，从而有效减少网络参数，以及抑制过拟合现象。池化层对于每个通道的特征图，首先将其分为一定尺寸（通常为 $2 \times 2$）的小窗口。根据一定的准则，对每一个窗口下采样得到一个值，从而输出一个缩小的特征图。例如，如果卷积层输出的特征图是尺寸为 $28 \times 28$ 的矩阵，池化层将输出 $14 \times 14$ 的矩阵。根据下采样策略的不同，主要有三种池化。

- **最大池化**（max pooling）中，选取每个池化窗口中最大值作为该窗口的下采样输出。例如图4.54，在橙色窗口中，依据最大池化准则，选择 7，依此类推，绿色方块选 4。

- **平均池化**（average pooling）中，计算每个池化窗口的平均值作为该窗口的下采样输出。例如图4.54，在橙色窗口中，计算 $\frac{3+6+4+7}{4} = 5$，则得到右边池化后的结果橙色小方块中为 5，依此类推，可以得到绿色为 2.5。

- **随机池化**（stochastic pooling）中，按照一定的概率分布，随机选取池化窗口中的一个值作为该窗口的下采样输出。概率分布由窗口内的特征值归一化后得到。例如，图4.54的蓝色窗口中有四个特征值 $3, 6, 4, 7$，被选中的概率分别为 $0.15, 0.3, 0.2, 0.35$。最大池化提取数值最大的特征，这可能是重要的信息。而平均池化的优点是保留了

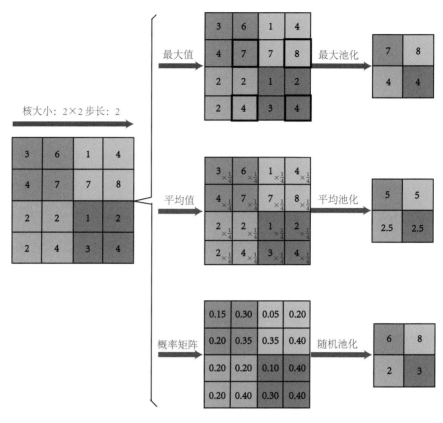

图 4.54　三种池化操作

窗口中次重要像素的信息。而随机池化则介于两者之间，保留了两者的优点。在三种池化中，实践中最常用的是最大池化和平均池化。最佳池化方式的选取与数据、任务有关，但一般并没有显著的差异，三种池化都能很好地达到池化的目的。

### 4.8.6.4　全连接层

　　卷积神经网络中的卷积层、池化层和激活函数层的堆叠，起到特征提取的作用，即将原始数据映射到隐含特征空间。对于用于分类的卷积神经网络，最后的**全连接层（Fully Connected Layers，简称 FC）**则起到分类器的作用，将学到的特征表示映射到标签空间。需要注意，卷积神经网络前面的特征提取器输出的特征是三维张量，为了作为全连接层的输入，需要扁平化（平铺）为一个一维数组。全连接层的结构与 §4.8.2 中介绍的多层神经网络相同，其中隐含层的每一个神经元都与前一层的所有神经元相连。对于分类问题，网络的输出层一般是 Softmax 层，Softmax 层可以输出每一个类别的概率。事实上，通过调整全连接层和输出层，卷积神经网络不仅可以输出实数或类别标签，也能够以张量的形式输出更多的结构化对象。

例 4.12　如图4.55所示，网络输出的是一个 $2 \times 2 \times 2$ 的三维张量，扁平化为一维数组后，输入全连接层，最后通过 Softmax 层输出分类结果。

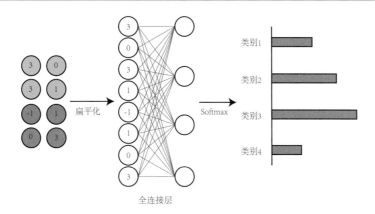

图 4.55　全连接层示意图

### 4.8.6.5　卷积神经网络的性质

以上介绍的卷积、池化等成分，使得卷积神经网络具有一些非常优秀的性质，让它在多种问题（尤其是图像处理方面）上拥有优秀的表现。

**局部化**　卷积核通常提取的是图像的局部特征，而非全局特征，如图4.56，可以利用较少的参数获得鸟的喙部特征。这个特点是由于卷积核自身的大小相对于输入矩阵来说较小，卷积结果只与输入矩阵的局部元素值有关。

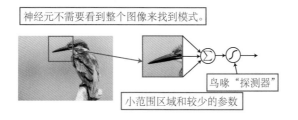

图 4.56　局部化特点

**平移不变性**　将图像平移，卷积神经网络的输出不会变化太多，如图4.57，两张图中鸟喙的位置不同，但是用相同的参数都能学到鸟喙的特征。注意这个特点与局部化的区别：这个特点是由于卷积核提取了局部特征，而这个特征在矩阵的哪个位置不太重要。

**缩放性**　将输入缩小一定比例，同时相应改变卷积核的大小，其效果不会变化太多，如图4.58，右边的图像在左边的图像的基础上进行了缩放，但是利用卷积神经网络依旧可以得到相似的结果，而且使用了更少的参数。这是因为 CNN 提取的特征与边界密切相关，缩放图像之后，边界不会变化太多。

**可推广性**　除了图像输入，CNN 也可以类似地处理视频、音频等更多类型的数据。

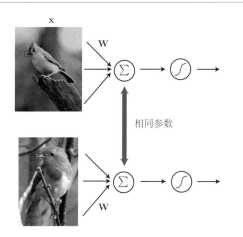

图 4.57　平移不变特点

通过采样像素缩放图片

图 4.58　缩放特点

### 4.8.6.6 卷积神经网络 vs 全连接网络

在讲解完卷积神经网络的基本原理与架构之后，本小节着重于比较卷积神经网络与全连接神经网络在处理图像数据时的成本。在全连接网络中，隐藏层的神经元与上一层的每个神经元都进行连接，因而其参数量非常庞大，计算开销很大。

而对于卷积神经网络而言，卷积操作使得卷积层在提取特征时能够提取出全连接网络无法提取到的空间特征信息，进一步提高分类准确率。同时，如果将特征图中的每一个元素视作一个神经元，那么卷积核并不会与上一层每个神经元（即上一层输入张量的每个元素）进行连接。同时，在计算过程中卷积核的参数会被共享使用。此外，卷积神经网络还会通过池化等操作进一步缩小特征图尺寸，减少后续计算所需参数，这些特性使得卷积神经网络相对于全连接神经网络而言具有更少的参数。

可以从三个方面来说明卷积网络参数少的原因：

- **局部性**：正如之前所述，卷积网络的每个神经元只和上一层少量的局部神经元通过卷积进行连接。例如对于一个 $F \times F$ 的卷积核，卷积输出的特征图中的每个元素只与上一层特征图中的 $F \times F$ 个元素连接。
- **参数共享**：除了局部性以外，卷积层减少参数量的另一原因在于其卷积核采用参数共享的方法，让一组连接共享同一组参数，即某一通道的特征图由同一个卷积核计算求得。

- **下采样**：卷积神经网络除了在卷积层中设法降低参数数量以外，还会使用池化来实现下采样，进一步降低参数数量。以最常用的最大池化为例，它将特征图划分为若干个矩形区域，在每个区域取最大值。通过取最大值的操作，使特征图的一个区域缩小为一个值，相当于生成了一个新的更小的特征图，进一步减少了后续计算所需的参数个数。

**例 4.13 卷积层与全连接层的参数数量对比**　假设现有一个尺寸为 $N \times N \times D$ 的输入张量，分别输入一个具有 1 个尺寸为 $F \times F \times D$ 的卷积核的卷积层，以及一个具有 2 个隐含层神经元的全连接层。如图4.59所示。

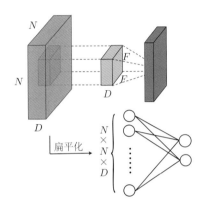

图 4.59　卷积神经网络 vs 全连接神经网络

卷积层的参数数量 $N_1$ 为卷积核的元素数量加上一个偏置：

$$N_1 = F^2 \times D + 1$$

而全连接层的参数数量 $N_2$ 包括输入层和隐含层神经元之间的权重以及隐含层神经元的偏置：

$$N_2 = N^2 \times D + 2$$

由于一般 $N \gg D$，两者之间的比值约为

$$\frac{N_1}{N_2} = \frac{F^2 \times D + 1}{N^2 \times D + 2} \approx \frac{F^2}{N^2}$$

以尺寸为 $32 \times 32$ 的图像输入以及尺寸为 $3 \times 3$ 的卷积核为例，此时参数数量的比值为 $10 : 1\,026$，说明此时卷积层的参数量只有全连接层的 1/100 左右。

### 4.8.6.7　基于卷积神经网络的神经网络

CNN 在过去十年内取得了巨大的突破，引领了深度学习的"爆炸式"发展。随着一个又一个新模型的提出，基于 CNN 的模型在一些图像处理任务上甚至具有比人类更好的表现。本节将主要介绍几个在 CNN 发展历史上具有里程碑意义的模型。

**LeNet**[30-31]　20 世纪末，Yann Lecun 为了解决手写字体的识别问题而提出了 LeNet 网络。自那时起，CNN 就确立了卷积层、池化层和全连接层的基本结构。具体来说，LeNet 除了输入层和输出层之外，共有五个神经网络层1，其中包括两个卷积层、两个池化层，以及一个全连接层。LeNet 的提出代表着 CNN 的正式提出。然而由于当时的计算能力处理 LeNet 的效率很低，并且其他诸如 SVM 的算法可以达到更好的效果，LeNet 并未流行。但是 LeNet 的提出奠定了之后 CNN 模型的发展。

**AlexNet**[19]　CNN 再次出现在公众视野中是在 2012 年，Alex Krizhevsky、Ilya Sutskever 与 Geoffrey Hinton 提出的 AlexNet 网络在 ImageNet 竞赛中一举夺魁，掀起了 CNN 与深度学习研究的浪潮。如图4.60所示，AlexNet 一共有八个神经网络层，包括五个卷积层与三个全连接层。除了增加了深度，与 LeNet 相比，AlexNet 使用了许多深度学习领域新的研究成果。首先是激活函数，AlexNet 使用 ReLU[32] 函数代替 sigmoid 函数作为激活函数来提高算法的收敛速度。AlexNet 中有上千万个参数，很容易过拟合。为了解决这个问题，AlexNet 还使用了 **droptout** 机制，随机使得一定比例的神经元不参与前向与反向传播，从而降低了模型过拟合的风险。此外，随着**图形处理单元（Graphical Processing Unit，简称GPU）**的飞速发展，GPU 越来越多地被应用于数学运算中以大幅提高运算效率。AlexNet 就使用了 GPU 来对运算进行加速，提高了效率。总而言之，AlexNet 在之前方法的基础上提高了运算速度，增强了模型泛化性能。

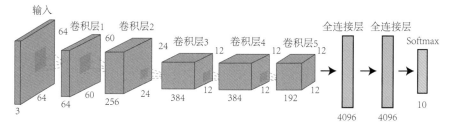

图 4.60　AlexNet 结构示意图

**GoogleNet**[33]　在 AlexNet 之后，CNN 的发展趋向于增加网络层数和扩大每一层的大小，通过大幅提高模型复杂度来获得更好的效果。比如 VGGNet[34] 甚至具有数十个神经网络层。直到 2014 年，模型复杂度小于 AlexNet 但是却有更好效果的 GoogleNet 被提出。GoogleNet 新提出了一种 **Inception 模块（inception module）**，将整个网络分解成由多个 Inception 模块组合而成的稀疏模块化结构。

**ResNet**[35]　首先思考一个问题，网络的层数是越多越好吗？理论上来说，深层网络的效果不应该比浅层网络的差。但是实际上，随着网络层数的增加，网络发生了退化的现象。即一开始网络层数增加，在训练集上会提高训练效果，然而当网络层数继续增加时，误

---

1因此，LeNet 也被称为 LeNet5 模型。

差反而会变大。这种现象出现的原因主要是深度神经网络中存在的**梯度消失（gradient vanishing）**问题。神经网络在反向传播过程中采用基于乘积的链式法则，即

$$\frac{\partial f(g(x))}{\partial x} = \frac{\partial f(g(x))}{\partial g(x)} \cdot \frac{\partial g(x)}{\partial x}$$

其中通常将 $\frac{\partial f(g(x))}{\partial g(x)}$ 称为**本地梯度（local gradient）**，$\frac{\partial g(x)}{\partial x}$ 则被称为**上游梯度（upstream gradient）**。可以预见的是，当上游梯度小于 1 时，最终会有 $\frac{\partial f(g(x))}{\partial x} < \frac{\partial f(g(x))}{\partial g(x)}$，即梯度值会减小。当一个网络的层数很多时，链式法则计算出的梯度可能会非常小，甚至接近于零，从而导致后续梯度全部趋近于零，即"梯度消失"，最终这些层的参数就会停止更新。

为了解决梯度消失的问题，ResNet 在 CNN 网络结构上做了非常大的创新，为 CNN 的发展提供了全新的思路，让 CNN 的改进不再是简单的叠加层数。具体来说，ResNet 中采用**残差模块（residual module）**。如图4.61所示，残差模块的思想就是直接利用之前网络层的输出，在反向传播时通过跳过中间的层数来避免梯度消失。可以将该模块的数学形式表示为

$$\begin{aligned} y_l &= x_l + g\left(x_l\right) \\ x_{l+1} &= f\left(y_l\right) \end{aligned} \tag{4.163}$$

其中 $g(x)$ 表示前两个卷积层与两层间的激活函数所组成的复合函数，$f(x)$ 表示最后的激活函数。此时再基于链式法则写出梯度传播的公式，即

$$\begin{aligned} \frac{\partial f(y)}{\partial x} &= \frac{\partial f(y)}{\partial y} \cdot \frac{\partial y}{\partial x} \\ &= \frac{\partial f(y)}{\partial y} \cdot \left(1 + \frac{\partial g(x)}{\partial x}\right) \end{aligned} \tag{4.164}$$

可以看到由于公式（4.164）中括号内"**1**"向量的存在，使得反向传播中的梯度能够始终保持在 1 附近，从而防止梯度消失。因此，尽管 ResNet 是一个具有 150 多个神经网络层的网络，它却有非常好的预测效果。

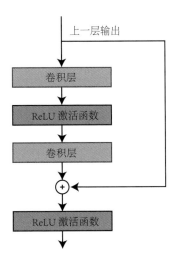

**图 4.61** 残差模块示意图

**例 4.14** 在本节最后，以 LeNet 为例，通过一个具体的例子来直观地感受如何针对一个图像分类问题搭建卷积神经网络、建立网络的训练流程并加载数据训练模型。在本例中，基于时下热门的深度学习框架 PyTorch[36] 构建卷积神经网络模型，正如在 §4.8.5一节所提到的，PyTorch 提供了一种简洁易懂的网络结构定义方法，并且其强大的自动求导机制能够使我们摆脱烦琐复杂的链式求导过程，从而快速高效地构建模型训练流程。

在构建模型之前，首先需要知道要解决的分类问题是什么。本例中我们尝试为 0 到 9 的手写数字图像进行分类，数据集为 MNIST[37]，这是一个由美国国家标准与技术研究院收集整理的大型手写数字数据集，部分数据如图4.62所示，在深度学习领域被广泛用于模型的学习和测试，该数据集中的每个样本为 $28 \times 28 \times 1$ 像素的图像。为方便处理，将数据划分为大小为 64 的批。因此，对于所构建的网络模型，其输入数据的尺寸为 $64 \times 28 \times 28 \times 1$，输出结果的尺寸为 $64 \times 10$。对于批中的每一个样本，选取 10 个元素中分数最高者的索引作为分类结果。接下来，需要构建卷积神经网络模型，并定义其前向传播过程。

图 4.62　MNIST 数据集示意图

```
1  import torch
2  import torchvision
3  from torch.utils.data import DataLoader
4  import torch.nn as nn
5  import torch.nn.functional as F
6  import torch.optim as optim
7  # 定义图像处理函数
8  transform = ...
9  # 定义训练数据加载器
10 train_loader = DataLoader(
11     torchvision.datasets.MNIST(
12         './data/', train=True, download=True, transform=transform),
13         batch_size=batch_size_train, shuffle=True)
```

```
14  # 定义网络模型
15  class LeNet(nn.Module):
16      def __init__(self):
17          super(LeNet, self).__init__()
18          # 卷积层与池化层定义
19          self.conv_pool = nn.Sequential(
20              # input_size=(1*28*28), output_size=(6*28*28)
21              nn.Conv2d(1, 6, kernel_size=5, stride=1, padding=2),
22              nn.ReLU(),
23              nn.MaxPool2d(kernel_size=2, stride=2, padding=0),
24              # input_size=(6*14*14), output_size=16*10*10
25              nn.Conv2d(6, 16, kernel_size=5, stride=1, padding=0),
26              nn.ReLU(),
27              nn.MaxPool2d(kernel_size=2, stride=2, padding=0))
28          # 全连接层定义
29          self.fc = nn.Sequential(
30              nn.Linear(16*5*5, 120),
31              nn.ReLU(),
32              nn.Linear(120, 84),
33              nn.ReLU(),
34              nn.Linear(84, 10))
35      # 前向传播
36      def forward(self, x):
37          out = self.conv_pool(x)
38          # 将卷积层输出的 16*5*5 特征矩阵转化为一维向量
39          out = out.view(out.size(0), -1)
40          out = self.fc(out)
41          return out
```

在完成对网络结构和前向传播的定义后，还需要定义模型的训练方法。得益于 PyTorch 的自动求导机制，只需要关注模型整体的训练流程。一共迭代训练 5 轮，在每一轮中依次从训练数据集中选取大小为 64 的批数据进行训练。参数优化方法为带动量的随机梯度下降，其中学习率为 0.01，动量为 0.5。最终，完成训练的卷积神经网络模型在测试数据集上的准确率达到了 **99.13%**，远强于一般的线性分类模型。

```
1  # 定义训练方法
2  def train(network, train_loader, optimizer, n_epochs=5):
3      network.train() # 切换到训练模式
4      for epoch in range(n_epochs):
5          for batch_idx, (data, target) in enumerate(train_loader):
```

```
6              # 将数据转移到显存, 应用 cuda 计算
7              data, target = data.cuda(), target.cuda()
8              optimizer.zero_grad() # 优化器初始化
9              output = network(data) # 前向传播
10             # 使用交叉熵计算损失函数
11             loss = F.cross_entropy(output, target)
12             # 反向传播
13             loss.backward()
14             # 更新参数
15             optimizer.step()
16     # 定义超参数
17     learning_rate = 0.01 # 学习率
18     momentum = 0.5 # 优化器动量
19     # 定义优化器
20     optimizer = optim.SGD(network.parameters(), lr=learning_rate,
21                     momentum=momentum)
22     # 训练网络
23     train(network,train_loader,optimizer,n_epochs=5)
```

### 4.8.7 循环神经网络

在深度学习这一节，我们已经学习了神经网络的基本结构和卷积神经网络，而在前述内容中，假设每个输入自身是独立的。但是对于**序列化输入**，即前后的输入之间是有依赖关系的。比如，输入是"世界"/"最高"/"的"/"山峰"/"是"/"＿＿＿"，我们需要通过对前面的 5 个词的分析，填好最后的空，想得到最后准确的结果，不仅需要这 5 个词，同时也需要知道它们的顺序，也就是依赖关系。为了处理这样的序列化输入，下面将介绍**循环神经网络（Recurrent Neural Network，简称 RNN）**这个模型。

#### 4.8.7.1 循环神经网络的基本结构

循环神经网络与普通的神经网络相似，同样由输入层、隐藏层和输出层构成。不同之处在于循环神经网络为了处理序列化输入，引入了隐藏状态 $\mathbf{h}_t$ 以利用不同时刻的输入之间的关联。图4.63所示为循环神经网络的基本结构。为了更加直观，将图4.63左边的网络的结构整个展开，其中：

1. $\chi = (\mathbf{x}_1, \cdots, \mathbf{x}_{t-1}, \mathbf{x}_t, \mathbf{x}_{t+1}, \cdots, \mathbf{x}_T)$ 是长度为 $T$ 的输入序列，$\mathbf{x}_t$ 表示 $t$ 时刻的输入。

2. $\mathbf{h}_t$ 表示 $t$ 时刻的隐藏状态。$\mathbf{h}_t$ 的计算基于前一个隐藏状态 $\mathbf{h}_{t-1}$ 和当前时刻的输入 $\mathbf{x}_t$，即 $\mathbf{h}_t = f(\mathbf{U} \cdot \mathbf{x}_t + \mathbf{W} \cdot \mathbf{h}_t)$，其中 $f$ 为激活函数，通常选用 tanh 函数[1]或者 ReLU

---

[1]tanh 函数，又名双曲正切函数，表达式为 $\tanh(x) = \frac{e^x - e^{-x}}{e^x + e^{-x}}$，导数 $\tanh'(x) = 1 - (\tanh(x))^2$。

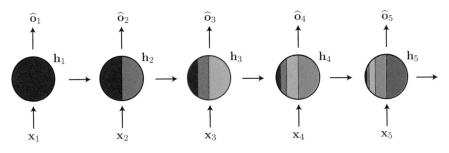

图 4.63 循环神经网络的基本结构

函数。对于 $\mathbf{h}_1$ 来说，由于其没有上一个隐藏状态，所以通常设置 $\mathbf{h}_0 = \mathbf{0}$。

3. $\widehat{\mathbf{o}}_t$ 表示 $t$ 时刻的输出，其与当前时刻的隐藏状态有关，$\widehat{\mathbf{o}}_t = g(\mathbf{V} \cdot \mathbf{h}_t)$，其中 $g$ 是激活函数。

4. $\mathbf{U}$ 表示输入层到隐藏层的权重参数，$\mathbf{W}$ 表示隐藏层到隐藏层的权重参数，$\mathbf{V}$ 表示隐藏层到输出层的权重参数。**在循环神经网络中，每次循环共享相同的权重参数 $\mathbf{U}, \mathbf{W}, \mathbf{V}$。**

从图4.63中可以看出，对于时序较靠后的节点，其隐藏状态中包含的时序较靠前的信息少，这也体现出普通循环神经网络的一个缺点：缺乏长期记忆。关于普通循环神经网络的改良模型，将会在之后的内容中进行介绍。

### 4.8.7.2 循环神经网络的反向传播

在循环神经网络中，同样使用反向传播算法，利用输出层的误差求解各个权重的梯度，然后利用梯度下降法更新权重参数 $\mathbf{U}, \mathbf{W}, \mathbf{V}$，但由于在循环神经网络中，所有的循环共享参数，所以反向传播的步骤与 §4.8.4.2中的有所不同。

RNN 的反向传播算法也被称为**基于时间的反向传播算法（BackPropagation Through Time，简称 BPTT）**。为了简化描述，下面讲解算法时，默认采用交叉熵损失函数，输出层采用 softmax 函数为激活函数，隐藏层采用 tanh 函数为激活函数；此外，给定各变量和参数的大小：$\mathbf{x}_t \in \mathbb{R}^{n \times 1}, \mathbf{h}_t \in \mathbb{R}^{m \times 1}, \widehat{\mathbf{o}}_t \in \mathbb{R}^{k \times 1}, \mathbf{U} \in \mathbb{R}^{m \times n}, \mathbf{V} \in \mathbb{R}^{k \times m}, \mathbf{W} \in \mathbb{R}^{m \times m}$。

首先写出循环神经网络一次循环中涉及的式子：

$$
\begin{aligned}
\mathbf{s}_t &= \mathbf{U} \cdot \mathbf{x}_t + \mathbf{W} \cdot \mathbf{h}_{t-1} \\
\mathbf{h}_t &= \tanh(\mathbf{s}_t) = \frac{\mathrm{e}^{\mathbf{s}_t} - \mathrm{e}^{-\mathbf{s}_t}}{\mathrm{e}^{\mathbf{s}_t} + \mathrm{e}^{-\mathbf{s}_t}} \\
\mathbf{z}_t &= \mathbf{V} \cdot \mathbf{h}_t \\
\widehat{\mathbf{o}}_t &= \mathrm{softmax}(\mathbf{z}_t)
\end{aligned}
\tag{4.165}
$$

其中 $\mathbf{s}_t$ 和 $\mathbf{z}_t$ 为 $t$ 时刻循环神经网络计算过程中的中间变量，将 $\mathbf{s}_t$ 输入激活函数即可获得隐藏状态 $\mathbf{h}_t$。将 $\mathbf{z}_t$ 输入 softmax 函数中，即可求出 $t$ 时刻的输出 $\widehat{\mathbf{o}}_t$，输出的真实值为

$\mathbf{o}_t$，该时刻的误差为 $E_t = -\mathbf{o}_t \log(\widehat{\mathbf{o}}_t)$，网络的总误差为

$$E = \sum_{t=1}^{T} E_t = \sum_{t=1}^{T} -\mathbf{o}_t^\top \log(\widehat{\mathbf{o}}_t) \tag{4.166}$$

反向传播需要求得 $\frac{\partial E}{\partial \mathbf{U}}$、$\frac{\partial E}{\partial \mathbf{W}}$ 和 $\frac{\partial E}{\partial \mathbf{V}}$。有兴趣的读者可以自行尝试推导偏导式。

### 4.8.7.3 长短期记忆

在上一节中提到了 RNN 缺乏长期记忆的缺点，下面将为大家介绍一个改良的 RNN 模型，以改善对长期记忆的支持。**长短期记忆（Long Short-Term Memory，简称 LSTM）** 作为一种特殊的 RNN，在实际应用中相较于普通 RNN，在长时间序列的处理和预测上有着更好的效果。

在 §4.8.4.2 中介绍过，当训练神经网络时，通常会使用反向传播算法，利用链式法则从网络的输出倒推回网络的输入以计算神经网络的梯度。然而，当网络层数较多且梯度值较小时，链式法则将许多较小值相乘，会导致最终的结果非常小，进而导致权重无法得到有效更新，训练过程变得异常缓慢。这种问题即为在 §4.8.6.7 中介绍过的**梯度消失**问题[38]。与之对应的，当多个较大梯度值相乘时，还有**梯度爆炸（exploding gradients）**问题。LSTM 正是为了解决这样的问题而被提出的[39]。

图 4.64 是 LSTM 的一个结构图[1]。如图所示，LSTM 的每个区块具有三种输入：单元（cell）输入 $\mathbf{c}_{t-1}$、隐藏输入 $\mathbf{h}_{t-1}$ 和当前输入 $\mathbf{x}_t$。容易看到，LSTM 和普通 RNN 的区别在于单元输入 $\mathbf{c}_{t-1}$。$\mathbf{c}_{t-1}$ 可以理解为 LSTM 的当前状态，保存了之前处理过程中的信息，另外两种输入则与普通 RNN 中的 $\mathbf{h}_{t-1}$ 和 $\mathbf{x}_{t-1}$ 含义相同。如图 4.65 所示，一个 LSTM 区块的具体运算过程可以分为以下阶段：

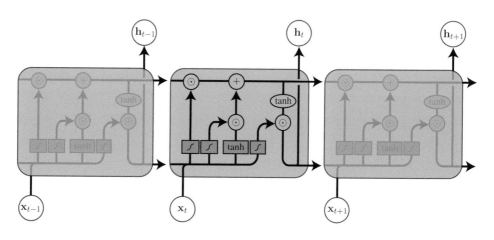

图 4.64　LSTM 的结构图

I. 遗忘阶段：在本阶段，将 $\mathbf{h}_{t-1}$ 和 $\mathbf{x}_t$ 拼接为一个向量后通过 sigmoid 函数，将结果

---

[1]需要注意的是，LSTM 发展至今，衍生出了许多不同的版本，如 GRU[40] 等，本节中所介绍的只是 LSTM 的基础版本。欲了解更多有关 LSTM 的知识，请读者自行查阅相关文献。

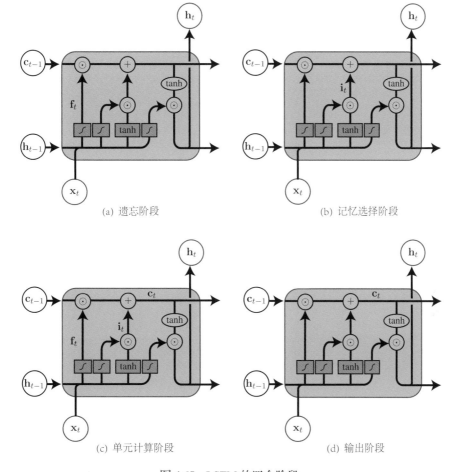

(a) 遗忘阶段      (b) 记忆选择阶段

(c) 单元计算阶段      (d) 输出阶段

**图 4.65** LSTM 的四个阶段

向量的每个元素值限制在 0 到 1 的范围内。值越接近 0，表示该值越趋近于被遗忘。记本阶段的计算结果为 $\mathbf{f}_t$：

$$\mathbf{f}_t = \mathrm{sigmoid}(\mathbf{W_f} \cdot [\mathbf{h}_{t-1}, \mathbf{x}_t] + \mathbf{b_f}) \tag{4.167}$$

其中，$\mathbf{W_f}$ 和 $\mathbf{b_f}$ 为本阶段的权重及偏移量。

II. 记忆选择阶段：在本阶段，将 $\mathbf{h}_{t-1}$ 和 $\mathbf{x}_t$ 拼接为一个向量后分别通过 sigmoid 函数和 tanh 函数，前者将结果向量的每个元素限制在 0 到 1 的范围内，值越小意味着越不重要，后者将结果向量的每个元素限制在 $-1$ 到 1 的范围内，相当于对输入向量进行了结构调整。然后，将两个结果通过哈德曼积[1]相乘，以得到记忆选择的结果。记本阶段的计算结果为 $\mathbf{i}_t$：

$$\mathbf{i}_t = \mathrm{sigmoid}(\mathbf{W}_{i1} \cdot [\mathbf{h}_{t-1}, \mathbf{x}_t] + \mathbf{b}_{i1}) \odot \tanh(\mathbf{W}_{i2} \cdot [\mathbf{h}_{t-1}, \mathbf{x}_t] + \mathbf{b}_{i2}) \tag{4.168}$$

其中，$\mathbf{W}_{i1}, \mathbf{W}_{i2}$ 和 $\mathbf{b}_{i1}, \mathbf{b}_{i2}$ 为本阶段的权重及偏移量。

III. 单元计算阶段：在本阶段，将 $\mathbf{c}_{t-1}$ 与遗忘阶段结果 $\mathbf{f}_t$ 相乘后，与记忆选择阶段结

---

[1]哈德曼积（Hadamard product）：是一种矩阵乘法，将两个大小相同的矩阵的对应元素分别相乘。

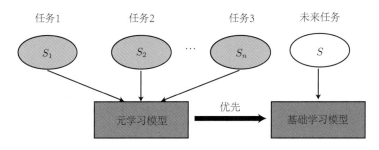

图 **4.66**　元学习流程示意图

果 $\mathbf{i}_t$ 相加，得到 $\mathbf{c}_t$。该结果将作为下一个 LSTM 单元的输入之一：

$$\mathbf{c}_t = \mathbf{c}_{t-1} \odot \mathbf{f}_t + \mathbf{i}_t \tag{4.169}$$

IV. 输出阶段：在本阶段，将 $\mathbf{h}_{t-1}$ 和 $\mathbf{x}_t$ 拼接为一个向量后通过 sigmoid 函数，将 $\mathbf{c}_t$ 通过 tanh 函数，并对两个结果进行哈德曼积运算，最后得到隐藏输出 $\mathbf{h}_t$。该结果将作为下一个 LSTM 单元的输入之一：

$$\mathbf{h}_t = \text{sigmoid}(\mathbf{W}_o \cdot [\mathbf{h}_{t-1}, \mathbf{x}_t] + \mathbf{b}_o) \odot \tanh(\mathbf{c}_t) \tag{4.170}$$

其中，$\mathbf{W}_o$ 和 $\mathbf{b}_o$ 为本阶段的权重及偏移量。

通过 LSTM 区块内遗忘阶段和记忆选择阶段的设计，长期记忆被有选择性地保留了下来，模型的效果得到了提升。

近年来，LSTM 的应用非常广泛，如谷歌利用 LSTM 进行谷歌翻译[41]，苹果公司使用 LSTM 来优化 Siri 应用[42-43] 等。

### 4.8.8　元学习

**元学习**（meta learning）或者叫做**学会学习**（learning to learn）已经成为继强化学习之后又一个重要的研究分支。

强化学习太依赖于巨量的训练,并且需要精确的奖励,对于现实世界的很多问题（比如机器人学习，没有好的奖励机制，也没办法无限量训练），需要充分利用以往的知识经验来指导新任务的学习，于是出现了元学习这一研究领域。元学习的目标是根据不同的训练任务和这些训练任务对应的数据集，寻找一个函数，该函数可以根据新的任务输出一个函数以解决该任务。举个常见的例子，我们先前需要通过对同分布的数据的训练学习以获得一个函数 $F$，函数 $F$ 可以在预测一个不同分布的数据集的时候输出一个函数 $f$，使 $f$ 在预测任务中拥有优秀的表现。

图4.66展示了元学习的流程。常见的元优化策略是将训练任务分为**元训练**（meta-train）和**元验证**（meta-test）集，而元优化的目的是根据元训练任务的知识来提高对元测试任务的快速学习能力。

### 4.8.9 生成对抗网络

**生成对抗网络（Generative Adversarial Network，简称 GAN）**是最近几年非常热门的研究领域。GAN 比较酷炫的应用就是能够"生成"图像，例如，GAN 可以通过低分辨率图像还原高分辨率图像，还可以用来从标签中生成图像，从抽象线条中生成图像。如图4.67展示了利用 GAN 还原高分辨率图像的实现结果[44]。

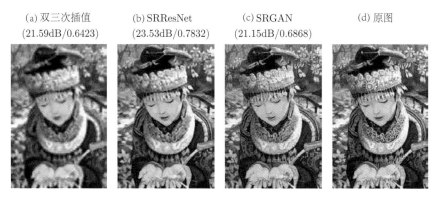

(a) 双三次插值　　　　(b) SRResNet　　　　(c) SRGAN　　　　(d) 原图
(21.59dB/0.6423)　　(23.53dB/0.7832)　　(21.15dB/0.6868)

图 4.67　GAN 还原高分辨率图像[44]

GAN 的思想是利用两个模型之间互相博弈、互相提高从而更好更准确地解决问题。GAN 的基本结构如图4.68所示，包括一个生成器（generator）和一个判别器（discriminator）。生成器的目的是生成一个样本，尽可能让模型无法判别这个样本（即错误分类这个样本）。而判别器的目的是尽可能提高模型的能力，从而使得判别器能够正确分类生成器生成的样本。从这里可以看到，GAN 的思想就是通过两个模型（生成器与判别器）之间的竞争来提高模型效果。生成器和判别器的具体实现需要根据不同的应用来选择。比如对于图4.68中的这个任务，生成器应该是一个能够接收随机噪声输入并输出手写字体图像的模型（例如反卷积神经网络），而判别器是一个针对手写字体图像的二分类模型（如卷积神经网络），其输出为对输入图片是否为真实样本的判断结果。

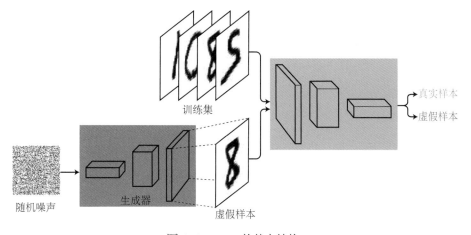

图 4.68　GAN 的基本结构

### 4.8.10 深度学习模型的健壮性

对于深度学习模型而言，**健壮性（robustness）**是非常重要的性质。以图4.69为例，一张熊猫的图片加上一些随机噪声后可能会被深度学习模型误认为是长臂猿。这样增加了噪声的图片对于人类来说很容易分辨，然而对于计算模型来说，却会被误分类。

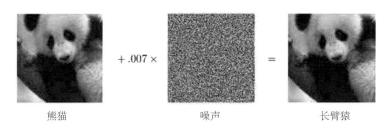

熊猫      噪声      长臂猿

图 4.69   深度学习模型误分类示例：一个熊猫的图片添加噪声之后会被误分类为长臂猿[45]

在实际使用中，深度神经网络很容易被这种"表面正确"的样本欺骗。因此，如何提高深度学习模型对于这些样本的辨别能力，即提高模型的健壮性，是一个重要的问题。该领域的科研成果众多，超出本书介绍范围，感兴趣的读者可以自行搜索。

## ❧ 习题 ❧

习题 4.21 **异或问题**。给出如下所示的两层神经网络：

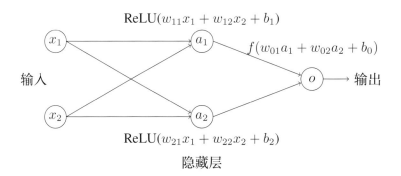

$\text{ReLU}(w_{11}x_1 + w_{12}x_2 + b_1)$

$f(w_{01}a_1 + w_{02}a_2 + b_0)$

输入             输出

$\text{ReLU}(w_{21}x_1 + w_{22}x_2 + b_2)$

隐藏层

网络的输入为布尔值 $\mathbf{x} \in \{0,1\}^2$，输出为布尔值 $y \in \{0,1\}$。其中隐藏层的激活函数为

$$\text{ReLU}(u) = \begin{cases} u, & u > 0 \\ 0, & u \leqslant 0 \end{cases}$$

输出层的阈值函数为

$$f(v) = \begin{cases} 1, & v > 0 \\ 0, & v \leqslant 0 \end{cases}$$

请说明利用上述结构的神经网络，可以解决异或问题：

$$x_1 \text{ XOR } x_2 = \begin{cases} 0, & x_1 = x_2 \\ 1, & x_1 \neq x_2 \end{cases}$$

习题 4.22 请定性讨论反向传播算法中学习率的大小对训练效果的影响。

习题 4.23 在课本 §4.8.7 循环神经网络的反向传播算法中讲解了 $\frac{\partial E}{\partial \mathbf{U}}$ 的计算，请求出另外两个导数 $\frac{\partial E}{\partial \mathbf{W}}$ 和 $\frac{\partial E}{\partial \mathbf{V}}$。

习题 4.24 **梯度爆炸和梯度消失**。如下图所示，该神经网络有三个隐藏层，每层都只有一个神经元，激活函数均为 sigmoid 函数 $\text{sigmoid}(x) = \frac{1}{1+e^{-x}}$。设输入 $x = 3$，利用反向传播计算梯度，体会梯度爆炸和梯度消失问题。

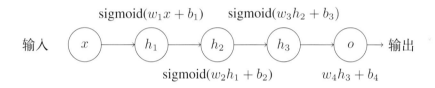

(1) 如果 $w_1 = 100, w_2 = 150, w_3 = 200, w_4 = 200, b_1 = -300, b_2 = -75, b_3 = -100, b_4 = 10$，计算梯度 $\frac{\partial o}{\partial b_1}$。

(2) 如果 $w_1 = 0.2, w_2 = 0.5, w_3 = 0.3, w_4 = 0.6, b_1 = 1, b_2 = 2, b_3 = 2, b_4 = 1$，计算梯度 $\frac{\partial o}{\partial b_1}$。

习题 4.25 **卷积核的导数**。如下图所示，该神经网络包含一个卷积层和全连接层。输入为 $\mathbf{X} = \begin{pmatrix} x_{11} & x_{12} & x_{13} \\ x_{21} & x_{22} & x_{23} \\ x_{31} & x_{32} & x_{33} \end{pmatrix}$，卷积核为 $\mathbf{K} = \begin{pmatrix} k_{11} & k_{12} \\ k_{21} & k_{22} \end{pmatrix}$，卷积结果 $\mathbf{Y} = \mathbf{K} * \mathbf{X} = \begin{pmatrix} y_{11} & y_{12} \\ y_{21} & y_{22} \end{pmatrix}$，输出 $o = \text{sigmoid}(w_{11}y_{11} + w_{12}y_{12} + w_{21}y_{21} + w_{22}y_{22})$。样本标签为 $z$，$E$ 为平方误差（$E = \frac{1}{2}||z - o||^2$），求卷积核的导数 $\frac{\partial E}{\partial \mathbf{K}}$。

## 4.9 决策树与随机森林

本书已经介绍了许多分类模型，包括生成模型和判别模型。但设想人在生活中的决策过程，如果想要做出一个决策，往往既不会在脑中想象一个分类超平面，也不会在脑中估计联合分布概率，而是会依次考虑多种因素。例如，当决定是否要出门打球时，会依次考虑天气是否晴朗、场地是否空闲等条件，并根据这些条件得到出去还是不出去的决策结果。人脑中这样的决策过程可以用图4.70中的树状模型来表示。因此，研究者提出了一类模仿人脑中树状决策过程的判别式分类模型，称为**决策树（decision tree）**。相比之前介绍的模型，决策树能够有效地从非度量的数据[1]中学习到模式，且具有非常好的可解释性。然而，决策树模型也存在着泛化性差、容易过拟合的问题。为解决这一问题，研究者在决策树的基础上提出了**随机森林（random forest）**，从而进一步提高这类模型的泛化能力。本节将详细介绍这两种模型。

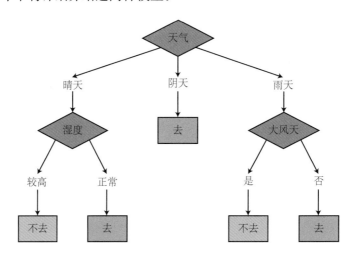

图 4.70　决策树模型模拟人脑中的树状决策过程

在正式介绍决策树之前，先来了解一下本节主体内容：

- **模型表示**：决策树模型通常利用树状图或语义规则来进行表示。
- **损失函数**：本节将介绍**信息增益**、**信息增益比**、**基尼不纯度**这三种基于信息论的目标函数。
- **训练方式**：本节将介绍 **ID3**、**ID4.5**、**CART** 三种训练方法。
- **派生模型**：本节将主要介绍**随机森林**算法。

### 4.9.1 决策树与可解释性

人在做决策时，往往不但能得到决策结果，还能轻易说出作出该决策的依据。在做重要的决策时，例如在医学、司法、行政等领域中，决策必须具有明确的依据。对于机器学

---

[1]非度量（nonmetric）数据，又称名义（nominal）数据，指数据属性的不同取值之间既没有度量关系也没有相似关系，如"天气"属性的取值可以是"晴""阴""雨""雪"。

习模型而言，模型能给出人能理解的决策依据的程度，称为**可解释性**（interpretability）。研究机器学习的可解释性是很有必要的，只有提高模型的可解释性才能使机器学习应用于上述重要的领域。本书前文所讨论的机器学习方法，例如线性分类器、$K$ 最近邻算法等，大多有着较低的可解释性，它们能给出结论，但给出的依据通常是模糊的：线性分类器考虑数据特征的线性组合进行决策；二次分类器和线性分类器类似，但它考虑了特征之间的变换和运算，相较线性分类器更难以解释；$K$ 最近邻算法只是根据 $k$ 个近邻点的标签做出决策。它们都无法给出具体的决策理由，因此可解释性较弱。

那么，如何得到一个可解释性高的机器学习模型？一个自然的想法就是让模型仿照人脑的决策过程来进行决策，这正是上文提到的决策树模型的动机。决策树是一类将决策过程建模为一系列树状的决策规则的模型。当对一个数据进行判定时，模型每次对数据的某一个属性提出一个问题，而每一个问题的结果决定了下一个问题的内容，经过一系列提问，最终得到一个分类结果。需注意的是，树的分支之间必须是互斥的，且所有分支加在一起能够覆盖所有的样本和结果。也就是说，对于任何一个样本，都能且仅能经由树中的一条路径，最终得到一个分类结果。

**例 4.15 决策树的分类过程**　以图4.70所示的决策过程为例，假设一个样本为（天气 = 晴天，湿度 = 较高，大风天 = 正常）。首先，在根节点处，模型对数据的"天气"属性的取值进行提问，根据不同的回答转向不同的后续子节点。这里，问题的结果为"晴天"，则到达"湿度"子节点，模型对数据的"湿度"属性进行提问这一问题，得到的结果是"较高"。此时，已经到达了树的叶节点，而每个叶节点都有一个类别标签。本例中，模型在叶节点处判断样本的类别为"不去"。

我们甚至可以直接将树中所表现的语义信息写为一串规则，即：如果天气 = 晴天且湿度 = 较高，或天气 = 雨天且大风天 = 是，则不去打球，否则去打球。可以看出，决策树是一个可解释性很强的模型，因为可以在决策树模型中看到模型做出判断的依据和过程，从而了解到影响模型好坏的因素。图4.71展示了不同模型可解释性的差异。

在讲明决策树的判别过程之后，面临的问题就是如何构建决策树，即要解答先后对哪些属性进行提问，要提出什么样的问题。首先会想到的是提更有用的问题，或者说提"信息量"更大的问题。例如，假设想了解一名同学的基础信息，那么提问其所在班级显然比提问其所在年级的"信息量"更大。然而，"信息量"这个抽象的概念，该如何定义并量化呢？下一节所讲述的内容就将解决这个问题。

### 4.9.2　基于信息论的目标函数

本节将介绍三种基于信息论的目标函数，分别为**信息增益、信息增益比、基尼不纯度**。信息增益和信息增益比均与信息的不确定性有关，而基尼不纯度则与样本被误分类的可能性有关。下面，将从"信息"的含义开始，对三者一一进行介绍。

"信息"在生活中无处不在，无论是语言文字还是图像音频，都是"信息"。人们通过"信息"来认知世界。而在信息论中，"信息"被量化。为了衡量某一事件发生时人们

可解释性

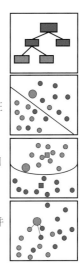

决策树：通过一系列单变量判别条件进行分类

线性分类器：权重向量 **w** 使我们了解每个特征在分类问题中的重要性和决策超平面的方向

二次分类器：线性权重的作用与线性分类器相同，额外信息来自所有变量的乘积

$K$ 最近邻算法：通过整个训练集进行分类，并没有从数据集中学习到类之间的区别

图 4.71　模型的可解释性

获得的"信息"多少，有研究者提出了**自信息**（self-information）的概念：

---

**定义 4.27 自信息**

若事件 $A$ 发生的概率是 $\mathbb{P}(A)$，则自信息[a]

$$I(A) = -\log_2 \mathbb{P}(A)$$

---

[a]自信息的单位与公式中对数的基底有关。当基底分别为 2、e、10 时，自信息的单位分别为 bit、nat、hart。在本书中，统一使用 2 为基底，并省略单位。

♣

从定义中可以直观地感受到，事件发生的概率越低，被观测到时其自信息就越大。这符合普遍认识：如果一个事件发生的概率是 1，那它就能被完全预测，观测值也就没有消除随机不定性；反之，如果一个事件发生概率非常低，但是它发生了，那么这个观测蕴含的信息应该就较多。例如，当某人买彩票中奖时，"他中奖了"的信息量当然不如"他中了五百万的头等奖"的信息量大，因为后者发生的概率远小于前者。

**例 4.16** 现有一枚正反面图案不同的均质硬币，抛掷一次，若记事件 $A$：朝上的为正面图案，则自信息 $I(A) = -\log_2 \mathbb{P}(A) = 1$。

自信息是对单次观测信息量的度量。当观测次数只有一次时，随机性会很大。对于消除随机性带来的可能影响，多次观测取平均是一种常见的思路。有研究者将热力学中的熵（entropy）引入到了信息论，以表示多次观测的信息量的平均量：

---

**定义 4.28 信息熵**

对随机变量 $X$，其信息熵为

$$H(X) = \mathbb{E}[I(X)]$$

♣

---

若 $X$ 为离散型随机变量，且 $X$ 的值取自有限集合 $\{x_1, \cdots, x_k\}$，则

$$H(X) = \sum_{i=1}^{k} \mathbb{P}(X = x_i) I(x_i) = -\sum_{i=1}^{k} \mathbb{P}(X = x_i) \log_2 \mathbb{P}(X = x_i) \tag{4.171}$$

从公式（4.171）中容易得到，对于某个即将发生的事件，若其有 $k$ 种不同可能性，当每种可能性发生的概率相同，即 $\mathbb{P}(x_1) = \mathbb{P}(x_2) = \cdots = \mathbb{P}(x_k)$ 时，所计算出的信息熵最大。信息熵越大，表示事件的不确定度越大，也表示某种特定可能性发生时所获得的信息量越大。这也符合日常认知。例如，当投掷一枚均匀的六面骰时，投出 1 到 6 的概率都相同，很难预测下一次的点数会是几；但若投掷的这个六面骰被灌了铅（一种往骰子中灌入水银的出千方法），那便几乎能完全准确地预测下一次的点数。在这种情况下，事件"用一枚普通骰子投出 6"，显然比事件"用一枚灌了铅的骰子投出 6"的不确定性更大，即所得的信息量更大，前者对应的信息熵显然大于后者。

**例 4.17** 某人投掷一颗均匀材质的六面骰，记随机变量 $X$ 为朝上的点数，则信息熵

$$H(X) = -\sum_{i=1}^{6} \mathbb{P}(X = i) \log_2 \mathbb{P}(X = i) = \log_2 6$$

若事件中涉及多于一个随机变量（即至少有两个随机变量 $X$ 和 $Y$），且随机变量 $Y$ 会对随机变量 $X$ 的概率产生影响，则可定义条件信息熵：

**定义 4.29 条件信息熵**

对于随机变量 $X$ 和 $Y$，给定 $Y = y_i$ 时 $X$ 的信息熵为

$$H(X \mid Y = y_i) = \mathbb{E}_{X \mid Y = y_i}[I(X \mid Y = y_i)]$$

其中 $I(X \mid Y = y_i) = -\log_2 P(X \mid Y = y_i)$。则给定 $Y$ 时 $X$ 的条件信息熵为

$$H(X \mid Y) = \mathbb{E}_Y[H(X \mid Y = y_i)]$$

♣

利用信息熵及条件信息熵，可以定义一种衡量决策树好坏的指标——**信息增益**（in-formation gain）：

**定义 4.30 信息增益**

对于随机变量 $X$ 和 $Y$，以 $Y$ 为条件的信息增益为

$$IG(X \mid Y) = H(X) - H(X \mid Y)$$

♣

信息增益越大，表示在特定条件下，信息不确定性减少的程度越大。例如，若 $X$ 表示投掷一枚六面骰时朝上的点数，$Y$ 表示投掷的六面骰的材质，$Y = y_1$ 是普通匀质六面骰，$Y = y_2$ 是被灌了铅的六面骰。显然，投掷匀质骰子的不确定度大于投掷被灌了铅的骰子，即条件信息熵 $H(X \mid Y = y_1)$ 比 $H(X \mid Y = y_2)$ 更大，故信息增益 $IG(X \mid Y = y_1)$ 小于 $IG(X \mid Y = y_2)$，投掷被灌了铅的骰子时，信息不确定性减少的程度更大——在现实中，此时投掷出的点数，几乎是可预测的。在构建决策树时，当然希望这种"可预测性"更大。因此，通常来说，信息增益越大越好。

除此之外，还有其他判断指标，例如**信息增益比**（information gain ratio）。

---

**定义 4.31 信息增益比**

对于数据集 $\mathcal{D}$，若按特征 $X$ 进行分类，分类类别记为 $Y$，则其信息增益比 $IGR$ 为

$$IGR(\mathcal{D}, X) = \frac{IG(Y \mid X)}{H(X)}$$

♣

---

在构建决策树时，信息增益比同样是越大越好。利用信息增益及信息增益比进行决策树构建的具体算法将在 §4.9.3.1 中进行详细介绍。以上两种指标都与信息量息息相关。除了它们外，还有其他判断决策树好坏的指标，如**基尼不纯度**（Gini impurity）。

---

**定义 4.32 基尼不纯度**

对于随机变量 $X$，若其可能被分为 $k$ 种类别，且对应概率为

$$\mathbb{P}(X = x_i), \ i = 1, 2, \cdots, k$$

则其基尼不纯度为

$$\text{Gini}(X) = \sum_{i=1}^{k} \mathbb{P}(x_i)\big(1 - \mathbb{P}(x_i)\big) = 1 - \sum_{i=1}^{k} \mathbb{P}(x_i)^2$$

♣

---

例如 $k = 2$ 即该分类问题为二分类问题时，由上述定义可知，若样本属于两个类别的其中一类的概率为 $\mathbb{P}(x_1)$，则基尼不纯度为

$$\text{Gini}(X) = 2 \times \mathbb{P}(x_1) \times (1 - \mathbb{P}(x_1)) \tag{4.172}$$

对于集合，假设待分类的样本集为 $\mathcal{D}$，若其根据某一特征 $X$ 是否取值 $x_1$ 可能被分为两部分：$\mathcal{D}_1$ 和 $\mathcal{D}_2$，则在该特征的条件下，集合 $\mathcal{D}$ 的基尼不纯度为

$$\text{Gini}(\mathcal{D}, X = x_1) = \frac{|\mathcal{D}_1|}{|\mathcal{D}|}\text{Gini}(\mathcal{D}_1) + \frac{|\mathcal{D}_2|}{|\mathcal{D}|}\text{Gini}(\mathcal{D}_2) \tag{4.173}$$

基尼不纯度实际表征的是**样本被错误分类的可能性**。具体可以看下面的例子。

例 4.18 某人投掷一颗均匀材质的六面骰，投掷一次，记随机变量 $X$ 为朝上的点数。若其可能被按点数分为 6 种类别，且概率均为 $\frac{1}{6}$，则基尼不纯度

$$\text{Gini}(X) = \sum_{i=1}^{6} \mathbb{P}(x_i)\big(1 - \mathbb{P}(x_i)\big) = \frac{5}{6}$$

可以看到，上例的结果符合日常认知。投掷一枚均质六面骰的结果，按得到的点数分为 6 类，分类错误的可能性显然是 $\frac{5}{6}$。而从基尼不纯度的定义中，又容易看出，当 $k = 1$，即只有一个类别时，基尼不纯度为 0，此时分类错误的可能性亦为 0。这虽然只是一个特例，但却能直观地表明，在构建决策树进行分类时，基尼不纯度越小，样本被错误分类的可能性越小，模型的效果越好。在 §4.9.3.1 中，将介绍利用最小化基尼不纯度进行决策树构建的具体过程。

上述三种判断决策树好坏的指标，其实就是在构建决策树时用到的目标函数，具体

构建过程将在§4.9.3中进行介绍。对于这三种目标函数，有如表4.14所示的总结：

表 4.14 决策树构建的目标函数

| 目标函数 | 特点 |
|---|---|
| 信息增益 | 表征在特定条件下，信息不确定性减小的程度。在构建决策树时，信息增益越大越好 |
| 信息增益比 | 表征对于特定特征，被分为不同类别时信息不确定性减小的程度。在构建决策树时，信息增益比越大越好 |
| 基尼不纯度 | 表征样本被错误分类的可能性。在构建决策树时，基尼不纯度越小越好 |

### 4.9.3 决策树的构建

在构建决策树时，每个节点都是一个判断条件。假设将训练集送入决策树，上一步得到的集合经过判断后被分为多个子集。由于最终目的是要进行决策，即一个叶节点应该对应唯一的决策结果，故自然希望每次判断后能尽可能将不同的决策结果分开。而利用同一个数据集，可以构建许多种决策树。比如，对于出门打球的示例，晴天、球场人数少时适合打球，可以首先判断天气是否为晴天，再判断球场人数，也可以首先判断球场人数多少，再判断是否为晴天，这就构成了两种不同的决策树。那么，该如何对决策树进行判别与选择呢？这就需要引入上一节介绍的信息论指标来进行选择。

#### 4.9.3.1 构建决策树的算法

构建决策树的经典算法包括 **ID3 算法（Iterative Dichotomiser 3）、C4.5 算法** 和 **CART 算法**，这三种方法分别是基于信息增益与基尼不纯度的算法。其中 ID3 算法和 C4.5 算法既可以用于构建二叉树，也可用于构建多叉树，而 CART 算法仅可用于生成二叉树。这里主要介绍 ID3 算法和 CART 算法是如何生成决策树的。

**ID3 算法** ID3 算法是一种用于构建决策树的贪心算法，该算法以各个节点的信息增益作为准则，通过不断选择具有最大信息增益的特征作为节点来构建决策树。

下面以特征均为布尔值的情况为例来讨论 ID3 算法如何构建决策树。假设 $x_1, x_2 \in \{T, F\}$ 是样本的两个特征，$y \in \{+, -\}$ 是样本的类别。现在需要从 $x_1, x_2$ 中选择一个特征，将值为 $T$ 和 $F$ 的各自分为一个子集，构成一个决策节点。我们希望选择的这个特征能够给以类别 $y$ 最多的信息量，即选择信息增益最大的特征 $x_k$：

$$
\begin{aligned}
k &= \arg\max_i IG(y, x_i) \\
&= \arg\max_i H(y) - [\mathbb{P}(x_i = T)H(y \mid x_i = T) + \mathbb{P}(x_i = F)H(y \mid x_i = F)]
\end{aligned}
$$
(4.174)

选出 $x_k$ 后，对两个子集继续按照上述规则构建下一层决策节点，直到子集中类别只剩下一种为止。

**例 4.19** 这里给出一个上述背景下更加具体的例子来帮助理解。假设训练数据集 $\mathcal{D}$ 如表4.15所示，其中 $x_1, x_2$ 为布尔型特征，$y$ 为类别，Count 为样本点计数。这里要从两个

表 4.15　ID3 算法——训练数据集 $\mathcal{D}$

| $x_1$ | $x_2$ | $y$ | **Count** |
|-------|-------|-----|-----------|
| T | T | + | 2 |
| T | F | + | 2 |
| F | T | - | 5 |
| F | F | + | 1 |

特征中选出一个，按照它的取值 $T$ 和 $F$ 分为两个子集，构成一个决策节点。接下来以 $x_1$ 为例计算其信息增益所需的信息熵：

$$H(y) = -\mathbb{P}(y=+)\log_2 \mathbb{P}(y=+) - \mathbb{P}(y=-)\log_2 \mathbb{P}(y=-) = 1$$

$$H(y \mid x_1 = T) = -\mathbb{P}(y=+ \mid x_1 = T)\log_2 \mathbb{P}(y=+ \mid x_1 = T) -$$
$$\mathbb{P}(y=- \mid x_1 = T)\log_2 \mathbb{P}(y=- \mid x_1 = T) = 0$$

$$H(y \mid x_1 = F) = -\mathbb{P}(y=+ \mid x_1 = F)\log_2 \mathbb{P}(y=+ \mid x_1 = F) -$$
$$\mathbb{P}(y=- \mid x_1 = F)\log_2 \mathbb{P}(y=- \mid x_1 = F) = 0.65$$

$$H(y \mid x_1) = \mathbb{P}(x_1 = T)H(y \mid x_1 = T) + \mathbb{P}(x_1 = F)H(y \mid x_1 = F) = 0.39$$

那么特征 $x_1$ 带来的信息增益为

$$IG(y \mid x_1) = H(y) - H(y \mid x_1) = 1 - 0.39 = 0.61 \tag{4.175}$$

以相同的方法，可以计算出 $x_2$ 带来的信息增益：

$$IG(y \mid x_2) = 0.12 \tag{4.176}$$

因为 $IG(y \mid x_1) > IG(y \mid x_2)$，所以这里选择 $x_1$，并将所有的样本点分为两个子集 $\mathcal{D}_1$ 和 $\mathcal{D}_2$：一类含有 4 个样本，其类别全部为 +；另一类含有 6 个样本，其中 1 个类别为 +，其余均为 −。对于这两个子集继续按照上述规则选择特征（在本例中只剩下另一个特征 $x_2$，故无须再次挑选），直到子集中只剩一种类别。

**C4.5 算法**　在 ID3 算法中，当特征可取值较多，某个取值下的样本数量过少时，该特征信息增益虽高，但泛化能力较弱。C4.5 算法通过采用信息增益比作为准则来选择特征以改善这个问题。下面将举例说明 ID3 算法存在该问题的原因：

**例 4.20** 给定训练数据集 $\mathcal{D}$ 拥有 5 个样本，编号 1 至 5，每个样本都有三个特征 $x_1$，$x_2$，$x_3$，其中 $x_1$ 和 $x_2$ 为布尔型特征，$x_3$ 拥有 5 个特征取值，分别为 $\{a, b, c, d, e\}$，$y$ 为类别，见表4.16。

表 4.16  C4.5 算法——训练数据集 $\mathcal{D}$

| 编号 | $x_1$ | $x_2$ | $x_3$ | $y$ |
|---|---|---|---|---|
| 1 | T | T | $a$ | + |
| 2 | T | F | $b$ | + |
| 3 | F | T | $c$ | − |
| 4 | F | F | $d$ | + |
| 5 | F | F | $e$ | − |

分别算出每个特征对应的信息增益值：

$$H(y) = -\frac{3}{5} \times \log_2 \frac{3}{5} - \frac{2}{5} \times \log_2 \frac{2}{5} = 0.971$$

$$H(y \mid x_1) = \frac{2}{5} \times 0 + \frac{3}{5} \times 0.918 = 0.550$$

$$H(y \mid x_2) = 0.950,\ H(y \mid x_3) = 0$$

$$IG(y \mid x_1) = 0.971 - 0.550 = 0.421$$

$$IG(y \mid x_2) = 0.021,\ IG(y \mid x_3) = 0.971$$

从信息增益值的结果来看，$x_3$ 应该是最优特征，但事实上其信息增益高是因为样本少而特征可取值数量过多，并不是 $x_3$ 真的提供了最多的信息，每次选择这样的特征训练出来的决策树将是一棵深度极浅但分叉极多的树，计算机在处理这样一棵树时将耗费大量的内存用于存储树的结构。为了解决这个问题，ID3 算法和 C4.5 算法的提出者引入了信息增益比的概念（定义4.31），通过每次选择信息增益比 $IG_R$ 最大的特征来生成决策树：

$$IG_R(\mathcal{D}, x_i) = \frac{IG(y \mid x_i)}{H(x_i)}$$

除此之外，算法的步骤与 ID3 算法基本一致，在此不多赘述。

**CART 算法  分类回归树算法（Classification And Regression Tree，简称 CART 算法）**
是一种常用的决策树生成算法，既可以用于分类也可以用于回归。CART 生成的决策树为二叉树，即使一个特征拥有多个离散的取值，CART 算法也只会针对其中一个取值做出"是"或者"否"的判断。与 ID3 算法和 C4.5 算法基于信息熵来构建决策树不同的是，CART 算法通过不断选择具有最小基尼不纯度的最优特征及最优分支点来递归地构建决策树。下面将以一个例子来介绍 CART 算法是如何构建决策树的。

例 4.21 在生成决策树之前，首先需要计算各个特征的基尼不纯度。在表4.17中列出了训练数据集 $\mathcal{D}$ 的 10 个样本，每个样本有三个特征：天气，温度，风级。其中"天气"有三个离散的取值：晴朗，多云，有雨；而"温度"的取值则为连续的数字；"风级"有两个离散取值：强，弱。类别"是否适合运动"有两种结果：适合，不适合。

**步骤一**：首先求特征"天气"的基尼不纯度（表4.18）：

$$\text{Gini}(\mathcal{D}, \text{天气} = \text{晴朗}) = \frac{4+1}{10} \times \left(2 \times \frac{4}{5} \times \left(1 - \frac{4}{5}\right)\right) + \frac{2+3}{10} \times \left(2 \times \frac{2}{5} \times \left(1 - \frac{2}{5}\right)\right) = 0.4$$

表 4.17  CART 算法——训练数据集 $\mathcal{D}$

| 编号 | 天气 | 温度 | 风级 | 是否适合运动 |
|------|------|------|------|--------------|
| 1 | 晴朗 | 26°C | 强 | 适合 |
| 2 | 晴朗 | 24°C | 强 | 适合 |
| 3 | 多云 | 24°C | 弱 | 适合 |
| 4 | 有雨 | 10°C | 强 | 不适合 |
| 5 | 晴朗 | 22°C | 弱 | 适合 |
| 6 | 多云 | 22°C | 弱 | 适合 |
| 7 | 晴朗 | 18°C | 强 | 适合 |
| 8 | 晴朗 | 32°C | 弱 | 不适合 |
| 9 | 有雨 | 6°C | 强 | 不适合 |
| 10 | 多云 | 6°C | 弱 | 不适合 |

表 4.18  天气 = 晴朗

| 天气<br>运动 | 晴朗 | 多云或有雨 |
|------|------|------------|
| 适合 | 4 | 2 |
| 不适合 | 1 | 3 |

$$\text{Gini}(\mathcal{D}, 天气 = 多云) = \frac{3}{10} \times \left(2 \times \frac{2}{3} \times \left(1 - \frac{2}{3}\right)\right) + \frac{7}{10} \times \left(2 \times \frac{4}{7} \times \left(1 - \frac{4}{7}\right)\right) = 0.47619$$

$$\text{Gini}(\mathcal{D}, 天气 = 有雨) = 0.3$$

因为 $\text{Gini}(\mathcal{D}, 天气 = 有雨) < \text{Gini}(\mathcal{D}, 天气 = 晴朗) < \text{Gini}(\mathcal{D}, 天气 = 多云)$，所以特征"天气"的最优分支点为"有雨"。

**步骤二**：接下来求特征"风级"的基尼不纯度，因为该特征只有两个取值，所以"风级"只有一个分支点，即最优分支点（表4.19）。

表 4.19  风级 = 强

| 风级<br>运动 | 强 | 弱 |
|------|------|------|
| 适合 | 3 | 3 |
| 不适合 | 2 | 2 |

$$\text{Gini}(\mathcal{D}, 风级 = 强) = \text{Gini}(\mathcal{D}, 风级 = 弱) = \frac{5}{10} \times \left(2 \times \frac{3}{5} \times \left(1 - \frac{3}{5}\right)\right) + \frac{5}{10} \times \left(2 \times \frac{3}{5} \times \left(1 - \frac{3}{5}\right)\right) = 0.48$$

**步骤三**：而对于取值为连续的特征来说，可以采取分裂点的方式来计算基尼不纯度。从表4.20不难得出，对于取值为连续值的特征来说，以现有的数据推断出的最优分支点为 14°C。

表 4.20　分裂点方法计算基尼不纯度

| 温度 /°C | 6 | | 10 | | 18 | | 22 | | 24 | | 26 | | 32 |
|---|---|---|---|---|---|---|---|---|---|---|---|---|---|
| 分裂点 /°C | 8 | | 14 | | 20 | | 23 | | 25 | | 29 | |
| | ⩽ | > | ⩽ | > | ⩽ | > | ⩽ | > | ⩽ | > | ⩽ | > |
| 是 | 0 | 6 | 0 | 6 | 1 | 5 | 3 | 3 | 5 | 1 | 6 | 0 |
| 否 | 2 | 2 | 3 | 1 | 3 | 1 | 3 | 1 | 3 | 1 | 3 | 1 |
| 基尼不纯度 | 0.300 | | 0.171 | | 0.317 | | 0.450 | | 0.475 | | 0.400 | |

**步骤四**：接下来需要根据求得的基尼不纯度在"天气""风级""温度"这三个特征中选择一个最优的特征开始构建决策树。Gini($\mathcal{D}$, 温度 = 14°C) 最小，所以选择"温度"作为最优特征，"温度 =14°C"为最优分支点，决策树从根节点开始生成了两个子节点，其判断依据为"温度 ⩽ 14°C"还是"温度 > 14°C"。

从表4.20中可以观察到，当"温度 ⩽ 14°C"时，"是否适合运动"只有"不适合"一种结果，因此生成的子节点中有一个为叶节点，即只有父节点不存在子节点的节点。"温度 > 14°C"的 7 个样本构成的新训练数据集记为 $\mathcal{D}_1$（$|\mathcal{D}_1| = 7$），另一个子节点需要对训练数据集 $\mathcal{D}_1$ 重复步骤一、二、三、四，直到步骤四中生成的两个节点均为叶节点为止。

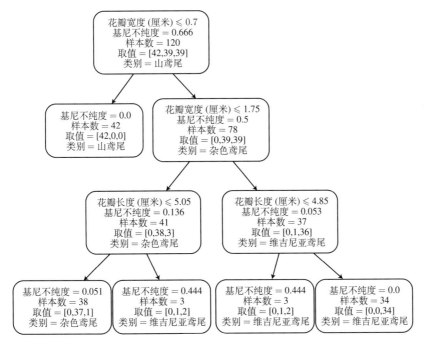

图 4.72　CART 算法生成的分类树

图4.72展示了一个基于鸢尾花数据集，使用 CART 算法所生成的分类树。图中每个节点都显示了其基尼不纯度、所包含的样本数以及每类所对应的样本数量。而"类别"一栏则显示了被分到该节点的样本点会被分到哪一类。

### 4.9.3.2 代码实现

下面将使用 Python 实现决策树的训练与绘制。

```
1  from sklearn import tree  # sklearn 中的 tree 模块下存放着决策树相关算法
2  from sklearn.datasets import make_classification
3  import graphviz  # Python 的 graphviz 库用于数据可视化，可生成决策树、流程图等
4  X, y = make_classification(n_samples=100, n_features=4, n_classes=2,
   ↪  n_redundant=0, n_clusters_per_class=1)  # 随机生成数据集
5  # 训练决策树
6  clf = tree.DecisionTreeClassifier(criterion='entropy')
7  clf.fit(X, y)
8  # 使用 graphviz 画出决策树
9  dot_data = tree.export_graphviz(clf, out_file=None, proportion=True,
10                                  feature_names=['x1', 'x2', 'x3', 'x4'],
11                                  class_names=['0', '1'], filled=False)
12  graph = graphviz.Source(dot_data)
13  graph.render("decision_tree2")
```

**决策树模型总结**　学习了决策树模型之后，对决策树作如下总结。首先，是对决策树不同构建算法的总结（表4.21）：

表 4.21　决策树构建算法

| 算法 | 特点 |
|------|------|
| ID3 | 一种基于**信息增益**的算法。倾向于选择取值数量较多的特征，这使得该算法容易产生过拟合的决策树。主要用于分类问题 |
| C4.5 | 一种基于**信息增益比**的算法。在信息增益的基础上考虑到了特征取值数量所带来的问题，引入信息增益率这一概念以解决此问题，提升模型的泛化能力。主要用于分类问题 |
| CART | 一种基于**基尼不纯度**的算法。只能用于生成二叉树，但是在决策树中特征可以被多次使用。可以用于分类问题和回归问题 |

其次，是对决策树模型的**总结**：

1. 决策树是一个非线性分类/回归模型。
2. 决策树使用简单，对任意的数据集使用决策树，都可以构建出一棵正确分类所有点的决策树，因为决策树的最坏情况就是枚举。
3. 决策树可解释性较强，因为用户能通过根节点到叶节点的路径了解决策依据。
4. 然而，决策树容易过拟合。如果修改一些训练集的样本点，整棵树可能会发生很大变化。层级结构使得上方节点产生的错误会传递到下层节点，并不断传播。

为了防止决策树分支太多导致的过拟合，有以下一些可行的**解决办法**：

1. 当分出的子集不能显著提高决策效果时，应该停止分支。

2. 构建好决策树后删除一些节点,这种方式被叫做决策树的**剪枝(pruning)**。

此外,还可以通过多棵决策树进行决策,将它们的输出结果进行整合,作为最终的输出。这一思路最终产生了著名的随机森林模型。

### 4.9.4 随机森林

决策树虽然符合人类的思维过程并且具有很强的可解释性,然而决策树的**泛化性**却**非常差**。数据的微小变化可能会导致生成的决策树完全不同;此外决策树的构建是在每一个节点处做出局部最优决策,因此**无法保证**构建的决策树为**全局最优解**。这些缺点都使得决策树在实际应用中往往需要进行大量的模型选择。为了解决决策树存在的问题,出现了随机森林算法,大幅提高了算法的泛化性能,使得随机森林被誉为目前实际应用中最好的机器学习算法之一。

随机森林的思想十分简单。以分类问题为例,随机森林就是利用数据随机建立多个决策树,然后再预测新数据类别,将所有决策树的结果整合起来得到最终的分类结果。具体来说,假设有 $N$ 个样本,每个样本有 $p$ 个属性,随机森林的构建步骤为:

**步骤一:** 首先有放回[1]地选择 $N$ 个数据。将这 $N$ 个数据作为决策树根节点的数据,开始训练出一个决策树 $f_1$。

**步骤二:** 在决策树的构建过程中,每当一个节点需要分裂时,先从 $p$ 个变量中随机选择 $m$ 个变量($m < p$)。然后使用信息增益或者其他标准从这 $m$ 个属性中选出用来分裂节点的属性。重复这种分裂方式直到叶节点,构建出一个决策树 $f_1$。

重复步骤一、二,构建出 $K$ 个决策树 $f_1, \cdots, f_K$。

在随机森林训练完成之后,可以简单地分类一个新样本。如图4.73所示,训练出多个决策树。令每个决策树都对于一个样本生成各自的类别标签,然后把出现次数最多的类别标签作为这个样本的预测标签。这种方法也被称为多数表决法。

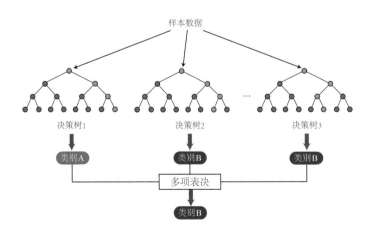

**图 4.73** 随机森林示意图

---

[1]有放回地随机选择指的是选出一个样本后,将样本放回进行下一次选择,最终获得有重复数据的数据集。

随机森林通过引入随机性来解决决策树容易过拟合从而泛化性能较差的问题。随机森林中的随机性来自两个方面：样本随机和变量随机。第一步中有放回地采样了 $N$ 个样本，这样就使得每个决策树用更少的数据进行训练，相对也就更不容易过拟合。另一方面，第二步随机对变量进行选择，使得随机森林中的每个决策树之间互不相同，这样在对新样本分类时就缓解了单个决策树会过拟合的问题。

因为随机性的存在已经在很大程度上解决了过拟合的问题，因此随机森林中决策树的构建并不需要剪枝操作，这就提高了决策树构建的效率。此外，由于随机森林中的每个决策树之间互不相关，决策树的构建可以并行完成，因此随机森林的运算效率非常高。

**例 4.22** 下面将通过一个简单的分类任务来直观理解随机森林算法的过程。例4.7使用鸢尾花数据集来完成分类任务。数据集中存储了共 $N = 150$ 个鸢尾花的 4 个特征（萼片长度 $X[0]$、萼片宽度 $X[1]$、花瓣长度 $X[2]$ 以及花瓣宽度 $X[3]$ ）。这些鸢尾花可以被分为三类：山鸢尾、变色鸢尾和维吉尼亚鸢尾。每个类别内有 50 个鸢尾花样本数据。

I. 首先从所有数据中有放回地选择 10 个样本，作为第一个决策树的根节点数据，开始构建第一个决策树。

II. 在根节点处，从 4 个变量中随机选择 3 个（萼片宽度、花瓣长度以及花瓣宽度）作为用来分裂根节点的属性。根据基尼不纯度[1]将根节点分为两类，判断标准为花瓣宽度是否大于 1.4。其中满足花瓣宽度 > 1.4 的数据全属于维吉尼亚鸢尾。

III. 对于花瓣宽度 ⩽ 1.4 的数据组成的节点，继续分裂。从 3 个变量中随机选择 2 个变量（萼片宽度、花瓣长度）作为分裂节点的属性。同样地，根据基尼不纯度得到两个判断标准，花瓣长度是否大于 2.75。其中花瓣长度 ⩽ 2.75 的数据都属于山鸢尾，花瓣长度 > 2.75 的数据都属于变色鸢尾。至此就完成了第一个决策树的构建。

IV. 重复上述 I~III 步四次，直到构建出如图4.74所示的 4 个决策树模型。

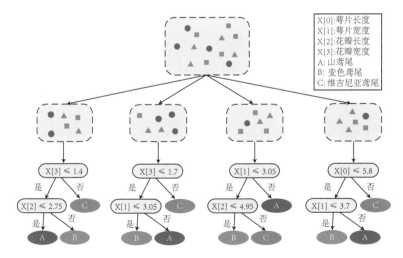

图 4.74 随机森林示例：应用于鸢尾花分类任务

---

[1]基尼不纯度的计算方法在 §4.9.2有详细解释，这里不再详细推导。

可以发现，每个决策树是不同的，这是由抽样出的训练集差异所导致的。接下来从全部数据中随机选择一个数据 $\mathbf{x} = [4.4, 2.9, 1.4, 0.2]$。4 个决策树对样本 $\mathbf{x}$ 的分类结果依次为 [山鸢尾, 变色鸢尾, 变色鸢尾, 变色鸢尾]。因此根据多数表决法，随机森林算法最终将 $\mathbf{x}$ 的类别划分为变色鸢尾。

## ❧ 习题 ❧

**习题 4.26** (1) 若离散型随机变量 $X$ 服从 0-1 分布：$\mathbb{P}(X = k) = p^k(1-p)^{1-k}$，其中 $k = 0, 1$，$p$ 为 $k = 1$ 时的概率 $(0 < p < 1)$，请根据信息熵的定义，写出 0-1 分布的熵，并指出参数 $p$ 为多少时熵最大。

(2) 若 $X$ 为离散型随机变量，且 $X$ 的值取自有限集合 $\{x_1, \cdots, x_N\}$，请根据信息熵的定义，证明其熵的上确界为 $\log_2 N$，即

$$\sup H(X) = \log_2 N$$

(3) 给定两个相互独立的离散型随机变量 $X, Y$，其各自的取值为 $\{x_1, \cdots, x_n\}$，$\{y_1, \cdots, y_m\}$，定义这两个变量的联合信息熵为

$$H(X, Y) = -\sum_{i,j} \mathbb{P}(X = x_i, Y = y_j) \log_2 \mathbb{P}(X = x_i, Y = y_j)$$

其中 $i = 1, \cdots, n; j = 1, \cdots, m$。请根据定义证明：

$$H(X, Y) = H(X) + H(Y)$$

**习题 4.27** 课本中给出了特征为布尔值的情况下，ID3 算法与 C4.5 算法构建决策树的方法。现在请考虑，当某个特征 $x \in R$ 为连续值，样本类别 $y \in \{+, -\}$ 时，如果要从特征 $x$ 中选出一个值 $t$，将该特征分为两个子集 $(-\infty, t]$，$(t, +\infty)$，从而构成一个决策节点，如何使用 ID3 算法与 C4.5 算法解决？

**习题 4.28** 课本中给出了利用决策树解决分类问题的方法，这时叶节点的输出代表的是样本所属的类。请讨论：如果使用决策树解决回归问题时，叶节点的输出如何确定？

**习题 4.29** 利用习题 4.27 的结论，基于如下的数据集构建决策树，其中，$x_1, x_2$ 为连续型特征，$y$ 为类别。

| $x_1$ | $x_2$ | $y$ | $x_1$ | $x_2$ | $y$ |
|-------|-------|-----|-------|-------|-----|
| 0.697 | 0.460 | + | 0.343 | 0.099 | - |
| 0.774 | 0.376 | + | 0.245 | 0.057 | - |
| 0.608 | 0.318 | + | 0.243 | 0.267 | - |
| 0.634 | 0.264 | + | 0.666 | 0.091 | - |
| 0.403 | 0.237 | + | 0.360 | 0.370 | - |

## 4.10 集成学习

在实际数据上使用机器学习算法时，往往要根据数据的特征来谨慎选择机器学习模型，从而达到更好的预测效果。这就会给使用者带来负担，使用者往往需要先测试不同模型在数据集上的表现，然后从中选出效果最好的模型。§4.9.4所介绍的随机森林模型就是缓解这种模型挑选负担的一种方法。随机森林并不是基于一个决策树来做预测，而是整合多个性能较弱的决策树模型来达到更好的效果。这样一来避免了挑选最优决策树的问题。然而随机森林只考虑了决策树这一种模型，那么能否考虑更广泛的情况，整合任意的模型来提高模型效果？对此，研究者提出了**集成学习（ensemble learning）**[46-48]的概念，通过整合多个兼容的机器学习模型或者算法来提高预测表现。集成学习基于"三个臭皮匠，顶个诸葛亮"的思想，认为单个模型不可靠、具有误差，但是整合多个模型得到的结果可靠性更强。这种想法在生活中有很多体现，比如一个群体在做出决定时，往往会通过开会或者投票的形式，综合所有人的意见做出更好的决策。集成学习中被整合的单个模型被称为基学习器，根据整合基学习器方法的不同，集成学习可以分为聚合算法、提升算法以及堆叠算法。

- **聚合算法**（§4.10.1）：聚合算法在不同的数据集上同时训练多个不同的基学习器，通过多数表决法等方法整合基学习器预测结果。
- **提升算法**（§4.10.2）：提升算法在一个数据集上迭代训练多个基学习器，通过调整训练数据权重逐步提高下一个基学习器的准确度。
- **堆叠算法**（§4.10.3）：堆叠算法在一个数据集上训练多个基学习器，用基学习器的输出训练一个效果更好的**元学习器**。将元学习器的预测作为最终结果。

### 4.10.1 聚合算法

**聚合算法（bootstrap aggregating，简称 bagging）**，又称装袋算法。聚合算法的提出是为了增强简单分类模型的效果。特别地，聚合算法在处理数据不平衡问题上有很好的效果。

> **定义 4.33 聚合算法**
>
> 聚合算法利用有放回采样将数据采样为多个数据集，使用每个数据集训练出一个基础模型，最终利用多数表决法整合每个基础学习器的结果得到最终预测结果。♣

有放回抽样的好处是可以让每个抽样出来的数据集与原数据集大小一样，并且抽取出来的数据集之间相互独立。而无放回的抽样不能使抽取出来的数据集大小不变，并且数据集之间存在依赖关系。因此，聚合算法采用有放回的随机抽样。具体思路如图4.75所示，给定样本数据集 $\mathcal{D}$，聚合算法首先通过有放回的抽样从 $\mathcal{D}$ 中产生 $K$ 个相互独立的数据集，其中每个数据集包含 $M$ 个样本。然后对于每一个数据集都单独训练一个模型。最后，如果需要解决的是分类问题，可以对前面得到的 $K$ 个模型结果采用多数表决法等方法整合每个模型的分类结果。而对于回归问题来说，可以采用对模型预测结果取均值来作为最终预测的样本标签。

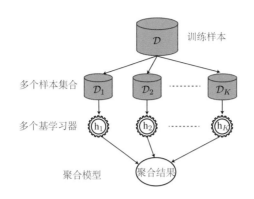

图 4.75 聚合算法示意图

聚合算法的优点是可以**简单整合**分类或者回归算法，提高单个模型的**准确率**与**稳定性**的同时**避免过拟合**的发生。例如例4.22中，聚合算法通过多数表决法结合多个决策树，降低了预测误差。对于聚合算法来说，单个模型的不稳定性反而是有利条件。单个基础模型越是不稳定，整合这些模型的潜在提升就越大。当然聚合算法也有一些缺点，比如**模型占用的空间会更大**。

## 4.10.2 提升算法

另外一种常用的集成学习的方法为**提升算法**（boosting）。提升算法的基本思想如图4.76所示。相对于聚合算法而言，提升算法的特点可以概括为"培养精英"：依次训练基础分类器，每次训练完成后会更新训练数据的权重。那些被分类错误的数据会拥有更大的权重。这样就提高下一个基础模型对于前一个模型无法处理或者预测错误数据的准确性。这样一步步迭代训练下去，模型会逐渐关注于那些难预测的样本，从而达到更好的预测效果。提升算法的典型模型包括 **AdaBoost** 与 **XGBoost**[49]。

> **定义 4.34 提升算法**
>
> 提升算法迭代训练一系列基础模型并加入最终模型中。在加入过程中，算法根据基础模型的分类结果调整数据权重，从而提高后续基础模型对之前分类错误数据点的分类效果。

提升算法中的基础模型又被称作**弱学习器**，一般指一个分类器，其结果只比随机分类好一点点。而最终模型也被称为**强学习器**，指分类器的结果非常接近真实标签。

例4.23 下面通过一个例子来具体解释提升算法的过程。图4.77展示了一些苹果和香蕉的样本分布，每一个样本有形状和颜色两种特征。此处的目标是使用提升算法训练一个分类苹果和香蕉的模型。

在迭代的第一步，数据集的所有样本的权重是相等的，算法基于此训练出一个简单

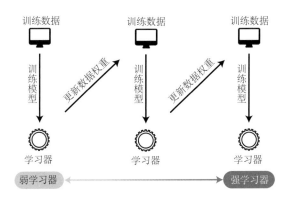

图 4.76　提升方法基本思想

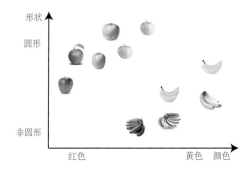

图 4.77　提升算法实例：苹果-香蕉数据集

的模型，如图4.78（a）所示。通过观察决策边界，可以知道该模型只是简单地根据颜色这一特征进行划分。可以观察到，圆圈标出的两个样本发生了分类错误。

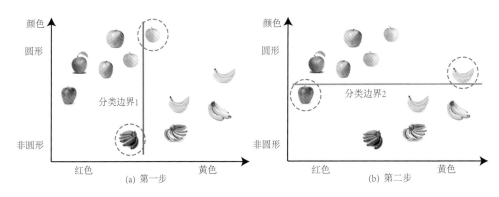

图 4.78　提升算法实例：第一步、第二步

　　基于第一步的结果，提升算法在第二步迭代时会提高分类错误的两个样本的权重，并基于此训练出第二个简单的模型。图4.78（b）展示了第二个模型的分类结果。可以观察到第二个模型改为仅根据形状进行划分，使得在第一步中被错误分类的两个样本此时被正确分类。但可以看到仍有圆圈标出的两个样本被错误分类。

　　基于以上结果，假设该提升算法继续进行了两轮迭代，结果分别如图4.79所示。可以看到每次迭代时，由于调整了样本的权重，导致基本模型的决策边界相对应地产生了变化。直观来看，每一步的模型矫正了对上一步时错误分类的数据点的分类。

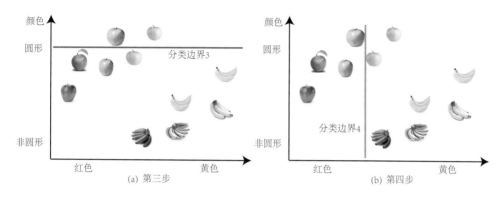

图 4.79　提升算法实例：第三步、第四步

最后提升算法综合这四个基础模型的决策边界，如图4.80（a）所示。最终模型的决策边界如图4.80（b）所示，可以看到在综合了四个基本模型的决策边界后，最终模型的决策边界可以完成对数据的准确分类。

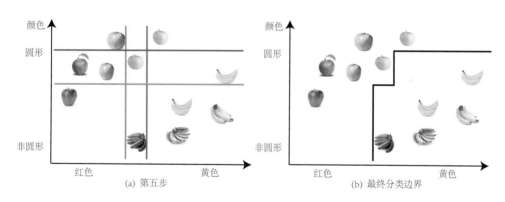

图 4.80　提升算法实例：第五步与最终结果

通过例4.23可以看到，提升算法通过在每轮迭代时对样本重新赋权来训练基础模型。而对于无法接受带权样本的基础模型（比如决策树），则可通过重新采样的方法来处理，即在每轮迭代时对训练集进行重新采样，再用重采样而得的样本集对基础模型进行训练。一般而言，这两种做法没有明显的优劣差别。

相对其他集成学习算法而言，提升算法的主要优势在于使用该算法构建的模型，一般**分类准确率高**，同时**预测结果偏差较低**。这是由于提升算法主要关注降低结果的偏差，因此能基于一系列泛化能力较差的基础模型构建出较强的集成模型。此外，提升算法的基本思想较为简洁，便于理解和实现，且**需要调节的参数较少**。相对的，提升算法的主要缺点在于其**对于噪声点较为敏感**。由于噪声点一般为离群点，在每轮迭代时模型很容易将其错误分类，这就会导致噪声点的权重反而越来越高，进而严重影响模型的性能。

### 4.10.3 堆叠算法

除了聚合算法和提升算法以外，集成学习还有第三种方法。该方法通过使用一种等级结构的集成方法，用一个更高级别的模型将多个低级别的简单模型的预测结果进行综合，从而提升模型的预测准确率，这被称之为**堆叠算法（stacking）**。堆叠算法的基本思想如图4.81所示。该方法的核心思想是训练一个高等级的模型（通常称为**元学习器**），来结合其他几种基础模型（通常称为**基学习器**）的预测结果。首先，堆叠算法会使用训练数据训练所有基学习器，然后使用一些组合算法将基学习器的所有预测作为元学习器的输入，以此进行最终预测。从理论上讲，堆叠算法的元学习器可以为任意的机器学习模型。

> **定义 4.35 堆叠算法**
>
> 堆叠算法使用训练数据训练多个基学习器，并使用基学习器的预测输出作为元学习器的输入，以此训练元学习器，以元学习器的预测作为最终结果。

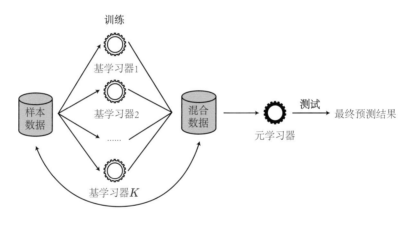

**图 4.81 堆叠算法基本思想**

在训练阶段，元学习器的训练数据集是利用基学习器生成的，这是因为如果直接对基学习器的训练数据集进行采样来获得元学习器的训练数据集，模型过拟合的风险会比较大。因此一般采用 $K$ 折交叉验证或留一交叉验证法[1]，用训练基学习器时未使用的样本来产生元学习器的输入。

以 $K$ 折交叉验证为例（§6.3.3），初始训练集 $\mathcal{D}$ 被随机划分成 $K$ 个大小为 $m$ 的集合 $\mathcal{D}_1, \mathcal{D}_2, \cdots, \mathcal{D}_K$，其中 $\mathcal{D}_k$ 表示第 $k$ 折的测试集，其余的集合则作为训练集。假定有 $T$ 个基学习器，用 $h_t$ 表示第 $t$ 个基学习器的分类函数。对于 $\mathcal{D}_k$ 中的每个真实标签为 $y_i$ 的样本 $\mathbf{x}_i$，$z_{it} = h_t(\mathbf{x}_i)$ 表示第 $t$ 个基学习器的输出。那么由样本 $\mathbf{x}_i$ 和 $T$ 个基学习器产生的新的样本可以表示为 $\mathbf{z}_i = (z_{i1}, z_{i2}, \cdots, z_{iT})^\top$，标签为 $y_i$。由此，在整个交叉验证过程结束之后，算法就能生成用于元学习器的训练集 $\mathcal{D}' = (\mathbf{z}_i, y_i)_{i=1}^m$。这个数据集 $\mathcal{D}'$ 随

---

[1]交叉验证的相关方法将在 §6.3.3中详细介绍。

后会被用于训练元学习器。

聚合算法和堆叠算法之间有一些相似性，但是本质是不同的算法。这两种方法的主要区别在于，聚合算法专注于**同类型模型**的聚合，一般指通过对整个数据集进行有放回的随机抽样，反复训练同类型模型（如多个决策树）。随后通过投票或取均值的方法，将一系列同类型模型的输出结果综合成最终的输出结果。而相对应的，堆叠算法中的基学习器可以是**不同类型模型**。基学习器的训练则可以使用训练集采样、特征采样等方法。而元学习器也有多种选择，可以用投票法或加权平均法，也可以直接使用监督学习的分类器（一般采用逻辑回归模型）。

例 4.24 下面同样通过一个例子来具体讲解堆叠算法的构建过程。假设现在使用堆叠算法构建一个集成模型，该模型包含 3 个基学习器和 1 个元学习器。其训练过程如图4.82所示，首先对训练集进行采样，将其划分成两个子集，使用子集 1 来训练 3 个基学习器。

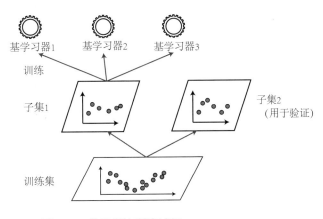

图 4.82  堆叠算法训练过程 1

在完成训练后，将子集 2 输入 3 个已训练的基学习器，得到三组预测结果，如图4.83所示。随后，将不同基学习器的预测结果作为新的特征，用这些新特征作为输入来训练元学习器，最终得到一个集成的模型。

堆叠算法的优势十分明显，其基学习器可以采用不同类型的模型，并且由于其原理简单，因此理论上可以将大量的简单分类器集成到一起，从而使得集成后的模型具有极高的准确率。但是，由于堆叠算法在实际应用中大多是简单粗暴地将大量的简单分类器进行集成，导致最终模型的训练耗时长，且计算资源消耗较大。同时随着基学习器数量的快速增加，模型的复杂度不断地提高，在不做处理的情况下集成的模型很容易陷入过拟合。

**集成学习总结**    最后，三种集成学习算法的思想和基本内容总结为表4.22，它们各自的优缺点总结为表4.23。

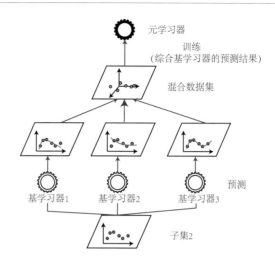

图 4.83　堆叠算法训练过程 2

表 4.22　不同集成学习算法的基本思想对比

| 算法 | 目标 | 基学习器 | 整合方法 | 数据 |
|------|------|----------|----------|------|
| 聚合算法 | 降低方差 | 同类模型 | 多数表决法 | 有放回采样的多个数据集 |
| 提升算法 | 降低偏差 | 同类模型 | 加权平均 | 有权重的数据集 |
| 堆叠算法 | 降低方差和偏差 | 不同类模型 | 元学习器自动学习模型权重 | $K$ 折交叉验证/LOOCV |

表 4.23　不同集成学习算法的优缺点对比

| 算法 | 基本思想 | 优势 | 缺陷 | 典型算法 |
|------|----------|------|------|----------|
| 聚合算法 | 多数表决法整合多个同类基学习器的结果 | 1. 简单易实现<br>2. 方差较小<br>3. 基学习器并行运算 | 1. 要求基学习器都是同类模型<br>2. 多个基学习器占用空间较大 | 随机森林 |
| 提升算法 | 训练中更新数据权重，使模型关注难预测的样本 | 1. 准确率较高<br>2. 偏差较低 | 1. 对噪声点敏感<br>2. 会影响性能<br>3. 无法并行 | AdaBoost |
| 堆叠算法 | 高等级元学习器学习如何整合低等级基学习器的结果，自动分配基学习器权重 | 对基学习器类型没有要求 | 1. 资源消耗大<br>2. 容易过拟合 | N/A |

✎ 习题 ✎

习题 4.30　课本中介绍了聚合算法、提升算法和堆叠算法三种集成学习的方法，请从训练及应用的时间与空间复杂程度、影响最终预测效果的因素等方面定性比较三种方法的优劣。

## 参考文献

[1]　GOODFELLOW I, BENGIO Y, COURVILLE A, et al. Deep learning[M]. Cambridge: MIT Press, 2016.

[2] CRAMER J S. The origins of logistic regression[R]. Tinbergen Institute Working Paper, 2002.

[3] KAMIŃSKI B, JAKUBCZYK M, SZUFEL P. A framework for sensitivity analysis of decision trees[J]. Central European Journal of Operations Research, 2018, 26(1): 135-159.

[4] UTGOFF P E. Incremental induction of decision trees[J]. Machine Learning, 1989, 4(2): 161-186.

[5] CORTES C, VAPNIK V. Support-vector networks[J]. Machine Learning, 1995, 20(3): 273-297.

[6] SALAKHUTDINOV R. Learning deep generative models[J]. Annual Review of Statistics and Its Application, 2015, 2(1): 361-385.

[7] HU Z, YANG Z, SALAKHUTDINOV R, et al. On unifying deep generative models[J]. International Conference on Learning Representations, 2018.

[8] NG A Y, JORDAN M I. On discriminative vs. generative classifiers: A comparison of logistic regression and naive bayes[C]//Advances in Neural Information Processing Systems, 2002: 841-848.

[9] CAVNAR W B, TRENKLE J M, et al. N-gram-based text categorization[C]//Proceedings of SDAIR-94, 3rd annual symposium on document analysis and information retrieval: volume 161175. Citeseer, 1994.

[10] MCCALLUM A, NIGAM K. A comparison of event models for naive Bayes text classification[C]//AAAI-98 workshop on learning for text categorization: volume 752. Citeseer, 1998: 41-48.

[11] ROSENBLATT F. The perceptron, a perceiving and recognizing automaton project para [R]. New York: Cornell Aeronautical Laboratory, 1957.

[12] TONG S, KOLLER D. Restricted Bayes optimal classifiers[C]//AAAI/IAAI, 2000: 658-664.

[13] PLATT J. Sequential minimal optimization: A fast algorithm for training support vector machines[R/OL]. Microsoft, (1998-04-21) [2021-05-06]. https://www.microsoft.com/en-us/research/publication/sequential-minimal-optimization-a-fast-algorithm-for-training-support-vector-machines/.

[14] RASMUSSEN C E. Gaussian processes in machine learning[M]//Advanced Lectures on Machine Learning. Berlin, Heidelberg: Springer, 2004: 63-71.

[15] 岑芳. 新课程高中教师手册: 生物[M]. 南京: 南京大学出版社, 2012.

[16] RAMACHANDRAN P, ZOPH B, LE Q V. Searching for activation functions[R]. 2017.

[17] KINGMA D P, BA J. Adam: A method for stochastic optimization[R]. 2014.

[18] LAWRENCE S, GILES C L, TSOI A C, et al. Face recognition: A convolutional neural-network approach[J]. IEEE Transactions on Neural Networks, 1997, 8(1): 98-113.

[19] KRIZHEVSKY A, SUTSKEVER I, HINTON G E. ImageNet classification with deep convolutional neural networks[J]. Communications of the ACM, 2017, 60(6): 84-90.

[20] DONG C, LOY C C, TANG X. Accelerating the super-resolution convolutional neural network[C]//European Conference on Computer Vision. Springer, 2016: 391-407.

[21] HU B, LU Z, LI H, et al. Convolutional neural network architectures for matching natural language sentences[C]//Advances in Neural Information Processing Systems, 2014: 2042-2050.

[22] KALCHBRENNER N, GREFENSTETTE E, BLUNSOM P. A convolutional neural network for modelling sentences[C]//Proceedings of the 52nd Annual Meeting of the Association for Computational Linguistics. 2014.

[23] GIRSHICK R. Fast R-CNN[C]//Proceedings of the IEEE international conference on computer vision, 2015: 1440-1448.

[24] HE K, GKIOXARI G, DOLLÁR P, et al. Mask R-CNN[C]//Proceedings of the IEEE international conference on computer vision, 2017: 2980-2988.

[25] WANG P S, LIU Y, GUO Y X, et al. O-CNN: Octree-based convolutional neural networks for 3d shape analysis[J]. ACM Transactions on Graphics (TOG), 2017, 36(4): 1-11.

[26] HUBEL D H, WIESEL T N. Receptive fields and functional architecture of monkey striate cortex[J]. The Journal of Physiology, 1968, 195(1): 215-243.

[27] FUKUSHIMA K. Neocognitron: A hierarchical neural network capable of visual pattern recognition[J]. Neural Networks, 1988, 1(2): 119-130.

[28] FUKUSHIMA K, MIYAKE S. Neocognitron: A self-organizing neural network model for a mechanism of visual pattern recognition[M]//Competition and cooperation in neural nets. Heidelberg: Springer, 1982: 267-285.

[29] HUBEL D H, WIESEL T N. Early exploration of the visual cortex[J]. Neuron, 1998, 20 (3): 401-412.

[30] LECUN Y, BOTTOU L, BENGIO Y, et al. Gradient-based learning applied to document recognition[J]. Proceedings of the IEEE, 1998, 86(11): 2278-2324.

[31] LECUN Y, BOSER B, DENKER J S, et al. Backpropagation applied to handwritten zip code recognition[J]. Neural Computation, 1989, 1(4): 541-551.

[32] NAIR V, HINTON G E. Rectified linear units improve restricted boltzmann machines[C]//ICML, 2010.

[33] SZEGEDY C, LIU W, JIA Y, et al. Going deeper with convolutions[C]//Proceedings of the IEEE conference on computer vision and pattern recognition, 2015: 1-9.

[34] SIMONYAN K, ZISSERMAN A. Very deep convolutional networks for large-scale image recognition[R]. 2014.

[35] HE K, ZHANG X, REN S, et al. Deep residual learning for image recognition[C]//Proceedings of the IEEE conference on computer vision and pattern recognition, 2016:

770-778.

[36] PASZKE A, GROSS S, MASSA F, et al. Pytorch: An imperative style, high-performance deep learning library[C]//WALLACH H, LAROCHELLE H, BEYGELZIMER A, et al. Advances in Neural Information Processing Systems 32. Curran Associates, Inc., 2019: 8024-8035.

[37] DENG L. The MNIST database of handwritten digit images for machine learning research [J]. IEEE Signal Processing Magazine, 2012, 29(6): 141-142.

[38] HOCHREITER S. Untersuchungen zu dynamischen neuronalen netzen[J]. Diploma, Technische Universität München, 1991, 91(1).

[39] HOCHREITER S, SCHMIDHUBER J. Long short-term memory[J]. Neural Computation, 1997, 9(8): 1735-1780.

[40] CHO K, VAN MERRIËNBOER B, GULCEHRE C, et al. Learning phrase representations using RNN encoder–decoder for statistical machine translation[C]//Proceedings of the 2014 Conference on Empirical Methods in Natural Language Processing (EMNLP). Doha, Qatar: Association for Computational Linguistics, 2014: 1724-1734.

[41] WU Y, SCHUSTER M, CHEN Z, et al. Google's neural machine translation system: Bridging the gap between human and machine translation[J]. CoRR, 2016.

[42] SMITH C. iOS 10: Siri now works in third-party apps, comes with extra ai features[Z]. 2016.

[43] CAPES T, COLES P, CONKIE A, et al. Siri on-device deep learning-guided unit selection text-to-speech system.[C]//Interspeech, 2017: 4011-4015.

[44] LEDIG C, THEIS L, HUSZÁR F, et al. Photo-realistic single image super-resolution using a generative adversarial network[C]//Proceedings of the IEEE conference on computer vision and pattern recognition, 2017: 4681-4690.

[45] GOODFELLOW I J, POUGET-ABADIE J, MIRZA M, et al. Generative adversarial networks[J]. Communications of the ACM, 2020, 63(11): 139-144.

[46] OPITZ D, MACLIN R. Popular ensemble methods: An empirical study[J]. Journal of Artificial Intelligence Research, 1999, 11: 169-198.

[47] POLIKAR R. Ensemble based systems in decision making[J]. IEEE Circuits and Systems Magazine, 2006, 6(3): 21-45.

[48] ROKACH L. Ensemble-based classifiers[J]. Artificial Intelligence Review, 2010, 33(1/2): 1-39.

[49] Boosting algorithms: Adaboost, gradient boosting and xgboost[EB/OL]. [2021-05-21]. https://hackernoon.com/boosting-algorithms-adaboost-gradient-boosting-and-xgboost-f74991cad38c.

# 第 5 章 无监督学习

前面的章节介绍了许多种有监督学习的方法，它们在训练样本标签的辅助下学习数据特征与标签的关系。比如线性回归通过数据标签 y 和数据特征 X 来学习特征与标签的线性关系。有监督学习在许多应用中都证明了自己的高效性。这种学习过程就好像是老师辅导学生的过程，学生会从老师那里得到反馈进而修正自己所学的知识。然而在实际生活中，收集到的数据在很多情况下都是没有标签的。比如对于手机所拍摄的照片，大多数人几乎不会去特意标记这些照片中的内容，比如里面究竟是人还是动物，是风景照还是证件信息。对于这种情况，之前学过的有监督机器学习算法就没有办法对照片分类，因为我们甚至不知道都有哪些类别。然而由于无标签数据的广泛存在，人们确实需要一种在不借助数据标签的情况下直接推断数据内在结构的模型。为此，研究者提出了**无监督学习**（**unsupervised learning**）。无监督学习是机器学习中与有监督学习相对应的一种学习方法。它使用没有标签的训练集 X，目的是学习到数据的一些内在结构，或者是深层特征。这种无监督学习的能力在人类的身上是普遍存在的。当一个小孩子在动物园观察动物时，他并不知道每个动物属于什么纲、什么目或者哪一科，但他可以通过观察动物的形态、听动物的叫声等方式，在大脑中整合多方面的特征信息，将特征相似的动物归于一类。例如，将颜色和体型相近的老虎、猎豹、狮子归为一类，将浣熊、小熊猫、狸猫归为一类。这正是一种无监督学习。无监督学习的主要方法包括聚类和**数据降维**。

- **聚类**（**clustering**）：为数据划分类别是机器学习算法的一个重要研究目标。然而在无监督学习中数据的类别无从得知，无法和有监督分类算法一样，直接从数据中学到分类边界。由于只有样本的特征信息是可知的，并且假设拥有相似特征的数据应该属于同一个类别，因此考虑依据特征的相似度把样本归并到若干个类。为了探索如何将数据按照相似度划分类别，有研究者提出了聚类算法。§5.1节会介绍多种常用的聚类算法。

- **数据降维**（**dimensionality reduction**）：随着大数据时代的发展，收集到的数据具有越来越多的特征，包括在互联网领域和生物、医学领域等。在高维数据上使用机器学习算法面临着计算量大所带来的效率低下的问题。一种解决方法就是在尽量保存数据信息的同时，通过某个映射将数据投影到低维空间里，这个过程就叫作数据降维。我们希望在减少模型的运算量的同时，仍然能提取出原数据中关键的信息。§5.2节会介绍数据降维中最常用的算法——主成分分析。

## 5.1 聚类算法

在日常生活中，对于常见的分类问题，人们的直接思路通常是将相似的物品或人归为一类。例如，水果摊进货的一批苹果，可能会被摊主按颜色、大小分为不同价类。而这，即为**聚类算法**的基本思路。聚类算法是典型的无监督学习算法，利用某些相似性规则，将相似性高的样本划分为一类。聚类算法是用于解决聚类问题的。

> **定义 5.1 聚类问题**
>
> 聚类问题，指针对给定样本集，利用特定的度量手段，得出样本间特征的相似程度，并以之为依据，将样本划分成若干个"类"或"簇"的数据分析问题。

聚类算法主要可以分为两类：**层次聚类**（hierarchical clustering）和**划分聚类**（partitional clustering）。层次聚类能够根据"样本间距"将样本分类成具有层级关系的结构，而划分聚类则是预先设定要将样本划分成几个类别，然后再进行划分。在使用时，可以根据具体需求来选择使用二者中的哪一种。例如，如果想要对计算机中的文件夹及子文件进行分类，可以考虑层次聚类；如果想将一些鸟类的图片进行分类，可以考虑划分聚类。本章将会依次对两种算法进行介绍。其中，对于划分聚类，本章将详细介绍 $K$ 均值算法和高斯混合模型。

### 5.1.1 层次聚类

层次结构（或树状结构）在生活中十分常见。例如书籍的目录章节、计算机中的文件逻辑结构、动物的分类等。以图5.1为例，在动物分类的问题中，专业人士会根据头圆、颜面部短、夜行性等特征将暹罗猫和短毛猫等划分为猫属，猫属又会和体态类似的猎豹属、猞猁属等一同被划分为猫科动物，而猫科和犬科等又会因为通过乳腺分泌乳汁来给幼体哺乳而被划分为哺乳动物类。因此，基于生活中常见的层次结构与基于层次结构分类的方式，科研人员提出一种聚类的方法——层次聚类，即先将相似度高的样本点划分为一类，再将相似度较高的类归并为一个更大的类，以此获得数据的层次结构。层次聚类是一种将数据集按层次结构构建成一棵"树"的聚类方法，所有样本构成"树"的树叶。

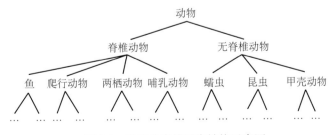

图 5.1 动物分类的层次结构示意图

在聚类算法中，需要一个评估样本点之间相似度的准则以进行样本点的归并。§4.2.1中介绍了**欧氏距离**常用来度量两个样本之间的相似度。因此，在层次聚类中，**欧氏距离**被选中作为聚类归并的准则。

随之而来的是一个关于欧氏距离计算的问题：在归并的过程中，点与点之间的欧氏距离很容易计算，但是层次聚类算法涉及点与点的归并、点与聚类的归并以及聚类与聚类的归并，在归并的过程中需要计算点与聚类、聚类与聚类之间的距离，这两种距离应该如何定义？

对于聚类与聚类之间的距离，常见的定义方法有以下三种，如图5.2所示：

- **单连接**（single link）：两个不同聚类中样本点的最短距离。
- **全连接**（complete link）：两个不同聚类中样本点的最远距离。
- **均连接**（average link）：两个聚类中每对样本点距离的平均值。

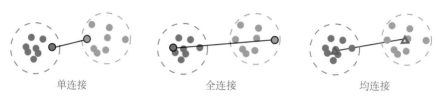

单连接　　　　　　　全连接　　　　　　　均连接

图 5.2　三种连接的示意图

对于点与聚类之间的距离，只需将点视作一个只有一个点的聚类，随后根据聚类与聚类之间距离的定义进行计算。

层次聚类生成层次结构的方法有聚合（自底向上）和分裂（自顶向下）两种方式，本书将着重介绍自底向上的方法。

### 5.1.1.1　自底向上构建聚类

自底向上构建聚类，是指最初把每个点都认为是一个单独聚类，将两个最近的聚类聚合为一个更高层的聚类，重复这一操作直到最后所有点都聚为一类。

自底向上构建聚类这一方法的步骤如下：

**步骤一**：把未合并过的每个样本点视为一个单独聚类。

**步骤二**：计算聚类与聚类之间的距离，获得距离矩阵。

**步骤三**：根据距离矩阵获得距离最近的两个聚类进行合并，获得一个新的聚类。

**步骤四**：重复步骤二和步骤三直至所有样本点合并为一个聚类。

接下来，通过一个实例来说明具体的构建过程：

假设某数据集中共有 5 个样本，可以用矩阵形式将它们之间的距离表示为如图5.3所示的距离矩阵。其中，第 $i$ 行第 $j$ 列的矩阵元素表示第 $i$ 个数据点和第 $j$ 个数据点之间的距离。以第 1 个点为例，它与自己的距离为 0，其他四个点的距离分别为 2、6、10、9。在整个距离矩阵中，显然最小距离是第 1 个点和第 2 个点之间的距离 2，因此层次聚类的第一步，便是将这两个点划分为一类，并得到新的距离矩阵，如图5.4最左子图所示。

接下来，应该再次计算各样本点及聚类的距离，选择距离最近的一对合并。

$$
\begin{array}{c}
\\ 1 \\ 2 \\ 3 \\ 4 \\ 5
\end{array}
\begin{array}{c}
\begin{array}{ccccc} 1 & 2 & 3 & 4 & 5 \end{array} \\
\begin{pmatrix}
0 & 2 & 6 & 10 & 9 \\
2 & 0 & 3 & 9 & 8 \\
6 & 3 & 0 & 7 & 5 \\
10 & 9 & 7 & 0 & 4 \\
9 & 8 & 5 & 4 & 0
\end{pmatrix}
\end{array}
$$

**图 5.3** 距离矩阵

在本例中，用单连接方法计算聚类的距离，得到图5.4中所示的新距离矩阵。在其中，算法找到最小距离 3，即第 1、2 个点组成的点集与第 3 个点的距离，将它们划分为一类，并得到新的距离矩阵。接着，再找出最小距离……重复此过程，直到将所有点都划分为一类，得到图5.4最右子图所示的距离矩阵。

$$
\begin{array}{c|cccc}
 & (1,2) & 3 & 4 & 5 \\
\hline
(1,2) & 0 & 3 & 9 & 8 \\
3 & 3 & 0 & 7 & 5 \\
4 & 9 & 7 & 0 & 4 \\
5 & 8 & 5 & 4 & 0
\end{array}
\qquad
\begin{array}{c|ccc}
 & (1,2,3) & 4 & 5 \\
\hline
(1,2,3) & 0 & 7 & 5 \\
4 & 7 & 0 & 4 \\
5 & 5 & 4 & 0
\end{array}
\qquad
\begin{array}{c|cc}
 & (1,2,3) & (4,5) \\
\hline
(1,2,3) & 0 & 5 \\
(4,5) & 5 & 0
\end{array}
\qquad
\begin{array}{c|c}
 & (1,2,3,4,5) \\
\hline
(1,2,3,4,5) & 0
\end{array}
$$

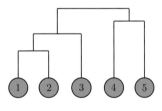

**图 5.4** 层次聚类过程图

通过层次聚类，最终构建出了如图5.5所示的聚类树。

**图 5.5** 单连接聚类树

### 5.1.1.2 时间复杂度分析

在使用层次聚类算法获得聚类树的过程中，需要计算距离，构建距离矩阵并选取两个聚类进行合并。对于该算法，我们希望通过分析获得其大概的运行时间，评估时间成本。时间复杂度是一个定性描述算法运行时间的函数，下面对层次聚类算法进行时间复杂度分析。

对于一个 $n \times p$ 大小的数据集，层次聚类算法的时间复杂度分析如下：

- 计算两个聚类间的距离：需要计算两个向量之差的模，由于向量 $\mathbf{x} \in \mathbb{R}^p$，因此时间复杂度为 $O(p)$。
- 计算整个距离矩阵：距离矩阵里有 $\frac{1}{2}n(n-1)$ 组距离需要计算，每次计算的时间复杂度为 $O(p)$，因此该步骤的时间复杂度为 $O(n^2p)$。

- 选取当前最近的两个聚类：遍历距离矩阵，时间复杂度为 $O(n^2)$。

每次迭代合并一次，聚类减少一个，共 $n-1$ 次迭代，故总时间复杂度为 $O(n^3p)$。

### 5.1.1.3 层次聚类的特点

- 层次聚类不需要事先指定聚类个数，而是通过聚类形成一棵树，后续对树的操作（如修剪等）可以视情况自由选择。
- 层次聚类的结果很好地符合人们的日常认知，贴近许多特定的应用场景，例如动物分类、人员管理、文件目录等。
- 层次聚类的时间复杂度较高，当数据集较大时，运算成本较大。
- 自底向上构建聚类是一种启发式算法，并没有最优性保证，也没有明确的待优化目标函数，得到的聚类树缺乏理论保障。

### 5.1.2 $K$ 均值算法

除了层次聚类，划分聚类也是一种重要的聚类方法。层次聚类的目标是根据数据集构建树状的层次结构，而划分聚类的目标是基于样本的相似度将数据集直接划分为多个聚类，是一种基于整体的构建。常见的划分聚类方法有 $K$ 均值算法和基于混合模型的聚类等。本节将详细介绍 $K$ **均值算法**（ $K$**-means algorithm** ）。

### 5.1.2.1 $K$ 均值算法过程详解

现实生活中通常无法直接知悉数据划分的依据，但能对整个数据集能够被分为几个聚类有一个大体的认知。以学校的快递点设定为例，由于学生的住宿分散东南西北数个宿舍楼，为合理安排快递站点的分布，使学生能就近取到快递，可以将快递点的数量设为 $K$ 个。在确定数量后，学校划定了快递点的位置，学生们通常会选择最近的快递站。选择同一快递点的学生可以被视为在一个宿舍区生活。$K$ 均值算法便是先对 $K$ 值进行设定，确定 $K$ 个类中心，再将相似的样本点归到同一个聚类中。

$K$ 均值算法可以依据不同 $K$ 值在相同指标下的表现来选择最优的 $K$，并选择 $K$ 个类中心，而如何判定两个样本点是否相似便成了问题的关键。对于相似度距离的衡量，§4.2中已经介绍了几种常见的距离量度。在确定距离量度后，模型依据样本点至类中心的距离，判断样本点之间是否相似。由于最初的类中心选择未必是最优的，因此还需要对类中心进行更新。下面将对 $K$ 均值算法的流程进行简要的介绍。

$K$ 均值算法的流程是一个迭代的过程，每次迭代主要包括两个步骤。首先选择 $K$ 个类的中心，将样本逐个指派到与其最近的中心的类中，得到一个聚类结果；然后更新每个类的样本的均值，作为类的新的中心；重复以上步骤，直到收敛为止。下面以一个例子详细解释一下这个过程。

**步骤一**: 该例的样本如图5.6（a）左图所示，随机选取 $K$ 个点作为初始聚类中心，在该例中，取 $K=2$。

**步骤二**: 计算每个样本到上一步所取两个类中心的距离，将每个样本指派到与其最近的中心的类中，构成聚类结果，如图5.6（a）右图所示，与两个点最近的聚类分别用两种颜色表示。

**步骤三**: 对上一步骤中获得的两个聚类求每个聚类中样本的均值，作为新的类中心，如图5.6（b）中所示，类中心较5.6（a）中已有明显调整，向数据分布较密的地方靠拢。

**步骤四**: 重复步骤二和步骤三，直至类中心几乎不再变化或变化很小。图5.6（c）～（d）展示了经过多次调整后类中心的分布，图5.6（e）展示了 $K$ 均值算法最终达到收敛后类中心的位置。

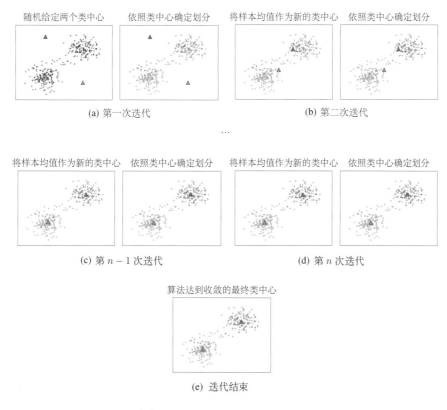

图 5.6　$K$ 均值算法流程示意图

$K$ 均值算法是**一定能够收敛**的，可能会收敛到局部最优值。其收敛性可以被证明，但证明部分超出本书范畴，感兴趣的读者可以阅读论文[1]。

### 5.1.2.2 模型的选择——$K$ 的选择

从上文对 $K$ 均值算法流程的介绍中可以发现，决定类中心的数目 $K$ 是算法的核心问题之一，$K$ 是 $K$ 均值模型的一个超参数，因此 $K$ 的选择问题实际上是一个模型选择问题。由于 $K$ 这个超参数无法通过模型的训练得到，在模型选择中，调整 $K$ 的取值异常重要。对于模型选择问题，§6.3一节介绍了几种方法，在 $K$ 的选择问题中，采取 §6.3.2一节中介绍的训练-测试法，凭测试的结果评估所选 $K$ 值对应的模型的效果。对于 $K$ 值的搜索，最直接的方法是使用**线性搜索**，线性搜索是一种寻找数组中某个特定值的搜索算法，其具体方法是按一定顺序检查数组中的每一个元素，直到找到所要寻找的特定值为止。具体到选择 $K$ 值的问题上，需要首先预设效果最佳的 $K$ 值的取值范围，随后在这个取值范围中进行遍历式选择，如果预设的取值范围内模型的效果全部较差，则需要扩大或更改预设的取值范围。通常会选择一个以 1 为第一个元素、步长为 1、人为预设的数组的最大值作为最后一个元素的数组进行搜索。

以图5.7样本示意图中的数据点为例，解释 $K$ 值选择问题中的线性搜索是如何运作的。假设数据本身属于两类，需要根据无标签的数据来对它们进行聚类。在线性搜索过程中，确定需要遍历的数组，选定所尝试的 $K$ 值并进行训练后，需要根据损失函数值来选择最好的 $K$ 值。现在我们选择 $K \in \{1, 2, 3, 4, 5, 6\}$，分别进行 $K$ 均值模型的训练，并按照公式（5.2）采用类内距离作为损失函数并进行计算。

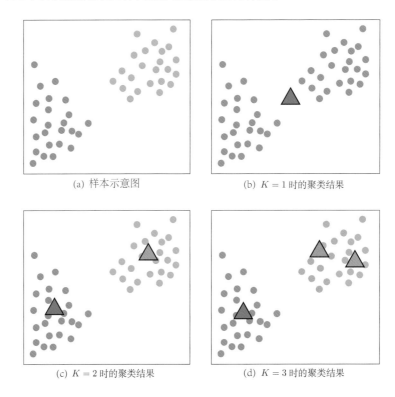

(a) 样本示意图  (b) $K = 1$ 时的聚类结果

(c) $K = 2$ 时的聚类结果  (d) $K = 3$ 时的聚类结果

图 5.7  聚类结果示意图

图5.7中，$K = 1$ 时的聚类结果，类内距离为 873；$K = 2$ 时的聚类结果，类内距离为 173.1；$K = 3$ 时的聚类结果，类内距离为 133.6。按照线性搜索的步骤，计算所有的 $K$ 值对应的模型的类内距离，供后续评估步骤使用。

此处把不同 $K$ 值聚类出的结果的类内距离绘制成折线图5.8。在图5.8中，可以看到，在 $K = 2$ 这一点，曲线产生了明显的弯曲，该点左侧的斜率较大，右侧的斜率较小，斜率产生明显变化，通常这种点被称为**曲线的膝点**（**knee of a curve**）。对于一些需要做出决策来解决的问题，曲线的膝点对应的是解决问题的效果较好的解。以此处的 $K$ 值选择问题为例，可以看到当 $K > 2$ 的时候类内距离会很小。选择的 $K$ 大于 2 时，虽然会使得聚类结果中的类内距离减小，但是相较于选择 $K = 2$，选择更大的 $K$ 值不仅无法获得明显的准确度提升，而且会增加大量的运算时间成本，更会导致模型的泛化性下降，所以 $K = 2$ 是较好的选择。

除了上述的选择方法，其他的指标也会被用来选择 $K$ 值，比如**轮廓系数**（**silhouette coefficient**）。轮廓系数综合考虑类内和类间距离，计算方法为

$$S = \frac{b - a}{\max(a, b)} \tag{5.1}$$

其中 $a$ 为所有类的类内平均距离，$b$ 为所有类的类间平均距离。轮廓系数越大说明聚类结果越好。

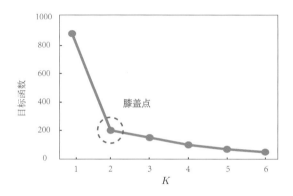

**图 5.8** 不同 $K$ 值聚类结果对应类内距离值

### 5.1.2.3 $K$ 均值算法的优化问题表示

$K$ 均值算法非常简单直观，但却很有效。前文已经描述了 $K$ 均值算法的聚类过程，而本节将用机器学习的语言来解释其优化目标，以及 $K$ 均值算法可以获得比较好的聚类效果的原因。

正如前面解释的，一个好的聚类结果应该是：**类内距离很小，类间距离很大**。$K$ 均值算法的优化目标是最小化类内的距离。具体来说，假设想要划分出 $K$ 类，用 $\mathcal{C}_k$ 表示第 $k$ 类中的所有样本，$\mu_k$ 表示第 $k$ 类中的数据的平均值（即第 $k$ 类的中心），$K$ 均值算法优化目标的核心为公式（5.2）：

$$\mathcal{L} = \sum_{k=1}^{K} \sum_{\mathbf{x}_i \in \mathcal{C}_k} M_{ik} \|\mathbf{x}_i - \mu_k\|_2^2 \tag{5.2}$$

其中 $M_{ik} \in \{0, 1\}$ 表示样本 $\mathbf{x}_i$ 是否属于第 $k$ 类，即当 $\mathbf{x}_i \in \mathcal{C}_k$ 时 $M_{ik} = 1$，否则为 0。因为一个样本只能属于一类，对于每一个 $\mathbf{x}_i$，有 $\sum_{k=1}^{K} M_{ik} = 1$。现在求解公式（5.2），这里

有损失函数 $\mathcal{L} = M_{ik}\|\mathbf{x}_i - \mu_k\|_2^2$，所以

$$\frac{\partial \mathcal{L}}{\partial \mu_k} = 0$$

$$\mu_k = \frac{\sum\limits_{i=1}^{n} M_{ik}\mathbf{x}_i}{\sum\limits_{i=1}^{n} M_{ik}} \tag{5.3}$$

显然，$\mu_k$ 的最优解是被分类为第 $k$ 类的样本的平均值。计算得到了 $\mu_k$，再来计算 $M_{ik}$，即怎样给样本划分类别。为了完成公式（5.2）的优化目标，直觉上来说计算 $M_{ik}$ 的方法应该是

$$M_{ik} = \begin{cases} 1, & k = \underset{k}{\arg\min} \ \|\mathbf{x}_i - \mu_k\|_2^2 \\ 0, & \text{其他} \end{cases} \tag{5.4}$$

即将样本 $x_i$ 划分到距离最近的类中。可以看到上述的优化方法就是 $K$ 均值算法所使用的聚类方法。

本节介绍了 $K$ 均值算法，这是一个通过迭代计算聚类中心和每个样本所属聚类来进行聚类的算法。可以发现，$K$ 均值算法是一种使用距离度量对数据集进行聚类的算法。下一节将为大家介绍高斯混合模型，它以概率的角度对数据进行建模，可以在一定程度上解决该问题，并且在 §5.1.3.4 这一小节中本书将证明 $K$ 均值算法是高斯混合模型的一种特例。

### 5.1.2.4 代码实现

下面的代码介绍通过使用 Python 的 Numpy 库来实现 $K$ 均值算法相关的一系列操作。

```python
1   # 地图绘制来源于 folium
2   # 2020 年路侧停车位数据来自于中华人民共和国交通运输部公开数据
3   # 算法实现: samples: 样本点数据; k: 聚类中心数
4   def kmeans_xufive(samples, k):
5       total, dim = samples.shape # total: 样本数量, dim : 地图数据默认维度为 2
6       result = np.empty(total, dtype=np.int) # 聚类结果
7       cores = samples[np.random.choice(np.arange(total), k, replace=False)] #
        ↪ 随机选择初始中心
8       while True:
9           # 计算每个样本距离每个中心的距离
10          d = np.square(np.repeat(samples, k, axis=0).reshape(total, k, dim) -
            ↪ cores)
11          distance = np.sqrt(np.sum(d, axis=2))
12          # 计算每个样本距离最近的中心索引序号
```

```
13    index_min = np.argmin(distance, axis=1)
14    if (index_min == result).all(): # 如果收敛，则停止
15        return result, cores
16    result[:] = index_min # 重新分类
17    for i in range(k): #
18        items = samples[result==i] # 找出属于当前中心样本点
19        cores[i] = np.mean(items, axis=0) # 以所有上述样本点的均值作为当前
          ↪  质心的位置
```

图5.9使用浅蓝色的点刻画了 2020 年路测停车位数据的原始分布。将 $K$ 设置为 10，可以获得对应的聚类效果图，如图5.10所示。

图 5.9　路侧停车位原始数据分布

图 5.10　路侧停车位数据聚类效果图

### 5.1.3　高斯混合模型

§5.1.2一节中介绍了一种用于聚类任务的判别式模型——$K$ 均值算法。在 $K$ 均值算法中，样本点根据它与聚类中心点的距离（如欧氏距离）被划分到不同的聚类中。该算法使用变量 $\mathbf{M}$ 来为每个样本分配聚类，即 $M_{ik} = \{0,1\}$ 用于指代样本 $i$ 是否属于聚类 $k$。对于这类任务，可以将其视为含有一个**隐藏变量（latent variable）z**，该变量指示了最终的分类结果。在 $K$ 均值算法中，这一变量仅被视为一个固定的结果，然而在实际情况中，相比于 $K$ 均值算法将样本硬性地划分到一个聚类中，我们更希望知道样本属于每一个聚类的概率，换言之，想知道隐藏变量 z 服从的分布，这正是本节将要介绍的**高斯混合模型（Gaussian Mixture Model，简称 GMM）**，这种生成式模型从概率的角度出发重新解释"聚类"的概念，并实现了一种基于概率的"软分配"方式。为理解这一点，对于 $K$ 分类问题中的每一个样本 x，假设存在一个对应的 $K$ 维的二值随机变量 z，该随机

259

变量采用**独热编码（one-hot encoding）**，某一特定元素 $z_k = 1$，其余元素等于 0，即

$$z_i \in \{0,1\}, \quad \sum_{i=1}^{K} z_i = 1$$

可以看到，隐藏变量 z 可以用来表示样本 x 最终的分类结果。此时根据贝叶斯公式，分类问题就转化为计算给定 x 的条件下变量 z 的条件概率，即

$$\mathbb{P}(z_k = 1 \mid \mathbf{x}) = \frac{\mathbb{P}(z_k = 1) \, p(\mathbf{x} \mid z_k = 1)}{\sum\limits_{i=1}^{K} \mathbb{P}(z_i = 1) \, p(\mathbf{x} \mid z_i = 1)} \tag{5.5}$$

那么，接下来的问题就在于如何理解式（5.5）。如果将样本点视为随机变量，那么同一类样本就是一系列独立同分布的随机变量，划分聚类的过程实际上就是在确定隐藏变量 z 的分布，而样本则是根据其分布函数来生成的。假设 z 中的每个元素分别服从一个简单的分布，那么不同聚类中的样本分别服从不同的分布，每一类样本的生成概率可以表示为

$$\mathbb{P}(z_k = 1) \, p(\mathbf{x} \mid z_k = 1)$$

而复杂的样本场景实际上就可以视为是由多个复杂分布函数混合生成的，这正是**基于混合模型的聚类方法（mixture model-based clustering）**的假设。从这一角度出发，问题的关键也就转换为确认分布函数 $p(\mathbf{x} \mid z_k = 1)$ 的形式和参数。

在了解基于混合模型的聚类方法的假设后，首先需要确定分布函数的形式，而现实生活中应用最广泛的分布正是**高斯分布**：

$$f(x) = \frac{1}{\sigma\sqrt{2\pi}} e^{-\frac{(x-\mu)^2}{2\sigma^2}}$$

其中 $\mu$ 为均值，同时也可作为描述高斯分布位置的参数；$\sigma$ 为方差，也可作为描述高斯分布尺度的参数。实际生活中大量随机变量均服从高斯分布，例如人群身高数据、高考考生成绩、地区某季度最高气温累计天数等等，因而高斯分布可以很好地描述大多数情况下某一类样本的分布情况。基于以上假设和高斯模型的特性，研究者提出了**高斯混合模型**，该模型假设一共有 $K$ 个聚类，每个聚类的样本服从不同的高斯分布 $\mathcal{N}_k(\mu_k, \Sigma_k)$，$k = 1, \cdots, K$，这样所有数据的分布就是多个高斯分布的加权混合。

在确定分布函数的形式后，还需要应用算法求解分布函数的参数。在聚类时，高斯混合模型通过期望最大化算法先从数据中预测权重参数 $\pi$ 以及每个高斯分布均值 $\mu_k$ 和协方差 $\Sigma_k$ 的数值，再计算样本 x 属于每一个聚类的概率。高斯混合模型不仅可以得到样本属于每个聚类的概率，同时获得了对于数据分布的直观理解。此外，利用预测出的分布 $\mathcal{N}(\mu_k, \Sigma_k)$，可以进一步生成不同聚类的样本。

本节先对高斯混合模型的假设以及模型形式进行介绍（§5.1.3.1），然后介绍从数据中预测分布参数 $\pi, \mu, \Sigma$ 的期望最大化算法（§5.1.3.3），最后，本节将证明 $K$ 均值算法本质上是高斯混合模型的一个特例（§5.1.3.4），并将两者进行对比总结。

#### 5.1.3.1 高斯混合模型定义

高斯混合模型[2] 来源于混合模型（mixture model），这一类模型旨在解决具有复杂分布的数据的分类问题，其模型的建立基于一个假设：复杂样本的分布可以视为多个**分量**（component）的线性混合，每个分量为简单的概率密度函数（例如泊松分布或高斯分布），其数学形式为

$$\mathbf{x} \sim \sum_{k}^{K} \pi_k \Phi_k(\mathbf{x} \mid \theta) \tag{5.6}$$

其中 $\mathbf{x}$ 为 $n$ 维样本，$\pi_k \Phi_k(x \mid \theta)$ 为分量 $k$ 所表示的概率密度函数，$\pi_k$ 为权重，满足 $\sum_{k}^{K} \pi_k = 1$。而高斯混合模型则进一步假设分量均为高斯分布，如图5.11，可以发现多个高斯概率密度函数的线性叠加可以生成相当复杂的函数形式，因此高斯混合模型尝试通过将多个高斯分布进行线性组合，并调整各分量参数及权重来逼近任意目标分布。

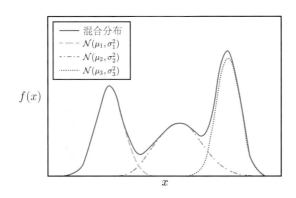

图 5.11　一维高斯混合分布的例子

---

**定义 5.2 高斯混合模型**

高斯混合模型将样本 $\mathbf{x}$ 的分布视为多个高斯分布的线性混合，其形式为

$$f(\mathbf{x}) = \sum_{k=1}^{K} \pi_k f_k(\mathbf{x} \mid \mu_k, \Sigma_k) \tag{5.7}$$

其参数为权重 $\pi$、均值 $\mu_k$ 与协方差 $\Sigma_k$，其中 $\pi$ 满足

$$\pi_k \geqslant 0, \quad \sum_{k=1}^{K} \pi_k = 1$$

第 $k$ 个分量的概率密度函数为

$$f_k(\mathbf{x} \mid \mu_k, \Sigma_k) = \frac{1}{\sqrt{(2\pi)^n |\Sigma_k|}} \mathrm{e}^{-\frac{1}{2}(\mathbf{x}-\mu_k)^\top \Sigma_k^{-1}(\mathbf{x}-\mu_k)} \tag{5.8}$$

---

根据公式（5.7）中高斯混合模型的形式，边缘概率密度可以表示为

$$p(\mathbf{x}) = \sum_{k=1}^{K} \mathbb{P}(z_k = 1) p(\mathbf{x} \mid z_k = 1) \tag{5.9}$$

其中 $\pi_k = \mathbb{P}(z_k = 1)$，表示当未知样本特征时，一个样本属于第 $k$ 个聚类的先验概率，可以发现该式在形式上与式（5.5）右边的分母是统一的。而需要推断的后验概率 $\mathbb{P}(z_k = 1 \mid \mathbf{x})$ 则可以表示为

$$
\begin{aligned}
\mathbb{P}(z_k = 1 \mid \mathbf{x}) &= \frac{\mathbb{P}(z_k = 1)p(\mathbf{x} \mid z_k = 1)}{\sum\limits_l \mathbb{P}(z_l = 1)\mathbb{P}(z_l = 1 \mid \mathbf{x})} \\
&= \frac{\pi_k f_k(\mathbf{x} \mid \mu_k, \Sigma_k)}{\sum\limits_l \pi_l f_l(\mathbf{x} \mid \mu_l, \Sigma_l)}
\end{aligned}
\tag{5.10}
$$

在某些情况下会用 $\gamma(z_k)$ 来表示 $\mathbb{P}(z_k = 1 \mid \mathbf{x})$，它也被称为责任（responsibilities），表示数据 $\mathbf{x}$ 在多大程度上由第 $k$ 个分量生成，或者说第 $k$ 个分量对数据 $\mathbf{x}$ 的生成负有多大程度的"责任"。

**例 5.1** 假设有如图5.12（a）所示的样本分布图，但缺失了每个样本对应的标签数据。样本服从三个二元高斯分布的混合分布，均值为

$$
\mu_1 = (1,1)^\top, \quad \mu_2 = (5,5)^\top, \quad \mu_3 = (9,9)^\top
$$

三个高斯分布的协方差为

$$
\Sigma_1 = \begin{pmatrix} 4.10 & 2.06 \\ 2.06 & 2.06 \end{pmatrix}, \Sigma_2 = \begin{pmatrix} 2.06 & 2.06 \\ 2.06 & 4.10 \end{pmatrix}, \Sigma_3 = \begin{pmatrix} 4.10 & 2.06 \\ 2.06 & 2.06 \end{pmatrix}
$$

由此可以建立一个高斯混合模型，并根据模型将样本划分成如图5.12（b）所示的三类。

(a) 原始数据　　　　　　　　　(b) 聚类结果

图 5.12　含有 3 个分量的高斯混合分布模型

### 5.1.3.2 高斯混合模型优化问题

对于高斯混合模型中每个分量的参数，都需要从观测到的数据 $\mathbf{X} = (\mathbf{x}_1, \mathbf{x}_2, \cdots, \mathbf{x}_N)^\top$ 中预测得出，对此首先想到的是可以通过最大似然估计来求解参数。首先，以简单的一元高斯分布为例回顾一下最大似然估计的方法。对于均值为 $\mu$、方差为 $\sigma^2$ 的一元高斯分布，假设方差已知而均值未知，则其关于均值 $\mu$ 的似然函数为

$$
L(\mu) = \prod_{i=1}^N \frac{1}{\sqrt{2\pi\sigma^2}} \exp\left( -\frac{(x_i - \mu)^2}{2\sigma^2} \right)
\tag{5.11}
$$

将其转化为对数形式为

$$\ln L(\mu) = \sum_{i=1}^{N} \left[ \ln \left( \frac{1}{\sqrt{2\pi\sigma^2}} \right) - \frac{(x_i - \mu)^2}{2\sigma^2} \right] \tag{5.12}$$

对其进行求导并设导数值为 0，则有

$$\frac{\mathrm{d}}{\mathrm{d}\mu} \ln L(\mu) = \sum_{i=1}^{N} \frac{x_i - \mu}{\sigma^2} = 0 \tag{5.13}$$

由此可以得到需要估计的参数 $\mu = \frac{1}{n} \sum_{i=1}^{n} x_i$。各位读者可以发现将似然函数转换为对数形式能帮助我们将原本的乘积形式进行分解，并去除指数函数形式，进而便使得方程可以轻松求解。

同理，根据高斯混合模型的概率分布和各分量的密度函数（§5.1.3.1），其似然函数的对数形式为

$$\ln f(\mathbf{X} \mid \pi, \mu, \Sigma) = \sum_{n=1}^{N} \ln \left( \sum_{k=1}^{K} \pi_k f_k \left( \mathbf{x}_n \mid \mu_k, \Sigma_k \right) \right) \tag{5.14}$$

因此，高斯混合模型的优化问题可以表示为

$$\underset{\theta = \pi, \mu, \Sigma}{\arg\max} \quad \sum_{n=1}^{N} \ln \left( \sum_{k=1}^{K} \pi_k f_k \left( \mathbf{x}_n \mid \mu_k, \Sigma_k \right) \right)$$

$$\text{s.t.} \quad \pi_k \geqslant 0, \quad \sum_{i}^{K} \pi_i = 1 \tag{5.15}$$

读者可能已经注意到了，此时将似然函数转换成对数形式并没有简化其形式，因为原本的概率分布中就包含了对各分量的求和运算。如果我们仍"一意孤行"，继续对式（5.14）求关于 $\mu_k$ 的导数并建立方程，那将会得到

$$\sum_{i=1}^{N} \frac{\pi_k f_k \left( \mathbf{x}_i \mid \mu_k, \sigma_k \right)}{\sum_{k=1}^{K} \pi_k f_k \left( \mathbf{x}_i \mid \mu_k, \Sigma_k \right)} \cdot \frac{(\mathbf{x}_i - \mu_k)}{\Sigma_k^2} = 0 \tag{5.16}$$

可以看到该方程在形式上非常复杂，难以直接进行解析求解，因此只能另寻方法。事实上，对于高斯混合模型的参数学习，常用迭代的方法进行求解，下一节将要介绍在这些迭代方法中适用最广泛的一种，即**期望最大化算法**。

### 5.1.3.3 高斯混合模型参数优化求解：期望最大化算法

在上一节读者可以看到，对于普通的高斯分布优化问题 [式（5.16）] 难以求解，因为似然函数是一个求和而非乘积，无法被对数运算简化。但是，如果考虑上文所介绍的代表每一个样本所属聚类的隐变量 $\mathbf{z}$，则可以 $\mathbf{x}$ 与 $\mathbf{z}$ 的联合分布进行建模：

$$f(\mathbf{x}, \mathbf{z}) = \pi_k^{z_k} f_k(\mathbf{x} \mid \mu_k, \Sigma_k)^{z_k}, \quad k = 1, 2, \cdots, K \tag{5.17}$$

联合概率密度函数之所以可以写为式（5.17），是因为 $\mathbf{z}$ 是一个独热编码，即当样本属于聚类 $k$，有 $z_k = 1$，且 $z_i = 0, \forall i \neq k$。此时，考虑数据集为 $(\mathbf{X}, \mathbf{Z}) = $

$((\mathbf{x}_1, \mathbf{z}_1), (\mathbf{x}_2, \mathbf{z}_2), \cdots, (\mathbf{x}_N, \mathbf{z}_N))^{\top}$。根据式（5.17），可以得到 $(\mathbf{X}, \mathbf{Z})$ 的对数似然函数：

$$
\begin{aligned}
\ln L(\theta; \mathbf{X}, \mathbf{Z}) &= \ln p(\mathbf{X}, \mathbf{Z} \mid \theta) \\
&= \ln \left( \prod_{j=1}^{N} \prod_{k=1}^{K} \pi_k^{z_{jk}} f_k(\mathbf{x} \mid \mu_k, \Sigma_k)^{z_{jk}} \right) \\
&= \sum_{j=1}^{N} \sum_{k=1}^{K} z_{jk} \big( \ln \pi_k + \ln f_k(\mathbf{x}_j \mid \mu_k, \Sigma_k) \big)
\end{aligned}
\tag{5.18}
$$

可以看到，如果引入隐变量 $\mathbf{z}$，那么所得的似然函数是两层乘积，只需取对数即可以轻易地简化为两层求和。对这一对数似然函数的导数求零点，可以轻易得到对 $\theta$ 的极大似然估计值。唯一的问题是，$\mathbf{Z}$ 是隐变量的数据集，是未知的，无法被用来计算极大似然估计。

读者可以发现，这时的情景类似于 §5.1.2 所介绍的 $K$ 均值算法。在 $K$ 均值算法中，代表每个样本所属聚类的 $M_{ij}$ 是未知的，在指派聚类、计算均值两个步骤的迭代过程中逐步逼近更好的结果。采用相同的思想，可以使用迭代的方法，让隐变量逐渐逼近理想值。但由于高斯混合模型是概率模型，我们无法肯定地指出某个样本属于某个聚类，因此，将隐变量 $z_{jk}$ 替换为上文所介绍的责任 $\gamma(z_{jk}) = \mathbb{P}(z_{jk} = 1) = \mathbb{P}(z_k = 1 \mid \mathbf{x}_j)$，即样本 $\mathbf{x}_j$ 属于第 $k$ 个聚类的概率，这相当于一个软化版本的二元隐变量。读者可以发现，根据离散随机变量期望的定义（§2.2），替换后的式子事实上是在对原先的对数似然函数计算期望，有时又称为 $Q$ 函数：

$$
Q(\theta; \theta_{\text{old}}) = \mathbb{E}(\ln L(\theta; \mathbf{X}, \mathbf{Z})) = \sum_{j=1}^{N} \sum_{k=1}^{K} \gamma(z_{jk}) \big( \ln \pi_k + \ln f_k(\mathbf{x}_j \mid \mu_k, \Sigma_k) \big)
\tag{5.19}
$$

其中，$\theta_{\text{old}}$ 是当前的模型参数。根据式（5.10），上式中的 $\gamma(z_{jk})$ 可以根据当前的模型参数计算出来，不涉及隐变量。有了式（5.19）的期望对数似然函数，可以对其最大化，从而得到对模型参数的当前最优估计。对其导数求零点，可以轻易得到：

$$
\begin{aligned}
\mu_k &\leftarrow \frac{\sum_{j=1}^{N} \gamma(z_{jk}) x_j}{\sum_{j=1}^{N} \gamma(z_{jk})}, \quad k = 1, 2, \cdots, K \\[2ex]
\sigma_k^2 &\leftarrow \frac{\sum_{j=1}^{N} \gamma(z_{jk})(x_j - \mu_k)^2}{\sum_{j=1}^{N} \gamma(z_{jk})}, \quad k = 1, 2, \cdots, K \\[2ex]
\pi_k &\leftarrow \frac{\sum_{j=1}^{N} \gamma(z_{jk})}{N}, \quad k = 1, 2, \cdots, K
\end{aligned}
\tag{5.20}
$$

从上式可知，不需要计算完整的 $Q$ 函数，只需计算责任 $\gamma(z_{jk})$，即可以得到模型参数的当前最优估计。上述迭代估计高斯混合模型的过程可以归纳为两个步骤：

**期望步（Expectation step，简称 E-step）**  依据当前模型参数，计算责任，即样本 $\mathbf{x}_j$ 属于第 $k$ 个聚类的概率：

$$\gamma(z_{jk}) = \frac{\pi_k f_k(x_j \mid \mu_k, \sigma_k^2)}{\sum\limits_{i=1}^{K} \pi_i f_i(x_j \mid \mu_i, \sigma_i^2)}, \quad j = 1, 2, \cdots, 15, \ k = 1, 2, \cdots, K \tag{5.21}$$

**最大化步（Maximization step，简称 M-step）**  根据上一步得到的责任，使用极大似然估计更新参数的值。根据高斯分布的极大似然估计更新方式如下：

$$\mu_k \leftarrow \frac{\sum\limits_{j=1}^{N} \gamma(z_{jk}) x_j}{\sum\limits_{j=1}^{N} \gamma(z_{jk})}, \quad k = 1, 2, \cdots, K$$

$$\sigma_k^2 \leftarrow \frac{\sum\limits_{j=1}^{N} \gamma(z_{jk})(x_j - \mu_k)^2}{\sum\limits_{j=1}^{N} \gamma(z_{jk})}, \quad k = 1, 2, \cdots, K \tag{5.22}$$

$$\pi_k \leftarrow \frac{\sum\limits_{j=1}^{N} \gamma(z_{jk})}{N}, \quad k = 1, 2, \cdots, K$$

因此，上述参数估计的迭代算法被称为**期望最大化算法（Expectation-Maximization algorithm，简称 EM 算法）**，它可以被用于数据中存在未观察到的隐含数据（即隐变量）的情况。期望最大化算法的应用非常广泛，而且有着必定收敛的理论证明。本节同时也给出期望最大化算法的一般形式：

- 期望步（E-step）：EM 算法的期望步是在给定已知数据 $\mathbf{X}$ 和当前参数估计 $\theta_{\text{old}}$ 下预测对数似然函数的期望，称为 $Q(\theta \mid \theta_{\text{old}})$：

$$\begin{aligned} Q(\theta \mid \theta_{\text{old}}) &= \mathbb{E}_Z \left( \ln L(\theta; \mathbf{X}, \mathbf{Z}) \mid \mathbf{X}, \theta_{\text{old}} \right) \\ &= \int \ln L(\theta; \mathbf{X}, z) f(z \mid \mathbf{X}, \theta_{\text{old}}) dz \end{aligned} \tag{5.23}$$

  其中 $f(z \mid \mathbf{X}, \theta_{\text{old}})$ 是在给定已知数据 $\mathbf{X}$ 和当前参数估计 $\theta_{\text{old}}$ 下的条件概率密度函数。

- 最大化步（M-step）：最大化对数似然函数的期望 $Q(\theta \mid \theta_{\text{old}})$，并使用最优解更新 $\theta$：

$$\theta_{\text{new}} = \arg\max_{\theta} Q(\theta \mid \theta_{\text{old}}) \tag{5.24}$$

- 迭代执行这两个步骤，直到 $\theta$ 收敛为止。

**例 5.2 利用 EM 算法求解高斯混合模型参数**  为简化计算，以一维数据为例。已知 15 个观测数据：$-67, -48, 6, 8, 14, 16, 23, 24, 28, 29, 41, 49, 56, 60, 75$。用高斯混合模型对其进行聚类，取聚类数 $K = 2$，则高斯混合模型中样本的总体分布可以表示为

$$p(x \mid \theta) = \pi_1 f_1(x \mid \mu_1, \sigma_1^2) + \pi_2 f_2(x \mid \mu_2, \sigma_2^2) \tag{5.25}$$

其中 $\theta = (\pi_1, \mu_1, \sigma_1, \pi_2, \mu_2, \sigma_2)$。下面采用 EM 算法估计该模型的 6 个参数。本书调用

mix'EM 这一 Python 库来实现 EM 算法。

```python
import numpy as np
import mixem
gamma = np.array([...]) # 样本
mean0 = [30, -30]  # 初始化均值
variance0 = [500, 500]  # 初始化方差
print(mixem.em(gamma, [
    mixem.distribution.NormalDistribution(mean0[0], variance0[0]),
    mixem.distribution.NormalDistribution(mean0[1], variance0[1])
],initial_weights=[0.5,0.5]))
```

mixem.em 函数接受初始参数，并开始 EM 算法的训练过程。经过 38 次迭代，得到了对参数的最终结果：

$$
\begin{aligned}
\tilde{\pi}_1 &= 0.8668, \quad \tilde{\pi}_2 = 0.1331 \\
\tilde{\mu}_1 &= 32.98, \quad \tilde{\mu}_2 = -57.51 \\
\tilde{\sigma}_1 &= 20.72, \quad \tilde{\sigma}_2 = -65.19
\end{aligned}
\tag{5.26}
$$

### 5.1.3.4 高斯混合模型与 $K$ 均值算法的联系

本节开头通过 $K$ 均值算法来引入高斯混合模型，并简单提到相比 $K$ 均值算法将样本简单地分配至某一个聚类所表示的分布中，高斯混合模型将样本分布视作多个高斯分布的线性混合。事实上，可以通过推导发现 $K$ 均值其实属于高斯混合模型的一个特例。首先，回顾之前章节中介绍过的 $K$ 均值算法的优化问题：

$$
\underset{\mu_k, \mathbf{M}}{\arg\min} \quad \sum_{k=1}^{K} \sum_{i=1}^{N} M_{ik}(\mathbf{x}_i - \mu_k)^2
\tag{5.27}
$$

其中，$M_{ik}$ 可以看作隐变量，指代样本 $\mathbf{x}_i$ 属于聚类 $k$。

现在假设有一个含有 $K$ 个分量的高斯混合模型，其中各分量的协方差矩阵为 $\varepsilon \mathbf{I}$，$\varepsilon$ 为一常数，在所有分量中都相同，$\mathbf{I}$ 为单位矩阵，因此各分量的概率密度函数 $f_k$ 可以表示为

$$
f_k\left(\mathbf{x} \mid \mu_k, \Sigma_k\right) = \frac{1}{\sqrt{(2\pi\varepsilon)^n}} \exp\left(-\frac{1}{2\varepsilon}\left(\mathbf{x} - \mu_k\right)^2\right)
\tag{5.28}
$$

将其代入对数似然函数中，则有

$$
\mathbb{E}_{\mathbf{z}}(\ln p(\mathbf{X}, \mathbf{Z} \mid \mu, \Sigma, \pi)) = \sum_{n=1}^{N} \sum_{k=1}^{K} \gamma\left(z_{nk}\right)\left(\ln \pi_k + \ln p\left(\mathbf{x}_n \mid \mu_k, \Sigma_k\right)\right)
\tag{5.29}
$$

其中 $\gamma\left(z_{nk}\right)$ 可以视为对样本 $\mathbf{x}_n$ 而言多大程度上服从分量 $k$ 表示的分布[3]，将其展开可

得

$$\gamma\left(z_{nk}\right) = \frac{\pi_k \exp\left(-\frac{(\mathbf{x}_n - \mu_k)^2}{2\varepsilon}\right)}{\sum_{j=1}^{K} \pi_j \exp\left(-\frac{(\mathbf{x}_n - \mu_j)^2}{2\varepsilon}\right)} \tag{5.30}$$

当 $\varepsilon$ 趋向于 0 时，注意到 $(\mathbf{x}_n - \mu_j)^2$ 中值最小的一项将趋于 0，此时 $z_{nj}$ 将趋向于 1，而除 $j$ 以外的 $z_{nk}$ 将趋向于 0——这表示样本 $\mathbf{x}_n$ 完全服从分量 $j$ 表示的分布，而与其他分布无关，这与 $K$ 均值算法的聚类分配变量 $M_{ik}$ 是一致的。再写出 $\varepsilon$ 趋向于 0 时的对数似然函数：

$$\lim_{\varepsilon \to 0} \mathbb{E}_{\mathbf{z}}(\ln p(\mathbf{X}, \mathbf{Z} \mid \mu, \Sigma, \pi) = -\frac{1}{2} \sum_{n=1}^{N} \sum_{k=1}^{K} M_{ik}\left(\mathbf{x}_n - \mu_k\right)^2 + \mathrm{const} \tag{5.31}$$

可以发现此时最大化对数似然函数等同于

$$\underset{\mu_k, \mathbf{M}}{\arg\min} \sum_{k=1}^{K} \sum_{i=1}^{N} M_{ik}\left(\mathbf{x}_i - \mu_k\right)^2 \tag{5.32}$$

而该问题恰好就是 $K$ 均值算法的优化问题（5.27）。因此，$K$ 均值算法是高斯混合模型在协方差矩阵为 $\lim_{\varepsilon \to 0} \varepsilon \mathbf{I}$ 时的特例。

最后，将两者之间的对比总结如下：

- 两者都属于无监督学习的聚类方法，并且都需要指定聚类的数量 $K$ 值。
- $K$ 均值算法在为样本分配聚类时采用"硬分配"的方式，即样本只服从被分配的唯一聚类的分布；而高斯混合模型基于后验概率计算样本服从每个分量的可能性，属于"软分配"，因而高斯混合模型可以视作 $K$ 均值算法的"软版本"。
- 对于聚类中的样本分布，$K$ 均值算法仅考虑其均值，没有考虑协方差；而高斯混合模型将两者都纳入了考量。
- $K$ 均值算法思想简单，且收敛较快，但适用场景受限；而高斯混合模型理论上可以逼近任意复杂的样本分布，适用场景更加广泛。

## ✍ 习题 ✍

习题 5.1 在层次聚类中，若将每个样本视作一个顶点，则可将整个数据集看作一个图，距离矩阵可以作为图的权重矩阵。此时我们就可以对一个图进行层次聚类。进一步，我们定义没有边连接的两个顶点之间的距离为无穷大，若进行层次聚类时，所有距离均为无穷大则停止聚类。在对图进行的层次聚类中，请证明：

(1) 全连接聚类每一步得到的聚类结果中，所有聚类内部是完全连接的。

(2) 单连接聚类的结果中聚类内部是连通的。

习题 5.2 基于上一题（习题 5.1），请比较层次聚类中三种连接的优劣。

习题 5.3 $K$ **均值算法优化问题**。$K$ 均值算法中，记 $\mathcal{C}_k$ 为第 $k$ 类样本集合、$|\mathcal{C}_k|$ 为第 $k$ 类样本数量，若将第 $k$ 类的聚类中心固定设为 $\mu_k = \frac{1}{|\mathcal{C}_k|}\sum_{\mathbf{x}\in\mathcal{C}_k}\mathbf{x}$，则优化问题可表示为

$$\min_{\mathcal{C}_k}\quad \sum_{k=1}^{K}\sum_{\mathbf{x}\in\mathcal{C}_k}||\mathbf{x}-\mu_k||^2 \tag{5.33}$$

(1) 证明问题（5.33）与

$$\max_{\mathcal{C}_k}\quad \sum_{k=1}^{K}\frac{1}{|\mathcal{C}_k|}\sum_{\mathbf{x}\in\mathcal{C}_k}\sum_{\mathbf{y}\in\mathcal{C}_k}\mathbf{x}^\top\mathbf{y}$$

等价。[提示：以向量运算形式展开问题（5.33）]

(2) 证明问题（5.33）与

$$\min_{\mathcal{C}_k}\quad \sum_{k=1}^{K}\frac{1}{|\mathcal{C}_k|}\sum_{\mathbf{x}\in\mathcal{C}_k}\sum_{\mathbf{y}\in\mathcal{C}_k}||\mathbf{x}-\mathbf{y}||^2$$

等价。

习题 5.4 使用 EM 算法对高斯混合模型（GMM）进行参数估计的核心是要构造出其期望函数作为下界函数，并对下界函数进行最优化。课本中讲到，E 步是计算得到后验概率 $\mathbb{E}[z_{jk}]$，而 M 步则是使用极大似然估计更新参数的值。我们可以得到 GMM 的对数似然函数的下界函数为

$$L(\Theta) = \sum_{j=1}^{N}\sum_{k=1}^{K}\mathbb{E}[z_{jk}]\left(-\frac{1}{2}\log|\Sigma_k| - \frac{1}{2}\left[(\mathbf{x}_j-\mu_k)^\top\Sigma_k^{-1}(\mathbf{x}_j-\mu_k)\right] + \log\alpha_k\right)$$

其中 $\alpha_k = \mathbb{P}(\mu = \mu_k)$，$\Theta = \{\mu_k, \Sigma_k, \alpha_k\}_{k=1}^{K}$ 为参数集合。

请证明：M 步参数的更新是极大似然估计的解（以均值的更新为例）：

$$\mu_k \leftarrow \frac{1}{\sum_{j=1}^{N}\mathbb{E}[z_{jk}]}\sum_{j=1}^{N}\mathbb{E}[z_{jk}]\mathbf{x}_j.$$

习题 5.5 对于以下随机生成的数据，分别使用 $K$ 均值算法和高斯混合模型进行聚类，并比较两种算法的聚类效果。

```
1  from sklearn.datasets import make_blobs
2  data, label = make_blobs(n_samples=100, n_features=2, centers=5)
3  # 绘制样本显示
4  pyplot.scatter(data[:, 0], data[:, 1], c=label)
5  pyplot.show()
```

# 5.2 主成分分析

在之前章节的学习中，无论是有监督模型还是无监督模型，最终的预测效果都依赖于训练阶段的大规模数据。而所谓的"大规模"一方面指庞大的样本数量，另一方面则指样本的高维度特征，即数据集中样本特征项的数量。在今天的各种实际应用中，机器学习所处理数据的一大特征就是维数非常大，维数超过样本数的应用场景也非常多，但高维度数据往往也对模型的训练和推断造成一定困难，具体体现在以下两方面：

**高维度特征降低了模型运算效率**。以 $K$ 均值算法为例，其时间复杂度正比于数据的维数 $p$，因此对于样本数量相同但数据维度分别为 10 和 100 的数据而言，在收敛时间上会相差 10 倍。再例如，对于线性回归模型而言，在之前的章节中介绍过其系数 $\mathbf{w}$ 的解析解为

$$\mathbf{w} = (\mathbf{X}^\top \mathbf{X})^{-1} \mathbf{X}^\top \mathbf{y}$$

计算该解析解的时间复杂度为 $O(p^3)$。因此当数据维度变为原来的 10 倍时，正规方程法求解的耗时将变为 1 000 倍！可见高维度数据对模型的运算效率会产生极大影响。

**高维度特征可能含有噪声，影响模型推断**。并不是每个维度的特征都会对最后的推断起作用，许多维度的特征之间事实上存在线性相关性。以线性回归章节中的房价数据集为例，样本的属性特征包括总体面积 $x_\text{sq}$ 和卧室数量 $x_\text{bed}$，而两项的比值大多在 $63 \sim 68$ 之间，约占样本总数的 $87\%$，因此可以认为两项之间存在正比关系，即

$$x_\text{sq} \approx \alpha x_\text{bed}$$

其中 $\alpha$ 为一常数。依据上述发现，可以认为这两个特征之间存在线性相关性，进而认为可以在降维中将这两项特征通过组合变换为一个新特征 $x_\text{sqbed}$，从而减少变量的数量。同时，在推断过程中高维度数据很可能存在无关特征（即噪声），即去掉这些特征对最终的推断结果并不会造成影响。各位读者在支持向量机章节中关于鸢尾花分类的例子4.7中可以看到，在去除 4 个特征量中的其中 2 个后，训练得到的支持向量机对测试数据集的分类准确率达到了 $100\%$。

大多数机器学习方法都难以应对维数过高的情况，此时就需要进行**数据降维**，通过某个映射函数将高维数据映射到低维，一方面排除无用的噪声，另一方面通过将几项原始特征组合生成一项新的特征，从而减少后续运算量，并降低分类难度。

> **定义 5.3 数据降维**
>
> 数据降维指通过估计一个映射方法 $\hat{\mathbf{x}} = f(\mathbf{x}) : \mathbb{R}^n \mapsto \mathbb{R}^k$，将高维空间中的数据点映射到低维空间中，其中 $k < n$。

需要注意的是，数据降维与前文所讲的特征选择有着明显区别：特征选择仅在原特征空间上进行选择，通过删减特征项来降低计算量；而数据降维则通过将原始特征项进行组合，生成新的特征。要实现这一目标，一种方法是借助于线性空间变换。本节介绍

的主成分分析方法就是一种基于线性空间变换即投影的降维方法。在介绍主成分分析之前，首先需要了解投影的概念。回顾本书之前所讲的向量内积定义，即

$$\mathbf{a} \cdot \mathbf{b} = \mathbf{a}^\top \mathbf{b} = \sum_{i=1}^{n} a_i b_i \tag{5.34}$$

实际上在几何空间中，向量 $\mathbf{a}$ 和 $\mathbf{b}$ 的内积可以也表示为 $\mathbf{a}$ 在 $\mathbf{b}$ 上的投影长度乘以 $\mathbf{b}$ 的模，如图5.13所示。

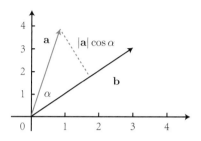

图 5.13　用投影表示向量内积

$\mathbf{a}$ 在 $\mathbf{b}$ 上的投影即为以原点为起点、垂线与 $\mathbf{b}$ 的交点为终点的向量。设 $\mathbf{a}$ 与 $\mathbf{b}$ 的夹角是 $\alpha$，则投影的矢量长度为 $\|\mathbf{a}\| \cos\alpha$，其中 $\|\mathbf{a}\| = \sqrt{x_1^2 + y_1^2}$ 是向量 $\mathbf{a}$ 的模，其中 $\mathbf{a}$ 的坐标形式为 $(x_1, y_1)$，也就是 $\mathbf{a}$ 的标量长度。由此可以将内积表示为另一种形式：

$$\mathbf{a} \cdot \mathbf{b} = \|\mathbf{a}\| \|\mathbf{b}\| \cos\alpha \tag{5.35}$$

更进一步，假设向量 $\mathbf{b}$ 的模为 $1$，即 $\mathbf{b}$ 是单位基向量，那么 $\mathbf{a}$ 和 $\mathbf{b}$ 的内积就等于 $\mathbf{a}$ 在 $\mathbf{b}$ 上的投影长度。

而对于平面直角坐标系中的任意向量，其单位基向量为 $(1, 0)$ 和 $(0, 1)$，分别是 $x$ 和 $y$ 轴正方向上的单位向量，这样二维平面上点坐标和向量便可以一一对应，如图5.14所示。而向量 $(x, y)$ 则可以表示为

$$x(1, 0)^\top + y(0, 1)^\top \tag{5.36}$$

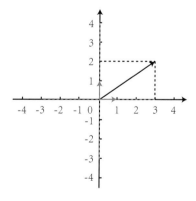

图 5.14　单位基向量 $(0, 1)$ 和 $(1, 0)$ 下二维平面向量的表示

但实际上，任何两个线性无关的二维向量都可以成为一组基，当然一般情况下两者

的模长同样也是 1。例如，可以把基变为 $(\frac{1}{\sqrt{2}}, \frac{1}{\sqrt{2}})$ 和 $(-\frac{1}{\sqrt{2}}, \frac{1}{\sqrt{2}})$。现在，如果想获得 $(3, 2)$ 在新基上的坐标，即在两个基向量上的投影模长，那么根据内积的几何意义，只要分别计算 $(3, 2)$ 和两个基的内积即可，不难得到新的坐标为 $(\frac{5}{\sqrt{2}}, -\frac{1}{\sqrt{2}})$，如图5.15所示。

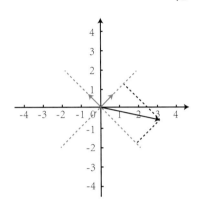

图 5.15　基向量 $(1/\sqrt{2}, 1/\sqrt{2})$ 和 $(-1/\sqrt{2}, 1/\sqrt{2})$ 下二维平面向量的表示

现在回到数据降维上来，线性降维实际上可以通过投影来实现，即一种降低维度的**线性坐标变换**。

**定义 5.4 线性坐标变换**

对任意 $\mathbf{x} \in \mathbb{R}^p$，若 $\mathbf{v}_i \in \mathbb{R}^p$，$i = 1, 2, \cdots, k$ 为 $\mathbb{R}^p$ 的某个子空间的一组标准正交基，则 $\mathbf{x}$ 对应该组基的线性坐标变换结果 $\mathbf{u}$ 满足

$$\mathbf{u} = \mathbf{x}^\top (\mathbf{v}_1, \mathbf{v}_2, \cdots, \mathbf{v}_k) = \mathbf{x}^\top \mathbf{V} \tag{5.37}$$

特别要注意的是，这里 $k$ 决定了变换后数据的维数。也就是说，当 $k < p$ 时，线性坐标变换可以将一个 $p$ 维数据变换到更低维度的空间中去，变换后的维度取决于基的数量。如图5.16所示，在一个三维坐标空间中标记出了一组数据。现在采用坐标变换，将数据点投影到如图所示的二维平面中，可以看到在映射后的二维平面坐标系中，不同类别的数据点分布差异仍旧十分明显，这意味着模型可以将此时数据点的横纵坐标视为新的特征并进行学习，减少了训练时的计算复杂度，同时性能并不会受到太大的影响。

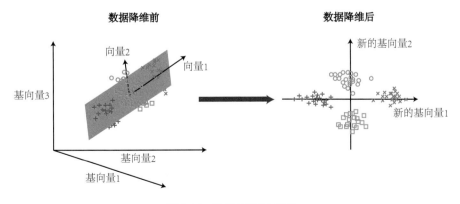

图 5.16　数据降维示意图

**数据降维的动机一：最小化信息损失**　在降维中必然有信息的损失，因此降维的重点在于选择合适的映射方法（即基向量）使得信息损失最小。在§4.9中介绍了一个随机变量的信息量可以用信息熵来衡量。由于无法得知数据的真实分布如何，所以无法计算信息熵，但对于多种分布形式，方差都与信息熵是正相关的。例如，有如图5.17所示的二维空间中的数据点，这些数据点都近似分布在一条直线上。现在选择不同的基向量将这些数据映射到一维空间中。如果选择图5.17中蓝色的基向量，降维后的数据点较为集中，丢失了大量数据信息；而如果选择图5.17中绿色的基向量，降维后的数据点较为分散，保留了尽可能多的信息，减少了信息损失。可以看到，选择的基向量使得降维后数据的分布越分散，那么造成的信息损失就越少。

**数据降维的动机二：降噪**　另一方面，也可以从降噪的角度来考虑数据降维。数据降维的另一目的就在于降噪，数据分散程度低的方向更容易由于噪声的干扰表现出同一性，分析价值低，因此要关注分散程度高的方向。在统计中，通常用方差来表示数据的分散程度。这样降维的重点就转变为了寻找基向量，使得降维后数据方差最大[1]。

　　基于以上两点动机，机器学习领域的研究者们提出了**主成分分析（Principal Component Analysis，简称PCA）**。

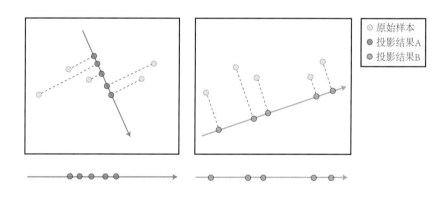

图 5.17　不同基向量上数据降维示意图

### 5.2.1　主成分分析优化问题

　　主成分分析考虑对于一组 $p$ 维的向量，选择一组基向量将它们降到 $k$ 维（$k < n$）空间中，并且使得降维后的数据尽可能分散。先考虑对于降为一维的简单情况，可以认为是寻找使映射后数据方差最大的基向量。给定已中心化数据集 $\mathbf{X} = (\mathbf{x}_1, \mathbf{x}_2, \cdots, \mathbf{x}_n)^\top$，若 $\mathbf{v}$ 为降维投影方向（一个单位向量），降维后的样本方差可写为

$$\mathbf{Var}(\mathbf{U}) = \frac{1}{n}\sum_{i=1}^{n}(\mathbf{u}_i - \bar{\mathbf{u}})^2 = \frac{1}{n}\sum_{i=1}^{n}\mathbf{u}_i^2 \tag{5.38}$$

---

[1]这个想法在信号处理领域中也有类似的体现。信号处理中认为数据具有较大的方差，而噪声具有较小的方差。因此如果能够在降维后使得数据的方差尽可能大，那么就排除了无关变量带来的噪声，尽可能地保留了数据有用的信息。

其中 $\mathbf{u}_i = \mathbf{x}_i^\top \mathbf{v}$ 且 $\bar{\mathbf{u}} = \frac{1}{n} \sum_i \mathbf{u}_i$。主成分分析的优化问题可写为数学形式：

$$\underset{\mathbf{v}}{\arg\max} \quad \sum_{i=1}^{n} \mathbf{v}^\top \mathbf{x}_i \mathbf{x}_i^\top \mathbf{v} \tag{5.39}$$

接下来再扩展到一般情况。在更高维的一般情况下，要考虑多个基向量。假设有 $n$ 个 $p$ 维数据 $\mathbf{X} = (\mathbf{x}_1, \mathbf{x}_2, \cdots, \mathbf{x}_n)^\top$，数据均已中心化，即 $\sum_i^n \mathbf{x}_i = 0$。映射后特征空间基向量组成的矩阵为 $\mathbf{V} = (\mathbf{v}_1, \mathbf{v}_2, \cdots, \mathbf{v}_k)^\top$。假设坐标变换后样本数据为 $\mathbf{U} = (\mathbf{u}_1, \mathbf{u}_2, \cdots, \mathbf{u}_k)^\top$，即 $\mathbf{U} = \mathbf{X}^\top \mathbf{V}$。

首先，为了保证后续应用其他机器学习方法的有效性，需要保证特征间的线性独立性，反映在基向量的选择上就是要求基向量正交，即

$$\mathbf{V}^\top \mathbf{V} = \mathbf{I} \tag{5.40}$$

其次，和一维情况类似，在多维空间中，需要最大化降维后的样本在每一个维度上的方差。每个维度的方差之和可以写为

$$\begin{aligned}
\sum_{i=1}^{k} \frac{1}{n} \mathbf{u}_i^\top \mathbf{u}_i &= \frac{1}{n} \mathrm{tr}(\mathbf{U}^\top \mathbf{U}) \\
&= \frac{1}{n} \mathrm{tr}\left((\mathbf{X}^\top \mathbf{V})^\top (\mathbf{X}^\top \mathbf{V})\right) \\
&= \frac{1}{n} \mathrm{tr}\left(\mathbf{V}^\top \mathbf{X} \mathbf{X}^\top \mathbf{V}\right)
\end{aligned} \tag{5.41}$$

由此可以得到主成分分析的优化问题，即

$$\begin{aligned}
\underset{\mathbf{v}}{\arg\max} \quad & \mathrm{tr}(\mathbf{V}^\top \mathbf{X} \mathbf{X}^\top \mathbf{V}) \\
\mathrm{s.t.} \quad & \mathbf{V}^\top \mathbf{V} = \mathbf{I}
\end{aligned} \tag{5.42}$$

求解得到的 $\mathbf{V}$ 就是使得降维数据最分散的正交基向量组，其中在每一个基向量 $\mathbf{v}_i$ 上的映射 $\mathbf{X}\mathbf{v}_i$ 被称为数据 $\mathbf{X}$ 的一个**主成分**（principal component），$\mathbf{v}_i$ 被称为**主成分方向**（principal component direction）。具有最大方差的主成分被称为最大主成分（或第一主成分），具有最小方差的主成分被称为最小主成分。如图5.17中蓝色和绿色的投影结果分别表示的就是最小主成分和最大主成分。下一节将介绍求解主成分分析优化问题（5.42）的方法。

> **定义 5.5 主成分**
>
> 对于一组 $p$ 维的数据点 $\mathbf{X}$，它们的主成分是一组映射在 $k$ 个（$k \leqslant p$）正交基向量 $\{\mathbf{v}_1, \mathbf{v}_2, \cdots, \mathbf{v}_k\}$ 上的数据集合。其中数据 $\mathbf{X}$ 在第一个基向量 $\mathbf{v}_1$ 上的投影 $\mathbf{X}\mathbf{v}_1$ 具有最大的方差，在第二个基向量 $\mathbf{v}_2$ 上的投影具有第二大的方差，依此类推。第一个基向量上的投影 $\mathbf{X}\mathbf{v}_1$ 被称为 $\mathbf{X}$ 的第一主成分，$\mathbf{v}_1$ 被称为第一主成分方向。

### 5.2.2 主成分分析求解

在主成分分析的优化问题（5.42）中可以看到，目标函数是凸函数，但是可行解集合 $\{\mathbf{V} \mid \mathbf{V}^\top \mathbf{V} = \mathbf{I}\}$ 并不是凸集。根据 §2.3.3 中对于凸集的定义，一个集合为凸集等价于集合中任意两点连线上任意一点仍属于该集合。对于优化问题（5.42），可行解集合 $\{\mathbf{V} \mid \mathbf{V}^\top \mathbf{V} = \mathbf{I}\}$ 表示了一个球面，显然不是凸集。所以优化问题（5.42）是一个非凸问题，无法用现有的凸优化算法求解。为此，本节从另一个角度来考虑求解主成分分析。

在上一小节中提到为了使得降维后的数据都有用，需要降维后数据特征之间相互独立。假设原数据为 $n$ 个样本数据组成的矩阵 $\mathbf{X}$，基向量组成的矩阵为 $\mathbf{V}$，用 $\mathbf{U} = \mathbf{V}^\top \mathbf{X}$ 表示降维后的数据。注意降维后数据的协方差矩阵就是用来表示数据特征之间的关系，因此当协方差矩阵 $\frac{1}{n} \mathbf{U}^\top \mathbf{U}$ 为对角矩阵时，就满足了特征相互独立的要求。对于降维后数据的协方差矩阵，有

$$\frac{1}{n}\mathbf{U}^\top \mathbf{U} = \frac{1}{n}(\mathbf{VX})^\top(\mathbf{VX}) = \mathbf{V}^\top(\frac{1}{n}\mathbf{X}^\top \mathbf{X})\mathbf{V} = \mathbf{V}^\top \mathbf{CV} \tag{5.43}$$

其中 $\mathbf{C} = \frac{1}{n}\mathbf{X}^\top \mathbf{X}$ 是原数据的协方差矩阵。因此问题转化为找到能将原数据协方差矩阵 $\mathbf{C}$ 对角化的矩阵 $\mathbf{V}$。回顾 §2.1.4.2 中介绍的矩阵对角化运算，可以使用一个变换矩阵 $\mathbf{P}$ 来将矩阵 $\mathbf{C}$ 对角化。特别地，这里的协方差矩阵 $\mathbf{C}$ 是一个实对称矩阵，因此它一定可对角化，并且可以选择用正交变换矩阵来完成对角化，即选择矩阵 $\mathbf{P}^\top \mathbf{P} = \mathbf{I}$ 来获得对角矩阵 $\mathbf{P}^\top \mathbf{CP}$[1]。对于 $\mathbf{C}$，它经过对角化之后的结果是一个由 $\mathbf{C}$ 所有特征值排列而成的对角矩阵。假设 $\mathbf{C}$ 有 $p$ 个特征值 $\{\lambda_1, \cdots, \lambda_p\}$，那么用变换矩阵 $\mathbf{P}$ 对角化 $\mathbf{C}$ 得到

$$\mathbf{P}^\top \mathbf{CP} = \begin{pmatrix} \lambda_1 & & & \\ & \lambda_2 & & \\ & & \ddots & \\ & & & \lambda_p \end{pmatrix} \tag{5.44}$$

这里 $\mathbf{P}$ 是特征值 $\lambda_1, \cdots, \lambda_p$ 对应的 $p$ 个特征向量按照列排列而成的矩阵。令 $\mathbf{V} = \mathbf{P}$，其实就得到了主成分分析的解，为原数据协方差矩阵的所有特征向量构成的矩阵。至此，**本节证明了求解主成分分析的优化问题可以转换为对协方差矩阵做特征值分解的问题。** 如果将 $\mathbf{P}^\top \mathbf{CP}$ 对角线上的特征值从小至大排列，那么 $\mathbf{P}$ 的第一列就是第一主成分方向，第二列是第二主成分方向，依此类推。

现在得到了所有主成分方向，但是注意主成分分析的目的是对数据降维。因此只需要所有 $p$ 个主成分中的 $k$ 个（$k < p$）。为了使得降维后数据方差最大，显然需要前 $k$ 个主成分。

**$k$ 的选择**  由于主成分分析并不会自动地调整映射到的低维空间的维数，需要依赖人工设置，所以需要选择合适的 $k$ 值。最常用的方法是根据 $k$ 个主成分方差之和所占 $p$ 个主

---

[1] 一个实对称矩阵必定可以对角化，并且可以用正交矩阵进行对角化。具体证明可参考相关资料[4-5]。

成分方差的比例 $\left( \sum\limits_{i=1}^{k} \lambda_i \middle/ \sum\limits_{j=1}^{p} \lambda_j \right)$ 是否超过某个设定的阈值（如 $90\%$）来确定 $k$。

总结上面的步骤，这里给出整个 PCA 求解的算法。

---

**算法 5.1 主成分分析**

1　输入：矩阵 $\mathbf{X}$；

2　将 $\mathbf{X}$ 的每一行进行零均值化，即减去这一行的均值；

3　求出协方差矩阵 $\mathbf{C} = \frac{1}{n}\mathbf{X}\mathbf{X}^{\top}$；

4　求出协方差矩阵的特征值及对应的特征向量；

5　将特征向量按对应特征值大小从上到下按行排列成矩阵，取前 $k$ 行组成矩阵 $\mathbf{V}$；

6　输出：降维到 $k$ 维后的数据 $\mathbf{U} = \mathbf{V}^{\top}\mathbf{X}$。

---

**例 5.3** 这里以下面的数据 $\mathbf{X}$ 为例，利用 PCA 算法将二维数据降为一维。

$$\mathbf{X} = \begin{pmatrix} -1 & -1 & 0 & 2 & 0 \\ -2 & 0 & 0 & 1 & 1 \end{pmatrix}$$

因为上面的矩阵每行已经是零均值，这里直接求协方差矩阵：

$$\mathbf{C} = \frac{1}{5}\begin{pmatrix} -1 & -1 & 0 & 2 & 0 \\ -2 & 0 & 0 & 1 & 1 \end{pmatrix}\begin{pmatrix} -1 & -2 \\ -1 & 0 \\ 0 & 0 \\ 2 & 1 \\ 0 & 1 \end{pmatrix} = \begin{pmatrix} \frac{6}{5} & \frac{4}{5} \\ \frac{4}{5} & \frac{6}{5} \end{pmatrix} \tag{5.45}$$

然后求其特征值和特征向量，具体求解方法不再详述，可以参考 §2.1，求得特征值为

$$\lambda_1 = 2, \ \lambda_2 = \frac{2}{5} \tag{5.46}$$

其对应的特征向量分别为

$$c_1 = \begin{pmatrix} 1 \\ 1 \end{pmatrix}, \ c_2 = \begin{pmatrix} -1 \\ 1 \end{pmatrix} \tag{5.47}$$

其中对应的特征分量分别是一个通解，即 $c_1$ 和 $c_2$ 可以取任意实数，那么标准化后的特征向量为

$$\begin{pmatrix} \frac{1}{\sqrt{2}} \\ \frac{1}{\sqrt{2}} \end{pmatrix}, \ \begin{pmatrix} \frac{-1}{\sqrt{2}} \\ \frac{1}{\sqrt{2}} \end{pmatrix} \tag{5.48}$$

因此矩阵 $\mathbf{V}$ 是 $\begin{pmatrix} \frac{1}{\sqrt{2}} & \frac{1}{\sqrt{2}} \\ \frac{-1}{\sqrt{2}} & \frac{1}{\sqrt{2}} \end{pmatrix}$，可以验证协方差矩阵 $\mathbf{C}$ 的对角化：

$$\mathbf{V}\mathbf{C}\mathbf{V}^{\top} = \begin{pmatrix} \frac{1}{\sqrt{2}} & \frac{1}{\sqrt{2}} \\ \frac{-1}{\sqrt{2}} & \frac{1}{\sqrt{2}} \end{pmatrix}\begin{pmatrix} \frac{6}{5} & \frac{4}{5} \\ \frac{4}{5} & \frac{6}{5} \end{pmatrix}\begin{pmatrix} \frac{1}{\sqrt{2}} & \frac{-1}{\sqrt{2}} \\ \frac{1}{\sqrt{2}} & \frac{1}{\sqrt{2}} \end{pmatrix} = \begin{pmatrix} 2 & 0 \\ 0 & \frac{2}{5} \end{pmatrix} \tag{5.49}$$

最后用矩阵 $\mathbf{V}$ 的第一行乘以数据矩阵，可以得到降维后的表示

$$\mathbf{U} = \begin{pmatrix} \frac{1}{\sqrt{2}} & \frac{1}{\sqrt{2}} \end{pmatrix} \begin{pmatrix} -1 & -1 & 0 & 2 & 0 \\ -2 & 0 & 0 & 1 & 1 \end{pmatrix} = \begin{pmatrix} \frac{-3}{\sqrt{2}} & \frac{-1}{\sqrt{2}} & 0 & \frac{3}{\sqrt{2}} & \frac{1}{\sqrt{2}} \end{pmatrix} \tag{5.50}$$

降维结果如图5.18所示。

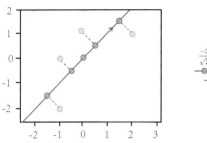

图 5.18　使用 PCA 将二维数据降到一维

### 5.2.3　主成分分析总结

PCA 在实际应用中有如下**优点**:

1. 因为 PCA 是一种**以方差衡量信息**的无监督学习，所以**不受样本标签的限制**。

2. 由于 PCA 算法中，原始数据的协方差矩阵对称，因此 $k$ 个特征向量之间两两正交，也就是各主成分之间正交，也就意味着各个特征之间线性不相关，可**消除原始特征成分间的相互影响**。

3. 尽管主成分分析的优化是非凸优化问题，但仍然能保证**全局最优解**。

但是 PCA 也有其**缺点**:

1. PCA 在一些特殊情况下会**无法使用**。例如由独热编码的字符串组成的数据集，其中每一个样本都由一个只有一个分量为 1、其余分量都为 0 的向量来表示。这样的样本矩阵，例如

$$\mathbf{X} = \begin{bmatrix} 1 & 0 & 0 \\ 0 & 1 & 0 \\ 0 & 0 & 1 \end{bmatrix}$$

其协方差矩阵的特征值均为 1，去掉任何一个成分都是不合适的。

2. PCA **只依赖于数据的总体分布**，而**不结合具体问题**。例如，对于分类问题，方差最大的方向并不一定适合分类。如图5.19，若将样本点都投影到方差最大的方向，即纵轴方向的话，两类样本将难以区分。相反，此时最优的方向反而是方差小的方向。

3. PCA 对接近高斯分布假设的数据是效果最好的。在数据不接近高斯分布的情况下，PCA 方法得出的**主成分可能并不是最优的**。

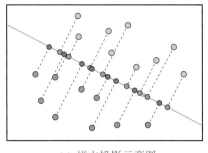

(a) 样本投影示意图　　　　　　　(b) 投影后的数据空间

**图 5.19** PCA 在方差最大方向上的投影

## 习题

习题 5.6 **最小化重构误差**。给出 $n$ 个训练样本点 $\mathbf{x}_i, \cdots, \mathbf{x}_n \in \mathbb{R}^p$，并且 $\frac{1}{n}\sum_{i=1}^{n}\mathbf{x}_i = \mathbf{0}$。设投影向量 $\mathbf{u} \in \mathbb{R}^p, \|\mathbf{u}\|_2^2 = 1$，考虑最小化样本点 $\mathbf{x}$ 与重构样本 $\mathbf{u}\mathbf{u}^{\top}\mathbf{x}$ 之间的误差。其中 $\mathbf{u}\mathbf{u}^{\top}\mathbf{x}$ 是先将 $\mathbf{x}$ 投影到 $\mathbf{u}$ 方向，再将这个标量沿着 $\mathbf{u}$ 坐标重新投影回 $p$ 维空间而得到的重构向量。

最小化重构误差可以被写为以下的优化问题：

$$\min_{\mathbf{u}} \quad \frac{1}{n}\sum_{i=1}^{n}\|\mathbf{x}_i - \mathbf{u}\mathbf{u}^{\top}\mathbf{x}_i\|_2^2 \tag{5.51}$$

请证明上述最小化问题（5.51）与下面的主成分分析最优化问题等价：

$$\max_{\mathbf{u}} \quad \mathbf{u}^{\top}\mathbf{X}^{\top}\mathbf{X}\mathbf{u} \tag{5.52}$$

习题 5.7 **核主成分分析**。给出 $n$ 个训练样本点 $\mathbf{x}_1, \cdots, \mathbf{x}_n$。

核主成分分析（kernel PCA）是非线性的降维方法，其中，原则向量（principle vector）$\mathbf{u}_j$ 是由训练样本点的特征空间的线性组合计算而成的：

$$\mathbf{u}_j = \sum_{i=1}^{n}\alpha_{ij}\Phi(\mathbf{x}_i)$$

其中 $\Phi(\mathbf{x})$ 为一个从原空间到特征空间的映射函数，这样就可以用核函数计算一个新的样本点 $\mathbf{x}$ 的"核主成分"（kernel principle component）：

$$z_j(\mathbf{x}) = \langle \mathbf{u}_j, \Phi(\mathbf{x}) \rangle = \sum_{i=1}^{n}\alpha_{ij}\langle \Phi(\mathbf{x}_i), \Phi(\mathbf{x}) \rangle = \sum_{i=1}^{n}\alpha_{ij}k(\mathbf{x}_i, \mathbf{x})$$

核主成分分析可以用一个神经网络来表示，我们定义核节点：该节点输入一个权重向量 $\mathbf{w}_i$ 和样本向量 $\mathbf{x}$ 并计算输出 $y = k(\mathbf{x}, \mathbf{w}_i)$（其中核函数已知）。

请证明，使用上面给出的训练样本点，存在一个神经网络，其隐藏层（仅有 1 层）包含数个核节点，该网络的输出为输入的新样本点 $\mathbf{x}$ 的核主成分：$z_1(\mathbf{x}), \cdots, z_k(\mathbf{x})$。同时请详细说明输入层、隐藏层和输出层的节点个数，并使用 $\alpha_{ij}, \mathbf{x}_1, \cdots, \mathbf{x}_n$ 表示网络中各边的权重。

# 参考文献

[1] BOTTOU L, BENGIO Y. Convergence properties of the k-means algorithms[M]. Cambridge, MA, USA: MIT Press, 1995: 585-592.

[2] MCLACHLAN G J, BASFORD K E. Mixture models: Inference and applications to clustering[J]. Journal of the American Statisical Association, 1989, 84(405): 337.

[3] BISHOP C M. Pattern recognition and machine learning (information science and statistics) [M]. Berlin, Heidelberg: Springer-Verlag, 2006.

[4] 周建华，陈建龙，张小向. 几何与代数[M]. 北京: 科学出版社, 2009.

[5] 许以超. 线性代数与矩阵论[M]. 2 版. 北京: 高等教育出版社, 2008.

# 第 6 章 学习理论

## 6.1 简介

前面的章节分别对回归模型、分类模型、无监督学习进行了介绍。下面，先对这三个章节进行简要的回顾：回归模型利用已有样本数据与标签，通过拟合出使损失函数 $\mathcal{L}$ 最小的曲线来获得对连续标签值 $y$ 的预测；分类模型同样运用已有样本数据与标签，通过优化分类模型来实现对离散样本分类标签 $y$ 的预测；而在无监督学习中，由于样本的标签未知，可以利用如聚类算法或者主成分分析的方法来推断数据内在的结构。

在实际应用上述这些模型时，常常会遇到以下**挑战**：

- **维度灾难**：在机器学习领域涉及向量、矩阵的计算中，随着维数的增加，计算量往往会大幅度增长，数据特征的稀疏性也会大幅度增长，这种情况被称为**维度灾难**（**curse of dimensionality**）[1]。以基因数据为例，研究者需从 25000 种基因中对 98 种乳腺癌进行分析，计算量庞大，但这其中可能只有少量基因对乳腺癌有影响。维度灾难无疑为计算带来困难。
- **超参数/模型结构的设定和选择困难**：在模型训练中，由于超参数/模型结构无法通过训练进行调整，不佳的选择通常会使模型偏离理想状态，造成**欠拟合**或**过拟合**，即模型在训练集与测试集上表现均不佳，或在训练集上表现优异而在测试集上误差较大。例如在 $K$ 最近邻算法中，近邻数量 $K$ 就是一个需要预先设定的超参数，如何选取 $K$ 是使用该算法时的核心问题。
- **模型容量和复杂度的权衡困境**：在选择模型时，我们常希望模型能适用于多领域的任务，这种拟合各种数据分布的能力叫**模型容量**。然而，大模型容量通常会伴随大量模型参数，这提高了模型的**复杂度**。如在神经网络中，对于有 512 个节点的全连接层，若其上一层有 256 个节点，则该层权重参数有 $512 \times 256$ 个，这使得模型复杂度很高。如何在模型容量与复杂度之间取得权衡是研究者们一直探讨的问题。

为了应对模型中存在的以上这些共性的问题，机器学习整理出了一系列相关**理论**：

- **特征选择**：针对维度灾难问题，可以利用特征选择的办法来减少特征数量，从而降低维度。§6.2 将对其进行详细介绍。
- **模型选择**：针对超参数/模型结构的设定和选择困难问题，可以利用模型选择的办法来从多个模型中选取最好的模型。§6.3 将对其进行详细介绍。
- **偏差-方差权衡**：针对模型容量和复杂度的权衡困境问题，本章将介绍如何在偏差与方差之间进行权衡，以及权衡的数学依据。§6.4 将对其进行详细介绍。

## 6.2 特征选择

在实际生活中，研究者们常常会遇到样本特征的数目十分庞大的情况。例如，在生物科学研究方面，由于人类约有2.5万个基因[2]，因此，当科学家研究某种蛋白质性状时，牵涉的基因数目会相当庞大。然而，并不是每种基因都影响着被研究的蛋白质对象，科学家们需要排除不相关或低相关的基因对象。而这，在机器学习领域内，便体现为§1.4中提到的特征选择。

特征选择是为了创建模型而选择特征子集的过程，其作用是消除机器学习模型因特征数过多而带来的计算量大、学习性能低、过拟合等负面影响，提高模型的质量。本节将介绍**过滤法**、**包裹法**、**嵌入法**三种特征选择的方法。

### 6.2.1 过滤法

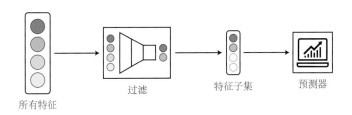

所有特征　　　过滤　　　特征子集　　　预测器

图 6.1　过滤法的流程

**过滤法**（**filtering**）一般指通过统计学、信息论等理论对特征或特征子集进行评分、排名、过滤，与后续学习模型无关。过滤法只需利用数据集便可直接完成整个过滤过程。图6.1直观展示了过滤法的整体流程。过滤法分为单变量法和多变量法，下面将主要对前者进行介绍。

### 6.2.1.1 单变量法

**算法 6.1 过滤法的单变量法**

1 **输入**：样本矩阵 $\mathbf{X} \in \mathbb{R}^{n \times p}$，样本对应的标签 $\mathbf{y} \in \mathbb{R}^n$，需保留特征个数 $m$；

2 **for** $i \leftarrow 1$ *to* $p$ **do**

3 　　评估第 $i$ 个特征 $\mathbf{x}_i$ 与标签 $\mathbf{y}$ 的相关性；

4 **end**

5 对 $p$ 个评估值排序；

6 选出 $m$ 个有最大评估值的特征；

7 $\mathbf{X}' \leftarrow$ 去掉 $\mathbf{X}$ 中其他特征；

8 **输出**：过滤后的样本矩阵 $\mathbf{X}'$。

单变量法恰如其名，每次只考虑单个特征。它通过**依次评估每个特征与标签的相关性**，来选取相关性最高的一些特征，从而将相关性低的特征"过滤"掉。算法6.1是单变量法的一般流程。

其中，用于评估相关性的标准有许多种，下面将介绍两个简单的例子。

**相关系数**　可以利用相关系数来评估特征与标签的线性相关性，从而侧面探知二者的相关性大小。相关系数有很多种不同的计算方法，且满足：

1. 相关系数值在 $-1.0$ 至 $1.0$ 之间。
2. 相关系数值小于 $0$ 时表示两个变量负相关，值大于 $0$ 时表示两个变量正相关。

假设用 $\rho$ 来表示相关系数，则图6.2表示了对于不同的相关系数值，两个变量之间的线性关系。

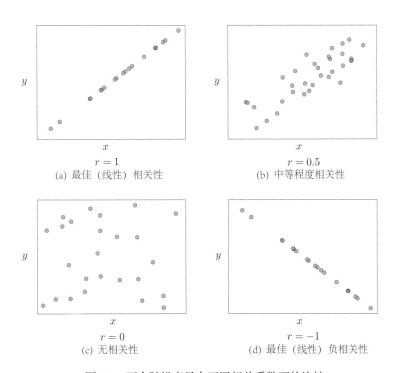

图 **6.2**　两个随机变量在不同相关系数下的比较

下面将介绍两种相关系数。首先，是在§2.2曾介绍过的皮尔逊相关系数，其定义如下：

---

**定义 6.1 皮尔逊相关系数**

对于两个变量 $X, Y$，它们的皮尔逊相关系数为：

$$\rho(X, Y) = \frac{\mathbf{cov}(X, Y)}{\sigma_x \sigma_y}$$

其中，$\mathbf{cov}(X, Y)$ 表示 $X$ 和 $Y$ 的协方差，$\sigma_x$ 和 $\sigma_y$ 表示 $X$ 和 $Y$ 的标准差。

---

其次,是**斯皮尔曼等级相关系数**(Spearman's rank correlation coefficient)。与皮尔森相关系数不同,斯皮尔曼等级相关系数先将变量值转化为"等级",然后利用等级来计算相关系数。一般来说,等级指的就是顺序。定义等级 $R_X$ 中的每个元素表示 $X$ 中对应位置的值在所有值中按升序排列的序号。例如,对变量 $X = \{3, 6, 10, 2, 5\}$, $R_X = \{2, 4, 5, 1, 3\}$。

> **定义 6.2 斯皮尔曼等级相关系数**
>
> 对于两个变量 $X, Y$,它们之间的斯皮尔曼等级相关系数的计算方法为
>
> $$\rho(X, Y) = \frac{\mathbf{cov}(R_X, R_Y)}{\sigma_{R_X} \sigma_{R_Y}}$$
>
> 其中 $\mathbf{cov}(R_X, R_Y)$ 是协方差,$\sigma_{R_X}$ 和 $\sigma_{R_Y}$ 分别表示 $R_X$ 和 $R_Y$ 的标准差。

斯皮尔曼等级相关系数为 1,表示两个变量之间是单调相关的。它对于离群点不敏感,比较适合用于推断噪声较大的数据。

**$t$ 检验**  可以利用 $t$ **检验**(Student's $t$ test)来评估某一特征在两种不同标签上的分布区别,从而得知该特征与相应标签的相关性。$t$ 检验主要用于样本含量较小、总体标准差未知的符合正态分布的样本数据[3]。

$t$ 检验需要验证的是这两个样本群体的均值是否相等。样本之间互相独立,使用双侧检验和双总体检验[1]。首先,建立假设和确定检验水准。零假设为 $H_0 : \mu_+ = \mu_-$,其中 $\mu_+$ 和 $\mu_-$ 分别是两个样本群体的均值,检验水准 $\alpha$ 一般取值 0.05。然后,计算检验统计量:

$$t = \frac{\mu_+ - \mu_-}{s_p \cdot \sqrt{\frac{1}{n_1} + \frac{1}{n_2}}} \tag{6.1}$$

$$s_p = \sqrt{\frac{(n_1 - 1)s_+^2 + (n_2 - 1)s_-^2}{n_1 + n_2 - 2}} \tag{6.2}$$

其中,$n_1$ 为 + 类样本的个数,$n_2$ 为 − 类样本的个数,$s_+^2$ 和 $s_-^2$ 分别为两类样本的样本方差,则 $t$ 满足 $t$ 分布 $t \sim t(n_1 + n_2 - 2)$。根据样本计算出统计量 $t$ 的值,最后查表判断是否满足检验水准。如图6.3,若接受零假设,则认为 $y = 1$ 和 $y = -1$ 的两个样本群体均值相等,即两个样本群体之间几乎没有差异,特征 $x_i$ 对样本标签影响很小(如左侧子图所示),故认为该特征与样本标签不相关,可以去除;反之,两个样本群体均值存在一定程度差异,特征 $x_i$ 对样本标签存在一定影响(如右侧子图所示),表示 $x_i$ 是较好的特征。

单变量法比较简单,但在一些特殊情况下会失效,如图6.4所示。不同颜色的圆圈分别代表两个类别的样本,可以看出在特征 $x_1$ 上,两个样本群体的均值很接近,在特征 $x_2$ 上也是如此,故而用单变量法判断出 $x_1$ 和 $x_2$ 都是不相关的特征,但这与实际不符。

---

[1]有关假设检验的知识,请感兴趣的读者自行查阅相关资料。

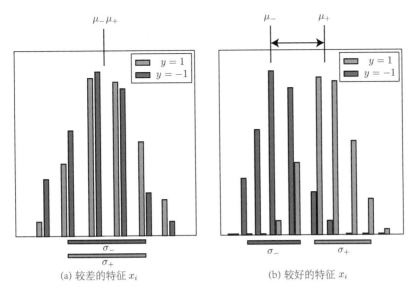

(a) 较差的特征 $x_i$　　　　(b) 较好的特征 $x_i$

图 6.3　使用 $t$ 检验验证特征 $x_i$

在这个例子里，标签需要由两个特征共同决定，这是单变量法无法体现出来的，需要多变量法。

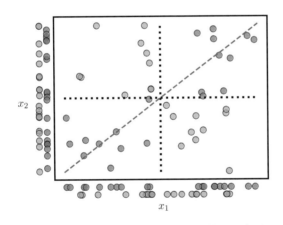

图 6.4　单变量法失效的特殊情形示意图

### 6.2.1.2　多变量法

多变量法每次选择一个特征子集进行评估，与学习算法无关，过滤完特征后，再训练模型。多变量法采用的评估方法有**群组效应**、信息论过滤法里的**马尔可夫毯**等方法。选择完评估方法后，还需要一个搜索策略来选择特征子集进行评估。如果某数据有 $p$ 个特征，则有 $2^p$ 个特征子集的数量，数量非常庞大。寻找到一个使评估值最优的特征子集是一个 NP 难问题，需要一个好的启发式算法。多变量法的使用超出本书范畴，故此处不再介绍。

### 6.2.1.3 过滤法的特点

过滤法的特点有以下几条：

1. 运算速度通常比较**快**。
2. 可以提供通用的特征选择，**不需要学习模型进行调参**。
3. 选出的特征子集对于学习模型并**不一定是最优的**。
4. 常常被用作其他方法的**预处理**步骤。

### 6.2.1.4 代码实现

下面将使用 Python 实现过滤法。

```python
1  import numpy as np
2
3  np.random.seed(0)
4
5  n = 100   # 训练样本个数
6  p = 10  # 特征数
7  X_train = 10 * np.random.uniform(size=(n, p))
8  theta = np.array([1, -4, 0.3, -2, 0.001, 7, -0.04, 7, -6, 0])
9  Y_train = X_train.dot(theta) + 0.1 * np.random.normal(size=(n,))
10
11 coef = np.empty(p)   # coef 为每个特征与标签的皮尔森相关系数
12 for i in range(p):
13     coef[i] = np.corrcoef(X_train[:, i], Y_train)[0, 1]
14 m = 5  # 设置保留特征的个数
15 argsort = np.argsort(-np.abs(coef))   # 相关系数绝对值排序
16 filtering = np.argsort(argsort) < m   # 相关系数绝对值最大的特征保留
17 X_filtered = X_train[:, filtering]
18
19 print(coef)   # 输出每个特征与标签的相关系数
20 print(filtering)   # 输出判断特征是否要保留的向量
21 print(X_filtered.shape)   # 输出最终保留的 m 个特征
22
23 # 输出每个特征与标签的相关系数: [ 0.22664538 -0.46235324  0.01213502  0.0356395
   ↪   0.02546822  0.5573276  -0.12976837  0.43816608 -0.49258665  0.05087927]
24 # 输出判断特征是否要保留的向量 [ True  True False False False  True False  True
   ↪   True False]
25 # 最终保留的 m 个特征: (100, 5)
```

## 6.2.2 包裹法

通过 §6.2.1中的介绍可知，过滤法是一种单纯依靠数据集便可完成的方法，与研究者后续要完成的任务无关。这种与问题无关的特性，使得过滤法存在一定的风险，即有可能筛选出来的特征子集并不适合于后续的任务。本节介绍的**包裹法（wrapping）**即对这种情况进行了改进。包裹法是一种根据学习效果来搜索特征子集的方法。具体而言，即从特征集合中不断选择特征子集，根据学习器的表现来对子集进行评估，最终选择出最佳的子集。图6.5展示了包裹法的简单流程。在整个过程中，学习器可以看作一个黑盒，我们根据学习器使用某一个特征子集训练出来的预测能力为该特征子集评分。根据评分，不同的学习器可能会选出不同的特征子集。

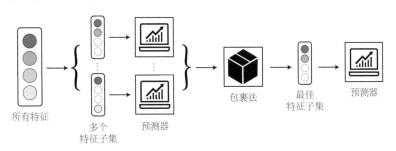

所有特征 　　多个特征子集 预测器 　　包裹法 　最佳特征子集 　预测器

图 6.5　包裹法的流程

使用包裹法需要解决两个重要的问题，一是如何**搜索**特征子集，二是如何**评估**特征子集的好坏。

### 6.2.2.1 搜索特征子集

正如 §6.2.1.2中所提，搜索全局最优的特征子集是一个 NP-hard 问题。为了解决这一问题，有许多启发式搜索算法可以使用，其主要可以分为两类。

**前向选择：从空的特征集开始搜索，每一步增加特征**　最简单的一种前向选择类型的启发式搜索算法是**序列前向选择法（Sequential Forward Selection，简称 SFS）**。SFS 是从空集开始，首先选出一个最好的特征加入特征集合，然后从剩下的特征中再选出一个最好的特征加入集合……之后，每一步都从剩下的特征中选择一个最好的特征加入集合，直到选择了预先设置的特定数量的特征为止。SFS 适合最优特征子集比较小的情况。然而，由于 SFS 只能加入特征，不能删除特征，若加入的两个特征之间高度相关，且其中一个相对多余，SFS 将无法识别，会导致所有加入的特征过于线性相关。

**后向排除：从满的特征集开始搜索，每一步去除特征**　有序列前向选择法，自然也有**序列后向选择法（Sequential Backward Selection，简称 SBS）**。SBS 是从全集开始，每次去掉一个最差的特征，直到剩下预先设置的特定数量的特征为止。只能排除特征而不能加入特征的 SBS 会和 SFS 陷入一样的问题，即集合内的特征可能具有高度的线性相关性。

**算法 6.2 序列前向选择法**

1 **输入：样本矩阵** $\mathbf{X} \in \mathbb{R}^{n \times p}$，**样本对应的标签** $\mathbf{y} \in \mathbb{R}^n$，**要保留的特征个数** $m$，**评估函数** $J$；

2 **设置空集** $Y_0 = \emptyset$；

3 **for** $i \leftarrow 1$ *to* $m$ **do**

4      $\mathbf{X}^* = \underset{\mathbf{X} \notin Y_{i-1}}{\arg\max} J(Y_{i-1} + \mathbf{X})$；

5      $Y_i \leftarrow Y_{i-1} + \mathbf{X}$；

6 **end**

7 **输出：特征子集** $Y_m$。

图6.6展示了搜索特征子集的过程：假设共有四个特征，图中每个方框内的四个圆对应这四个特征，实心圆和空心圆代表对应的特征是否被选择（空心圆表示未被选择，实心圆表示已被选择）。在此图中，SFS 是从最上方的节点开始，向下进行特征搜索，往所需的特征子集中添加特征。SBS 则是从最下方的节点开始向上搜索，逐步排除特征。

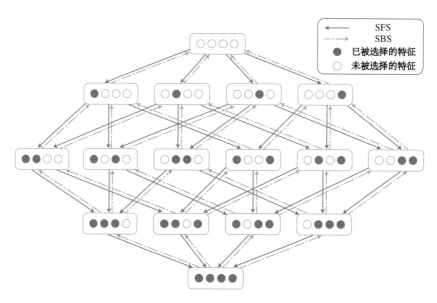

图 6.6　搜索特征子集的过程

除了启发式搜索算法之外，还有完全搜索算法和随机搜索算法。其中，完全搜索算法又可以大致分为穷举算法和非穷举算法，而随机搜索算法中常用的有模拟退火算法和遗传算法，在这里不做介绍。此外，在 §4.9 中介绍的决策树也属于启发式搜索算法的一种。

### 6.2.2.2 评估

在启发式搜索算法中，对生成的特征子集的评估发生在算法6.2的第四步，在这步中，由于需要判定一个最佳的特征，所以需要在 $Y_{i-1}$ 的基础上加上一个新的特征，不同的特征选取造成了多种可能性，产生了许多新的特征子集，需要对这些特征子集进行评估以判定最佳的特征。

为了评估已选出的特征子集，可以将数据分成训练集、验证集和测试集，评估的步骤大致如下：

**步骤一**：对于每一个特征子集，用训练集训练出一个预测器。

**步骤二**：用验证集测试预测器，选出表现最好的特征子集。如果想要减少方差，可以重复这一步并取平均。

**步骤三**：用测试集测试选出的预测器。

### 6.2.2.3 包裹法的特点

包裹法的特点可以总结为以下两点：

1. 包裹法以**学习器的性能**作为评估的准则。
2. 包裹法由于尝试了大量的可能性，故而其**计算复杂度非常大**。

### 6.2.2.4 代码实现

下面将使用 Python 实现包裹法。

```python
import numpy as np
def forward_select(data, feature_assess):
    '''
    参数:
        data: 原数据集，每行形式为 (x1,x2,...,xp,y), n 行 p+1 列矩阵。
        feature_assess: 特征评估函数，输入子数据集，输出非负实数 (特征得分)，越
    高表示该特征子集效果越好。
        返回: best_features，非负整数列表，其中每一项索引了一个原数据集中的特征。
    '''
    p = data.shape[1] - 1  # 特征维数
    best_features = []  # 初始化特征子集
    current_score = 0  # 初始化当前特征得分
    for _ in range(p):
        scores = [None] * p  # 初始化一个数列以记录下一步搜索得特征子集的得分
        for new_feature in range(p):
            if new_feature not in best_features:
                test_features = best_features + [new_feature,]
```

```
17              scores[new_feature] = feature_assess(data[:,
                   ↪  test_features+[p,]])
18          else:
19              scores[new_feature] = -1  # 表示该特征已经在当前特征子集里
20      next_best_score = np.max(scores)  # 获得加入新特征后的最高得分
21      if next_best_score <= current_score:  # 添加任何一个特征都无法得到更高
           ↪  的分, 说明已搜索到最优子集
22          break
23      else:  # 将最好的新特征加入当前子集中
24          next_feature = np.argmax(scores)
25          best_features.append(next_feature)
26  return best_features
```

### 6.2.3 嵌入法

与已经介绍完的过滤法、包裹法相比, **嵌入法 ( embedding )** 是 "自动" 完成特征选择的一种方法。图6.7展示了嵌入法的简单流程。嵌入法在训练模型的同时, 自动地在模型内部进行特征选择, 即将特征选择的任务交给模型和训练去完成。

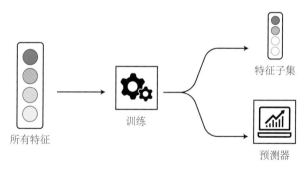

所有特征　　训练　　特征子集　　预测器

图 6.7　嵌入法的流程

嵌入式特征选择一方面具有包裹法的**与学习器相结合**的优点, 另一方面还具有过滤法的**计算高效性**的优点, 现如今其应用相当广泛。

### 6.2.3.1 嵌入法的实例: 套索回归

嵌入式特征选择最常用的方法是对模型做正则化操作。事实上, 在§3.4这一章节中介绍的岭回归和套索回归都是一种嵌入式的特征选择, 其在训练模型的同时也完成了特征的筛选。下面, 以套索回归为例。首先回顾一下套索回归的形式:

$$\widehat{\mathbf{w}}^{\text{lasso}} = \arg\min_{\mathbf{w}} \ (\mathbf{y} - \mathbf{X}\mathbf{w})^{\top}(\mathbf{y} - \mathbf{X}\mathbf{w}) + \lambda \sum_{j=1}^{p} |w_j| \tag{6.3}$$

套索回归具有稀疏性，可以通过调节参数 $\lambda$ 的大小来使部分参数为 $0$，为 $0$ 的参数对应的特征也就被舍弃了，这就算完成了一种特征选择。在实际应用中，通过在一些优化式子中加入 $\ell_1$ 范数，再通过调节参数，来筛选掉一些特征。更少的特征意味着模型拥有更好的可解释性。

### 6.2.3.2 嵌入法的特点

嵌入式特征选择的特点可以总结为以下两点：

1. 只需要训练好一个模型，即可完成**特征选择**及**预测数据**两个任务，特征选择的过程是隐含在模型训练过程中的。
2. 对于不同的假设和模型，其**形式可能不相同**。也就是说，嵌入式特征选择是针对一个特定的模型而设计的，不像过滤法一样与后续算法割裂开来而具有通用性。

**特征选择方法总结**　到目前为止，已经介绍了三种特征选择方法：过滤法、包裹法和嵌入法。在这里，对这三种方法进行回顾和总结。

- 过滤法使用皮尔逊相关系数等参数筛选特征，直接获得特征子集后训练出预测器。
- 包裹法在迭代搜索的过程中逐步完善特征子集，最后训练出预测器。
- 嵌入法的特征选择的过程隐含在模型训练过程中，训练完毕即可获得预测器和所选的特征子集。

从前文的总结与三种方法对应的流程图中，可以发现三种方法的区别。过滤法的特征选择的过程与学习算法无关；包裹法在每个迭代过程中生成多个特征子集，通过预测器的效果进行评估；嵌入法同时完成特征选择和训练预测器两个任务。除了这三种方法，另有基于随机森林的特征选择等其他方法，此处不再过多介绍。

### 6.2.4 降维

没有一种特征选择方法是普适的，对于任何问题都表现良好的。特征选择的本质其实是将高维的原始数据降维为低维数据。实际上，不只是特征选择的方法，可以考虑将一些原始特征的线性组合作为新的特征使用，同样也能达到降低维度的目标。一般用如下的数学语言来刻画"降维"这一概念：

> **定义 6.3 降维**
>
> 若原始维度空间为 $\mathcal{X} = \mathcal{X}_1 \times \mathcal{X}_2 \times \cdots \times \mathcal{X}_p$，定义变换 $g_i : \mathcal{X} \mapsto \mathcal{X}_i'$，则变换 $g = (g_1, g_2, \cdots, g_{p'})^\top$ 定义了一个从原始维度空间 $\mathcal{X}$（维度为 $p$）到低维空间 $\mathcal{X}'$（维度为 $p'$）的映射（$p' < p$）。该变换操作称作降维。

在实际应用中，需要通过一些方法和限制找到合适的降维变换，从而获得更好的效果。主成分分析是一种经典、常用的方法。

主成分分析的基本思想是找到一个映射方法，该映射方法需要找到数据里最主要的部分并在降维过程中将这部分信息保留下来，删去次要部分的信息。

在主成分分析中，对原始数据作如下的变换：

变换 $g(\mathbf{x}) = \boldsymbol{\beta}^\top \mathbf{x}$，其中 $\boldsymbol{\beta} = \arg\max_{\boldsymbol{\beta}} \mathbf{Var}(\mathbf{X}\boldsymbol{\beta})$。

主成分分析的效果如图6.8所示，数据点投影到直线上后，主要信息得以保留。关于主成分分析的具体内容，请见本书 §5.2 "主成分分析" 一节。

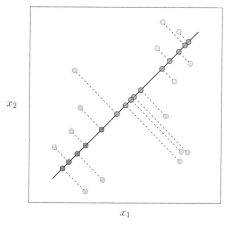

图 6.8　PCA 示意图

# 习题

习题 6.1　请讨论在包裹法中使用启发式搜索法得到的特征子集是否一定为最优特征子集，并说明理由。

习题 6.2　请简述使用嵌入法进行特征选择的特点。

习题 6.3　我们可以发现，使用包裹法等方法在进行特征选择的同时达到了让高维原始数据降维的效果，请说明这些方法与直接用降维法进行特征选择的区别。

习题 6.4　**单变量法**。

(1) 基于以下数据集，用相关系数法选出两个最优特征。

```python
import numpy as np
X = 10 * np.random.rand(100,5)
noise = np.random.randn(100)
theta = np.array([1, 0.001, -2, 7, -6])
y = X @ theta + 0.1 * noise
```

(2) 基于以下数据集, 用 $t$ 检验法选出一个最优特征。

```
import numpy as np
X = 10 * np.random.randn(100,3)
y = np.random.choice([-1,1],100)
```

# 6.3 模型选择

目前为止，已经介绍了几种简单且常用的机器学习模型，它们在实际使用时都有很好的表现。然而，由于使用的数据是有限的，训练出来的模型有时候对于从未见过的新数据的预测效果较差。比如当利用线性回归模型来预测未来的天气时，因为模型与未来的数据分布不一致，所以尽管模型在训练集上有很好的预测效果，它有可能在预测未来天气时产生比较大的误差。解决这种问题的一种简单的方法就是训练出多个模型，然后从中选择出可能在未来获得的数据集上表现最好的模型。这种从多个模型中选择出最好的模型的方法被称为**模型选择**（model selection）。

本节会简单介绍几种在机器学习中常用的模型选择方法。这些模型选择方法的一个主要使用场景就是预测出多组参数，并选择能使模型在未知数据上具有最好准确率的参数作为最终预测出的参数。比如对于一个线性回归模型，梯度下降用不同的初始值 $\mathbf{w}^0$ 来进行参数更新，选出具有最小均方误差的 $\mathbf{w}$ 作为最终的预测参数值。除此之外，在使用机器学习模型的时候，常常需要在模型算法开始学习过程之前对算法中的一些变量值进行设置。比如梯度下降算法需要设置学习率。这些变量与要预测的参数不同，通常被称为**超参数**（hyper-parameter）或者**可调参数**（tuning-parameter）。因为超参数的值也会影响算法的预测结果，因此在使用模型时需要谨慎设置超参数。这个过程也属于模型选择的范畴。

## 6.3.1 欠拟合与过拟合

在介绍具体的模型选择方法之前，需要首先理解为什么一个在训练时具有很好预测结果的模型，对未知数据的预测结果会很差。通过之前的学习可以了解到，像回归模型这样的有监督模型基于一系列已知的数据 $\mathcal{D}$ 来学习样本 $\mathbf{x}$ 和其对应输出标签 $\mathbf{y}$ 之间的映射关系，通过调整参数的值，尽可能缩小模型预测输出 $\hat{\mathbf{y}}$ 和样本真实标签 $\mathbf{y}$ 之间的误差。那么假设模型在训练数据集上的表现很好，例如误差为 0，这意味着 $\hat{\mathbf{y}} = \mathbf{y}$，像这样的"完美"模型是否就是我们想要的呢？事实上，像这样的模型在大多数情况下都不是理想的模型，通过下面的介绍各位读者便能理解这一点。

在机器学习领域，一个好的模型不应该只考虑过去已知的数据及其输出之间的映射关系，还应该更多地考虑未来可能获得的数据及其输出。这种考虑模型在未来的样本上的性能的性质被称为模型的**泛化能力**，而泛化能力的好坏表示通过已知的数据来进行学习，模型在未来获得的数据上是否仍然具有好的预测效果。因此，一个机器学习模型在实际使用时通常会先在训练数据集 $\mathcal{D}_{\text{train}}$ 上进行训练，并在测试数据集 $\mathcal{D}_{\text{test}}$ 上测试模型的一般性。

在调整模型以获得较好的泛化能力的过程中，根据模型在 $\mathcal{D}_{\text{train}}$ 和 $\mathcal{D}_{\text{test}}$ 上表现的不同，模型可能会进入两种不良的状态：**欠拟合**（underfitting）与**过拟合**（overfitting）。

### 6.3.1.1 欠拟合

> **定义 6.4 欠拟合**
>
> 当模型本身复杂度过低或训练不充足时，模型在 $\mathcal{D}_{\text{train}}$ 和 $\mathcal{D}_{\text{test}}$ 上的预测误差都很大，此时称模型欠拟合。

换句话说，发生欠拟合的模型在训练集上不足以学习到数据样本和标签背后的映射关系。举例来说，如果样本和标签之间的映射关系实质上是二次函数关系，而模型被假设为线性回归模型，即在模型中只考虑了 x 的一阶项，那么无论数据集有多充分，模型都无法正确学习到 x 和 y 之间的映射关系，进而导致该模型在训练集和测试集上的误差都会很大。如图6.9（a）所示，线性函数并不能正确体现映射关系，因此会导致模型出现欠拟合。一般而言，造成模型欠拟合的可能原因和对应的解决办法有以下几种：

**模型复杂度过低**　通过上面的例子可以看到，因为低阶多项式的模型参数相对而言更少，导致模型函数的表达空间相对也更小，所以低阶多项式模型比高阶多项式模型的复杂度更低。对于给定的训练数据集，如果模型的复杂度较低，则容易出现欠拟合状态。在这种情况下，通过**提高模型复杂度**，如将线性模型转换为非线性模型，就有可能使得模型脱离欠拟合的状态。

**模型函数的特征项过少**　第二种造成模型欠拟合的原因是模型考虑的样本特征项过少。假设标签 y 与样本的 $p$ 个特征有映射关系，而模型只考虑了 $m$ 个特征项，其中 $m \ll p$，这样模型无法正确表征样本数据与标签之间的映射关系。在这种情况下，便需要**增加特征项**，换句话说，尽可能多地将与标签相关的特征纳入模型的构建中。

**模型训练不充分**　第三种原因便是模型的训练不充分。对于一些使用迭代的优化方法（如随机梯度下降法）训练的模型而言，如果其停机准则为限定一定的迭代次数，那么当迭代次数较少时模型也会出现欠拟合的情况。这表示模型还没有调整到理想的参数值就停止了优化。在这种情况下一味地提高模型复杂度是无益的，通过**调整优化方法的超参数**（如学习率）或**增加迭代次数**就可以避免欠拟合。

从上述介绍中可以看到，造成欠拟合的原因是多种多样的，而在实际操作中，欠拟合的模型往往可能兼具了多种原因。除了在上文介绍的一些解决办法外，各位读者更应该在选择模型阶段进行细致思考，选择恰当的模型、特征集合和优化方法，尽可能地从根本上避免出现欠拟合的可能性。但需要注意的是，并非一味地选择复杂度高的模型就能得到理想的结果，下面将向各位介绍模型可能陷入的另一种错误的状态——过拟合。

### 6.3.1.2 过拟合

**定义 6.5 过拟合**

模型在 $\mathcal{D}_{\text{train}}$ 上的误差很小，而在 $\mathcal{D}_{\text{test}}$ 上的预测误差却很大，此时称模型过拟合。♣

过拟合的另一种形象的解释是模型只顾着对训练数据集"死记硬背"，记住了不适用于测试数据集的规律或特点，没有理解数据和标签背后真正的映射规律。我们还是以一个二次关系的数据集为例，模型采用最高项阶数远大于 2 的多项式回归模型。模型虽然能更好地拟合训练数据集中的绝大多数点，但却也更容易受到一些**噪声**（即干扰数据）的影响，导致最终没有正确理解映射关系，如图6.9（c）所示。

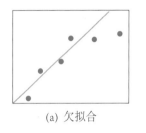 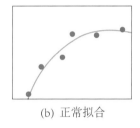 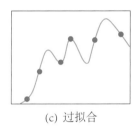

(a) 欠拟合　　　　　　　　　(b) 正常拟合　　　　　　　　　(c) 过拟合

图 6.9　欠拟合、正常拟合与过拟合状态示意图

**模型复杂度过高**　该原因与上文造成欠拟合的原因之一——模型复杂度过低正好相反。复杂模型的参数相对简单模型而言要多得多，因此模型的表达能力也更强，更容易在相同的训练数据集上得到更低的训练误差，但这也意味着训练得到的复杂模型的泛化能力会更差。通过**删除冗余特征**、**减少特征项数量**、**正则化**等方式，可以让模型尽量避免过拟合。总而言之，在构建模型时，应遵循**奥卡姆剃刀法则**（Occam's Razor）：在同样能够解释已知观测现象的假设中，应该挑选"最简单"的那一个。换言之，在进行模型构建时，应当尽可能利用简洁的模型来解决复杂问题。

**训练数据集中噪声过多**　噪声指训练数据中的干扰数据。过多的干扰数据会导致模型错误地学习很多噪声的特征，从而不能得出真实样本特征和输出标签之间的正确映射关系。解决这类问题的一种方法是创造一些与真实样本数据等价的数据并添加到训练集中，以此来"稀释"噪声数据的占比，降低噪声的影响。这种方法被称作**数据增强**（data augmentation）。以图像数据集为例，可以通过图像平移、翻转、缩放、裁剪等手段将数据成倍扩充。

**训练数据集样本不足/样本不均衡**　以解决猫狗分类问题的分类模型为例，该模型输入为一张含有猫或狗的图片，输出为对应猫/狗的分类标签（如 0/1）。如果用于训练的数据集只含有几张猫或狗的图片，或者只有含有猫的图片而没有狗的图片，那么经过训练后模型很可能在训练数据集上达到很高的准确率，但显然在这样的训练数据集上训练出来的模型不会有很好的泛化能力。应对这种情况，同样可以采取数据增强的方法，通过创造并加入等价数据来扩充或平衡数据集。

在理解模型陷入欠拟合和过拟合状态的原因后，便可以进一步探索一些模型选择方法，在不影响模型训练误差的前提下减少测试误差。虽然训练模型使用的数据是有限的，但可以通过一些方法，使得模型在充分训练的情况下获得尽可能充足的泛化能力。

### 6.3.2 训练–测试法

模型选择最简单的方法为训练–测试法。前面提到，可以将已知数据集划分为训练集 $\mathcal{D}_{\text{train}}$ 与测试集 $\mathcal{D}_{\text{test}}$，仅使用训练集训练设计的模型，用训练好的模型尝试预测测试集每个样本的标签，然后计算出均方误差 **MSE**[1]，用于评估该模型的准确性，并且与其他模型比较。这种模型训练方法称为训练–测试法，也是模型选择常用的方法。

训练–测试法的优点是**原理简单，容易操作与实现**，并且相比较于其他方法，在做实验进行模型效果对比的时候，非常直观，通常只需要选择 **MSE** 最低的模型使用即可，降低了比较的操作难度，并且**算法复杂度低**，只需要考虑将样本分成训练样本与测试样本。然而由于最终模型与参数的选取将极大程度依赖于训练集和测试集的划分，训练–测试法在一些情况下并不能得到很好的结果。如果训练集和测试集的划分方法不够好，训练–测试法很有可能**无法选择到最好的模型与参数**。另一方面，如果数据集不够大，或者选取测试集样本时随机性不够高，会使测试结果不够客观准确，即**预测结果的偏差较大**。

### 6.3.3 交叉验证法

传统的训练–测试评估法中，需要取出相当一部分数据用于测试，势必造成数据的浪费。同时，在许多情况下数据集中数据量较少，去除测试集后训练效果不佳，因此，我们希望能有一种充分利用所有数据的模型评估方法，来提供更好的模型选择评估指标。在这种情况下，我们一般会将数据集分为三种，分别为**训练集**、**验证集**和**测试集**。训练集是在模型选择时用于训练模型的数据集，验证集是在模型选择时用于评估模型的数据集，而测试集则是将训练好的模型用于新数据。

**首先介绍留一交叉验证法（ Leave-One-Out Cross-Validation，简称 LOOCV ）**。LOOCV 和训练–测试法一样，也通过将数据集进行划分的方式来进行模型选择。但有所区别的是，若所有可用于训练的数据是 $n$ 个样本，LOOCV 只选择一个样本作为验证集，剩余所有数据作为训练集，进行评估，然后不重复地选取下一个样本作为验证集。将此步骤重复 $n$ 次。

如图 6.10 所示，假设现在有 $n$ 个数据组成的数据集，按照 LOOCV 的方法，每次取出一个数据作为验证集的唯一元素，剩下其他 $n-1$ 个数据作为训练集，重复 $n$ 次，最终会

---

[1]以回归问题中的评价方式 MSE 为例。

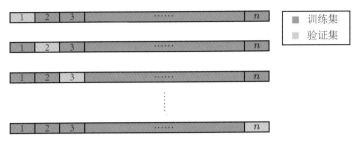

图 6.10　LOOCV 示意图

训练出 $n$ 个模型，对于每个模型都能得到一个验证集上的均方误差 $\mathbf{MSE}_i$，$i = 1, \cdots, n$。因此，最终通过 LOOCV 获得的一个模型的均方误差为所有均方误差的平均值：

$$\mathbf{MSE} = \frac{1}{n} \sum_{i=1}^{n} \mathbf{MSE}_i \tag{6.4}$$

比起训练-测试方法，LOOCV 有很多优点。首先由于每个数据都单独被作为验证集使用，所以样本的使用**不受数据集划分方法的影响**。此外，用 $n - 1$ 个数据训练模型，几乎用到了所有数据，可以得到充分的训练，保证了模型的**偏差更小**。再者，由于数据使用充分，均方误差的差异更多地在模型选择上面，从而为模型选择提供了**更好的指标**。不过 LOOCV 的缺点也很明显，由于每个样本要使用 $n$ 遍，相比较于训练-测试法的只用 1 遍，**计算耗时非常高**。

为了平衡数据利用率和运算效率，可以使用另外一种折中的方法：$K$ **折交叉验证**（$K$ **-fold cross validation**）。与 LOOCV 的区别在于，$K$ 折交叉验证中每次评估的验证集不再只包括一个样本，而是多个。利用 $K$ 折交叉验证的步骤具体如下：

**步骤一**：将所有数据集平均分成 $K$ 份。

**步骤二**：不重复地每次取其中一份做测试集，用其他 $K - 1$ 份做训练集训练模型，之后计算该模型在测试集上的 $\mathbf{MSE}_i$。

**步骤三**：循环 $K$ 次，将 $K$ 次的 $\mathbf{MSE}_i$ 取平均值得到最后的均方误差，根据 $\mathbf{MSE}_K$ 来选择模型。

$$\mathbf{MSE}_K = \frac{1}{K} \sum_{i=1}^{K} \mathbf{MSE}_i \tag{6.5}$$

根据 $K$ 折交叉验证的定义，不难理解 LOOCV 是一种特殊的 $K$ 折交叉验证法（$K = n$）。交叉验证法中 $K$ 的选择很关键。较大的 $K$（LOOCV）有助于减少数据浪费，可以得到更优的模型选择结果，但同时增加了训练和测试的耗时；较小的 $K$ 虽然节约时间，但可能会导致学习数据量不够。表6.1与图6.11总结了上面介绍的模型选择方法的优缺点，在实际问题中需要根据情况合理选择合适的方法，从而得到理想的结果。

**例 6.1** 以岭回归预测波士顿房价的任务为例，来说明怎么利用交叉验证法来选择模型中的超参数。岭回归中需要指定正则化系数 $\lambda$ 这一超参数。这里，超参数 $\lambda$ 有 5 个可选值 $\{0.1, 0.5, 1, 5, 10\}$。一般来说，训练和测试一个机器学习模型共分为三步：**模型选择**，**模**

表 6.1　不同模型选择方法性能对比

| 模型选择方法 | 优点 | 缺点 |
|---|---|---|
| 训练-测试法 | 简单、快速 | 浪费数据 |
| $K$ 折交叉验证（$K > 1$） | 通常远比 LOOCV 快 | 浪费小部分数据，比训练-测试法慢 |
| LOOCV（$K = n$） | 几乎不浪费数据 | 非常费时 |

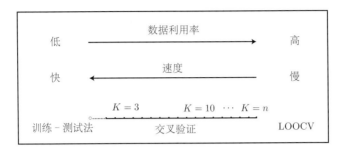

图 6.11　不同模型选择方法的对比

**型训练**和**模型测试**。

**步骤一：模型选择** 利用交叉验证法来选择出最好的超参数。使用 3 折交叉验证将所有数据平均分为三份，然后对于每一个参数训练三次模型。比如设置模型超参数为 0.1，每一次选择其中一份作为验证集而剩下两份作为验证集。设模型参数初始化为 $\theta^0$，其在训练集上使用 0.1 作为超参数训练，得到模型参数 $\theta'$，然后在验证集上计算预测的均方误差。这三次均方误差的平均值 25.89 就表示了超参数 0.1 的好坏。用同样的方法，计算得到所有 5 个超参数值对应的平均均方误差，其中最小的平均均方误差值 25.88 所对应的超参数就是 0.5。因此，最终选择 0.5 作为模型的超参数。

**步骤二：模型训练** 利用上一步选择的最好超参数来训练模型。设模型初始化为 $\theta^0$，超参数设为 $\lambda_2 = 0.5$，用所有已知的数据（即训练集加验证集）训练模型，得到模型参数为 $\theta^*$。在这一步中，如果模型的训练有随机性，需要训练出多个模型，并选择其中训练误差最低的作为最终采用的模型，如随机梯度下降。

**步骤三：模型测试** 将模型 $\theta^*$ 运用到从未见过的新数据上进行测试，得到最终的测试均方误差为 20.85。

图 6.12 展示了上述步骤。模型选择 $\longrightarrow$ 模型训练 $\longrightarrow$ 模型测试，这样一个三步的过程是机器学习以及数据分析中很常用的利用模型解决具体问题的方法。在实际使用时，要针对具体的模型以及参数数量来选择 $K$ 折交叉验证的 $K$ 值。下面，利用 scikit learn 这一机器学习库中提供的交叉验证函数实现上述过程。

```
1  from sklearn.datasets import load_boston
2  from sklearn.metrics import mean_squared_error
3  from sklearn import linear_model
```

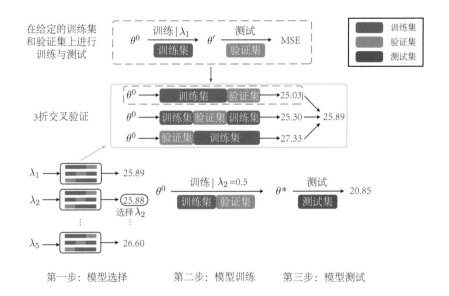

第一步: 模型选择　　　　第二步: 模型训练　　　第三步: 模型测试

**图 6.12　交叉验证法的一般流程**

```
4   from sklearn.model_selection import train_test_split
5   from sklearn.model_selection import cross_validate
6   import numpy as np
7
8
9   data, target = load_boston(return_X_y=True)  # 加载波士顿房价数据集
10  data_train, data_test, target_train, target_test = train_test_split(
11      data, target, test_size=0.33, random_state=1)  # 分割出测试集与训练、验证集
12  alphas = [0.1, 0.5, 1, 5, 10]
13  cv = 3  # 定义交叉验证切片数
14
15  bestEpoch = (-1, -9999)  # 初始化最优参数与得分
16  for alpha in alphas:  # 迭代每个待选参数
17      # 以当前参数与训练集生成回归模型
18      model = linear_model.Ridge(alpha=alpha)
19      # 进行交叉验证，使用负均方差进行测试评价
20      scores = cross_validate(
21          model, data_train, target_train,
22          scoring=('neg_mean_squared_error'))
23      # 取验证分数的平均数作为此参数最终分数
24      scores_per_alpha = np.mean(scores["test_score"])
25      if scores_per_alpha > bestEpoch[1]:  # 更新最优参数
26          bestEpoch = (alpha, scores_per_alpha)
```

```
27
28   # 在最优参数下使用训练、验证集进行训练
29   model = linear_model.Ridge(alpha=alpha)
30   model.fit(data_train, target_train)
31   # 用测试集测试模型，使用负均方差进行测试评价
32   score = -1 * mean_squared_error(target_test, model.predict(data_test))
```

### 6.3.4 模型选择与特征选择

在 §6.2 一节对特征选择问题的介绍中，根据特征选择的定义，可以看出，特征的数量其实可以视作模型的一个超参数，所以特征选择问题其实是模型选择问题的一种。因此可以使用解决模型选择问题的**训练−测试法**、**交叉验证法**等方法解决特征选择问题。在特征选择问题中，常用的方法还有**赤池信息量准则（Akaike Information Criterion，简称 AIC）**、**贝叶斯信息量准则（Bayesian Information Criterion，简称 BIC）**等。

BIC 由吉迪恩·施瓦茨（Gideon E. Schwarz）在 1978 年提出[4]，用于衡量模型的性能。

**定义 6.6 BIC**

贝叶斯信息量准则的表达式为

$$\text{BIC} = k \ln(n) - 2 \ln(\widehat{L}) \tag{6.6}$$

其中 $k$ 为模型需拟合的参数的数量，$n$ 为数据集的样本数量，$\widehat{L}$ 是似然函数的最大值。

模型的 BIC 越低，需拟合的参数的数量越趋于合理，模型的泛化能力越好。

AIC 是由日本统计学家赤池弘次所提出的[5]，是衡量模型泛化性能的一个标准。

**定义 6.7 AIC**

贝叶斯信息量准则的表达式为

$$\text{AIC} = 2k - 2 \ln(\widehat{L}) \tag{6.7}$$

其中 $k$ 为模型需拟合的参数的数量，$\widehat{L}$ 是似然函数的最大值。

与 BIC 相同，模型的 AIC 越小，需拟合的参数的数量越趋于合理，模型的泛化能力越好。

通过公式（6.6）和公式（6.7），可以看出，AIC 和 BIC 的定义十分相近，二者的区别在于 BIC 对模型需拟合的参数的数量 $k$ 的惩罚项较大 [考虑到数据集的样本数量 $n$ 不会过小，$\ln(n)$ 一般是大于 2 的]。

在使用特征选择之后，模型需拟合的参数的数量 $k$ 会变少，因此可以使用 AIC 和 BIC 来评估特征选择起到的调整模型泛化能力的效果。

BIC 和 AIC 都可用来确保模型在较好地拟合数据点的情况下，其复杂度不会过高，避免过拟合的情况。

❧ 习题 ❧

习题 6.5 请用编程实现岭回归，利用交叉验证选择出最优的正则化系数。在数据量为 10、100、1000 的情况下，分别计算留一交叉验证与十折交叉验证所需的运行时间。数据集同 习题 3.5。

习题 6.6 **留一交叉验证法**。考虑数据集 $\mathcal{D} = (\mathbf{X} \in \mathbb{R}^{N \times p}, \mathbf{y} \in \mathbb{R}^N)$，若有一已拟合好的模型 $\widehat{f}(\mathbf{x})$ 在这些样本上给出了预测值 $\widehat{\mathbf{y}}$，一般而言它可以被表示为

$$\widehat{\mathbf{y}} = \mathbf{M}\mathbf{y}$$

其中 $\mathbf{M} \in \mathbb{R}^{N \times N}$，只与 $\mathbf{X}$ 有关，而与 $\mathbf{y}$ 无关。

(1) 设正则化系数为 $\lambda$，写出使用岭回归在 $\mathcal{D}$ 上拟合得到的模型 $\widehat{f}(\mathbf{x})$。（提示：用 $\mathbf{X}$、$\mathbf{y}$、$\mathbf{x}$ 表示，其中 $\mathbf{x}$ 是测试样本点）

(2) 使用 (1) 中的模型 $\widehat{f}(\mathbf{x})$，证明

$$\mathbf{M} = \mathbf{X}(\mathbf{X}^\top\mathbf{X} + \lambda\mathbf{I})^{-1}\mathbf{X}^\top$$

(3) 进行留一交叉验证时，首先从 $\mathcal{D}$ 中去除一个样本 $(\mathbf{x}_i, y_i)$，之后使用剩下的数据集训练得到一个模型 $\widehat{f}^{-i}(\mathbf{x})$。使用 (1)、(2) 中的条件，证明留一交叉验证的测试误差与使用所有数据时的训练误差的关系为

$$y_i - \widehat{f}^{-i}(\mathbf{x}_i) = \frac{y_i - \widehat{f}(\mathbf{x}_i)}{1 - M_{ii}}$$

其中 $M_{ii}$ 为 $\mathbf{M}$ 主对角线上的第 $i$ 个元素。[考虑使用以下引理：对正定矩阵 $\mathbf{A}$ 和向量 $\mathbf{x}$，$(\mathbf{A} - \mathbf{x}\mathbf{x}^\top)^{-1} = \mathbf{A}^{-1} + \frac{\mathbf{A}^{-1}\mathbf{x}\mathbf{x}^\top\mathbf{A}^{-1}}{1 - \mathbf{x}^\top\mathbf{A}^{-1}\mathbf{x}}$]

# 6.4 偏差-方差权衡

在上一节，为了找到具有更高的泛化性、不容易过拟合的模型，介绍了交叉验证法等方法来对超参数进行选择。本节将会从数学的角度来详细解释过拟合出现的原因，以及这样的方法为什么能够解决过拟合问题。

## 6.4.1 预测误差期望

在前文中，我们使用"损失函数"来度量模型在训练样本上的预测输出与真实值之间的误差，而机器学习模型的训练过程本质上就是损失函数最小化，即求解模型在训练样本上的损失函数最小值：

$$\theta^* = \arg\min_\theta \mathcal{L}\left(y, f_\theta\left(\mathbf{x}\right)\right) \tag{6.8}$$

其中 $f_\theta$ 为有着参数 $\theta$ 的模型。

然而在最小化损失函数的过程中，使用的样本均为已知的训练样本，因而损失函数所表示的仅仅只是训练误差。然而不幸的是，训练误差并不能很好地估计测试误差。正如图6.13所示，当模型复杂度上升时，训练误差总是下降的；但测试误差并不是同样持续下降，而是会在模型复杂度达到一定程度后逐渐回升，此时训练误差不仅不能视为对测试误差的估计，相反，它使得模型在相反的道路上越走越远。而我们最需要关注的其实是模型对于未知样本的预测能力，也就是模型的泛化性能。那么如何度量模型在全体数据上的泛化能力呢？在这里就需要引入**预测误差期望（Expected Prediction Error，简称 EPE）**的概念。

> **定义 6.8 预测误差期望**
>
> 预测误差期望用于描述模型对样本的预测与真实值之间误差的期望。对于数据集 $\mathcal{D}$ 中的样本 $\mathbf{x}$ 及其真实标签 $y$，其预测误差期望可以表示为
>
> $$\begin{aligned} \mathbf{EPE}\left(f\right) &= \mathbb{E}_{\mathcal{D}}\left[\mathcal{L}\left(y, f\left(\mathbf{x}\right)\right)\right] \\ &= \int \mathcal{L}\left(y, f\left(\mathbf{x}\right)\right) \cdot p\left(\mathrm{d}\mathbf{x}, \mathrm{d}y\right) \end{aligned} \tag{6.9}$$

事实上，预测误差期望所表示的正是损失函数的期望。最终的理想模型函数应当使所有样本（无论是否已知）的损失函数最小，即预测误差期望最小。但是在实际中，预测误差期望函数往往无法通过直接计算求得，因为测试样本 $\mathbf{x}$ 及其标签 $y$ 的真正分布无从得知。所以在绝大多数情况下，常用局部最优来代替全局最优，也就是在已知数据上进行损失函数最小化。接下来，对预测误差期望作进一步的深入观察，各位读者会看到，对预测误差期望进行优化本质上可以理解为模型的偏差与方差之间的权衡。

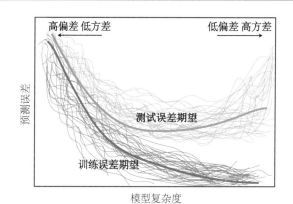

图 6.13　模型复杂度与误差

### 6.4.2　偏差-方差分解

§6.3中介绍过，假设模型的预测期望为 $\bar{f}(\boldsymbol{x}) = \mathbb{E}_{\mathcal{D}}[\widehat{f}(x)]$，那么偏差描述了模型预测值与真实标签的接近程度：

$$\mathbf{Bias} = \mathbb{E}_{\mathcal{D}}\left[\widehat{f}(x) - y\right].$$

而方差则描述了在不同数据集下模型预测值的离散程度：

$$\mathbf{Variance} = \mathbb{E}_{\mathcal{D}}\left[(\widehat{f}(x) - \bar{f}(\boldsymbol{x}))^2\right]$$

一个理想的模型应当具有较低的偏差，即能够充分拟合标签数据，并且方差也较小，即数据扰动产生的影响小。之前的章节使用均方误差作为损失函数[1]，来刻画模型输出与真实值之间的差距。因此本节将其均方误差的期望分解为偏差、方差和噪声之和，从另一个角度重新审视一下均方误差。

假设样本标签与样本数据之间的关系为 $y = f(\mathbf{x}) + \varepsilon$，其中 $\varepsilon$ 代表各种自然误差，比如测量误差或因某些噪声而引起的误差，并且不失一般性有 $\varepsilon \sim \mathcal{N}(0, \sigma^2)$。假设一个模型在训练数据集上训练得到拟合函数 $\widehat{f}$，那么对样本 $\mathbf{x}$ 的标签预测值与真实标签值 $y$ 之间误差的期望就可以写作 $\mathbb{E}_{\mathcal{D}}\left[\left(y - \widehat{f}(\mathbf{x})\right)^2\right]$。由期望的性质，有

$$\begin{aligned}
\mathbb{E}_{\mathcal{D}}\left[\left(y - \widehat{f}(\mathbf{x})\right)^2\right] &= \mathbb{E}_{\mathcal{D}}\left[(f - \widehat{f} + \varepsilon)^2\right] \\
&= \mathbb{E}_{\mathcal{D}}\left[(f - \widehat{f})^2\right] + 2\mathbb{E}_{\mathcal{D}}\left[\varepsilon \cdot (f - \widehat{f})\right] + \mathbb{E}_{\mathcal{D}}\left[\varepsilon^2\right] \\
&= \mathbb{E}_{\mathcal{D}}\left[(f - \widehat{f})^2\right] + \sigma^2
\end{aligned} \tag{6.10}$$

因为 $\varepsilon \sim \mathcal{N}(0, \sigma^2)$，所以 $\mathbb{E}_{\mathcal{D}}[\varepsilon] = 0$，$\mathbf{Var}[\varepsilon^2] = \sigma^2$。接下来在公式（6.10）的 $\mathbb{E}_{\mathcal{D}}\left[\left(f - \widehat{f}\right)^2\right]$

---

[1]对于分类模型常用的 0-1 损失函数，也有相应方法对偏差和方差进行估计[6]。

中添加 $\bar{f} = \mathbb{E}_{\mathcal{D}}\left[\widehat{f}\right]$, 可以进一步得到

$$
\begin{aligned}
\mathbb{E}_{\mathcal{D}}\left[\left(y - \widehat{f}(\mathbf{x})\right)^2\right] &= \mathbb{E}_{\mathcal{D}}\left[(f - \bar{f} + \bar{f} - \widehat{f})^2\right] + \sigma^2 \\
&= \mathbb{E}_{\mathcal{D}}\left[(f - \bar{f})^2\right] + 2\mathbb{E}_{\mathcal{D}}\left[(f - \bar{f})(\bar{f} - \widehat{f})\right] + \mathbb{E}_{\mathcal{D}}\left[(\bar{f} - \widehat{f})^2\right] + \sigma^2 \\
&= (f - \bar{f})^2 + \mathbb{E}_{\mathcal{D}}\left[(\widehat{f} - \bar{f})^2\right] + \sigma^2
\end{aligned}
$$

(6.11)

用 Bias 表示 $f - \bar{f}$, 用 Variance 表示 $\mathbb{E}_{\mathcal{D}}\left[(\widehat{f} - \bar{f})^2\right]$, 公式（6.11）简化为

$$
\mathbb{E}_{\mathcal{D}}\left[\left(y - \widehat{f}(\mathbf{x})\right)^2\right] = \text{Bias}^2 + \text{Variance} + \sigma^2
$$

(6.12)

这样通过以上步骤，就将均方误差分解为模型偏差、方差以及误差的加和。显然，训练得到的模型所给出的预测值与真实值的误差来源于 3 处：

- **偏差：** 即预测值的期望与真实值的差。若该项不为 0，则训练所得模型是有偏估计，反之则是无偏估计。

- **方差：** 即预测值的方差。该项指示了训练所得模型预测值的离散程度，即在不同的数据集上训练出的含不同参数的模型，对同一样本 x 的预测值的离散程度。

- **自然误差：** $\sigma^2$ 项，即测量误差或噪声等自然误差的方差。一般认为 $\sigma$ 的值很小，在很多情况下可以忽略该项。

公式（6.12）揭示了预测误差与偏差、方差之间的关系，并且指示出一个具有较低预测误差的理想模型，其输出应该同时具有较低的偏差与较低的方差。然而在实际中，这两者往往是有一定冲突的。例如，当模型的复杂度较低时，模型的学习能力有限，此时输出将存在较大的偏差；而当模型复杂度较高时偏差将减小，但此时模型的泛化能力比较差，方差会大幅提高。因此在面对复杂问题时，模型往往会陷入**偏差-方差窘境（bias-variance dilemma）**[7]。因此实际的模型选择过程更多地是在偏差与方差这两者之间进行权衡，根据不同的模型及任务需求而不断调整。

此外，也可以从模型参数的角度来看待偏差与方差。考虑真实标签 $y$ 服从参数为 $\theta$ 的模型 $f(\mathbf{x}; \theta)$, 即 $y = f(\mathbf{x}; \theta) + \varepsilon$。在训练数据集上预测所得模型参数为 $\widehat{\theta}$, 且 $\bar{\theta} = \mathbb{E}_{\mathcal{D}}[\widehat{\theta}]$, 那么 $\widehat{\theta}$ 与 $\theta$ 的误差期望为

$$
\begin{aligned}
\mathbb{E}_{\mathcal{D}}\left[\left(\theta - \widehat{\theta}\right)^2\right] &= \mathbb{E}_{\mathcal{D}}\left[(\theta - \bar{\theta})^2\right] + \mathbb{E}_{\mathcal{D}}\left[(\bar{\theta} - \widehat{\theta})^2\right] + 2\mathbb{E}_{\mathcal{D}}\left[(\theta - \bar{\theta})(\bar{\theta} - \widehat{\theta})\right] \\
&= (\theta - \bar{\theta})^2 + \mathbb{E}_{\mathcal{D}}\left[(\bar{\theta} - \widehat{\theta})^2\right] \\
&= \text{Bias}^2 + \text{Variance}
\end{aligned}
$$

(6.13)

忽略自然误差的影响后，公式（6.13）在形式上与公式（6.12）是高度一致的。这说明训练得到的参数与真实参数间的误差也受到偏差与方差的影响。类似地，参数预测的误差也来自三个部分：

- **偏差：** 即训练所得参数与真实参数之差的期望。显然，该项越小，参数估计越准确。

- **方差：** 即训练所得参数的离散程度。同样此处是指在不同训练集上所得参数的离散

程度。该项越小，参数估计的波动就越小。

- **自然误差**：如训练得到的模型所给出的预测值与真实值的误差中所介绍，这里同样可以忽略该项。

图6.14是模型预测参数的偏差与方差示意图。图中的中心红点可看作是模型真实的参数，粉点则是在某个数据集上训练出的参数。通过观察该图，可以发现偏差主要体现在粉点平均位置与红点的远近上，而方差则体现在粉点自身的散布疏密上。显然偏差与方差同时较低是我们追求的理想目标，可惜的是，通常在实际应用中模型总是会陷入之前所提到的偏差-方差窘境中，因此偏差与方差之间的权衡对于模型选择是必须要考虑到的一环。

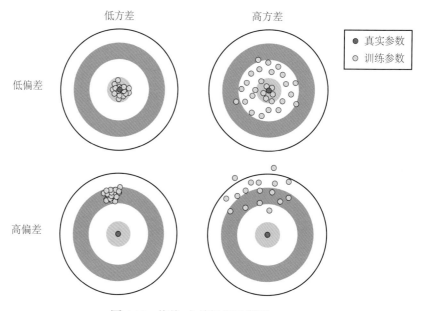

图 6.14　偏差-方差权衡示意图

### 6.4.3　偏差-方差权衡与模型选择

在模型选择一节中，介绍了欠拟合与过拟合的概念。通过引入偏差-方差权衡的概念，我们对欠拟合与过拟合的概念会有一个更加清晰的认识。从图6.15可以看出，对于给定的任务：

- 当模型复杂度低时，拟合能力不够强，偏差是总误差的主要来源，此时的模型具有**高偏差、低方差**的特点，即陷入了**欠拟合状态。**
- 当模型复杂度逐渐增加至适当程度时，模型拟合能力逐渐得到增强，偏差显著下降；并且此时模型仍具有较好的泛化能力，其方差也维持在较低的水平。此时的模型具有**低偏差、低方差**的特点。这种模型就是理想中的模型。
- 当模型复杂度进一步提高时，模型拟合能力的上升空间不足，偏差下降幅度较小。相反，此时训练数据的自然误差对模型的影响力度明显提升，轻微改变都会导致模型发生显著变化，方差成为总误差的主要来源。此时的模型具有**低偏差**、**高方差**的特点，即陷入了**过拟合状态**。

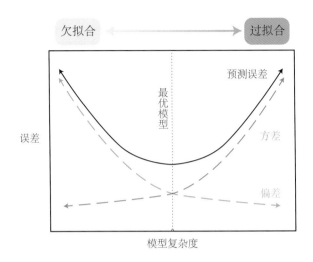

图 6.15　模型拟合状态与偏差-方差权衡示意图

对于各个类型的模型而言，虽然其复杂度的体现方式有所不同，但大体上可以概括为**模型考虑的特征数量**（如线性回归模型中数据特征的数量）或**模型本身的超参数**（如随机森林模型中决策树的数量）。在了解偏差-方差权衡与欠拟合、过拟合的关系的同时，可以注意到随着模型复杂度的不断提高，模型在训练集上的预测误差期望会逐渐下降至收敛，而在测试集上的预测误差期望则会呈现"先降低后升高"的模式。

可以看到，当模型复杂度上升时，模型便具有更强的表达能力，因此在训练集上学习时便能够表达更多样本所包含的特征，这意味着模型的拟合能力更强。而偏差衡量的正是模型的拟合能力，因此最终模型的偏差便会随之下降。在训练集上的预测误差期望也总是呈现下降趋势，并且在这时测试集上的预测误差期望也在下降。

但一种模型的表达能力往往是有其上限的，并且用于训练的样本也是有限的。当模型足够复杂，以至于可以表达所有的训练样本所包含的特征时，继续增加复杂度便无法再提升模型的拟合能力，从而无法进一步降低训练集上的预测期望误差。更糟糕的是，由于模型"全盘接受"所有的训练样本特征，甚至包括一些由自然误差造成的噪声点，模型会错误地学习一些对其推断无用甚至有害的特征，从而导致模型在测试集上的预测误差期望不降反升。并且此时训练数据集的细微扰动，如更换一个训练样本，都会造成模型训练得到的参数发生显著变化。这体现在偏差-方差的关系上便是方差的显著上升。

例 6.2　这里通过一个例子展示模型复杂度对于误差的影响，以及方差和偏差的具体变化。在回归问题中，模型的复杂度的具体表现之一为模型特征项的个数。假设现在使用一个正则化非线性回归模型来拟合真实数据曲线，模型的正则化参数为 $\lambda$。参数 $\lambda$ 的值越小，意味着特征项越多即模型越复杂。那么用不同的 $\lambda$ 值训练出的回归模型曲线如图6.16所示。图中上面一行展示了不同 $\lambda$ 值每次实验拟合出的曲线结果，每条线代表一次实验结果，而下面一行则展示了对应平均后的曲线结果与真实的曲线。

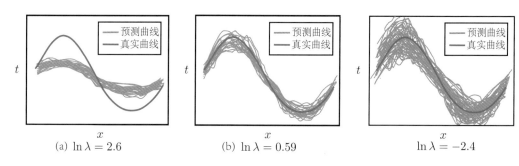

(a) $\ln\lambda = 2.6$　　　　(b) $\ln\lambda = 0.59$　　　　$\ln\lambda = -2.4$

图 6.16　不同正则化参数对回归模型的影响

从图6.16可以看出，简单的模型（$\ln\lambda = 2.6$）每次实验得到的曲线都较为接近，但其结果与真实曲线的差距较为明显，换言之，模型拥有较小的方差，但是偏差较大。而复杂的模型（$\ln\lambda = -2.4$）其平均后的综合结果与真实曲线十分接近，但在单个的训练实验时得到的结果之间差异明显。换句话说，就是复杂的模型有更小的偏差和更大的方差。这是因为训练集的随机性导致了模型训练得到的参数发生了变化，诱发了方差的上升。总体来说，简单模型的学习性能对不同的训练集不是很敏感，而复杂模型对训练集的改变很敏感。

**例 6.3 训练样本的变动对模型参数的影响**　下面，再通过两个例子来直观地了解训练样本的变动对模型参数的影响。

**删减样本**　在同一个训练数据集上训练 3 个回归模型，数据集的样本包含两个特征。3 个回归模型的复杂度依次提高，即最高项的次数依次上升。首先在完整的数据集训练模型中，将其参数标记为 $\widehat{\theta}_1$，并在特征平面中画出拟合曲线。随后去掉数据集中的一个数据样本并重新训练模型，将其参数标记为 $\widehat{\theta}_2$，并在特征平面中画出新的拟合曲线。最终结果如图6.17所示，蓝色标记的数据就是去掉的训练样本，图中从左往右模型越来越复杂。可以发现，简单的模型对于数据集的变化不太敏感，而复杂模型则较为敏感。

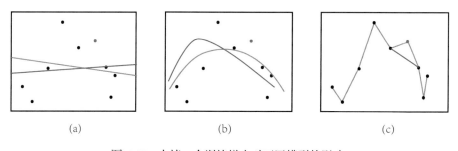

(a)　　　　　　(b)　　　　　　(c)

图 6.17　去掉一个训练样本对不同模型的影响

**增添样本**　下面，再来看增加一个样本会对模型造成什么样的影响。用 $K$ 近邻算法，分别设置 $K = 1$ 与 $K = 15$ 训练出两个模型。结果如图6.18所示。增加一个样本如图中蓝色实心圆所示，较为简单的模型（$K = 15$）不会有变化，而较复杂的模型（$K = 1$）中，新增样本周围的决策边界发生了明显的变化。

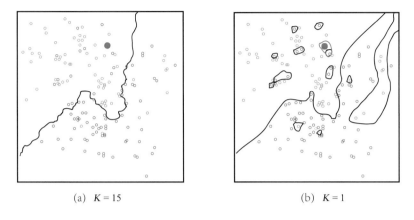

(a) $K = 15$          (b) $K = 1$

图 6.18　增加一个训练样本对不同模型的影响

　　综上所述，训练数据的变化会对复杂模型最终得到的结果造成极大的影响，进而影响模型预测能力。因此较复杂的模型很容易陷入过拟合状态。

## 习题

习题 6.7 **偏差-方差权衡**。假设样本的标签按照 $y = \mathbf{w}^{*\top}\mathbf{x} + \varepsilon$ 生成，其中 $\mathbf{w}^* \in \mathbb{R}^p$ 为一已知系数，$\mathbf{x} \in \mathbb{R}^p$ 为样本点，$\varepsilon \sim \mathcal{N}(0, \sigma^2)$ 为噪声。现取 $N$ 个样本点 $\mathbf{X} \in \mathbb{R}^{N \times p}$ 用于训练模型。

(1) 利用 $\mathbf{X}$ 得到对应的 $\mathbf{y}$，使用岭回归拟合线性模型 $\widehat{f}(\mathbf{x}) = \mathbf{w}^\top\mathbf{x}$，对于正则化系数 $\lambda$，写出拟合得到的系数 $\mathbf{w}$。同时写出拟合得到的 $\mathbf{w}$ 所服从的概率分布。（提示：$\varepsilon$ 为随机变量，利用高斯分布的性质可得到其他变量的分布）

(2) 对于测试样本 $\mathbf{x}_0$，使用 $\mathbf{X}$、$\mathbf{y}$ 表示 (1) 中模型的偏差 $\mathbb{E}[\widehat{f}(\mathbf{x}_0) - \mathbf{x}^\top\mathbf{w}^*]$。

(3) 对于测试样本 $\mathbf{x}_0$，使用 $\mathbf{X}$、$\mathbf{y}$ 表示 (1) 中模型的方差 $\mathbb{E}\left[\left(\widehat{f}(\mathbf{x}_0) - \mathbb{E}[\widehat{f}(\mathbf{x}_0)]\right)^2\right]$。

(4) 假设 $\mathbf{X}^\top\mathbf{X}$ 可逆，讨论当 $\lambda$ 的大小变化时 (2)、(3) 中偏差的平方与方差的大小关系。

## 参考文献

[1] BELLMAN R. Dynamic programming[J]. Science, 1966, 153(3731): 34-37.

[2] KAUFFMAN S A. Metabolic stability and epigenesis in randomly constructed genetic nets [J]. Journal of Theoretical Biology, 1969, 22(3): 437-467.

[3] STUDENT. The probable error of a mean[J]. Biometrika, 1908, 6(1): 1-25.

[4] SCHWARZ G. Estimating the dimension of a model[J]. The Annals of Statistics, 1978, 6 (2): 461-464.

[5] Akaike H. A new look at the statistical model identification[J]. IEEE Transactions on Automatic Control, 1974, 19(6): 716-723.

[6] KOHAVI R, WOLPERT D, et al. Bias plus variance decomposition for zero-one loss functions[C]//USA: ACM, 1996: 275-83.

[7] GEMAN S, BIENENSTOCK E, DOURSAT R. Neural networks and the bias/variance dilemma[J]. Neural Computation, 1992, 4(1): 1-58.

# 第 7 章 概率图模型

前面的章节中介绍了许多机器学习领域的概率模型，它们把数据特征当作随机变量，基于概率论为数据建模引入随机性。如有监督学习中的贝叶斯分类器（§4.3）和无监督学习中的高斯混合模型（§5.1.3），它们都考虑了复杂现实环境中数据产生过程的随机性。概率模型的应用十分广泛，比如在医学诊断中，检查得到的疾病表征和疾病类型之间存在着不确定的关系，非概率模型做出判断的误差可能会很大，这时可以借助概率模型预测患者患病的概率[1-3]。然而之前介绍的概率模型都是基于简单的概率分布假设（如高斯贝叶斯分类器假设数据服从高斯分布），无法对复杂系统的概率分布进行建模。为了解决这个问题，统计学家结合了数学领域中的概率论和图论，提出了一种将数据概率分布建模为图结构的模型，称为**概率图模型**（probabilistic graphical model）。

概率图模型的所有运算都是基于一种特殊的数据结构——图结构来完成的。概率图模型把每个数据特征看作一个随机变量并且在图中用节点来表示，并且用两个节点之间的边表示数据特征的相关性或依赖性。假设有如图7.1所示的简单概率图模型，它是由四个节点（四个变量）和两条边组成的。它表示变量 $x_3$ 和其他变量之间相互独立，而变量 $x_1, x_2, x_4$ 是相关的。同时，基于图结构，概率图模型会将变量间的关系表示为条件概率分布。如图7.1中变量 $x_1$ 和 $x_4$ 之间的关系表示为 $P(x_1 \mid x_4)$。注意这里以基于有向图的概率图模型为例，§7.2节会介绍其他概率图模型，并且解释节点间关系的不同表示方法。

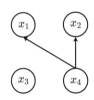

图 7.1　概率图结构简单示例

在概率图模型的研究领域中，主要研究三个问题，下面的章节会依次进行介绍：

- **概率图模型的表示**（§7.2）：概率图模型分为有向图和无向图，在使用概率图模型时需要选择合适的图结构。
- **概率图模型的推断**（§7.3）：推断指的是在已知某些变量数据的情况下，计算概率图模型中其他概率分布。如图7.1中已知 $P(x_4)$ 求 $P(x_1 \mid x_4)$。推断分为精确推断和近似推断两种方法。
- **概率图模型的学习**（§7.4）：学习指通过观测到的数据来构建出最符合数据分布的概率图模型。概率图模型等于"图 + 概率"，因此概率图模型的学习分为图结构学习和概率参数的学习。本书只介绍结构学习的部分。

# 7.1 结构化概率表示

使用概率图模型的目的是对复杂系统进行建模，并且利用模型完成许多推理任务。仍然以医疗诊断应用为例，医务人员需要分析患者的几种甚至几十种症状之间的关系。比如通过患者是否发烧、是否头痛、是否喉咙痛来推断患者患有流感的概率。在这些应用中，患者的症状和其他特征，比如生活习惯、生活环境等，是疾病的诱发因素，决定了患者是否具有某些症状。从概率论的角度来看，这些特征可以被看作是一组随机变量。每个随机变量的值域（即可选值）定义了这个特征的所有状态。比如"发烧"这个随机变量可能有两个值"存在"以及"不存在"，表示患者是否存在发烧症状；另外还有如"体温"这样的连续变量可以用连续的值表示患者的温度状态。利用这组随机变量，可以在给定一些随机变量值的情况下，推断其他一个或者多个随机变量的条件概率分布。比如在已知患者发烧且喉咙痛的情况下，推断条件概率 $P(流感 \mid 发烧 = 存在, 喉咙痛 = 存在)$。

## 7.1.1 联合概率表示

要完成对任意随机变量集合计算条件概率的任务，首先需要对所有随机变量构建一个联合分布。具体来说，对于所有随机变量的集合 $\mathcal{X} = \{X_1, X_2, \cdots, X_p\}$，需要构建

$$P(X_1, X_2, \cdots, X_p) \tag{7.1}$$

这样对于两个随机变量集合 $\mathcal{X}_A$ 和 $\mathcal{X}_B$（$\mathcal{X}_A \bigcup \mathcal{X}_B = \emptyset$），在已知变量 $\mathcal{X}_A$ 的情况下可以查询变量 $\mathcal{X}_B$ 的条件概率 $P(\mathcal{X}_B \mid \mathcal{X}_A)$。

**例 7.1** 本例从简单的医疗诊断任务出发来理解查询条件概率的过程。任务是通过发烧、喉咙痛、头痛、鼻塞、呕吐这五个症状来推断患者患有流感的概率。每个症状都是二值的随机变量，有"存在"与"不存在"两个值；此外流感也是一个二值变量，具有"患病"和"未患病"两种取值。那么总体上，可以用 $2^6 = 64$ 个值来表示联合概率分布：

$$P(发烧, 喉咙痛, 头痛, 鼻塞, 呕吐, 流感) \tag{7.2}$$

对应于这六个随机变量的所有可能取值。那么在给定这个联合分布和患者症状时，就可以查询患病的概率。比如患者发烧且具有喉咙痛、头痛和鼻塞的症状但没有呕吐的情况下，患有流感的概率可以表示为如

$$\mathbb{P}(流感 = 患病 \mid 发烧 = 存在, 喉咙痛 = 存在, 头痛 = 存在, 鼻塞 = 存在, 呕吐 = 不存在) \tag{7.3}$$

所示的概率查询。

在这个简单例子里，可以用64个数值表示六个二值随机变量的联合分布，并且利用它们完成任意的概率查询。然而在实际应用中却没有这么简单。一个医疗诊断系统可能要考虑数十甚至数百个症状之间的关系，每一个症状可能具有远多于两个的取值。在这种情况下之前面的方法就不再适用，需要一个更加简化且紧凑的模型来表示这种复杂系

统内的联合概率分布。

回到例7.1，可以看到并不是任意两个随机变量之间都是相关的。比如是否呕吐就和是否患有流感没有关系，那么其实"呕吐"和"流感"这两个随机变量在知道其他变量取值的情况下是相互独立的，即 流感 ⊥⊥ 呕吐 | 发烧, 喉咙痛, 头痛, 鼻塞，等价于

$$P(\text{流感} \mid \text{发烧, 喉咙痛, 头痛, 鼻塞, 呕吐}) = P(\text{流感} \mid \text{发烧, 喉咙痛, 头痛, 鼻塞}) \quad (7.4)$$

这个情况说明如果变量之间的独立关系是已知的，就可以简化概率查询。更进一步，甚至可以利用变量独立性来紧凑地表示一个联合分布。假设已知发烧、喉咙痛、头痛、鼻塞这四个症状和流感有关，这四个症状之间没有关系，是相互独立的，并且呕吐症状只和喉咙痛有关，那么这些变量独立性可以将联合概率简化成

$$P(\text{流感, 发烧, 喉咙痛, 头痛, 鼻塞, 呕吐})$$

$$= \underbrace{P(\text{流感} \mid \text{发烧})}_{2^2} \underbrace{P(\text{流感} \mid \text{喉咙痛})}_{2^2} \underbrace{P(\text{流感} \mid \text{头痛})}_{2^2} \underbrace{P(\text{流感} \mid \text{鼻塞})}_{2^2} \underbrace{P(\text{喉咙痛} \mid \text{呕吐})}_{2^2}$$

$$(7.5)$$

这样就可以只用 $2^2 \times 5 = 20$ 个参数来表示公式（7.5）对应的联合概率。利用变量的一组条件独立性集合，大大简化了联合概率的表示。然而计算机并不能直接处理描述性的独立性。为了借助计算机快速完成概率运算，需要用计算机能够理解的、结构化的方式来表示变量的独立性集合。

## 7.1.2 变量独立性的结构化表示

本章所介绍的概率图模型选择利用图结构来天然表示变量的条件独立性集合。在图结构中，每一个节点表示一个随机变量，每一条边表示相连两个随机变量之间的依赖关系。可以从两个角度来构建概率图模型，仍然考虑例7.1中的医疗诊断例子。为了便于说明，将随机变量简写为流感（$F$）、发烧（$E$）、喉咙痛（$T$）、头痛（$H$）、鼻塞（$N$）、呕吐（$V$）。

一种构建概率图模型的角度是，图是变量独立性集合的一种紧凑表示。例如医疗诊断例子中有变量独立性集合

$$E \perp\!\!\!\perp \{T, H, N\}, \; T \perp\!\!\!\perp \{E, H, N\}, \; H \perp\!\!\!\perp \{T, E, N\},$$
$$N \perp\!\!\!\perp \{E, T, H\}, \; V \perp\!\!\!\perp \{H, N, E\}, \; V \perp\!\!\!\perp F \mid T \quad (7.6)$$

可以结构化表示为如图7.2（a）所示的有向图模型，图中有向边表示一种有向的直接依赖关系。如"喉咙痛"依赖于"呕吐"。条件独立性 $V \perp\!\!\!\perp F \mid T$ 表示在知道喉咙痛（$T$）的状态时，是否患有流感（$F$）和是否存在呕吐（$V$）之间就是独立的。注意这并不表示呕吐（$V$）和流感（$F$）之间没有关系。它只是表示通过已知喉咙痛（$T$）的状态，获得了从呕吐（$V$）可以得到的与流感（$F$）相关的所有信息。通过这个有向图模型，就可以将联合分布分解为公式（7.5）。

从另外一个视角来构建图模型，图是一个高维分布的紧凑表示。对于一个高维分布，相比于用大量参数对所有变量的取值进行表示，不如把分布分解成一些更小的部分，称

为**因子**（factor）。每个因子是定义在一个较小变量集合上的概率分布，这样所有变量的联合分布就可以定义为因子的乘积。在变量集合 $\{X, Y\}$ 上定义的因子记为 $\phi(X, Y)$。对于例7.1的医疗诊断例子，可以定义五个因子

$$\phi_1(E, F), \ \phi_2(T, F), \ \phi_3(H, F), \ \phi_4(N, F), \ \phi_5(V, T) \tag{7.7}$$

这样联合分布就可以简化为

$$P(F, E, T, H, N, V) = \frac{1}{Z} \phi_1(E, F) \phi_2(T, F) \phi_3(H, F) \phi_4(N, F) \phi_5(V, T) \tag{7.8}$$

其中 $Z$ 是归一化参数，保证因子分解后仍然是一个 $[0, 1]$ 上的概率分布。因为每个随机变量都是二值的，经过分解可以用 $5 \times 2^2 = 20$ 个参数来表示联合分布。公式（7.8）所表示的因子分解可以结构化为图7.2（b）所示的无向图模型，它定义了所有因子的集合以及它们包含的变量。

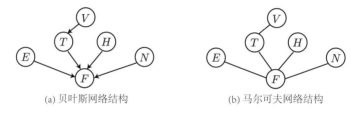

(a) 贝叶斯网络结构　　　　　(b) 马尔可夫网络结构

图 7.2　医疗诊断应用中构建的概率图模型结构

从两个不同的角度出发，本节构建了两类概率图模型。一类用有向图定义变量独立性集合，被称为贝叶斯网络；另一类用无向图定义因子集合，被称为马尔可夫网络。这两类图在本质上是等价的。正是因为变量独立性的存在，联合分布才能分解为因子；反之，因子分解确保了变量独立性的成立。§7.2将会详细介绍这两类概率图模型的表示。

## 7.2 概率图模型的表示

概率图模型可以简单地理解为"概率 + 图结构"，基于图这种数据结构，用概率分布表示数据特征之间的关系。不同的概率图模型会使用不同图结构和概率表示方法。

**图（graph）**是一种数据结构，可以用来表现多种类型的结构或系统。从交通网络到通信网络，从下棋游戏到最优流程，从任务分配到人际交互网络，图都有广泛的使用。

> **定义 7.1 图**
>
> 图是由节点（vertex）的集合 $V$ 和边（edge）的集合 $E$ 组成的有序对 $(V, E)$。

图是由顶点[1]和顶点之间的边所组成的。通常，顶点表示某个事物或对象，边表示事物与事物之间的关系。

图按照边的有无方向性分为无向图和有向图。体现在网络中，即按边界有无箭头分为有向图与无向图，如图7.3。如果在一个图中，无法从某个顶点出发经过若干条边回到该点，则称这个图是一个无环图。

在概率图模型中，图的节点表示随机变量，边表示变量间的相关关系。基于有向图的概率图模型被称为**贝叶斯网络（Bayesian network）**，可以刻画变量间存在的因果关系或依赖关系；基于无向图的**马尔可夫网络（Markov Network）**反映变量间的相关性或关联关系。

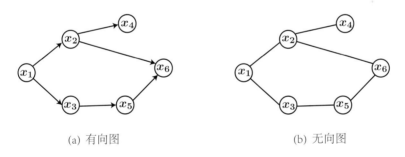

(a) 有向图　　　　　　　　(b) 无向图

**图 7.3**　有向图与无向图

### 7.2.1 贝叶斯网络

贝叶斯网络（或有向无环图模型）是一种模拟人类推理过程中因果关系的模型。它的图结构是一个有向无环图。在模型中，具有因果关系（或非条件独立）的随机变量之间用箭头来连接。若两个顶点之间用一个单箭头连接在一起，表示发出箭头的顶点是"因"（父节点），箭头到达的顶点是"果"（子节点）。两个顶点之间构成一个条件概率 $P(\text{子节点} \mid \text{父节点})$，表示两个随机变量之间的因果关系。相对应地，两个顶点之间没

---

[1]在本章中，"顶点"和"节点"表示同样的概念。

有边连接表示它们对应的两个随机变量之间是独立的。贝叶斯网络的一个优势就是可以利用变量之间的独立性来简化变量联合概率分布的表示。

考虑一组随机变量 $X_1, \cdots, X_K$，它们的联合概率分布可以多个条件概率分布相乘而得出，即

$$P(X_1, \cdots, X_K) = P(X_K \mid X_1, \cdots, X_{K-1}) \cdots P(X_2 \mid X_1) P(X_1) \tag{7.9}$$

然而这种表示方法需要大量的参数。以抛硬币为例，假设 $X_k$ 表示第 $k$ 次抛硬币的结果且每次抛硬币之间是相关的，表示联合概率 $P(X_1, \cdots, X_K)$ 需要至少 $2^K$ 个参数（每个变量 $X_k$ 有两个值，一共 $K$ 个变量）。因此对于复杂的问题，公式（7.9）表示联合分布的效率很低。一个简单的解决方法是假设所有变量之间都条件独立，如 §4.3.2 所介绍的朴素贝叶斯模型。然而完全的条件独立性一般情况下都难以满足。贝叶斯网络提供了一种结合了变量独立性来表示联合分布的一般化方法。如图7.3中的有向图对应的联合概率分布可以表示为

$$P(x_1, x_2, \cdots, x_6) = P(x_1) P(x_2 \mid x_1) P(x_3 \mid x_1) P(x_4 \mid x_2) P(x_5 \mid x_3) P(x_6 \mid x_2, x_5) \tag{7.10}$$

每一个随机变量的条件概率仅依赖于它对应节点的父节点表示的变量。换句话说，在给定父节点时，每一个节点都独立于它的所有非后代节点。这种独立性称为贝叶斯网络中的**局部独立性**。贝叶斯网络本质上就是将变量局部独立性表示为图结构的结果。注意贝叶斯网络要求图结构是一个无环图，因为环上的变量并不仅仅与它父节点的变量相关。由此可以得到贝叶斯网络的定义如下：

> **定义 7.2 贝叶斯网络**
>
> 令 $G = (V, E)$ 表示一个有向无环图，其中 $V$ 代表图中所有的节点的集合，而 $E$ 代表有向边的集合。令 $X_i, i \in V$ 为其有向无环图中的某一节点 $i$ 所代表的随机变量，贝叶斯网络将所有随机变量 $X$ 的联合概率表示为
>
> $$P(X) = \prod_{i \in V} P(X_i \mid X_{\text{pa}(i)}) \tag{7.11}$$
>
> 其中 $\text{pa}(i)$ 表示节点 $i$ 的父节点。

可以看到，贝叶斯网络用有向图中的边的有无来结构化地表示变量独立性集合。基于有向图建模，可以更有效率地表示数据分布。

例 7.2 例如，前文所介绍的假设所有变量之间条件独立的朴素贝叶斯分类器，就可看作是贝叶斯网络的一个特例。假设朴素贝叶斯分类器用 $K$ 个变量 $X_1, X_2, \cdots, X_K$ 来预测类别 $C$，根据贝叶斯定理可以知道数据类别的后验概率

$$P(C \mid X_1, \cdots, X_K) \propto P(C) \prod_{k=1}^{K} P(X_k) \tag{7.12}$$

公式（7.12）所表示的依赖关系可以用图7.4所示的贝叶斯网络来表示。

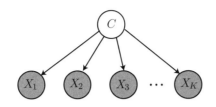

图 7.4 朴素贝叶斯分类器对应的贝叶斯网络

## 7.2.2 马尔可夫网络

贝叶斯网络能够简洁地表示变量关系。然而由于贝叶斯网络中不能有环结构，它难以表示两个变量之间的相互影响。而相互影响的变量广泛存在于实际数据中。一种直觉上的解决方法是采用不带有方向性的无向图来表示变量关系，马尔可夫网络也因此而产生。马尔可夫网络中的节点仍然表示随机变量，然而节点之间的边表示变量之间的**交互影响**（而不是贝叶斯网络中的条件概率）。这种交互影响通常用函数 $\phi(\mathcal{S}) : \text{Val}(\mathcal{S}) \mapsto \mathbb{R}^+$ 来表示[1]，被称为**因子（factor）**。其中 $\mathcal{S}$ 是随机变量的集合，$\text{Val}(\mathcal{S})$ 表示 $\mathcal{S}$ 中所有随机变量取值的组合。因子 $\phi(\mathcal{S})$ 的值越大，$\mathcal{S}$ 中随机变量的相互影响就越强。以图 7.5 所示的无向图为例，图中有四个变量，图中变量之间存在四个相互影响关系 $\phi(A, B)$，$\phi(B, C)$，$\phi(C, D)$，和 $\phi(D, A)$。假设每个变量都有两个取值，那么对于因子 $\phi(A, B)$ 有 $\text{Val}(\{A, B\}) = \{\{a^0, b^0\}, \{a^0, b^1\}, \{a^1, b^0\}, \{a^1, b^1\}\}$，它可以定义为

$$\phi(A, B) = \begin{cases} 10 & \text{当 } A = a^0, B = b^0 \\ 1 & \text{当 } A = a^0, B = b^1 \\ 1 & \text{当 } A = a^1, B = b^0 \\ 10 & \text{当 } A = a^1, B = b^1 \end{cases} \tag{7.13}$$

当变量 $A = a^0$，$B = b^0$ 或 $A = a^1$，$B = b^1$ 时有更大的因子值，也就是更强的相互影响。可以看到马尔可夫网络中的因子也表示了一种局部的变量关系。然而与贝叶斯网络不同的是，因子并不是一个 $[0, 1]$ 范围内的概率值。贝叶斯网络中局部关系通过相乘的方式得到联合分布概率，在马尔可夫网中，我们仍然希望能够以类似的方式计算联合分布。因此，马尔可夫网将局部的因子相乘，并通过归一化将其转化为一个符合要求的 $[0, 1]$ 内的分布。图 7.5 中所示的无向图对应变量联合概率就可以表示为

$$P(A, B, C, D) = \frac{1}{Z} \phi(A, B) \, \phi(B, C) \, \phi(C, D) \, \phi(D, A) \tag{7.14}$$

其中 $Z = \sum_{A,B,C,D} \phi(A, B) \, \phi(B, C) \, \phi(C, D) \, \phi(D, A)$ 是归一化因子，$Z$ 也被称为**配分函数（partition function）**。在马尔可夫网络图结构中，如果一个至少具有一个节点的子图内所有节点之间都两两相连，那么称这个子图为一个**团（clique）**，如图 7.5 中 $A, B$ 组成的子图就是一个团，而 $A, B, C$ 组成的子图不是团，因为 $A, C$ 之间没有边相连接。显然除了由单个节点组成的团，图 7.5 中共有四个团。由此，可以对马尔可夫网络给出如下定义。

---

[1]因子的值并不一定都是非负的，存在着 $\phi(\mathcal{S}) < 0$ 的情况。然而一般情况下，我们都会设计并考虑非负的因子函数。

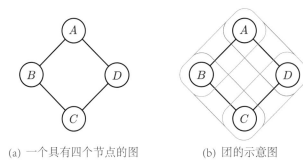

(a) 一个具有四个节点的图　　　　(b) 团的示意图

**图 7.5　马尔可夫网络**

---

**定义 7.3 马尔可夫网络**

$G=(V,E)$ 表示一个无向图，其中 $V$ 代表图中所有的节点的集合，而 $E$ 代表无向边的集合。令 $X_i,i\in V$ 为图中的某一节点 $i$ 所代表的随机变量，马尔可夫网络将所有随机变量 $X$ 的联合概率表示为

$$P(X_1,X_2,\cdots,X_K)=\frac{1}{Z}\prod_{c\in\mathcal{C}}\phi_c(X_c) \qquad (7.15)$$

其中 $\mathcal{C}$ 表示图 $G$ 中所有团的集合，$\phi_c$ 是定义在团 $c$ 上的因子，$Z$ 是归一化因子。♣

---

§7.1中介绍过，贝叶斯网络是将变量独立性集合表示为图模型，马尔可夫网络通过将联合分布因子分解，同样表示了变量独立性。假设有三个不相交的节点集合 $\mathcal{A}$，$\mathcal{B}$ 和 $\mathcal{C}$。如果从 $\mathcal{A}$ 中任一节点到 $\mathcal{B}$ 中任一节点都需要经过 $\mathcal{C}$ 中的节点，如图7.6（a）所示，那么就称 $\mathcal{A}$ 和 $\mathcal{B}$ 被 $\mathcal{C}$ 分离。在给定 $\mathcal{C}$ 时 $\mathcal{A}$ 和 $\mathcal{B}$ 互相独立，也称节点具有全局独立性。直观上，概率的计算可以看成是在马尔可夫网络中沿着路径移动，但是当给定中间节点时，这种移动会被阻碍，使得被中间节点隔开的节点之间相互独立。

---

**定义 7.4 全局独立性**

对于一个无向图 $G=(V,E)$，有三个不相交的节点子集 $\mathcal{A}$，$\mathcal{B}$ 和 $\mathcal{C}$。当 $\mathcal{C}$ 对应的节点集合分离 $\mathcal{A}$ 与 $\mathcal{B}$ 对应的节点集合时，即从 $\mathcal{A}$ 中任一节点到 $\mathcal{B}$ 中任一节点都需要经过 $\mathcal{C}$ 中的节点时，得到与图 $G$ 关联的全局独立性为

$$\{\mathcal{A}\perp\!\!\!\perp\mathcal{B}\,|\,\mathcal{C}:G\text{ 中 }\mathcal{C}\text{ 分离 }\mathcal{A}\text{ 与 }\mathcal{B}\} \qquad (7.16)$$ ♣

---

可以看到全局独立性是一系列独立性假设的集合。基于全局独立性，可以推导得到其他两种局部的独立性：成对独立性和局部独立性。

---

**定义 7.5 成对独立性**

对于一个无向图 $G=(V,E)$，假设所有变量的集合为 $\mathcal{S}$。如果两个变量 $X,Y\in\mathcal{S}$ 对应的节点之间没有边存在，那么在给定除了 $X,Y$ 其他变量的情况下，$X$ 和 $Y$ 条件独立。与 $G$ 相关的成对独立性定义为

$$\{X\perp\!\!\!\perp Y\,|\,\mathcal{S}-\{X,Y\}:X\text{ 与 }Y\text{ 之间不存在边}\} \qquad (7.17)$$

其中 $\mathcal{S} - \{X,Y\}$ 表示除 $X, Y$ 之外的所有变量。

**定义 7.6 局部独立性**

对于一个无向图 $G = (V, E)$，假设所有变量的集合为 $\mathcal{S}$。将一个变量 $X$ 对应节点的所有相邻节点变量集合定义为 $X$ 的马尔可夫毯（Markov blanket），记为 MB$(X)$。则在给定马尔可夫毯时，$X$ 独立于其他变量。与 $G$ 相关的局部独立性定义为

$$\{X \perp\!\!\!\perp \mathcal{S} - X - \text{MB}(X) \mid \text{MB}(X) : X \in \mathcal{S}\} \tag{7.18}$$

可以看到，成对独立性和局部独立性是全局独立性的两种特殊情况。对于成对独立性，集合 $\mathcal{C} = \mathcal{S} - \{X,Y\}$ 分离了 $\mathcal{A} = \{X\}$ 与 $\mathcal{B} = \{Y\}$；对于局部独立性，集合 $\mathcal{C} = \text{MB}(X)$ 分离了 $\mathcal{A} = \{X\}$ 与 $\mathcal{B} = \mathcal{S} - X - \text{MB}(X)$。与贝叶斯网络类似，马尔可夫网络就是把一系列条件独立性假设的集合表示为图结构的结果。图7.6展示了这三种不同的独立性在马尔可夫网络中的表示。

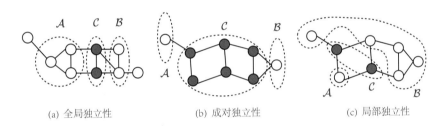

(a) 全局独立性    (b) 成对独立性    (c) 局部独立性

**图 7.6** 变量独立性在马尔可夫网络中的体现

## ✍ 习题 ✍

习题 7.1 以下图所示的贝叶斯网络为例，判断下述变量之间的独立性是否一定成立。

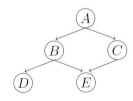

(1) $A \perp\!\!\!\perp D$

(2) $A \perp\!\!\!\perp D \mid B$

(3) $A \perp\!\!\!\perp E \mid B$

(4) $A \perp\!\!\!\perp E \mid B, C$

习题 7.2 若将 习题 7.1 中图的有向边改为无向边，讨论在此马尔可夫网络中 习题 7.1 所述 4 条独立性是否一定成立。

## 7.3 概率图模型的概率推断

在了解了概率图模型的具体表示方法之后，需要考虑如何实际使用模型。在实际中，许多问题都可以归结为已知部分随机变量，进而求其他变量的问题。例如气象工作者基于观测到的温湿度与降水量预测明天下雨的概率，电子邮箱根据信件内容判断邮件属于垃圾邮件的概率，防护人员根据检测试剂的准确率判断病人患病的概率，等等。这些问题可以统一为在已知一部分变量的情况下，如何使用模型来计算其他变量概率的过程。这个过程称为概率图模型的**推断**（inference）。假设概率图模型对应的变量集 $\mathcal{X}$ 可以被划分为已经被观测到的显性变量集 $\mathcal{E}$ 和还未被观测到的隐性变量集 $\mathcal{Z}$，概率推断问题希望计算出隐变量的后验概率分布

$$P(\mathcal{Z} \mid \mathcal{E}) = \frac{P(\mathcal{Z}, \mathcal{E})}{P(\mathcal{E})} = \frac{P(\mathcal{Z}, \mathcal{E})}{\sum\limits_{z \in \mathcal{Z}} P(\mathcal{Z} = z, \mathcal{E})} \tag{7.19}$$

并且对这个后验概率进行查询。如在已知变量 $\mathcal{E}$ 的值为 $e$ 时，若需知道 $\mathcal{Z}$ 的后验概率，只需查询 $P(\mathcal{Z} \mid \mathcal{E} = e)$。更进一步，推断问题还考虑计算每个变量的边缘概率分布 $P(X), X \in \mathcal{X}$。

对于一些结构比较简单的模型，可以直接求得目标概率的精确值，这种推断方法称为精确推断。但这种推断方法的计算复杂度会随着模型规模的扩大而呈指数级增长。因此对于复杂图模型的推断，往往只能在较低的时间复杂度下求其近似解，这一类推断方法则被称为近似推断。本节将介绍两种常见的精确推断方法，即变量消去法和信念传播，同时介绍两种近似推断方法，即基于采样的推断和变分推断。

### 7.3.1 精确推断

对于一个拥有 $x_1, x_2, \cdots, x_K$ 这样 $K$ 个随机变量的概率图模型，计算某个变量的边缘概率分布 $P(x_k)$ 最直接的方法就是对 $x_k$ 之外其他变量的值进行求和，在联合分布中消去这些变量，即

$$\begin{aligned}
P(x_k) &= \sum_{x_1} \cdots \sum_{x_{k-1}} \sum_{x_{k+1}} \cdots \sum_{x_K} P(x_1, \cdots, x_K) \\
&= \sum_{x_1} \cdots \sum_{x_{k-1}} \sum_{x_{k+1}} \cdots \sum_{x_K} P(x_K \mid x_1, \cdots, x_{K-1}) \cdots P(x_2 \mid x_1) P(x_1)
\end{aligned} \tag{7.20}$$

对于一个有很多变量的模型来说，穷举计算 $P(x_k)$ 的成本可能会非常高。因此，概率图模型领域提出了**精确推断**（exact inference）算法，使用变量的条件独立性来降低求边缘概率的计算量。精确推断是一类**动态规划**（dynamic programming）算法，常用的算法包括变量消去法和信念传播法。

**变量消去法**　变量消去法（**Variable Elimination**，简称 **VE**）是最直观的一种精确推断算法，也是构建其他精准推断算法的基础。变量消去法的思想很简单，就是根据概率图结构中的条件独立性，合理安排消去变量的顺序，避免了重复计算。以图7.7中的贝叶斯

网络为例，假定推断目标是计算边缘概率 $P(x_5)$，需要通过加法消去变量 $x_1, x_2, x_3, x_4$，也就是

$$P(x_5) = \sum_{x_4} \sum_{x_3} \sum_{x_2} \sum_{x_1} P(x_1, x_2, x_3, x_4, x_5) \tag{7.21}$$

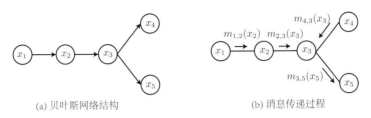

(a) 贝叶斯网络结构 　　　　　　　 (b) 消息传递过程

**图 7.7** 贝叶斯网络上的变量消去

根据条件独立性，联合概率可以表示为

$$P(x_1, x_2, x_3, x_4, x_5) = P(x_2 \mid x_1)P(x_3 \mid x_2)P(x_4 \mid x_3)P(x_5 \mid x_3) \tag{7.22}$$

重新规划求和的顺序，可以把公式（7.21）写成

$$
\begin{aligned}
P(x_5) &= \sum_{x_4} \sum_{x_3} \sum_{x_2} \sum_{x_1} P(x_2 \mid x_1)P(x_3 \mid x_2)P(x_4 \mid x_3)p(x_5 \mid x_3) \\
&= \sum_{x_3} P(x_5 \mid x_3) \sum_{x_4} P(x_4 \mid x_3) \sum_{x_2} P(x_3 \mid x_2) \sum_{x_1} P(x_2 \mid x_1)P(x_1)
\end{aligned}
\tag{7.23}
$$

按照 $x_1 \to x_2 \to x_4 \to x_3$ 这种从内至外的顺序消去变量，可以得到

$$P(x_5) = \sum_{x_3} P(x_5 \mid x_3) \sum_{x_4} P(x_4 \mid x_3) \sum_{x_2} P(x_3 \mid x_2) \underbrace{\sum_{x_1} P(x_2 \mid x_1)P(x_1)}_{m_{1,2}(x_2)} \tag{7.24}$$

其中中间变量 $m_{1,2}(x_2) = \sum_{x_1} P(x_2 \mid x_1)P(x_1)$ 是对 $x_1$ 求和，得到只与 $x_2$ 相关的结果。扩展到其他情况下一直计算下去，可以得到

$$
\begin{aligned}
P(x_5) &= \sum_{x_3} P(x_5 \mid x_3) \sum_{x_4} P(x_4 \mid x_3) \underbrace{\sum_{x_2} P(x_3 \mid x_2)m_{1,2}(x_2)}_{m_{2,3}(x_3)} \\
&= \sum_{x_3} P(x_5 \mid x_3) \underbrace{\sum_{x_4} P(x_4 \mid x_3)}_{m_{4,3}(x_3)} m_{2,3}(x_3) \\
&= \underbrace{\sum_{x_3} P(x_5 \mid x_3)m_{4,3}(x_3)m_{2,3}(x_3)}_{m_{3,5}(x_5)}
\end{aligned}
\tag{7.25}
$$

因为 $m_{4,3}(x_3) = \sum_{x_4} P(x_4 \mid x_3) = 1$，最终 $x_5$ 的边缘概率为 $\sum_{x_3} P(x_5 \mid x_3)m_{2,3}(x_3)$。

可以看到，通过利用概率图模型中的条件独立性，变量消去法将边缘概率的计算转化为对部分变量交替进行求积与求和的操作。与公式（7.20）相比大幅简化了计算。因为计算过程中用到了求和和求积的运算，这种方法也被称为**和-积变量消除（sum-product variable elimination）**。和-积变量消除法可以使用任意的顺序来消除变量，然而变量消除

的顺序会影响中间变量 [如 $m_{1,2}(x_2)$] 的规模。一个好的消除顺序可以明显减少计算量。然而，找到最优消除顺序是一个 NP 难问题，因此实际使用中通常会利用一些启发式算法来确定变量消除顺序[1]。这里只介绍了贝叶斯网络上的变量消去，马尔可夫网络上的变量消去与此同理，只是需要替换公式（7.22）所表示的联合分布。马尔可夫网络上的变量消去法留作习题。

变量消除法简单直观，然而当需要计算多个边缘概率时，变量消除法会有大量冗余的计算存在。比如对于图7.7所示的贝叶斯网络，计算 $P(x_5)$，$P(x_4)$ 和 $P(x_3)$ 都会计算 $m_{1,2}(x_2)$ 和 $m_{2,3}(x_3)$，导致重复计算。

**信念传播法** 为了解决变量消去法中存在的重复计算的问题，研究者提出了**信念传播**（**Belief Propagation，简称 BP**）算法。信念传播算法会保存变量消除中和 - 积操作得到的中间结果，从而避免了重复计算。具体来说，对于变量消去法，中间变量为

$$m_{i,j}(x_j) = \sum_{x_i} \psi(x_i, x_j) \cdot \prod_{k \in n(i)} m_{k,i}(x_i) \tag{7.26}$$

其中 $\psi(x_i, x_j)$ 表示当前变量 $x_i$ 与下一个变量 $x_j$ 之间的关系，$\prod_{k \in n(i)} m_{k,i}(x_i)$ 表示之前消除变量后得到的中间变量的乘积。$n(i)$ 是变量 $x_i$ 对应节点的所有相邻节点。信念传播算法把变量消去的过程当作 $m_{i,j}(x_j)$ 在网络中传递的过程，$m_{i,j}(x_j)$ 被称作从 $x_i$ 传递到 $x_j$ 的消息。可以发现每个消息的传递只局限于局部，在 $n(i)$ 的范围内进行。

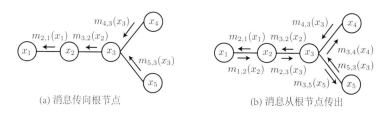

(a) 消息传向根节点  (b) 消息从根节点传出

**图 7.8** 信念传播中双向消息传递示意图

信念传播算法规定一个节点仅在接收到来自所有相邻节点的消息后才能向另外一个节点发送消息。比如图7.7中，$x_3$ 只有在接收到 $x_2$ 传来的消息 $m_{2,3}(x_3)$ 以及 $x_4$ 传来的消息 $m_{3,4}(x_3)$ 之后，才能向 $x_5$ 传递消息 $m_{3,5}(x_5)$。这也与公式（7.25）表示的变量消除过程相同。对于一个无环图，信念传播算法经过前向和后向两个步骤即可完成所有的消息传递。在前向消息传递中，信念传播算法从根节点开始向叶节点传递信息，直到所有的叶节点收到消息；在后向消息传递中，信念传播算法指定一个根节点，从所有叶节点开始向根节点传递信息，直到根节点收到所有相邻节点的消息。如图7.8所示，这样两个步骤之后，每条边上都存有两个方向的消息。对于一个有环图，可以经过有限次消息传递，使得边上的消息收敛。

在信念传播算法中，每个变量的边缘概率正比于它对应节点所接收的所有消息的乘

---

[1]这些启发式算法的具体介绍可以参考相关资料[4]。

积，即

$$P(x_i) = \prod_{k \in n(i)} m_{k,i}(x_i) \tag{7.27}$$

因此，在信念传播算法得到所有消息之后，可以计算所有变量的边缘概率。

## 7.3.2 近似推断

虽然精准推断方法可以求得隐藏变量的边缘分布或条件分布的精确值，但其往往只适用于一些较为简单的模型，适用范围有限。而实际中使用的概率图模型通常非常复杂，此时变量消去法这样的朴素算法可能在计算速度上会十分缓慢。事实上，许多模型类别可能都不存在精确的多项式时间解，因此，机器学习方面的在开发求推断问题近似解的算法上有大量研究工作。本小节将着重介绍两种**近似推断（approximate inference）**算法：马尔可夫链蒙特卡洛方法和变分推断法，前者基于采样的思想逼近后验概率，而后者则将推断任务转化为优化任务。

### 7.3.2.1 基于采样的推断

本节介绍**基于采样的推断（sampling-based inference）**方法。采样的主要思想是使用独立抽取的样本，基于大数定律计算目标变量的期望，从而逼近后验概率。在这个方法中，主要的挑战是如何采样。概率图模型中最常用的采样方法为**马尔可夫链蒙特卡洛采样（Markov Chain Monte Carlo，简称 MCMC）**，其核心思想是利用马尔可夫链生成符合后验分布的样本，并结合蒙特卡洛采样来近似估计需要推断的隐藏变量的后验概率。接下来，本节首先从蒙特卡洛采样开始介绍，随后从该方法的局限性引申到马尔可夫链采样，最后将两者结合阐述马尔可夫链蒙特卡洛，并介绍一个基于 Gibbs 采样在贝叶斯网络上进行 MCMC 采样的例子。

**蒙特卡洛采样**  蒙特卡洛采样方法起源于 1940 年代美国著名的"曼哈顿计划"，并使用摩纳哥一家赌场的名字作为代号。早期的蒙特卡洛方法主要用于求解一些复杂积分的运算，例如

$$S = \int_a^b f(x)\mathrm{d}x \tag{7.28}$$

其中 $f(x)$ 为复杂函数。蒙特卡洛方法采用随机模拟的方式，在区间 $[a,b]$ 上进行 $n$ 次随机取样得到 $x_1, x_2, \cdots, x_n$，使用这些值的函数均值近似积分结果：

$$S = \int_a^b f(x)\mathrm{d}x \approx \frac{1}{n} \sum_{i=1}^n f(x_i) \tag{7.29}$$

例 7.3 假设需要求一个半径为 $r$ 的圆的面积，圆的方程可以表示为

$$x^2 + y^2 = r^2$$

因此可以将其面积用积分的形式来表示，即

$$S = 2 \int_{-r}^{r} \sqrt{r^2 - x^2} \mathrm{d}x$$

虽然对于擅长微积分或知道圆的面积公式的读者而言，可以很快地给出积分结果为 $S = \pi r^2$，但也可以使用蒙特卡洛方法进行近似求解。首先以圆的直径 $d = 2r$ 作为边长绘制一个正方形，将该圆包含在内，如图7.9所示。

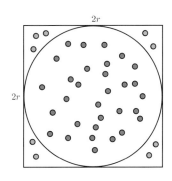

图 7.9　蒙特卡洛方法求圆的面积

接着像"撒米粒"一样随机地在正方形内采集 $N$ 个点，在本例中 $N = 40$。可以发现共有 31 个点落在圆内，那么可以通过这一随机模拟的过程认为

$$S_{圆} \approx \frac{31}{40} S_{正方形} \approx \frac{3}{4} \times (2r)^2 = 3r^2$$

可以看到通过应用蒙特卡洛方法，一个高等数学中的积分问题被转变为简单的"数点"问题。并且可以预见当采样点的数量 $N$ 不断增大时，落在圆内的点的占比将逐渐逼近 $\pi/4$，因此本例中的蒙特卡洛方法甚至可以用来求解 $\pi$ 的精确值。

虽然式（7.29）可以近似积分结果，但其本身也包含了一个假设——$x$ 在区间 $[a, b]$ 上是均匀分布的。然而在实际中 $x$ 的分布往往遵循一些复杂的分布 $p(x)$，因此上式需要进一步转化为

$$\int_{a}^{b} f(x)\mathrm{d}x = \int_{a}^{b} \frac{f(x)}{p(x)} p(x)\mathrm{d}x \approx \frac{1}{n} \sum_{i=1}^{n} \frac{f(x_i)}{p(x_i)} \tag{7.30}$$

通过蒙特卡洛方法，复杂的积分问题被转变为求出 $x$ 的分布 $p(x)$ 并通过采样进行求均值逼近结果。回到概率图模型的推断问题上，对于隐藏变量的后验概率分布 $P(\mathcal{Z} \mid \mathcal{E})$ 的计算也可以利用蒙特卡洛方法，通过采样并求均值的方法来近似。但概率图模型所描述的联合概率分布往往十分复杂，这意味着难以基于该分布函数直接实现高效快速的采样。因此在概率图模型中，蒙特卡洛方法还需要结合马尔可夫链，利用马尔可夫链实现对复杂分布的高效采样。

**马尔可夫链蒙特卡洛方法**　简而言之，马尔可夫链蒙特卡洛方法的动机是单纯的蒙特卡洛方法无法对概率图模型所描述的复杂联合概率分布进行直接采样，而马尔可夫链可以在收敛的情况下利用"状态转移"进行快速的采样，最后使用蒙特卡洛方法求均值，逼

近后验概率分布。在向各位读者阐述这一点之前，首先来介绍一下马尔可夫链的定义及其性质。

马尔可夫链是一种建模离散时间序列上变量的依赖关系的模型。在现实中，很多时间序列上的变量（或状态）满足以下性质：系统在给定时刻 $t_0$ 所处的状态时，未来 $t > t_0$ 的状态仅与 $t_0$ 时的状态有关，与过去 $t < t_0$ 的状态之间相互独立。这一性质被称为**马尔可夫性质**（**Markov property**）。

---

**定义 7.7 马尔可夫性质**

假设有一个随机过程（random process）[a]$\{X(t) \in \mathcal{I}, t \in \mathcal{T}\}$，其中 $\mathcal{T}$ 表示时间空间，$X(t)$ 表示时刻 $t$ 时的状态，$\mathcal{I}$ 表示状态空间。若对于任意 $n > 0$ 有

$$P(X(t_{m+n}) \mid X(t_1), X(t_2), \cdots, X(t_m)) = P(X(t_{m+n}) \mid X(t_m)) \tag{7.31}$$

则称这个随机过程满足马尔可夫性质。

---

[a]随机过程为一系列依赖于时间参数的随机变量集合，比如在金融市场中，从时间 $t_1$ 到 $t_2$ 之间的汇率就是依赖于时间的随机变量，它们的集合称为随机过程。

---

满足马尔可夫性质的随机过程称为**马尔可夫过程**（**Markov process**）。当马尔可夫过程的时间空间 $\mathcal{T}$ 和状态空间 $\mathcal{I}$ 均为离散值集合时，称为**马尔可夫链**（**Markov chain**）。

---

**定义 7.8 马尔可夫链**

马尔可夫链是时间和状态空间均为离散值的马尔可夫过程，记为 $\{X(t) \in \mathcal{I} \mid t \in \mathcal{T}\}$，其中离散时间集合记为 $\mathcal{T} = \{1, 2, \cdots\}$，状态空间记为 $\mathcal{I} = \{x_1, x_2, \cdots\}$，其中 $x_i \in \mathcal{I}$ 为离散值。下文把 $X(t)$ 记为 $X_t$。

---

由马尔可夫性质（7.31）可知，当给定 $n, i, j$ 时，马尔可夫链在 $m$ 时刻处于状态 $x_i$ 的条件下，在 $m+1$ 时刻转移到状态 $x_j$ 的 $n$ 步**转移概率** $\mathbb{P}(X_{m+n} = x_j \mid X_m = x_i)$，仅取决于时刻 $m$。进一步地，我们经常考虑的是 $n$ 步转移概率对于任意 $m$ 相同的马尔可夫链，称为**齐次马尔可夫链**（**time-homogeneous Markov chain**）。

---

**定义 7.9 齐次马尔可夫链**

设随机过程 $\{X_t \in \mathcal{I} \mid t \in \mathcal{T}\}$ 是马尔可夫链，若对于任意 $m \geqslant 0, n > 0, x_i, x_j \in \mathcal{I}$，有

$$\mathbb{P}(X_{m+n} = x_j \mid X_m = x_i) = \mathbb{P}(X_n = x_j \mid X_0 = x_i) \tag{7.32}$$

则称 $\{X_t\}$ 为齐次马尔可夫链。

---

在本书中，此后若无特别说明，提到马尔可夫链时，都假设其为齐次马尔可夫链。假定状态空间的可能状态是有限的，数量为 $d$，那么可以将 1 步转移概率表示为 $d \times d$ 矩阵 $\mathbf{T}$，其中每一个元素为

$$T_{ij} = \mathbb{P}(X_{m+1} = x_j \mid X_m = x_i) \tag{7.33}$$

假定初始状态 $X_0$ 对应每种状态的概率分布记为向量 $\mathbf{p}_0$，可以将 $t$ 时刻每种状态的概率

分布 $\mathbf{p}_t$ 表示为

$$\mathbf{p}_t = \mathbf{p}_0 \mathbf{T}^t \tag{7.34}$$

由该式可知，马尔可夫链的分布可以由初始状态和转移概率决定。在式（7.34）的基础上，当 $t$ 趋于无穷时，可以得到马尔可夫链的平稳分布。

---

**定义 7.10 马尔可夫链的平稳分布**

对于马尔可夫链 $\{X_t \in \mathcal{I} \mid t \in \mathcal{T}\}$，若存在概率分布 $\pi$，满足

$$\pi_j = \sum_{i=1}^{|\mathcal{I}|} \pi_i T_{ij}, \quad j = 1, 2, \cdots, |\mathcal{I}|$$

或等价地，$\pi = \pi\mathbf{T}$，则称 $\pi$ 为该马尔可夫链的平稳分布。 ♣

---

根据极限的定义容易看出，当 $t \to \infty$ 时，若马尔可夫链存在极限分布 $\lim\limits_{t \to \infty} \mathbf{p}_t$，该极限分布必然是马尔可夫链的平稳分布。而从定义7.10可见，平稳分布仅与 1 步转移概率矩阵 $\mathbf{T}$ 有关，与初始状态概率分布无关。这意味着，只要构造一条马尔可夫链，其平稳分布恰好是图模型的联合概率分布，那么就可以从任意简单的概率分布（如高斯分布）获取的样本开始，使用该马尔可夫链模型的状态转移矩阵进行状态转移，迭代后得到符合对应分布的样本。最终利用蒙特卡洛方法对这些样本进行求和平均，从而近似得到隐藏变量的后验分布。

也就是说，需要构造一个其极限分布为理想分布的马尔可夫链。为了构建这样的马尔可夫链，首先需要了解它是否能收敛至唯一的平稳分布。本书在这里不加证明地给出，当马尔可夫链满足以下两个充分条件时，该马尔可夫链能够收敛至唯一的平稳分布：

- **不可约性**：从任何状态 $x$ 出发，能以有限步数转移到任何其他状态 $x'$，其概率 $p > 0$。该条件是为了防止出现吸收状态，即一个永远无法离开的状态。在图7.10的示例中，如果从状态 1（或状态 2）开始，将永远不会到达状态 4。相反，如果从状态 4 开始，那么将永远不会到达状态 1（或状态 2）。如果从中间（状态 3）开始，那么显然无法得到单一的平稳分布。

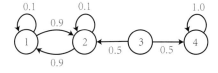

图 7.10 吸收状态

- **非周期性**：对于任意状态 $i$，$d$ 为集合 $\{n \mid n \geqslant 1, T_{ii}^t > 0\}$ 的最大公约数，如果 $d = 1$，则该马尔可夫链为非周期的。

这一条件是为了防止出现某些特定的概率转移矩阵，例如

$$\mathbf{T} = \begin{pmatrix} 0 & 1 \\ 1 & 0 \end{pmatrix}$$

可以发现此时马尔可夫链会永远在状态 1 和状态 2 之间交替，而不会最终停留在固定分布中。

对于构造的马尔可夫链，若 $t$ 时刻的概率分布 $\pi$ 和概率转移矩阵 $\mathbf{T}$ 满足条件

$$\pi_i T_{ij} = \pi_j T_{ji} \tag{7.35}$$

则称概率分布 $\pi$ 是状态转移矩阵 $\mathbf{T}$ 的平稳分布。等式（7.35）也被称为马尔可夫链的**细致平稳条件**（detailed balance）。由该式可得

$$\sum_{i=1}^{\infty} \pi_i T_{ij} = \sum_{i=1}^{\infty} \pi_j T_{ji} = \pi_j \sum_{i=1}^{\infty} T_{ji} = \pi_j$$

转换为矩阵形式即为

$$\pi = \pi \mathbf{T}$$

可见此时 $\pi$ 就是该马尔可夫链的平稳分布，马尔可夫链在满足细致平稳条件时已经收敛到平稳状态。

而对于概率图模型而言，最终的目的还是采样，因此在给定平稳分布的情况下，如何得到对应马尔可夫链的概率转移矩阵 $\mathbf{T}$ 才是问题的关键，只有明确了概率转移矩阵，才能真正利用马尔可夫链进行快速高效的采样。MCMC 方法的关键就在于构造满足平稳分布 $\pi(\mathcal{Z}) = P(\mathcal{Z} \mid \mathcal{E})$ 的马尔可夫链。

**吉布斯采样与 Metropolis-Hastings 采样** MCMC 方法通过利用马尔可夫链的性质，模拟出推断变量的联合概率分布，并利用状态转移来快速高效地进行采样，最后利用蒙特卡洛方法近似推断出隐藏变量的后验概率分布。在理解了 MCMC 方法的核心思想后，这里介绍属于 MCMC 方法的一种具体算法——**吉布斯采样**（Gibbs sampling）。

---

**算法 7.1 吉布斯采样**

**1 输入**：分布 $P(\mathcal{Z})$，随机变量 $z_1, \cdots, z_M$，迭代次数 $T$；

**2 初始化**：随机变量 $z_1, \cdots, z_M$；

**3 for** $\tau = 1, \cdots, T$ **do**

**4**     采样 $z_1^{(\tau+1)} \sim P\left(z_1 \mid z_2^{(\tau)}, z_3^{(\tau)}, \cdots, z_M^{(\tau)}\right)$；

**5**     采样 $z_2^{(\tau+1)} \sim P\left(z_2 \mid z_1^{(\tau+1)}, z_3^{(\tau)}, \cdots, z_M^{(\tau)}\right)$；

**6**     $\cdots$；

**7**     采样 $z_j^{(\tau+1)} \sim P\left(z_j \mid z_1^{(\tau+1)}, \cdots, z_{j-1}^{(\tau+1)}, z_{j+1}^{(\tau)}, \cdots, z_M^{(\tau)}\right)$；

**8**     $\cdots$；

**9**     采样 $z_M^{(\tau+1)} \sim P\left(z_M \mid z_1^{(\tau+1)}, z_2^{(\tau+1)}, \cdots, z_{M-1}^{(\tau+1)}\right)$；

**10 end**

---

吉布斯采样是一种简单且广泛适用的马尔可夫链蒙特卡洛算法。假设图模型从中采

样的分布为 $P(\mathcal{Z}) = P(z_1, \cdots, z_M)$，吉布斯采样在迭代过程中的每一步从 $z_1$ 开始依次替换随机变量 $z_i$ 的值，并且 $z_i \sim P(z_i \mid \mathcal{Z}_{-i})$，其中 $\mathcal{Z}_{-i}$ 表示除 $z_i$ 外的所有其他变量 $z_1, \cdots, z_M$。吉布斯采样的流程如算法7.1所示。

**例** 7.4 以一个具体的贝叶斯网络模型为例，了解吉布斯采样的大致过程。假设有一个如图7.11所示的贝叶斯网络，随机变量均为取值为 0 或 1 的二元变量。隐藏变量集 $\mathcal{Z} = \{W, C\}$，其余随机变量为已知的显性变量集，用深色表示随机变量值为1，用浅色表示随机变量值为0。吉布斯采样首先对隐藏变量进行随机初始化：

$$w^{(0)} = 1, \quad c^{(0)} = 0$$

问题在于如何对初始值进行迭代，即如何采样：

$$w^{(1)} \sim P\left(W = w \mid O = 1, F = 1, C = c^{(0)}, \cdots, I = 0\right)$$

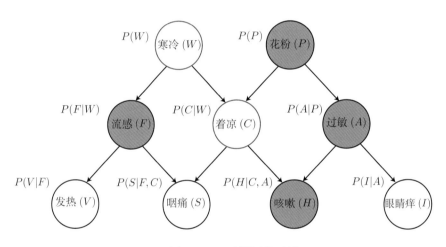

图 7.11　贝叶斯网络示例

根据贝叶斯网络的性质，每一个随机变量的条件概率仅依赖于它对应节点的父节点表示的变量，因此可以将随机变量 $W$ 与其子节点单独提取出来，如图7.12所示，此时可以将条件概率分布改写为

$$P\left(W = w \mid O = 1, F = 1, C = c^{(0)}, \cdots, I = 0\right) = P\left(W = w \mid F = 1, C = 0\right) \quad (7.36)$$

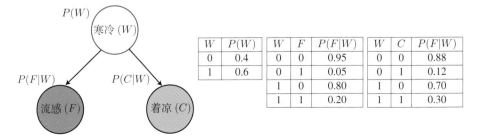

| W | P(W) | W | F | P(F\|W) | W | C | P(F\|W) |
|---|------|---|---|---------|---|---|---------|
| 0 | 0.4  | 0 | 0 | 0.95    | 0 | 0 | 0.88    |
| 1 | 0.6  | 0 | 1 | 0.05    | 0 | 1 | 0.12    |
|   |      | 1 | 0 | 0.80    | 1 | 0 | 0.70    |
|   |      | 1 | 1 | 0.20    | 1 | 1 | 0.30    |

图 7.12　贝叶斯网络部分图示及条件概率

根据贝叶斯公式，可以找到式（7.36）的相关项，即

$$P(W = w \mid F = 1, C = 0) \propto P(F = 1 \mid W = w)P(C = 0 \mid W = w)P(W = w) \quad (7.37)$$

根据图7.12中已知的条件概率，可以进一步得出式（7.37）中相关项的具体值：

$$P(F = 1 \mid W = w)P(C = 0 \mid W = w)P(W = w) = \begin{cases} 0.05 \times 0.88 \times 0.40, & w = 0 \\ 0.20 \times 0.70 \times 0.60, & w = 1 \end{cases}$$

再将求得的值回代入贝叶斯公式，就得到了目标条件概率分布：

$$P(W = w \mid F = 1, C = 0) = \begin{cases} \frac{0.0176}{0.0176 + 0.084} = 0.173, & w = 0 \\ \frac{0.084}{0.0176 + 0.084} = 0.827, & w = 1 \end{cases}$$

从该分布中便可以采样 $w^{(1)}$。随后再根据新的随机变量值计算采样 $c^{(1)}$ 的条件概率分布并采样：

$$P\left(C = c \mid W = w^{(1)}, O = 1, F = 1, \cdots, I = 0\right) = P\left(C = c \mid W = w^{(1)}, S = 0, H = 1\right)$$

最后经过 $T$ 次迭代，便可以采集到目标样本集合。

接下来，还需要证明吉布斯采样能够满足马尔可夫链的稳定性，即满足细致平稳条件（7.35）。将吉布斯采样过程中马尔可夫链状态转移的概率分布 $T(\mathcal{Z} \to \mathcal{Z}')$ 表示为

$$T(\mathcal{Z} \to \mathcal{Z}') = T(z_i, \mathcal{Z}_{-i} \to z_i', \mathcal{Z}_{-i}) = P(z_i' \mid \mathcal{Z}_{-i}) \quad (7.38)$$

假设马尔可夫链的平稳分布为 $\pi(\mathcal{Z}) = P(\mathcal{Z})$，将两者代入细致平稳条件左侧可得

$$\begin{aligned} \pi(\mathcal{Z})T(\mathcal{Z} \to \mathcal{Z}') &= P(\mathcal{Z})P(z_i' \mid \mathcal{Z}_{-i}) \\ &= P(z_i, \mathcal{Z}_{-i})P(z_i' \mid \mathcal{Z}_{-i}) \\ &= \underbrace{P(z_i \mid \mathcal{Z}_{-i})P(\mathcal{Z}_{-i})}_{P(z_i, \mathcal{Z}_{-i})} P(z_i' \mid \mathcal{Z}_{-i}) \end{aligned} \quad (7.39)$$

接着将上式中的 $P(\mathcal{Z}_{-i})$ 和 $P(z_i' \mid \mathcal{Z}_{-i})$ 两项结合可进一步转换为

$$\begin{aligned} \pi(\mathcal{Z})T(\mathcal{Z} \to \mathcal{Z}') &= P(z_i \mid \mathcal{Z}_{-i})\underbrace{P(z_i', \mathcal{Z}_{-i})}_{P(\mathcal{Z}_{-i})P(z_i' \mid \mathcal{Z}_{-i})} \\ &= T(\mathcal{Z}' \to \mathcal{Z})\pi(\mathcal{Z}') \end{aligned} \quad (7.40)$$

由此可证吉布斯采样能够保证马尔可夫链可以满足细致平稳条件，即采样的样本点分布满足 $P(\mathcal{Z} \mid \mathcal{E})$。

然而在实际中很难构造出这样的概率转移矩阵 $\mathbf{T}$，其对应的马尔可夫链最终的稳定分布恰好是 $\pi(\mathcal{Z}) = P(\mathcal{Z} \mid \mathcal{E})$。因此在大多数情况下还需要对采样过程添加一些约束，使得采集得到的样本尽可能逼近分布 $P(\mathcal{Z} \mid \mathcal{E})$。基于这一目标，Metropolis 和 Hastings 提出了 **Metropolis-Hastings 采样（Metropolis-Hastings sampling，简称 M-H 采样）**[5]。通过引入**接受率 A** 对采样过程进行约束，使其按一定概率接受或拒绝本次采样得到的样本，并且最终保证仍然满足细致平稳条件。假设当前转移矩阵为 $\mathbf{T}$，则 $\mathbf{A}$ 可以表示为

$$A_{ij} = \min\left\{\frac{\pi_j T_{ji}}{\pi_i T_{ij}}, 1\right\} \quad (7.41)$$

当 $A_{ij} \leqslant 1$ 时，$A_{ji} = \min\{\frac{\pi_i T_{ij}}{\pi_j T_{ji}}, 1\}$ 将取 1，此时的细致平稳条件满足

$$\pi_i T_{ij} A_{ij} = \pi_i T_{ij} \frac{\pi_j T_{ji}}{\pi_i T_{ij}} = \pi_j T_{ji} A_{ji} \tag{7.42}$$

在抽样过程中，当样本值由 $z_i$ 替换为 $z_i'$ 时，M-H 采样以概率 $A_{z_i \to z_i'}$ 的概率接受样本。当接受率 $\mathbf{A} = \mathbf{I}$ 时，M-H 采样就退化为吉布斯采样。

最后将 MCMC 方法的步骤总结如下：

1. 初始化一个马尔可夫链，其初始分布为 $\mathbf{p_0}$，以及满足目标平稳分布为 $\pi$ 的状态转移矩阵 $\mathbf{T}$，从初始状态开始执行 $B$ 次转移：

$$\mathbf{p}_B = \mathbf{p}_0 \mathbf{T}^B \tag{7.43}$$

在经过 $B$ 次转移后，此时的马尔可夫链视为已经收敛至平稳状态。

2. 由于马尔可夫链最终的平稳分布与其初始状态无关，因此可以先基于初始任意简单概率分布（如高斯分布）采样得到样本 $x_0$，接着基于状态转移矩阵 $\mathbf{T}$ 进行吉布斯采样或 M-H 采样，获得样本集合 $x_1, \cdots, x_N$，此时的样本集合即是符合平稳分布 $p$ 的对应样本集。最后，对样本进行求和取均值，从而估计出隐藏变量的后验分布。

可以观察到，算法的一个重要参数是转移次数 $B$，这一参数对应于收敛到平稳分布所需的步骤数量，并将影响到马尔可夫链到达收敛的时间。然而，该时间可能难以估计，有时甚至可能需要很长时间才能收敛。例如，假设转移矩阵为

$$\mathbf{T} = \begin{bmatrix} 1-\varepsilon & \varepsilon \\ \varepsilon & 1-\varepsilon \end{bmatrix}$$

那么对于较小的 $\varepsilon$ 值，在每一步中，将有极大的可能性保持在同一状态，只有极少数情况下才会过渡到另一种状态。这意味着马尔可夫链将需要很长的时间才能到达接近 $(0.5, 0.5)$ 的平稳分布，收敛将非常缓慢。

另一个可能更重要的问题是，即使可以通过提前停止的方式来减少收敛时间，但停止后也无法衡量求得的后验分布的好坏，换言之，无法确定何时停止能够得到一个足够接近平稳分布的结果。虽然有一些启发式方法可以确定马尔可夫链是否到达收敛，但是通常这些方法仍然依赖人工对其进行估计。总而言之，即使 MCMC 能够从正确的分布中采样，但这样做有时仍可能会花费很长的时间，并且没有简单的方法来判断所需耗费的计算量。

### 7.3.2.2 变分推断

正如上一小节所提到的，诸如 MCMC 这一类基于采样的方法时间成本很高，并且难以判断马尔可夫链是否到达收敛。虽然可以通过加入一些中断机制使得采样方法在工作一定时间后就停止，但由于在采样方法中无法衡量求得的后验分布的好坏，因此也可能无法确定何时停止。要解决这个困难，一种思路是寻找一种可以衡量后验分布的推断方法。这就衍生出了本小节要介绍的方法——**变分推断（variational inference）**。变分法

利用统计学中的 **KL 散度（Kullback-Leibler divergence）** 来衡量预测概率与真实概率的差距，并且将问题转化为最小化 KL 散度的优化问题，使得整个过程可控。

首先，变分推断寻找一族关于隐藏变量的近似概率分布 $\mathcal{Q}$，这一族分布也被称为**变分族**。然后，尝试从这一族中找到 $q^* \in \mathcal{Q}$，满足其与真实的后验概率的差异最小。那么如何衡量两者之间的差异呢？这里引入 **KL 散度**的概念。

---

**定义 7.11 KL 散度**

在信息论中，KL 散度又被称为相对熵（relative entropy），用于衡量求得的分布与真实后验概率之间的"相似度"。对于两个分布 $q$ 和 $p$，KL 散度可以表示为

$$\mathrm{KL}(q\|p) = \sum_x q(x) \log \frac{q(x)}{p(x)} \tag{7.44}$$

♣

---

KL 散度具有如下性质：

- 对于任意密度 $q$ 和 $p$，$\mathrm{KL}(q\|p) \geqslant 0$；
- 当且仅当 $q = p$ 时，$\mathrm{KL}(q\|p) = 0$；
- KL 散度是非对称度量，即 $\mathrm{KL}(q\|p) \neq \mathrm{KL}(p\|q)$。

在引入 KL 散度后，变分推断的问题就在于如何满足 $q^*$ 与真实后验概率的 KL 散度最小。如此，就将推断问题转化为了优化问题：

$$q^*(\mathcal{Z}) = \arg\min_{q(\mathcal{Z}) \in \mathcal{Q}} \mathrm{KL}\left(q(\mathcal{Z}) \| p(\mathcal{Z} \mid \mathcal{E})\right) \tag{7.45}$$

其中，$\mathcal{E}$ 为已经被观测到的显性变量集，$\mathcal{Z}$ 为还未被观测到的隐性变量集。$\mathrm{KL}(q(\mathcal{Z})\|p(\mathcal{Z} \mid \mathcal{E}))$ 表示预测概率 $q(\mathcal{Z})$ 与真实后验概率 $p(\mathcal{Z} \mid \mathcal{E})$ 之间的"差异"。最终，变分推断用得到的 $q^*$ 作为后验概率的近似。

那么接下来，如何用 KL 散度进行优化？首先，将式（7.45）中的 $\mathrm{KL}(q(\mathcal{Z})\|p(\mathcal{Z} \mid \mathcal{E}))$ 展开[6] 可得

$$\begin{aligned}
\mathrm{KL}[q(\mathcal{Z})\|p(\mathcal{Z} \mid \mathcal{E})] &= \mathbb{E}_{q(\mathcal{Z})}[\log q(\mathcal{Z})] - \mathbb{E}_{q(\mathcal{Z})}[\log p(\mathcal{Z} \mid \mathcal{E})] \\
&= \mathbb{E}_{q(\mathcal{Z})}[\log q(\mathcal{Z})] - \mathbb{E}_{q(\mathcal{Z})}[\log p(\mathcal{Z}, \mathcal{E})] + \mathbb{E}_{q(\mathcal{Z})}[\log p(\mathcal{E})] \\
&= \mathbb{E}_{q(\mathcal{Z})}[\log q(\mathcal{Z})] - \mathbb{E}_{q(\mathcal{Z})}[\log p(\mathcal{Z}, \mathcal{E})] + \log p(\mathcal{E})
\end{aligned} \tag{7.46}$$

可以看到最后一项为 $\log p(\mathcal{E})$，而 $p(\mathcal{E}) = \int p(\mathcal{Z}, \mathcal{E}) \mathrm{d}\mathcal{Z}$，对于许多图模型而言，该积分的计算需要消耗指数级的时间。因此，难以直接计算 KL 散度。一种解决的方法是用一个新的目标函数来代替 KL 散度，即 **ELBO（Evidence of Lower Bound）**：

$$\mathrm{ELBO}(q) = \mathbb{E}[\log p(\mathcal{Z}, \mathcal{E})] - \mathbb{E}[\log q(\mathcal{Z})] \tag{7.47}$$

ELBO 是公式（7.46）中的负 KL 散度加上 $\log p(\mathcal{E})$，因此最大化 ELBO 等同于最小化 KL 散度，并且可以观察到

$$\log p(\mathcal{E}) = \mathrm{KL}(q(\mathcal{Z})\|p(\mathcal{Z} \mid \mathcal{E})) + \mathrm{ELBO}(q) \tag{7.48}$$

由于 KL 散度的非负性，可得 ELBO 是 $\log p(\mathcal{E})$ 的下界。将推断问题转化为优化问题后，

问题的运算复杂度便取决于变分族 $\mathcal{Q}$ 的大小。变分推断的另一个关键思想是选择足够灵活的 $\mathcal{Q}$ 以获取足够逼近后验概率的密度，但又足够简单，从而能进行快速有效的优化。

现有的变分推断有多种方法来选择变分族，包括指数族、神经网络、高斯方法、隐藏变量模型以及许多其他类型的模型。而在实际中，一个灵活而相对简单的变分族为**平均场变分族** (mean-field variational family)。

✎ 习题 ✎

**习题 7.3** 以下图所示的马尔可夫网络为例，利用变量消去法求解边缘概率 $\mathbb{P}(x_1)$。

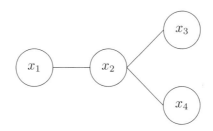

**习题 7.4** **Metropolis-Hastings 算法**。假设我们有一个一维的离散型变量 $X$，它的状态空间为 $\{a_1, \cdots, a_d\}$，那么我们就可以根据该随机变量构造一条马尔可夫链。

   (1) 假设马尔可夫链的状态转移矩阵为 $\mathbf{T}$，其中 $T_{ij} = \mathbb{P}(X_t = a_j \mid X_{t-1} = a_i), i, j = 1, \cdots, d$，并且 $X$ 有概率分布 $\pi$，其中 $\pi(i) = \mathbb{P}(X = a_i), i = 1, \cdots, d$。利用平稳分布的定义证明

$$\pi(i)T_{ij} = \pi(j)T_{ji} \tag{7.49}$$

     是 $\pi$ 为状态转移矩阵 $\mathbf{T}$ 的平稳分布的充分条件。

   (2) 给定目标概率分布 $\pi$，构造 $\mathbf{T}$ 使得 $\pi$ 为该状态转移矩阵的平稳分布。

   (3) 一般情况下，对于一个任意的状态转移矩阵 $\mathbf{T}$ 和目标概率分布 $\pi$，二者并不满足公式（7.49）。请求出矩阵 $\mathbf{A} \in \mathbb{R}^{d \times d}$，使得 $\mathbf{T} \odot \mathbf{A}$ 作为新的状态转移矩阵可以满足公式（7.49），使 $\pi$ 成为平稳分布，即

$$\pi(i)T_{ij}A_{ij} = \pi(j)T_{ji}A_{ji}$$

## 7.4 概率图模型的结构学习

上一节所介绍的概率推断都是基于给定图模型（图结构和参数）来计算的。这些模型可能是由领域专家根据已有知识所设计的。然而这种手工创建图模型的方法成本非常高。首先，领域专家的时间很宝贵，他们很难花费数天的时间去设计一个图模型。其次，有些领域（如经济学）中数据特征会随着时间而变化，显然指望领域专家每隔一段时间重新设计图模型是不现实的。最后，手工设计的图模型还需要经过现实数据的测试才能投入使用。总体而言，在很多情况下寄希望于领域专家设计图模型效率很低。另一方面，在很多领域中，获得数据的成本比获得专业知识的成本要低很多。比如在癌症早期诊断中，医院可以获得大量患者的病历和检查化验信息。对于医疗机构来说，从数据中构建一个概率图模型并用于癌症诊断，显然比让专业医生来进行诊断要更有效率。这种通过数据来构建概率图模型的过程被称为**模型学习（model learning）**。

一个概率图模型 $(G,\theta)$ 包括图结构 $G$ 和参数 $\theta$（如节点的边缘概率分布、联合概率分布等）。因此从数据 $\mathcal{D}$ 中学习概率图模型包括两个部分：

$$\underbrace{P(G,\theta\mid\mathcal{D})}_{\text{概率图模型学习}} = \underbrace{P(G\mid\theta,\mathcal{D})}_{\text{结构学习}} \cdot \underbrace{P(\theta\mid G,\mathcal{D})}_{\text{参数学习}} \tag{7.50}$$

即通过数据预测图结构的**结构学习（structure learning）**和基于图结构和数据预测参数的**参数学习（parameter learning）**。针对贝叶斯网络和马尔可夫网络，有不同的概率图模型学习算法。本书只介绍结构学习的部分，参数学习的内容可以参考相关资料[4]。

### 7.4.1 有向图模型的结构学习

首先介绍针对贝叶斯网络[1]，从数据中学习有向无环图的结构学习算法。一种主要的方法是先定义一个函数 $\text{score}(G,\mathcal{D})$ 来表示有向图与数据之间的匹配程度，然后通过搜索算法找到与数据匹配程度最高的有向图结构，即 $\hat{G} = \arg\max_{G}\text{score}(G,\mathcal{D})$。这种方法被称为基于分数的方法，而表示图与数据匹配程度的函数被称为分数函数（或评分函数）。

基于分数的结构学习考虑的是最大化有向图分数的优化问题，显然分数函数的选择会极大地影响学习结果。分数函数的种类比较多样，需要结合数据分布来选择。这里只介绍最常用的几种分数函数。

**似然分数**　分数函数最自然也是最简单的选择就是似然函数：

$$\text{score}(G,\ \mathcal{D}) = \log L(G,\theta,\mathcal{D}) \tag{7.51}$$

其中 $\log L(G,\theta,\mathcal{D})$ 是具有参数 $\theta$ 的网络 $G$ 在数据 $\mathcal{D}$ 上的对数似然。这样一来分数函数值越高，表示似然越大，数据和网络之间越匹配。在搜索最优的网络结构时，需要考虑

$$\max_{G,\theta}\log L(G,\theta,\mathcal{D}) = \max_{G}\left[\max_{\theta}\log L(G,\theta,\mathcal{D})\right] = \max_{G}\log L(G,\hat{\theta},\mathcal{D}) \tag{7.52}$$

[1]本书针对贝叶斯网络只介绍基于分数的结构学习，另外一种常见的算法是基于约束的结构学习，可以参考相关资料[7-8]。

即对于每个网络先通过最大似然估计得到最优参数 $\widehat{\theta}$，然后计算 $(G, \widehat{\theta})$ 在数据上的对数似然作为网络结构 $G$ 的分数。

**贝叶斯信息准则分数** 似然函数简单直观，但是却倾向于得到复杂的网络结构。假设有两个变量 $A$ 和 $B$，令 $G_{AB}$ 表示变量 $A, B$ 之间有一条边连接的网络，$G_\emptyset$ 表示 $A, B$ 独立的网络。那么对于任意的数据集 $\mathcal{D}$，当选择似然分数时，一般有 $\text{score}(G_{AB}, \mathcal{D}) \geqslant \text{score}(G_\emptyset, \mathcal{D})$，也就是说似然分数会选择拥有更多边的网络结构。然而有文献[4,9]证明，实际上一个具有更少边的稀疏网络结构往往会得到更好的泛化效果，并且会简化后续运算。因此，有学者[10]提出使用贝叶斯信息准则分数以获得更加稀疏的网络结构：

$$\text{score}(G, \mathcal{D}) = \log L(G, \theta, \mathcal{D}) - \frac{|\mathcal{D}|}{2} |G| \tag{7.53}$$

这里 $|\mathcal{D}|$ 表示数据集中样本的数量，$|G|$ 是网络中边的数量，表示网络复杂度。通过给似然函数加上一个惩罚项，贝叶斯信息准则分数限制了网络结构的复杂度。

**贝叶斯分数** 另外一种分数函数是基于贝叶斯理论被提出的。如果有对于图结构的先验概率 $P(G)$，根据贝叶斯理论有

$$P(G \mid \mathcal{D}) = \frac{P(\mathcal{D} \mid G) P(G)}{P(\mathcal{D})} \tag{7.54}$$

因此，贝叶斯分数定义为

$$\text{score}(G, \mathcal{D}) = \log P(\mathcal{D} \mid G) + \log P(G) \tag{7.55}$$

贝叶斯公式中的分母 $P(\mathcal{D})$ 只是用于归一化的因子，对于图结构的区分不产生影响，因此省略。公式（7.55）中 $\log P(\mathcal{D} \mid G)$ 一项表示的是给定网络 $G$ 时的似然。注意它与似然分数（7.51）中的 $\log L(G, \theta, \mathcal{D})$ 一项完全不同。$P(\mathcal{D} \mid G)$ 考虑了参数的不确定性，即

$$P(\mathcal{D} \mid G) = \int_\theta P(\mathcal{D} \mid \theta, G) \, P(\theta \mid G) \, \mathrm{d}\theta \tag{7.56}$$

这里用到了参数的先验概率分布 $P(\theta \mid G)$ 和给定网络 $(G, \theta)$ 时的似然 $P(\mathcal{D} \mid \theta, G)$。对比似然分数可以发现，似然分数是用最优的参数 $\widehat{\theta}$ 来计算数据的似然。因此可以说似然分数计算的是"最大似然"，而贝叶斯分数计算的是基于参数先验分布的"平均似然"。这个区别使得似然分数容易过拟合，而贝叶斯分数却有更好的泛化性。此外，根据数据设置不同的结构先验概率分布 $P(G)$ 可以使得图结构朝着期望的方向收敛。

这里只介绍了几种最常用的分数函数，在基于分数的结构学习方面还有其他多种分数函数。在选择好分数函数之后，下一个问题就是如何快速地在解空间中搜索有向图结构以最大化分数值。一个直接的方法就是穷举法，计算出所有可能的图结构所对应的分数并选出最优的结构。然而解空间的大小随着数据特征数量呈超指数增长，因此穷举法只适用于非常小的图模型。实际应用通常会选择一些启发式的算法来搜索解空间，如模拟退火法、基因算法、爬山法等。这里只简单介绍如何用爬山法搜索图结构。

**基于爬山法的结构搜索** 爬山法是一种最简单的局部搜索算法。首先用一个随机的结构（也可以是全连通图、空图，或者根据先验知识设计的图）作为初始解 $G_0$，计算它的分数 score($G_0, \mathcal{D}$)；找到在解空间中所有与这个初始解相邻的图结构 $\mathcal{G}^{(0)} = \{G_1^{(0)}, \cdots, G_m^{(0)}\}$ 并计算 $\mathcal{G}^{(0)}$ 中每一个图对应的分数；从 $\mathcal{G}^{(0)}$ 中选择使得 score($G', \mathcal{D}$) $-$ score($G_0, \mathcal{D}$) 最大的图结构 $G'$ 作为下一次迭代的初始解 $G_1$；重复上述计算步骤直到得到的图结构分数大于所有相邻图结构的分数。对于贝叶斯网络来说，通常相邻图结构是通过增加、删除或者反转一条边来获得的。可以看到，爬山算法利用贪心算法的思想，只考虑局部的图结构来更新问题的解。因此爬山算法和其他局部搜索算法一样，很容易陷入局部最优解。相关文献[11-12] 介绍了多种针对局部搜索的改进算法。

## 7.4.2 无向图模型的结构学习

本节紧接着来考虑对无向图模型进行结构学习。虽然可以再次使用基于分数的方法来学习马尔可夫网络的结构，然而，马尔可夫网络与贝叶斯网络相比，一个重要的不同点在于马尔可夫网络中的概率需要在整个网络上计算配分函数以完成归一化，即公式（7.15）。在基于分数的方法中需要在搜索解空间时重复地计算分数（如似然分数），也就是需要重复计算配分函数。对于一个较大的马尔可夫网络，在整个网络上重复计算配分函数会带来很大的计算开销。因此，在贝叶斯网络中可以使用的基于分数方法，放在马尔可夫网络中使用就存在着较大的计算负担[1]。

### 7.4.2.1 高斯概率图模型的介绍

这个领域中的许多工作考虑对数据分布进行假设，将图结构近似建模于一个能够紧凑表示并且方便计算的结构。一种常用的方法就是假设数据样本 $\mathbf{x}$ 服从多维高斯分布，即 $\mathbf{x} \sim \mathcal{N}(\mu, \Sigma)$ 且有概率密度函数

$$f(\mathbf{x} \mid \mu, \Sigma) = \frac{1}{(2\pi)^{p/2}} \frac{1}{|\Sigma|^{1/2}} e^{-\frac{1}{2}(\mathbf{x}-\mu)^\top \Sigma^{-1}(\mathbf{x}-\mu)} \tag{7.57}$$

对数据分布做出高斯假设的优势在于，可以用高斯分布的参数 $\Sigma$ 来表示图模型的结构。这样结构学习的任务就转变成了从数据中求解高斯分布参数的问题，可以用现有的优化方法快速求解。具体来说，当假设数据服从高维高斯分布时，对于数据的两个特征 $\mathbf{x}_i$ 和 $\mathbf{x}_j$，这两个特征相互独立当且仅当它们之间线性无关。注意到在高斯分布中，协方差矩阵 $\Sigma$ 表示了数据特征之间的线性相关性，因此可以用协方差矩阵表示特征的独立性集合，即 $\Sigma_{ij} = 0$ 可以表示 $\mathbf{x}_i \perp\!\!\!\perp \mathbf{x}_j$。除此之外，对于协方差矩阵的逆 $\Sigma^{-1}$，当且仅当 $\Sigma_{ij}^{-1} = 0$ 时 $\mathbf{x}_i, \mathbf{x}_j$ 相对于其他元素条件独立，即 $\mathbf{x}_i \perp\!\!\!\perp \mathbf{x}_j \mid \mathbf{x}_{\{1,\cdots,p\}\setminus\{i,j\}}$。所以这里同时用协方差矩阵的逆矩阵定义了特征的条件独立性集合。定理7.1总结了高斯分布带来的这两个性质（具体证明可参考相关资料[13-14]）。

---

[1] 文献[4] 对于马尔可夫网络中的基于分数结构学习给出了详细的推导。同时证明了对于马尔可夫网络，精确的结构学习有很大的计算负担。

> **定理 7.1**
>
> 对于三个不相交的特征集 $A, B, C \subset \{1, 2, \cdots, p\}$，用 $\mathbf{x}_A \perp\!\!\!\perp \mathbf{x}_B \mid \mathbf{x}_C$ 表示给定 $\mathbf{x}_C$
> 时 $\mathbf{x}_A$ 与 $\mathbf{x}_B$ 条件独立；当 $C = \emptyset$ 时，简写为 $\mathbf{x}_A \perp\!\!\!\perp \mathbf{x}_B$。对于一个服从多维高斯
> 分布 $\mathcal{N}(\mu, \Sigma)$ 的数据 $\mathbf{x} \in \mathbb{R}^p$，令 $i, j \in \{1, 2, \cdots, p\}$ 且 $i \neq j$，有
>
> （1）$\mathbf{x}_i \perp\!\!\!\perp \mathbf{x}_j$ 当且仅当 $\Sigma_{ij} = 0$，
>
> （2）$\mathbf{x}_i \perp\!\!\!\perp \mathbf{x}_j \mid \mathbf{x}_{\{1, \cdots, p\} \setminus \{i,j\}}$ 当且仅当 $\Sigma_{ij}^{-1} = 0$。

上面 §7.2.2 节介绍过，马尔可夫网络就是一组特征条件独立性的结构化表示。而 $\Sigma^{-1}$ 恰好表示了一组条件独立性。因此，可以考虑用 $\Sigma^{-1}$ 等价表示高斯分布数据所对应的马尔可夫网络结构。基于此，研究者提出了**高斯概率图模型**（Gaussian Graphical Model，简称 **GGM**）。高斯概率图模型假设数据服从多维高斯分布，数据特征对应的网络结构由 $\Sigma^{-1}$ 所定义。当 $\Sigma_{ij}^{-1} = 0$ 时，它所对应的无向图中节点 $i, j$ 之间没有边相连；反之 $\Sigma_{ij}^{-1} \neq 0$，则 $i, j$ 之间有一条边。此外，在 $\Sigma^{-1}$ 中，元素 $\Sigma_{ij}^{-1}$ 实际上是特征 $i$ 和 $j$ 的**偏相关性**（partial correlation）[1]，表示在去除其他特征变量影响的情况下，两个特征之间的相关性。注意协方差矩阵只能表示特征之间的线性独立性，而偏相关性表示的是广义上考虑了非线性的特征独立性。这也为使用 $\Sigma^{-1}$ 来表示图模型结构提供了更多好处，可以建模特征之间的非线性独立性。为了方便，通常把 $\Sigma^{-1}$ 写成 $\Omega$，称为**逆协方差矩阵**（inverse covariance matrix）或者**精度矩阵**（precision matrix）。如图 7.13 展示了一个精度矩阵和它定义的马尔可夫网络结构，其中 $\Omega_{01} \neq 0$ 等价于图中 $x_0$ 和 $x_1$ 之间有一条边连接；$\Omega_{2i} = 0, i \in \{0, 1, 3\}$ 表示 $x_2$ 和其他节点之间都是独立的。可以看到高斯概率图模型通过假设数据的高斯分布，用精度矩阵这种更加紧凑的形式表示了特征关系，方便了后续的运算。

$$\Omega = \begin{pmatrix} 0 & * & 0 & * \\ * & 0 & 0 & * \\ 0 & 0 & 0 & 0 \\ * & * & 0 & 0 \end{pmatrix} \longrightarrow$$

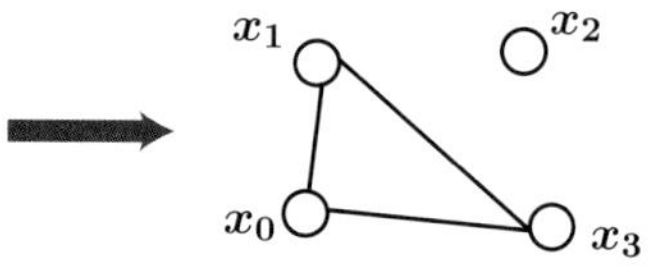

**图 7.13** 高斯概率图模型的精度矩阵与对应图结构

### 7.4.2.2 高斯概率图模型的优化问题

只要能从数据样本中计算得到精度矩阵 $\Omega$ 就能够获得数据对应的图结构，那么高斯概率图模型结构学习的问题就转化为了从数据中求精度矩阵 $\Omega$ 的问题。高斯概率图模型一般用最大似然估计来从数据中求解 $\Omega$。具体来说，假设数据集 $\mathcal{D} = \{\mathbf{x}_1, \cdots, \mathbf{x}_n\}$ 且每个样本 $\mathbf{x} \sim \mathcal{N}(0, \Sigma)$。不失一般性，高斯概率图模型通常假设高斯分布的均值为 $\mu = 0$。

---

[1] 对于不同的数据分布，偏相关性有不同的计算方法。特别地，对于满足高斯分布的数据，偏相关性可以直接通过计算协方差矩阵的逆来求得。

对于样本数据，可以通过中心化等运算使得样本均值为零从而满足假设。可以定义样本协方差矩阵为

$$S = \frac{1}{n} \sum_{i=1}^{n} \mathbf{x}_i^\top \mathbf{x}_i \tag{7.58}$$

得到高斯分布的对数似然函数为

$$
\begin{aligned}
\log L(\Omega) &\propto -\frac{n}{2} \log \det(\Sigma) - \frac{1}{2} \sum_{i=1}^{n} \mathbf{x}_i^\top \Sigma \mathbf{x}_i \\
&= -\frac{n}{2} \log \det(\Sigma) - \frac{n}{2} \mathrm{tr}(S\Sigma^{-1}) \\
&= \frac{n}{2} \log \det(\Omega) - \frac{n}{2} \mathrm{tr}(S\Omega)
\end{aligned}
\tag{7.59}
$$

因此通过极大似然估计预测高斯概率图模型结构时，优化问题为

$$\widehat{\Omega} = \arg\max_{\Omega} \ \log \det(\Omega) - \mathrm{tr}(S\Omega) \tag{7.60}$$

### 7.4.2.3 高斯概率图模型的求解

优化问题（7.60）是一个凹函数[1]，因此可以通过 $\nabla_\Omega \log L(\Omega) = 0$ 求出最优解。优化问题（7.60）的梯度为（梯度的具体推导过程可以参考相关资料[15-16]）

$$\frac{\partial \log L(\Omega)}{\partial \Omega} = -\Omega^{-1} + S \tag{7.61}$$

可以看到高斯概率图模型最大似然估计为 $\widehat{\Omega} = S^{-1}$，是样本协方差矩阵的逆。

在样本协方差矩阵 $S$ 可逆的情况下，高斯概率图模型的结构学习十分简单，直接计算 $S^{-1}$。然而在很多情况下，协方差矩阵却是不可逆的。比如对于有 $p$ 个特征的 $n$ 个样本数据，如果样本数量 $n$ 小于特征数量 $p$，计算出来的样本协方差矩阵 $S$ 不满秩，导致它不可逆。这种 $n < p$ 的情况被称为**高维设置（high-dimensional setting）**，在很多应用中都存在。比如在基因分析中，样本可能是一个生物体具有的上万个基因的表示数据，而生物体的数量与之相比显然更少。在这种生物体数量小于基因特征数量的情况下，构建基因之间的高斯概率图模型显然不能通过直接计算样本协方差矩阵的逆来求得。此外，在实际场景中，大规模的高斯概率图结构往往是稀疏的，即图中只有很少的边。比如将社交网络构建为图模型，显然图结构是稀疏的。一个用户只与少量的用户之间存在联系，而和绝大多数用户之间无关。为了能够让高斯概率图模型在高维设置中可求解，并且能够表示稀疏性结构，研究者为高斯图模型添加了稀疏性假设，提出了**稀疏高斯概率图模型（sparse Gaussian Graphical Model，简称 sGGM）**。稀疏高斯概率图模型对精度矩阵 $\Omega$ 添加稀疏性约束。一个常用的方法被称为图套索模型[17]（Graphical Lasso，简称 GLasso），就是对精度矩阵施加 $\ell_1$ 范数的约束，求解

$$\widehat{\Omega} = \arg\min \ -\log \det(\Omega) + \mathrm{tr}(S\Omega) + \lambda \| \Omega \|_1 \tag{7.62}$$

---

[1]关于高斯概率图模型优化问题凹凸性的证明，可以参考相关资料[14]。

其中 $\| \Omega \|_1 = \sum_{i=1}^{p} \sum_{j=1}^{p} |\Omega_{ij}|$ 且超参数 $\lambda$ 被用来控制精度矩阵的稀疏性。可以看到，优化问题（7.62）是一个凸优化问题，因此可以用现成的凸优化算法进行求解。在 §3.4节中介绍套索回归时提到过，这种问题可以用近端梯度算法来求解。特别地，文献[17] 提出了一种利用块梯度下降快速求解的算法。

高斯概率图模型的优势在于它通过对数据分布进行假设，得到了一种易于运算的图结构，为结构学习以及后续运算带来了方便。然而实际数据并不都满足高斯分布。这种在现实中难以实现的假设可能使得高斯概率图模型在实际应用中的效果受到影响。尽管如此，由于高斯概率图模型的紧凑表示和计算的简便性，它仍然是一种常用的概率图模型。这里通过一个简单例子来理解如何用不同方法对高斯概率图模型完成结构学习。

**例 7.5** 考虑用模拟数据来学习高斯概率图模型的结构。

**模拟数据生成**　先生成模拟数据。手动设置一个考虑 5 个特征之间偏相关性的精度矩阵 $\Omega$，表示一个稀疏的高斯概率图模型

$$
\Omega = \begin{pmatrix} 1.0 & 0.3 & 0 & 0 & 0 \\ 0.3 & 1.0 & 0.3 & 0 & 0 \\ 0 & 0.3 & 1.0 & 0.3 & 0 \\ 0 & 0 & 0.3 & 1.0 & 0.3 \\ 0 & 0 & 0 & 0.3 & 1.0 \end{pmatrix}
$$

真实精度矩阵 $\Omega$ 及其所对应的高斯概率图模型结构如图7.14所示。然后从高斯分布 $\mathcal{N}(\mathbf{0}, \Omega^{-1})$ 中采样 100 个样本得到数据集 $\mathcal{D} = \{\mathbf{x}_1, \cdots, \mathbf{x}_{100}\}$。为了便于后面计算，对所有样本数据进行了中心化操作。接下来用不同方法从数据集 $\mathcal{D}$ 中预测 $\Omega$。

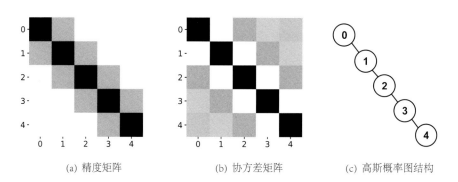

(a) 精度矩阵　　　　　(b) 协方差矩阵　　　　　(c) 高斯概率图结构

**图 7.14**　模拟数据对应的精度矩阵 $\Omega$、协方差矩阵 $\Sigma$ 热图，以及高斯概率图模型的图结构

**最大似然估计求解**　先考虑用最大似然估计来求解问题（7.60）。最大似然估计具有解析解 $\widehat{\Omega} = S^{-1}$。因此，先计算得到样本协方差矩阵

$$S = \begin{pmatrix} 0.9078 & -0.2326 & 0.0671 & 0.0074 & 0.0059 \\ -0.2326 & 1.2062 & -0.5844 & 0.1776 & -0.0946 \\ 0.0671 & -0.5844 & 1.2542 & -0.3971 & 0.0681 \\ 0.0074 & 0.1776 & -0.3971 & 1.4239 & -0.3438 \\ 0.0059 & -0.9459 & 0.0681 & -0.3438 & 1.1330 \end{pmatrix}$$

对样本协方差求逆得到解析解 $\widehat{\Omega}$。在求逆得到的 $\widehat{\Omega}$ 中，一些具有很小数值的元素表示两个变量之间的偏相关性很弱，可以忽略。因此把 $\widehat{\Omega}$ 中绝对值小于 $0.05$ 的元素设为 $0$。这样得到的 $\widehat{\Omega}$ 为

$$\widehat{\Omega} = \begin{pmatrix} 1.1625 & 0.2508 & 0 & 0 & 0 \\ 0.2508 & 1.1296 & 0.5149 & 0 & 0.0674 \\ 0 & 0.5149 & 1.1139 & 0.2593 & 0.0545 \\ 0 & 0 & 0.2593 & 0.8300 & 0.2379 \\ 0 & 0.0674 & 0.0545 & 0.2379 & 0.9571 \end{pmatrix}$$

图7.15（b）展示了用最大似然估计求出的精度矩阵 $\widehat{\Omega}$ 的热图，以及它所对应的高斯概率图结构。样本协方差求解得到的精度矩阵和实际精度矩阵的误差为 $\|\widehat{\Omega} - \Omega\|_2 = 0.4585$。

**GLasso 求解**　这里另外再用 GLasso 预测精度矩阵。这里直接用 Python 的 sklearn 包所提供的 GLasso 算法来求解。

```python
import numpy as np
from sklearn.covariance import GraphicalLasso
# 真实分布
true_Omega = np.array([...])
true_Sigma = np.linalg.inv(true_Omega)
# 模拟数据生成
n, p = 100, 5
np.random.seed(0)
data = np.random.multivariate_normal(mean=np.zeros(p, ), cov=true_Sigma,
    size=n)
for i in range(p):
    data[:,i] = data[:, i]-np.mean(data[:, i])
# MLE 求解
samp_cov = np.cov(data.T)
est_omega = np.linalg.inv(samp_cov)
est_omega[np.abs(est_omega)<0.05] = 0.0
print(np.linalg.norm(est_omega - true_Omega))
# GLasso 求解
glasso_cov = GraphicalLasso(alpha=0.03).fit(data).covariance_
```

```
19  glasso_omega = np.linalg.inv(glasso_cov)
20  glasso_omega[np.abs(glasso_omega)<0.05] = 0.0
21  print(np.linalg.norm(glasso_omega - true_Omega))
```

由 GLasso 预测得到的精度矩阵在去除了绝对值小于 0.05 的元素后，为

$$
\widehat{\Omega} = \begin{pmatrix}
1.1560 & 0.1945 & 0 & 0 & 0 \\
0.1945 & 1.0840 & 0.4630 & 0 & 0 \\
0 & 0.4630 & 1.0750 & 0.2226 & 0 \\
0 & 0 & 0.2226 & 0.8122 & 0.2066 \\
0 & 0 & 0 & 0.2066 & 0.9499
\end{pmatrix}
$$

对应的图结构如图7.15（c）所示。GLasso 预测的误差为 $\|\widehat{\Omega} - \Omega\|_2 = 0.4239$。可以看到，GLasso 预测得到的结果更加稀疏并且更接近真实的模型。这是因为设计的高斯概率图模型比较稀疏。因此对于稀疏的图结构，GLasso 可以得到更好的效果。

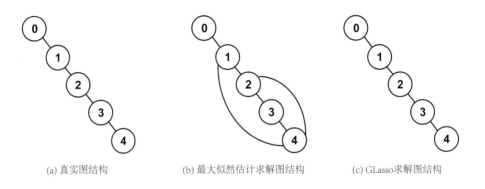

(a) 真实图结构       (b) 最大似然估计求解图结构       (c) GLasso求解图结构

图 7.15　真实图结构与通过最大似然估计、GLasso 求出的图结构

除了经典的 GLasso 算法之外，研究者提出了许多其他稀疏高斯概率图模型的结构学习方法。例如，文献[18] 提出了**逆协方差矩阵预测的 $\ell_1$ 最小化约束模型（Constrained $\ell_1$-minimization for Inverse Matrix Estimation，简称 CLIME）**，将优化问题转换成多个线性规划问题，用现成的线性规划算法依次求解 $\Omega$ 的每个元素。因此，尽管线性规划问题是凸优化问题，对于大规模数据，CLIME 会花费大量时间。为了提高对于大规模数据的稀疏高斯概率图模型结构学习效率，研究者提出了针对大规模数据的结构学习算法，它们可以快速处理具有数百万个变量的高斯概率图模型。

目前为止，本节关注的是怎么用数据预测单个高斯概率图模型的结构，在实际应用中，有时需要预测多个相关的高斯概率图模型结构。比如想要用高斯概率图模型来分析某个疾病所有相关病症之间的关系时，医务人员想要对患者和未患疾病的人分别构建图模型 $\Omega_{患病}$ 和 $\Omega_{正常}$。这两类高斯概率图模型显然是相关的，因此通常会用数据同时预测这两个图模型。这类问题被称为**多任务稀疏高斯概率图模型（Multi-task Sparse Gaussian**

**Graphical Model，简称 multi-sGGM），每一个高斯概率图对应一个任务（task）。如上面疾病分析的例子中有两个任务。对于有 $K$ 个任务的 multi-sGGM，需要求解**

$$\widehat{\Omega}^{(1)}, \cdots, \widehat{\Omega}^{(K)} = \arg\min \sum_{i=1}^{K} \left( -\log\det(\Omega^{(i)}) + \mathrm{tr}(S\Omega^{(i)}) + \lambda \|\Omega^{(i)}\|_1 \right) + \mathcal{R}(\Omega^{(1)}, \cdots, \Omega^{(K)})$$

(7.63)

其中函数 $\mathcal{R}(\Omega^{(1)}, \cdots, \Omega^{(K)})$ 限制了 $K$ 个图模型之间的相似度。对于优化问题（7.63）的求解，文献[19-22] 根据不同的数据分布假设，使用不同的函数 $\mathcal{R}$ 来对 $K$ 个图结构进行约束。然而因为具有很高的运算成本，这些方法不能用于大规模数据。因此，文献[23-24] 提出了快速求解 multi-sGGM 的算法。

## ❧ 习题 ❧

习题 7.5　请简述使用模拟退火法进行有向图模型结构学习的过程，并与课本中提到的爬山法进行比较。

习题 7.6　**精度矩阵**。

(1) 利用概率论中两变量独立的定义，证明：在高斯概率图模型中，如果精度矩阵 $\Omega_{ij} = \Omega_{ji} = 0 (i \neq j)$，特征 $\mathbf{x}_i$ 与 $\mathbf{x}_j$ 成对独立。

(2) 请参照马尔可夫网络中对于全局独立性和局部独立性的定义，写出高斯概率图模型中相应的独立性定义。

(3) 给定一个精度矩阵：

$$\Omega = \begin{pmatrix} 1.0 & 0.3 & 0.5 & 0.0 \\ 0.3 & 1.0 & 0.4 & 0.0 \\ 0.5 & 0.4 & 1.0 & 0.6 \\ 0.0 & 0.0 & 0.6 & 1.0 \end{pmatrix}$$

请画出对应的马尔可夫网络（标明偏相关性）。

## 参考文献

[1]　GILL C J, SABIN L, SCHMID C H. Why clinicians are natural bayesians[J]. BMJ(Clinical Research Ed), 2005, 330(7499): 1080-1083.

[2]　HERRLE S R, CORBETT E C, FAGAN M J, et al. Bayes' theorem and the physical examination: Probability assessment and diagnostic decision-making[J]. Academic Medicine, 2011, 86(5): 618-627.

[3]　LIU X M, Lu R X, Ma J F, et al. Privacy-preserving patient-centric clinical decision

support system on naïve bayesian classification[J]. IEEE Journal of Biomedical and Health Informatics, 2016, 20(2): 655-668.

[4] KOLLER D, FRIEDMAN N. Probabilistic graphical models: Principles and techniques [M]. Cambridge, MA, USA: MIT Press, 2009.

[5] HASTINGS W K. Monte Carlo sampling methods using Markov chains and their applications[J]. Biometrika, 1970, 57(1): 97-109.

[6] BLEI D M, KUCUKELBIR A, MCAULIFFE J D. Variational inference: A review for statisticians[J]. Journal of the American Statistical Association, 2017, 112(518): 859-877.

[7] SCUTARI M. Bayesian network constraint-based structure learning algorithms: Parallel and optimized implementations in the bnlearn R package[J]. Journal of Statistical Software, 2017, 77(2): 1-20.

[8] HECKERMAN D, GEIGER D, CHICKERING D M. Learning Bayesian networks: The combination of knowledge and statistical data[J]. Machine Learning, 1995, 20(3): 197-243.

[9] BARRON A, RISSANEN J, YU B. The minimum description length principle in coding and modeling[J]. IEEE Transactions on Information Theory, 1998, 44(6): 2743-2760.

[10] RISSANEN J. Stochastic complexity[J]. Journal of the Royal Statistical Society: Series B (Methodological), 1987, 49(3): 223-239.

[11] HOOS H H, STÜTZLE T. Stochastic local search: Foundations and applications[M]. San Francisco, CA, United States: Morgan Kaufmann, 2004.

[12] HOOS H H, STÜTZLE T. Stochastic local search algorithms: An overview[M]. Berlin, Heidelberg: Springer, 2015: 1085-1105.

[13] ANDERSON T W. An introduction to multivariate statistical analysis: volume 2[M]. New York: Wiley, 1958.

[14] UHLER C. Gaussian Graphical models: An algebraic and geometric perspective[J]. Chapter in Handbook of Graphical Models, 2019.

[15] PETERSEN K, PEDERSEN M, et al. The matrix cookbook[R]. Technical University of Denmark, 2008.

[16] BOYD S, VANDENBERGHE L. Convex optimization[M]. Cambridge: Cambridge University Press, 2004.

[17] FRIEDMAN J, HASTIE T, TIBSHIRANI R. Sparse inverse covariance estimation with the graphical lasso[J]. Biostatistics, 2008, 9(3): 432-441.

[18] CAI T, LIU W, LUO X. A constrained 1 minimization approach to sparse precision matrix estimation[J]. Journal of the American Statistical Association, 2011, 106(494): 594-607.

[19] DANAHER P, WANG P, WITTEN D M. The joint graphical lasso for inverse covariance estimation across multiple classes[J]. Journal of the Royal Statistical Society: Series B, Statistical methodology, 2014, 76(2): 373-397.

[20] MOHAN K, LONDON P, FAZEL M, et al. Node-based learning of multiple Gaussian

graphical models[J]. The Journal of Machine Learning Research, 2014, 15(1): 445-488.

[21] CHIQUET J, GRANDVALET Y, AMBROISE C. Inferring multiple graphical structures [J]. Statistics and Computing, 2011, 21(4): 537-553.

[22] HONORIO J, SAMARAS D. Multi-task learning of Gaussian graphical models[C]//ICML. Haifa, Israel: ACM, 2010: 447-454.

[23] WANG B L, GAO J, QI Y. A fast and scalable joint estimator for learning multiple related sparse Gaussian graphical models[C]//Artificial Intelligence and Statistics. PMLR, 2017: 1168-1177.

[24] WANG B L, SEKHON A, QI Y. A fast and scalable joint estimator for integrating additional knowledge in learning multiple related sparse Gaussian graphical models[C]//International Conference on Machine Learning. PMLR, 2018: 5161-5170.

# 后记

2020 年，我为东南大学首届人工智能专业学生设计了"机器学习（双语）"这门课的教学。执教期间，为使给学生的参考资料与课程教学逻辑相贴合，我自行完成了对于课程教学课件与讲义的设计。而这份讲义，恰恰是本书的雏形。为不使这份讲义蒙尘，同时也希望能够让更多有着数学与编程基础的初学者更深入地了解机器学习这个领域，我选择以讲义为基础，丰富充实其内容，完成该教材的编写。

写书亦如塑人，好的大纲框架似人的骨架，是撑起整部书的首要。为使此书大纲逻辑严谨，在创作初期，我查阅了诸多机器学习领域相关的现有教材与教学视频，从广为人知的 Andrew Ng 的 *Machine Learning*、CS4501 系列课程、*The Elements of Statistical Learning*、*Pattern Recognition and Machine Learning*，再到各领域相关的学术论文、国内的诸多教材……这些均使我受益匪浅。在此基础上我也考虑了当前大学数学与编程教学的已有内容，以求这本教材更贴合当前大学的教学节奏。而纵使有了初稿，在与学生的交流中，发觉此与实际教学略有差别，或是未曾考虑学生的数学基础，或是缺少与实际应用的结合。纠结廿余日不得解，后又与教学经验丰富的同行好友反复交流，耗时数月，总算交出一份差强人意的答卷。

此后，具体的行文逻辑则是丰富内容的"躯干"。在大纲之下，如何深入浅出地讲述，让问题有来历可循，让公式解答有逻辑可依，再让算法技术回归于生活、应用于生活，点点滴滴我都在尽心推敲。此间也曾拜托学生参与试讲，汇总不畅通之处，一版、二版、三版……改之又改，终归有理顺辞达的时候。

想使教材"鲜活"，终究少不了图片的补充、习题的巩固。在表达方面，我深知好的示意图在文字理解上的引导作用，在每个章节都添加大量的原创手工绘制图片，只求能在理解文意方面为大家略尽绵薄之力。而在习题设计上，也多次调整出题思路与难度，在尽量包罗重要知识点的基础上采取由易到难的策略，简单题、中等题、难题按七比二比一的配比设置，充分考虑各类学生的需求。

最终，本教材由传统图文部分、课后习题与代码实现三部分组成。较于市面上的现有黑白印刷教材，本书采用全彩印刷，使用 ElegantLatex 项目中包含的 ElegantBook[1]模板，为读者带来较好的视觉体验。在传统图文部分，本书定位精确，面向有一定数学、编程基础的初学者，在公式表述、文字描述、逻辑衔接等方面均经过反复的推敲。图片部分采取原创全彩绘制，以清晰简洁的图形还原算法的内核。习题难易适中，适合不同水平的学生使用。在代码实现部分，与广大教材使用的充满距离感的主流数据集不同，我们部分数据集以贴近学生生活的数据集引入，包罗植物、交通、住宿等维度，涉及线性回归、支持向量机、随机森林、神经网络等经典模型，摒弃传统模式中代码量冗余、代

---

[1]https://github.com/ElegantLaTeX/ElegantBook

码与实际教学脱离的试验模式，实现教材内容与代码实践的同步，有助于学生在实践中更深入地掌握机器学习的模型实现。

在本书的完成过程中，我的同行、学生也在其间助力良多。感谢（按照姓氏笔画顺序）卢正轩、李红丽、陈月瑶、苏彤彤、陈诚对本书的成文提出的修改意见做出的帮助，感谢马添毅、刘尊颐、李沅蔚、李雨辰在图片的修饰与加工上付出的努力，感谢王靖婷、刘漪琛、徐浩卿在习题难度设计上贡献的宝贵意见，感谢王倩、任栗晗、旷菁宇、黄开鸿在实验与代码整合上的帮助，感谢李春澍、张妍在全书排版整合、统筹校对上的协助，感谢朱晓炜、李子镔对书内数学逻辑严密性方面的修改建议，感谢马瑞、王靖婷、刘漪琛、赵基藤、黄旭在文字校对方面协助修改。缺少各位的力量本书很难与读者们相见。

于教学而言，考虑到各家教学的思路颇有差异，读者的学习需求各有参差，如若希望对机器学习开展完整系统的学习，并巩固必备的数学基础，本书宜依照章节编排顺序进行教学工作；对于数学基础良好，掌握线性代数、概率论与数理统计及凸优化的学生，则可以跳过"数学基础"章节，开门见山式进入机器学习的模型学习。此外，由于"学习理论"章节的内核渗透全书，若希望将"学习理论"的思想一以贯之，则可依据进度将之穿插教学，针对不同数据的特性介绍特征选择、模型选择，充分考虑偏差和方差权衡。

编撰成册，反复校对，将这一本三百余页的教材献给案前对机器学习有着浓厚兴趣的你，也愿此书能为你在这条路上的探行助力。学术研究无须望其速成，书乡路稳宜频到，知识常看常新。也希望你从此中获得一种学习与科研的态度，自此往后，漫漫学习科研的长路，这本书能成为一个不错的起点。

久经推敲，终成此书，笔力微薄，万望方家指正。本书由我所主持的江苏省教改项目、多任务概率图模型的加速和可扩展性研究项目以及东南大学重点教材项目支持。书中涉及的诸多配置要求仅限于 2020 年的硬件条件，后续硬件条件发生变化，可能存在不适用的情况，请读者们谅解。

王贝伦

2021 年 5 月落笔于东南大学九龙湖校区大学生活动中心 513 室